高等学校机电工程类系列教材

工程材料及成型工艺

主　编　刘春廷　汪传生　马　继
副主编　赵海霞　李镇江
参　编　马伯江　张　淼　丛海燕
主　审　赵　程

西安电子科技大学出版社

内 容 简 介

本书根据教育部最新颁布的“工程材料及机械制造基础课程教学基本要求”和“工程材料及机械制造基础系列课程改革”的精神编写而成，在内容和形式上较之前的教材有较大的更新。

全书共八章，含有以往《工程材料》和《热加工工艺基础》两本教材中的相关知识，其具体内容包括：材料学基础、金属材料及成型工艺、非金属材料及成型工艺、新型工程材料、零部件的失效与材料及成型工艺的选用。为配合学习，各章末均附有习题和思考题，便于读者深入研究。

本书语言简洁，信息量大，科学性、实用性强，内容新颖，引入了新材料、新技术、新成果和新进展，有利于培养学生的创新意识，拓宽读者专业知识面，便于读者了解当前国内外先进材料技术、成型工艺和方法的发展趋势。

本书适用教学时数为 48～64 学时，可作为机械类专业技术基础课程“工程材料及机械制造基础”的教学用书，主要面向机械类专、本科学生，也可供近机类专业选用和有关工程技术人员学习参考。

★本书配有电子教案，需要者可在出版社网站下载。

图书在版编目(CIP)数据

工程材料及成型工艺／刘春廷，汪传生，马继主编.
—西安：西安电子科技大学出版社，2009.1(2025.1 重印)
ISBN 978-7-5606-2162-3

Ⅰ. 工…　Ⅱ. ①刘…　②汪…　③马…　Ⅲ. 工程材料—成型—工艺—高等学校—教材
Ⅳ. TB3

中国版本图书馆 CIP 数据核字(2008)第 188466 号

策　　划　毛红兵
责任编辑　毛红兵
出版发行　西安电子科技大学出版社(西安市太白南路 2 号)
电　　话　(029)88202421　88201467　　邮　　编　710071
网　　址　www.xduph.com　　电子信箱　xdupfxb001@163.com
经　　销　新华书店
印刷单位　广东虎彩云印刷有限公司
版　　次　2009 年 2 月第 1 版　　2025 年 1 月第 7 次印刷
开　　本　787 毫米×1092 毫米　1/16　印　张　20.5
字　　数　484 千字
定　　价　55.00 元
ISBN 978-7-5606-2162-3
XDUP 2454001-7

高 等 学 校

机电工程类系列教材编审专家委员会名单

前　言

“工程材料及成型工艺”是高等院校机械类和近机械类专业一门重要的技术基础课。随着科学技术的发展，新材料和新技术的不断问世及应用，对工程材料及成型工艺的教学工作也提出了新的要求。本书是以教育部最新颁布的“工程材料及机械制造基础课程教学基本要求”和“工程材料及机械制造基础系列课程改革”为指导，结合目前教改的基本指导思想和原则以及实施素质教育和加强技术创新的精神，根据高等学校机械类教学的实际需要，编写而成的。作为机械设计制造及其自动化专业“十一五”规划系列教材之一，供各高等院校使用。

本书以材料的性能—结构—组织—工艺这一普遍规律为主线，将理论与工艺融为一体，较全面地介绍了工程材料的基本理论知识和成型工艺的基本原理、工艺方法和技术要点，适当地反映了当代科技在工程材料及成型领域的新成就。全书共八章，第 1 章着重阐述材料学基础，包括材料的性能、结构、组织、热处理工艺等；第 2 章着重阐述金属材料，包括工业用钢、铸铁、有色金属及其合金；第 3～5 章分别阐述金属材料的成型工艺，即铸造、锻压、焊接；第 6 章着重阐述非金属材料及成型，包括高分子材料及成型、陶瓷材料及成型和复合材料及成型；第 7 章主要介绍新型材料，包括形状记忆合金、非晶态合金、超塑性合金、纳米材料等；第 8 章介绍了机械零件的失效与材料及成型工艺的选用。

本书由长期从事工程材料及成型工艺教学的教师及科研工作者编写而成。全书由青岛科技大学的刘春廷、汪传生和马继担任主编，刘春廷负责统稿，青岛科技大学赵程教授负责主审。参与编写工作的成员还有：赵海霞、李镇江、马泊江、张淼和丛海燕。

在本书的编写过程中，中国科学院金属研究所的胡壮麒院士、管恒荣研究员和孙晓峰研究员提出了许多宝贵的意见,在此谨表示深切的谢意！

由于编者水平有限，加之时间仓促，书中难免存在不足之处，恳请广大读者批评指正。

编　者

2008 年 11 月

目　　录

绪 论

1. 概述

材料是人们用来制作各种有用器件的物质，是人们的生活和生产所必需的物质基础。从日常生活用具到高新技术产品，都是用各种材料制作或由其加工的零件组装而成的。

纵观人类发展史，人类社会的发展伴随着材料的发明和发展，材料的发展又推动着人类社会的进步，并成为人类文明发展的里程碑。人类最早使用的材料是石头、兽皮等天然材料，其后，又发明了陶器、瓷器、青铜器和铁器等。因此，历史学家将人类早期的历史划分为石器时代、青铜器时代和铁器时代。人类文明的发展史，就相当于一部学习利用材料、制造材料、创新材料的历史，材料的发展水平和利用程度已成为人类文明进步的标志。在 20 世纪后期，材料作为高新技术的三大支柱(能源、材料和信息)之一已得到高速发展，主要体现为新材料的不断涌现，非金属人工合成材料的迅猛增长，金属与非金属材料的相互渗透，新型复合材料的异军突起，等等。如今，人类已进入人工合成材料的崭新时代。新材料对高科技和新技术具有非常关键的作用，掌握新材料是一个国家在科技上处于领先地位的标志之一，没有新材料，也就没有发展高科技的物质基础。如没有半导体材料的工业化生产，就不可能有目前的计算机技术；没有高温高强度的结构材料，就不可能有今天的航空工业和宇航工业；没有低消耗的光导纤维，就没有现代的光纤通信。进入 21 世纪，新型工程材料的发展趋势如下：继续重视对新型金属材料的研究开发，开发非晶合金材料，发展在分子水平上设计高分子材料的技术，继续发掘复合材料和半导体硅材料的潜在价值，大力发展纳米材料、信息材料、智能材料、生物材料和高性能陶瓷材料等。

中华民族在人类历史上为材料的发展和应用作出过重大贡献。早在公元前 6000～5000 年的新石器时代，中华民族的先人就能用黏土烧制陶器，到东汉时期又出现了瓷器，并流传海外。4000 年前的夏朝，我们的祖先已经能够炼铜，到殷、商时期，我国的青铜冶炼和铸造技术已达到很高水平。从河南安阳晚商遗址出土的司母戊方鼎(图 0-1)，重 875 kg，通高 133 cm，口长 110 cm，宽 78 cm，壁厚 6 cm，且饰纹优美。司母戊方鼎是我国商代青铜器的代表作，标志着商代青铜器铸造技术的水平，被推为“世界出土青铜器之冠”。从湖北江陵楚墓中发掘出的两把越王勾践的宝剑(图 0-2)，长 55.6 cm，至今锋利异常，是我国青铜器的杰作。我国从春秋战国时期(公元前 770～221 年)便开始大量使用铁器，明朝科学家宋应星在其所著的《天工开物》一书中就记载了古代的渗碳热处理等工艺，这说明早在欧洲工业革命之前，我国在金属材料及热处理方面就已经有了较高的成就。中华人民共和国成立后，我国先后建起了鞍山、攀枝花、宝钢等大型钢铁基地，钢产量由 1949 年的 15.8 万吨上升到现在的一亿吨，成为世界钢产量大国之一。原子弹、氢弹的爆炸，卫星、飞船的上天等都说明了我国在材料的开发、研究及应用等方面有了飞跃的发展，并达到了一定的水平。但与世界发达国家相比，我们还存在着一定的差距，需要我们一代代地努力去缩小这些差距。

图 0-1 司母戊方鼎

图 0-2 越王勾践剑

从简单地利用天然材料、冶铜炼铁到使用热处理工艺，人类对材料的认识是逐步深入的。18 世纪欧洲工业革命后，人们对材料的质量和数量的要求越来越高，这促进了材料科技的进一步发展。1863 年，光学显微镜首次应用于金属材料的研究，从而诞生了金相学，人们开始步入材料的微观世界。将材料的宏观性能与微观组织联系起来，标志着材料研究从经验走向科学。1912 年，科学家们发现了 X-射线对晶体的衍射作用，并将之用于晶体衍射结构分析，使人们对固体材料微观结构的认识从最初的假想发展到科学的现实。19 世纪末，晶体的 230 种空间群被确定，至此人们已经可以完全用数学的方法来描述晶体的几何特征。1932 年，电子显微镜的发明把人们带到了微观世界的更深层次(10^{-7} m)。1934 年，位错理论更深层次地解决了晶体理论计算强度与实验测得的实际强度之间存在的巨大差别的矛盾，对于人们认识材料的力学性能及设计高强度材料具有划时代的意义。与此同时，一些与材料有关的基础学科(如固体物理、量子力学、化学等)的发展也有力地促进了材料研究的深化。

2. 工程材料的分类

工程材料主要是指用于机械、车辆、船舶、建筑、化工、能源、仪器仪表、航空航天等工程领域中的材料，用来制造工程构件和机械零件，也包括一些用于制造工具的材料和具有特殊性能(如耐蚀、耐高温等)的材料。按照材料的组成、结合键的特点，可将工程材料分为金属材料、高分子材料、陶瓷材料和复合材料四大类。

1) 金属材料

金属材料是以金属键结合为主的材料，具有良好的导电性、导热性、延展性和金属光泽，是目前用量最大、应用最广泛的工程材料。金属材料分为黑色金属和有色金属两大类。铁及铁合金称为黑色金属，即钢、铸铁材料，其世界年产量已达 10 亿吨，在机械产品中的用量已占整个用材的 60%以上。除黑色金属之外的所有金属及其合金统称为有色金属。有色金属的种类很多，根据其特性的不同又可分为轻金属、重金属、贵金属、稀有金属等。

2) 高分子材料

高分子材料是以分子键和共价键为主的材料。作为结构材料的高分子材料，具有塑性好、耐蚀性好、电绝缘性好、减振性好及密度小等特点。工程上使用的高分子材料主要包括塑料、橡胶及合成纤维等，在机械、电气、纺织、汽车、飞机、轮船等制造工业和化学、交通运输、航空航天等工业中被广泛应用。

3) 陶瓷材料

陶瓷材料是以共价键和离子键结合为主的材料，其性能特点是熔点高、硬度高、耐腐蚀、脆性大。陶瓷材料分为传统陶瓷、特种陶瓷和金属陶瓷三大类。传统陶瓷又称普通陶瓷，是以天然材料(如黏土、石英、长石等)为原料的陶瓷，主要用作建筑材料。特种陶瓷又称精细陶瓷，是以人工合成材料为原料的陶瓷，常用于制作工程上的耐热、耐蚀、耐磨零件。金属陶瓷是金属与各种化合物粉末的烧结体，主要用作工程模具。

4) 复合材料

复合材料是把两种或两种以上不同性质或不同结构的材料以微观或宏观的形式组合在一起而形成的材料，通过这种组合来达到进一步提高材料性能的目的。它主要包括金属基复合材料、陶瓷基复合材料和高分子复合材料。如现代航空发动机燃烧室内温度最高的材料就是通过粉末冶金法制备的氧化物粒子弥散强化的镍基合金复合材料。很多高级游艇、赛艇及体育器械等都是由碳纤维复合材料制成的，它们具有重量轻、弹性好、强度高等优点。

工程材料及成型工艺是以工程材料及零部件的成型工艺为研究对象的一门综合性技术课程。它以凝聚态物理和物理化学、晶体学为理论基础，结合冶金、机械、化工等科学知识，探讨材料的成分、工艺、组织结构及性能之间的内在规律，并联系一个器件或构件的使用功能要求，力求用经济合理的办法制备出一个有效的器件或构件。因此，工程材料及成型工艺是现代机械工程、电子技术和高技术工业发展的基础。它的研究内容包括：材料学基础(包括材料的性能、结构、热处理工艺等)、金属材料及成型(铸造、锻压、焊接)、非金属材料及成型、新型工程材料和零部件的失效与材料及成型工艺的选用，特别是材料的性能与组织结构、成型工艺之间的关系更是本书研究的重点。

3. “工程材料及成型工艺”课程的目的、性质和学习要求

随着经济的飞速发展和科学技术的进步，对材料性能的要求越来越苛刻，结构材料向高比强、高刚度、高韧性、耐高温、耐腐蚀、抗辐照和多功能的方向发展，新材料也在不断地涌现。机械工业是材料应用的重要领域，随着机械工业的发展，对产品的要求越来越高。无论是制造机床，还是建造轮船、石油化工设备，都要求产品的技术先进、质量高、寿命长、造价低。因此，在产品设计与制造过程中，会遇到越来越多的材料及材料加工方面的问题。这就要求机械工程技术人员掌握必要的材料科学与材料工程知识，具备正确选择材料和加工方法、合理安排加工工艺路线的能力。

工程材料及成型工艺课是机械类和近机类各专业的技术基础课，课程的目的是使学生获得工程材料的基本理论知识及其性能特点，建立材料的化学成分、组织结构、成型工艺与性能之间的关系，了解常用材料的应用范围和成型工艺，初步具备合理选用材料与工艺、正确确定加工方法、妥善安排加工工艺路线的能力。

工程材料及成型工艺课程是一门理论性和实践性都很强的课程，特点是基本概念多，与实际联系密切。因此要求在学习时注意联系物理、化学、工程力学及金属工艺学等课程的相关内容，并结合生产实际，注重分析、理解前后知识的整体联系和综合应用。

第 1 章　材料学基础

1.1　工程材料的性能

工程材料具有许多良好的性能，因此被广泛地应用于制造各种构件、机械零件、工具和日常生活用具等。为了正确地使用工程材料，应充分了解和掌握材料的性能。通常所说工程材料的性能有两个方面的意义：一是材料的使用性能，指材料在使用条件下表现出的性能，如强度、塑性、韧性等力学性能，耐蚀性、耐热性等化学性能以及声、光、电、磁等物理性能；二是材料的工艺性能，指材料在加工过程中表现出的性能，如冷热加工、压力加工性能、焊接性能、铸造性能、切削性能，等等。工程材料是材料科学的应用部分，本节主要讨论结构材料的力学性能，阐述结构材料的组织、成分和性能的相互影响规律，解答工程应用问题。

1.1.1　材料的使用性能

1. 力学性能

工程材料的力学性能亦称为机械性能，是指材料抵抗各种外加载荷的能力，包括弹性、刚度、强度、塑性、硬度、韧性、疲劳强度等。常见的各种外载荷形式如图 1-1 所示。我们将借助以下拉伸试验对各相关力的性能作一介绍。

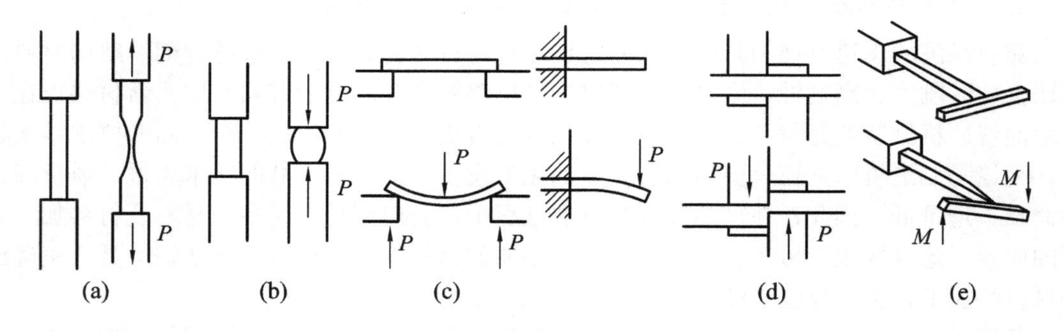

图 1-1　常见的各种外载荷形式

(a) 拉伸载荷；(b) 压缩载荷；(c) 弯曲载荷；(d) 剪切载荷；(e) 扭转载荷

在材料拉伸试验机上对一截面为圆形的低碳钢拉伸试样(图 1-2)进行拉伸试验，可得到应力与应变的关系图，即拉伸图。图 1-3 是低碳钢和铸铁的应力—应变曲线。图中的纵坐标为应力σ(MPa)，横坐标为应变ε，它们的计算公式分别为：

$$\sigma = \frac{P}{A_0} \tag{1-1}$$

$$\varepsilon = \frac{\Delta l}{l_0} = \frac{l - l_0}{l_0} \times 100\% \tag{1-2}$$

上两式中：P 为所加外载荷(N)；A_0 为试样原始截面积(m^2)；l_0 为试样的原始标距长度(mm)；l 为试样变形后的标距长度(mm)；Δl 为伸长量(mm)。

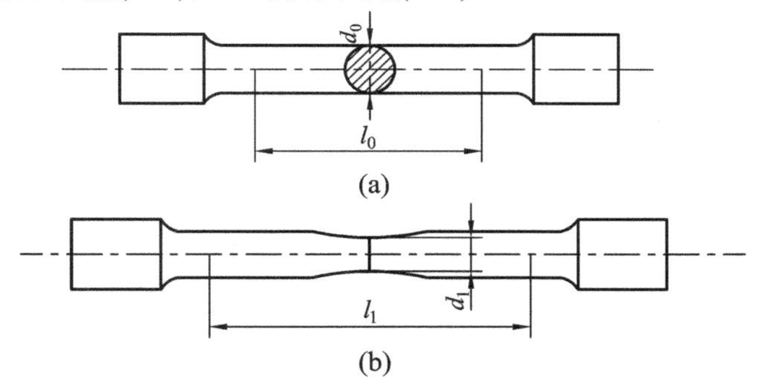

图 1-2　圆形拉伸试样

(a) 拉伸前；(b) 拉伸后

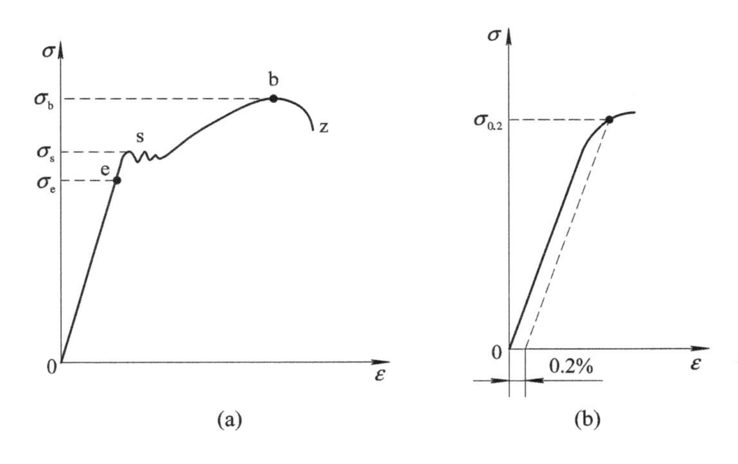

图 1-3　低碳钢和铸铁的σ—ε曲线

(a) 低碳钢；(b) 铸铁

1) 强度

材料在外力作用下抵抗变形与断裂的能力称为强度。根据外力作用方式的不同，强度有多种指标，如抗拉强度、抗压强度、抗弯强度、抗剪切强度和抗扭强度等。其中抗拉强度和屈服强度指标应用最为广泛。

(1) 静载时的强度。

首先，我们来分析拉伸变形的几个阶段：

0e：弹性变形阶段。试样的变形量与外加载荷成正比，载荷卸掉后，试样恢复到原来的尺寸。

es 段：屈服阶段。此阶段试样不仅发生弹性变形，还发生了塑性变形，即载荷卸掉后，一部分形变恢复，还有一部分形变不能恢复。形变不能恢复的形变称为塑性变形。

sb 段：强化阶段。为使试样继续变形，载荷必须不断增加，随着塑性变形的增大，材料变形抗力也逐渐增加。

bz 段：颈缩阶段。当载荷达到最大值时，试样的直径发生局部收缩，称为颈缩。此时，变形所需的载荷逐渐降低。

z 点：试样断裂。试样在此点发生断裂。

通过以上分析，可知：

① 弹性(elasticity)与刚度(rigidity 或 stiffness)。在应力—应变曲线上，0e 段为弹性变形阶段，即卸载后试样恢复原状，这种变形称为弹性变形。e 点的应力 σ_e 称为弹性极限。弹性极限值表示材料保持弹性变形，不产生永久变形的最大应力，是弹性零件的设计依据。

材料在弹性范围内，应力与应变的关系符合虎克定律：

$$\sigma = E \cdot \varepsilon \tag{1-3}$$

式中，σ 为外加的应力；ε 为相应的应变；E 为弹性模量(MPa)。

式(1-3)也可改写为 $E=\sigma/\varepsilon$，所以 E 是应力—应变曲线(0e 直线)的斜率。斜率越大，表示弹性模量越大，弹性变形越不易进行。因此，E 是衡量材料抵抗弹性变形的能力，即表征零件或构件保持原有形状与尺寸的能力，所以也称做材料的刚度。也可以说，材料的弹性模量 E 越大，它的刚度就越大。

E 值是一个对组织不敏感的性能指标，主要取决于原子间的结合力，与材料本性、晶格类型、晶格常数有关，而与显微组织无关。因此一些处理方法(如热处理、冷热加工、合金化等)对它影响很小。而零件的刚度大小则取决于零件的几何形状和材料的种类(即材料的弹性模量)，若想提高金属制品的刚度，只能更换金属材料、改变金属制品的结构形式或增加截面面积。

② 屈服强度(yield strength)。如图 1-3 所示，当外加应力超过 σ_e 点时，卸载后试样的伸长只能部分恢复。这种不随外力去除而消失的变形称为塑性变形。当应力增加到 σ_s 点时，图上出现了平台。这种外力不增加而试样继续发生变形的现象称为屈服。材料开始产生屈服时的最低应力 σ_s 称为屈服强度。

工程上使用的材料多数没有明显的屈服现象。这类材料的屈服强度在国标中规定以试样的塑性变形量为试样标距的 0.2%时的材料所承受的应力值来表示，即用符号 $\sigma_{0.2}$ 表示(图 1-3(b))。它是 $F_{0.2}$ 与试样原始横截面积 A_0 之比。零(构)件在工程中一般不允许发生塑性变形，所以屈服强度 σ_s 是设计时的主要参数，是材料的重要机械性能指标。

③ 抗拉强度(tensile strength)。材料发生屈服后，其应力与应变的关系曲线如图 1-3 中的 sb 小段，到 b 点，应力达最大值 σ_b，b 点以后，试样的横截面产生局部颈缩，迅速伸长，这时试样的伸长主要集中在缩颈部位，直至拉断。将材料受拉时所能承受的最大应力值 σ_b 称为抗拉强度。σ_b 是机械零(构)件评定和选材时的重要强度指标。

σ_s 与 σ_b 的比值叫做屈强比。屈强比愈小，工程构件的可靠性愈高，即万一超载也不致于马上断裂。屈强比若太小，则材料强度有效利用率也就太低。

金属材料的强度与化学成分、工艺过程和冷热加工，尤其是热处理工艺有密切关系。例如，对于退火状态的三种铁碳合金，碳质量分数分别为 0.2%、0.4%和 0.6%，则它们的抗拉强度分别为 350 MPa、500 MPa 和 700 MPa；碳质量分数为 0.4%的铁碳合金淬火和高温回火后，抗拉强度可提高到 700～800 MPa；合金钢的抗拉强度可达 1000～1800 MPa。但铜合金和铝合金的抗拉强度明显提高，如铜合金的 σ_b 达 600～700 MPa，铍铜合金经过固溶时效处理后，σ_b 最高为 1250 MPa；铝合金的 σ_b 一般为 400～600 MPa。

(2) 动载荷时的强度。

动载时最常用的指标是疲劳强度，它是指在大小和方向重复循环变化的载荷作用下材料抵抗断裂的能力。

许多机械零件，如曲轴、齿轮、轴承、叶片和弹簧等，在工作中各点承受的应力随时间作周期性的变化，这种随时间作周期性变化的应力称为交变应力。在交变应力作用下，零件所承受的应力虽然低于其屈服强度，但经过较长时间的工作也会产生裂纹或突然断裂，这种现象称为材料的疲劳。据统计，大约有 80%以上的机械零件失效是由疲劳失效造成的。

测定材料疲劳寿命的试验有许多种，最常用的一种是旋转梁试验，即试样在旋转时交替承受大小相等的交变拉压应力。可将试验所得数据绘成 σ—N 疲劳曲线，σ 为产生失效的应力，N 为应力循环次数。

图 1-4 所示为中碳钢和高强度铝合金的典型 σ—N 曲线(疲劳曲线)。对于中碳钢，随着承受的交变应力越大，断裂时应循环的次数越少；反之，循环次数越大。随着应力循环次数的增加，疲劳强度逐渐降低，以后曲线逐渐变平，即循环次数再增加时，疲劳强度也不降低。当应力降低至一定值时，试样可经受无限个周期循环而不破坏，σ—N 曲线出现水平部分所对应的定值称为疲劳强度(疲劳极限)，用 σ_r 表示。对于应力对称循环的疲劳强度用 σ_{-1} 表示。实际上，材料不可能作无限次交变应力试验。对于黑色金属，一般规定应力循环 10^7 周次而不断裂的最大应力称为疲劳极限，有色金属、不锈钢等取 10^8 周次时的最大应力为疲劳极限。许多铁合金的疲劳极限约为其抗拉强度的一半，有色合金(如铝合金)没有疲劳极限，其疲劳强度可以低于抗拉强度的 1/3。

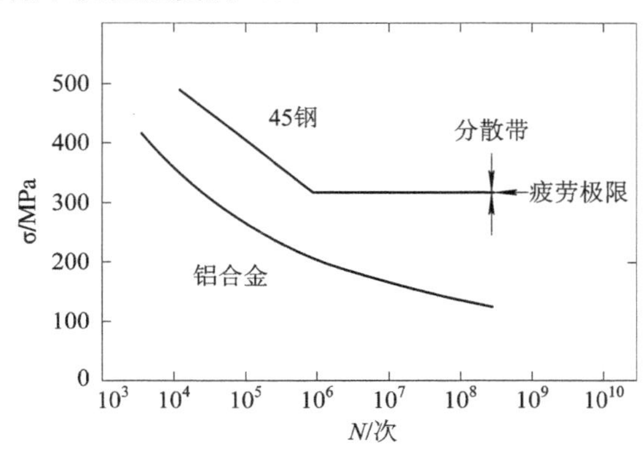

图 1-4　中碳钢和高强度铝合金的 σ—N 曲线

(3) 高温强度。

蠕变是指在高温下长时间工作的金属材料或在常温使用的高聚物，承受的应力即使低于屈服点 σ_s 也可能会出现明显缓慢的塑性变形直至断裂，从而导致零件的最终失效。若金属材料在高于一定温度的环境下长时间工作，材料的强度就不能完全用室温下的强度(σ_s 或 σ_b)来代替，此时必须考虑温度和时间的影响。材料的高温强度要用蠕变极限和持久强度来表示。蠕变极限是指金属在给定温度下和规定时间内产生一定变形量的应力。例如 $\sigma_{0.1/1000}^{600}$=88 MPa，表示在600℃下，1000 h内，引起0.1%变形量的应力值为88 MPa。持久强度是指金属在给定温度和规定时间内，使材料发生断裂的应力。例如σ_{100}^{800}=186 MPa，表示工作温度为800℃时，承受186 MPa的应力作用，约100 h后断裂。

工程塑料在室温下受到应力作用就可能发生蠕变，这在使用塑料受力件时应予以注意。

2) *硬度*(hardness)

硬度是指材料抵抗另一硬物体压入其内而产生局部塑性变形的能力。通常，材料越硬，其耐磨性越好。同时，通过硬度值可估计材料的近似 σ_b 值。硬度试验方法比较简单、迅速，可直接在原材料或零件表面上测试，因此被广泛应用。常用的硬度测量方法是压入法，主要有布氏硬度(HB)、洛氏硬度(HR)、维氏硬度(HV)等。陶瓷等材料还常用克努普氏显微硬度(HK)和莫氏硬度(划痕比较法)作为硬度指标。

(1) 布氏硬度(Brinell Hardness)。

图1-5所示为布氏硬度测试原理图。用直径为 D 的淬火钢球或硬质合金球，在一定载荷 P 的作用下压入试样表面，保持规定的时间后卸除载荷，在试样表面留下球形压痕。测量其压痕直径，计算硬度值。布氏硬度值是用球冠压痕单位表面积上所承受的平均压力来表示，符号为HBS(当用钢球压头时)或HBW(当用硬质合金时)，即

$$\text{HBS(HBW)} = 0.102\frac{2P}{\pi D(D-\sqrt{D^2-d^2})} \tag{1-4}$$

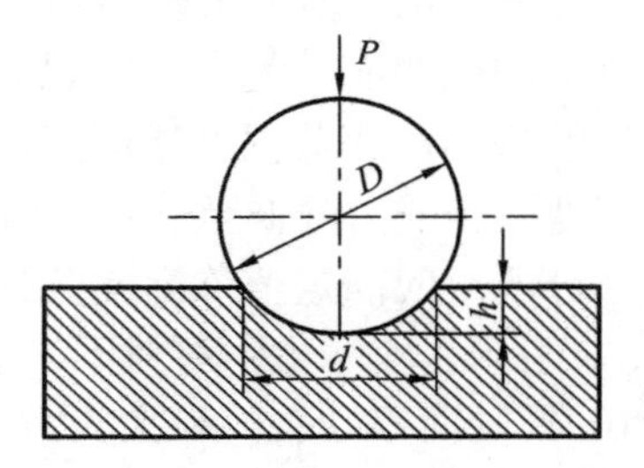

图1-5 布氏硬度试验原理图

式中，P 为荷载(N)；D 为球体直径(mm)；d 为压痕平均直径(mm)。

在试验中，硬度值不需计算，而是用刻度放大镜测出压痕直径 d，然后对照有关资料查出相应的布氏硬度值。

布氏硬度为200HBS10/1000/30，表示用直径为10 mm的钢球，在9800 N(1000 kgf)的载荷下保持30 s时测得布氏硬度值为200。如果钢球直径为10 mm，载荷为29 400 N(3000 kgf)，保持10 s，硬度值为200，可简单表示为200 HBS。

淬火钢球用以测定硬度小于450 HB的金属材料，如灰铸铁、有色金属及经退火、正火和调质处理的钢材，其硬度值以HBS表示。布氏硬度在450～650 HB之间的材料，压头用硬质合金球，其硬度值用HBW表示。

布氏硬度的优点是具有较高的测量精度，因其压痕面积大，可比较真实地反映出材料的平均性能。另外，由于布氏硬度与 σ_b 之间存在一定的经验关系，如热轧钢的 σ_b=(3.4～3.6)HBS，冷变形铜合金 σ_b≈4.0 HBS，灰铸铁 σ_b≈(2.7～4.0)HBS，因此也得到广泛的应用。布氏硬度的缺点是不能测定高硬度材料。

(2) 洛氏硬度(Rockwell Hardness)。

图1-6所示为洛氏硬度测量原理图。将金刚石压头(或钢球压头)在先后施加两个载荷(预

载荷 P_0 和总载荷 P_1)的作用下压入金属表面(总载荷 P 为预载荷 P_0 和主载荷 P_1 之和)，保持一段时间后，卸去主载荷 P_1，测量其残余压入深度 h_1 来计算洛氏硬度值。残余压入深度 h_1 越大，表示材料硬度越低。实际测量时硬度可直接从洛氏硬度计表盘上读得。根据压头的种类和总载荷的大小，洛氏硬度常用的表示方式有 HRA、HRB、HRC 三种(表 1-1)。如洛氏硬度表示为 62 HRC，表示用金刚石圆锥压头，总载荷为 1470 N 测得的洛氏硬度值。

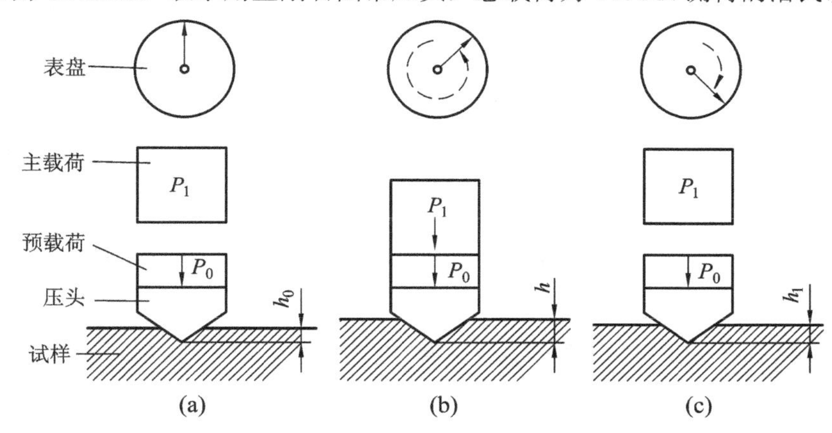

图 1-6　洛氏硬度测量原理图

(a) 先预载荷作用；(b) 总载荷作用；(c) 卸去主载荷作用

表 1-1　常用洛氏硬度的符号、试验条件与应用

标度符号	压头	总载荷/N	表盘上刻度颜色	常用硬度示值范围	应用实例
HRA	金刚石圆锥	588	黑线	70～85	碳化物、硬质合金、表面硬化合金工件等
HRB	1/16 钢球	980	红线	25～100	软钢、退火钢、铜合金等
HRC	金刚石圆锥	1470	黑线	20～67	淬火钢、调质钢等

洛氏硬度用于测量各种钢铁原材料、有色金属、经淬火后工件、表面热处理工件及硬质合金等。

洛氏硬度的优点是压痕小，可直接读数，操作方便，可测量较薄工件的硬度，还可测低硬度、高硬度材料，应用最广泛；其缺点是精度较差，硬度值波动较大，通常应在试样不同部位测量数次，取平均值作为该材料的硬度值。

(3) 维氏硬度(Vickers Hardness)。

布氏硬度不适用检测较高硬度的材料；洛氏硬度虽可检测不同硬度的材料，但不同标尺的硬度值不能相互直接比较；而维氏硬度可用同一标尺来测定从极软到极硬的材料，硬度范围为 8～1000 HV。

维氏硬度试验原理与布氏法相似，也是以压痕单位表面积所承受压力大小来计算硬度值的。它是用对面夹角为 136°的金刚石四棱锥体，在一定压力 F 作用下，在试样试验面上压出一个正方形压痕，如图 1-7 所示。通过设在维氏硬度计上的显微镜来测量压痕两条对角线的长度，根据对角线平均长度 d，计算压痕的面积 A_V，用 HV 表示维氏硬度，利用公式 $HV=F/A_V=1.854F/d^2$，求出维氏硬度值，维氏硬度的单位为 MPa，一般不标。

维氏硬度试验所用压力可根据试样的软硬、厚薄等条件来选择。压力按标准规定有 49 N、98 N、196 N、294 N、490 N、980 N 等。压力保持时间：黑色金属 10～15 s，有色金属为(30±2)s。

由于维氏硬度测量法所加压力小，压入深度较浅，故可测定较薄材料和各种表面渗层，且准确度高。但维氏硬度试验时需测量压痕对角线的长度，测试步骤较繁，不如洛氏硬度试验法简单、迅速。

用各种不同测试方法测得的硬度值可通过查表的方法进行互换，如 61 HRC＝82 HRA＝627 HBW＝803 HV30。

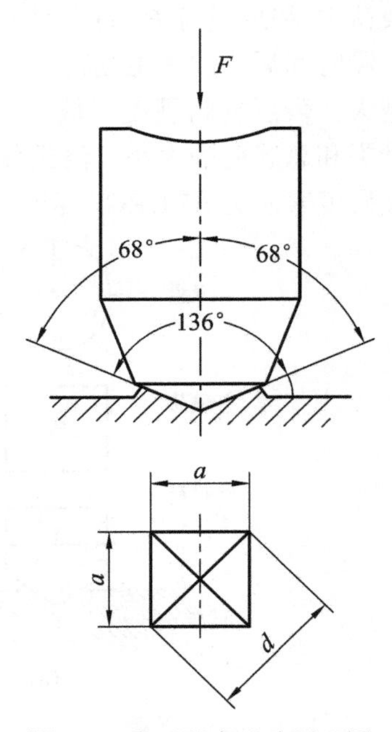

图 1-7 维氏硬度试验原理图

3) 塑性(plasticity 或 ductility)

材料在外力作用下，产生永久变形而不破坏的性能称为塑性。常用的塑性指标有延伸率(δ)和断面收缩率(ψ)。

在拉伸试验中，试样拉断后，标距的伸长与原始标距的百分比称为延伸率，用符号 δ 表示，即

$$\delta=\frac{l_1-l_0}{l_0}\times 100\% \tag{1-5}$$

式中，l_0 为试样的原始标距长度(mm)；l_1 为试样拉断后的标距长度(mm)。

同一材料的试样长短不同，测得的延伸率也略有不同。长试样($l_0=10d_0$)和短试样($l_0=5d_0$)测得的延伸率分别记作 δ_{10}(也常写成 δ)和 δ_5。

试样拉断后，缩颈处截面积的最大缩减量与原横截面积的百分比称为断面收缩率，用符号 ψ 表示，即

$$\psi=\frac{|A_1-A_0|}{A_0}\times 100\%=\frac{A_0-A_1}{A_0}\times 100\% \tag{1-6}$$

式中，A_1 为试样拉断后细颈处最小横截面积(mm^2)；A_0 为试样的原始横截面积(mm^2)。

金属材料的延伸率(δ)和断面收缩率(ψ)数值越大，表示材料的塑性越好。塑性好的金属材料可以发生大量塑性变形而不被破坏，便于通过各种压力加工获得形状复杂的零件，如铜、铝、铁等。工业纯铁的 δ 可达 50%，ψ 可达 80%，可以拉成细丝、压成薄板，进行深冲成型；铸铁的塑性很差，δ 和 ψ 几乎为零，不能进行塑性变形加工。塑性好的材料在受力过大时，由于首先产生塑性变形而不致发生突然断裂，因此比较安全。

4) 冲击韧性(impact toughness)

许多机械零件在工件中往往受到冲击载荷的作用，如活塞销、锤杆、冲模和锻模等。制造这类零件所用的材料不能单单用在静载荷作用下的指标来衡量，而必须考虑材料抵抗冲击载荷的能力。材料在冲击载荷的作用下，抵抗变形和断裂的能力称为冲击韧性。为了

评定材料的冲击韧性，需进行冲击试验。

冲击试样的类型较多，常用的有 U 型或 V 型缺口(脆性材料不开缺口)的标准试样。一次冲击试验通常是在摆锤式冲击试验机上进行的。试验时，将带缺口的试样安放在试验机的机架上，使试样的缺口位于两支架中间，并背向摆锤的冲击方向，如图 1-8 所示。

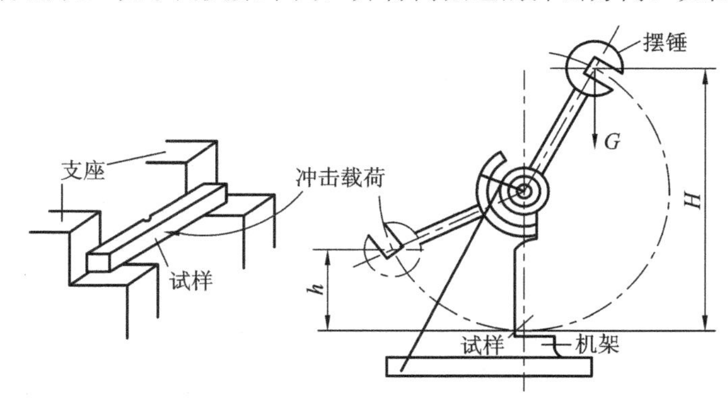

图 1-8　摆锤式一次冲击试验原理图

当质量为 m 的摆锤从规定的高度 H 自由落下时，试样被冲断。在惯性的作用下，击断试样后的摆锤会继续上升到一定的高度 h。根据动能定理和能量守恒原理，可知摆锤击断试样所消耗的功为 $A_k=mg(H-h)$。A_k 可从冲击试验机上直接读出，称为冲击吸收功。A_k 除以试样缺口处横截面积 S_0 的值即为该材料的冲击韧性，用符号 a_k 表示，单位为 J/cm^2。由于冲击试验采用的是标准试样，目前一般也用冲击功 A_k 表示冲击韧性值。

$$a_k = \frac{A_k}{S_0} \tag{1-7}$$

式中，a_k 为冲击韧性(J/m^2)；A_k 为冲击吸收功(J)；S_0 为试样缺口处截面积(m^2)。

A_k 或 a_k 值越大，材料的韧性越好。使用不同类型的试样(U 型缺口或 V 型缺口)进行试验时，其冲击吸收功分别为 A_{kU} 或 A_{kV}，冲击韧性则分别为 a_{kU} 或 a_{kV}。不同类型的试样，其冲击韧性不能直接进行比较或换算。

材料冲击韧性的大小除了与材料本身特性(如化学成分、显微组织和冶金质量等)有关外，还受试样的尺寸、缺口形状、加工粗糙度和试验环境等因素的影响。

由于材料的冲击韧性值 a_k 是在一次冲断的条件下获得的，对判断材料抵抗大能量冲击能力具有一定的意义。但实际上，在冲击载荷下的机械零件，很少因受到大能量的一次冲击而破坏，大多都是受到小能量多次冲击后才失效破坏的。因此，材料抵抗大能量一次冲击的能力取决于材料的塑性，而抵抗小能量多次冲击的能力取决于材料的强度。所以，在机械零件设计时，不能片面地追求高的 a_k 值，a_k 过高必然要降低材料的强度，从而导致零件在使用过程中因强度不足而过早失效。

5) 断裂韧性(fracture toughness)

桥梁、船舶、大型轧辊、转子等有时会发生低应力脆断，这种断裂的名义断裂应力低于材料的屈服强度。尽管在设计时保证了材料足够的延伸率、韧性和屈服强度，但仍不免破坏。这是由于构件或零件内部存在的或大或小、或多或少的裂纹和类似裂纹的缺陷所造

成的。因为

$$K = Y\sigma\sqrt{a} \tag{1-8}$$

所以

$$K_c = Y\sigma_c\sqrt{a} \tag{1-9}$$

式中，Y 为裂纹形状系数(无量纲),也称为几何形状因子，它和裂纹类型及试件几何形状有关，一般 Y＝1～2；K 是应力场强度因子，反映裂纹尖端附近处应力场的强弱。

根据断裂力学的观点，裂纹是否扩展取决于 K，当 K 值达到某一极限值 K_c 时，裂纹就失稳扩展，即达到构件发生脆性断裂的条件。对于一定的金属材料，K_c 与单位体积内的塑性功 γ_p 和正弹性模量 E 有关，且都是常数，故其 K_c 也是常数，即 $\sigma_c \approx K_c / \sqrt{a}$ 。该式表明，引起脆断时的临界应力 σ_c 与裂纹深度(半径) a 的平方根成反比(图 1-9)。各种材料的 K_c 值不同，在裂纹尺寸一定的条件下，材料 K_c 值越大，则裂纹扩展所需的临界应力 σ_c 就愈大。因此，常数 K_c 表示材料阻止裂纹扩展的能力，是材料抵抗脆性断裂的韧性指标，K_c 值与应力、裂纹的形状和尺寸等有关。含有裂纹的材料在外力作用下，裂纹的扩展方式一般有三种，其中张开型裂纹扩展是材料脆性断裂最常见的情况，其中 K_c 值用 K_{Ic} 表示，工程上多采用 K_{Ic} 作为断裂韧性指标来表征材料在应力作用下抵抗裂纹失稳扩展破断的能力，将 K_{Ic} 称为断裂韧性。

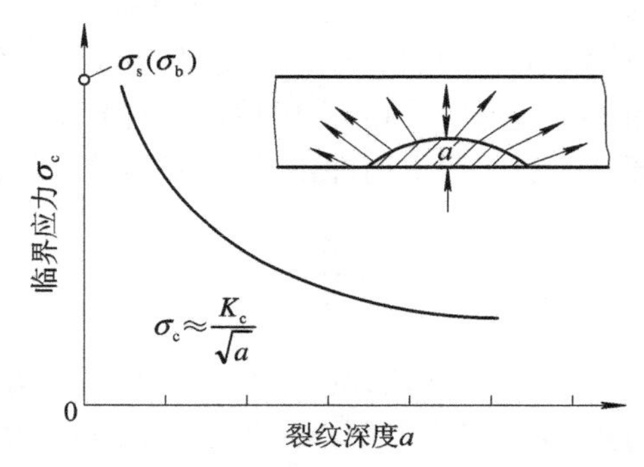

图 1-9 脆断时临界应力 σ_c 与裂纹深度(半径) a 之间的关系

2. 物理性能

1) 密度

单位体积物质的质量称为该物质的密度。不同材料的密度不同，如铜为 7.8 左右，陶瓷为 2.2～2.5，各种塑料的密度更小。密度小于 5×10^3 kg/m^3 的金属称为轻金属，如铝、镁、钛及它们的合金。密度大于 5×10^3 kg/m^3 的金属称为重金属，如铁、铅、钨等。金属材料的密度直接关系到由它们所制构件和零件的自重。轻金属多用于航天航空器上。

强度 σ_b 与密度 ρ 之比称为比强度，弹性模量 E 与密度 ρ 之比为比弹性模量，这都是零件选材的重要指标。

2) 熔点

熔点是指材料的熔化温度。陶瓷的熔点一般都显著高于金属及合金的熔点，而高分子材料一般不是完全晶体，所以没有固定的熔点。工业上常用的防火安全阀及熔断器等零件，使用低熔点合金。而工业高温炉、火箭、导弹、燃气轮机、喷气飞机等某些零部件，却必须使用耐高温的难熔材料。

3) 热膨胀性

金属材料随着温度变化而膨胀、收缩的特性称为热膨胀性。一般来说，金属受热时膨胀，体积增大，冷却时收缩，体积缩小。热膨胀性用线胀系数 α_L 和体胀系数 α_V 来表示。

$$\alpha_L = \frac{L_2 - L_1}{L_1 \Delta t} \qquad \alpha_V = 3\alpha_L$$

式中，α_L 为线胀系数(1/K 或 1/℃)，L_1 为膨胀前长度(m)；L_2 为膨胀后长度(m)；Δt 为温度变化量(K 或℃)。

由膨胀系数大的材料制造的零件，在温度变化时，尺寸和形状变化较大。轴和轴瓦之间要根据其膨胀系数来控制其间隙尺寸；在热加工和热处理时也要考虑材料的热膨胀影响，以减少工件的变形和开裂。

4) 磁性

金属材料可分为铁磁性材料(在外磁场中能强烈地被磁化，如铁、钴等)、顺磁性材料(在外磁场中只能微弱地被磁化，如锰、铬等)和抗磁性材料(能抗拒或削弱外磁场对材料本身的磁化作用如铜、锌等)三类。铁磁性材料可用于制造变压器、电动机、测量仪表等。抗磁性材料则用于要求避免电磁场干扰的零件和结构材料，如航海罗盘。

当温度升高到一定数值时，铁磁性材料的磁畴被破坏，变为顺磁性材料，这个转变温度称为居里点，如铁的居里点是 770℃。

5) 导热性

材料传导热量的性能称为导热性，用导热系数 λ 表示。导热性好的材料(如铜、铝及其合金)常用来制造热交换器等传热设备的零部件。导热性差的材料(陶瓷、木材、塑料等)可用来制造绝热材料。一般来说，金属及合金的导热系数远高于非金属材料。

在制定焊接、铸造、锻造和热处理工艺时，必须考虑材料的导热性，防止材料在加热或冷却过程中形成过大的内应力而造成变形与开裂。

6) 导电性

传导电流的能力称导电性，用电阻率来衡量，单位是 Ω·m。电阻率越小，金属材料导电性越好，金属导电性以银为最好，铜、铝次之。合金的导电性比纯金属差。电阻率小的金属(纯铜、纯铝)适于制造导电零件和电线。电阻率大的金属或合金(如钨、钼、铁、铬)适于做电热元件。

3. 化学性能

1) 耐腐蚀性

金属材料在常温下抵抗氧、水蒸气及其他化学介质腐蚀破坏作用的能力称为耐腐蚀性，碳钢、铸铁的耐腐蚀性较差；钛及其合金、不锈钢的耐腐蚀性好，在食品、制药、化工工业中不锈钢是重要的应用材料；铝合金和铜合金也有较好的耐腐蚀性。

2) 抗氧化性

金属材料在加热时抵抗氧化作用的能力称抗氧化性。在金属材料中加入 Cr、Si 等合金元素，可提高钢的抗氧化性。如合金钢 4Cr9Si2 中含有质量分数为 9%的 Cr 和质量分数为 2%的 Si，则可在高温下使用，制造内燃机排气阀及加热炉炉底板、料盘等。

金属材料的耐腐蚀性和抗氧化性统称化学稳定性。在高温下的化学稳定性称为热稳定性。在高温条件下工作的设备，如锅炉、汽轮机、喷气发动机等部件和零件应选择热稳定性好的材料来制造。

1.1.2 材料的工艺性能

材料工艺性能的好坏直接影响制造零件的工艺方法、质量及成本。主要的工艺性能有以下几个方面。

1. 铸造性能

材料铸造成型获得优良铸件的能力称为铸造性能。衡量铸造性能的指标有流动性、收缩性和偏析等。

1) 流动性

熔融材料的流动能力称为流动性。它主要受化学成分和浇注温度等因素的影响。流动性好的材料容易充满铸腔，从而获得外形完整、尺寸精确和轮廓清晰的铸件。

2) 收缩性

铸件在凝固和冷却过程中，其体积和尺寸减少的现象称为收缩性。铸件收缩不仅影响尺寸，还会使铸件产生缩孔、疏松、内应力、变形和开裂等缺陷。因此用于铸造的材料其收缩性越小越好。

3) 偏析

铸件凝固后，内部化学成分和组织的不均匀现象称为偏析。偏析严重的铸件各部分的力学性能会有很大的差异，会降低产品的质量。一般来说，铸铁比钢的铸造性能好，金属材料比工程塑料的铸造性能好。

2. 锻造性能

锻造性能是指材料是否易于进行压力加工的性能。它取决于材料的塑性和变形抗力，塑性越好，变形抗力越小，材料的锻造性能越好。例如，纯铜在室湿下就有良好的锻造性能，碳钢在加热状态锻造性能良好，铸铁则不能锻造。热塑性塑料可经挤压和压塑成型，这与金属挤压和模压成型相似。

3. 焊接性能

两块材料在局部加热至熔融状态下能牢固地焊接在一起的能力叫做该材料的焊接性能。碳钢的焊接性主要由化学成分决定，其中碳含量的影响最大。例如，低碳钢具有良好的焊接性，而高碳钢、铸铁的焊接性不好。某些工程塑料也有良好的可焊性，但与金属的焊接机制及工艺方法不同。

4. 热处理性能

所谓热处理，就是通过加热、保温、冷却的方法使材料在固态下的组织结构发生改变，从而获得所要求的性能的一种加工工艺。在生产上，热处理既可用于提高材料的力学性能及某些特殊性能以进一步充分发挥材料的潜力，亦可用于改善材料的加工工艺性能，如改善切削加工、拉拔挤压加工和焊接性能等。常用的热处理方法有退火、正火、淬火、回火及表面热处理(表面淬火及化学热处理)等。

5. 切削加工性能

材料接受切削加工的难易程度称为切削加工性能。切削加工性能主要用切削速度、加工表面光洁度和刀具使用寿命来衡量。影响切削加工性能的因素有工件的化学成分、组织、硬度、导热性及形变强化程度等。一般认为，具有适当硬度(170～230 HBS)和足够脆性时金属材料的切削性能良好。所以灰铸铁比钢切削性能好，碳钢比高合金钢切削性好。改变钢的成分(如加入少量铅、磷等元素)和进行适当的热处理(如低碳钢进行退火，高碳钢进行球化退火)可改善钢的切削加工性能。

1.2 工程材料的结构

工程材料(包括金属材料、高分子材料、陶瓷材料和复合材料)的性能主要取决于其化学成分、组织结构及加工工艺过程。在制造、使用、研究和发展固体材料时，材料的内部结构是非常重要的研究对象。所谓结构(structure)，就是指物质内部原子在空间的分布及排列规律。本节将重点讨论常用工程材料，即金属材料、高分子材料、陶瓷材料的结构与性能。

1.2.1 材料的结合方式

1. 结合键

组成物质的质点(原子、分子或离子)间的相互作用力称为结合键。由于质点间的相互作用性质不同，则形成了不同类型的结合键，主要有共价键、离子键、金属键、分子键。

1) 离子键

当两种电负性相差很大(如元素周期表中相隔较远的元素)的原子相互结合时，其中，电负性较小的原子失去电子成为正离子，电负性较大的原子获得电子成为负离子，正、负离子靠静电引入结合在一起而形成的结合键称为离子键。

由于离子键的电荷分布呈球形对称，因此，它在各个方向都可以和相反电荷的离子相吸引，即离子键的特性之一是没有方向性。离子键的另一个特性是无饱和性，即一个离子可以同时和几个异号离子相结合。例如，在 NaCl 晶体中，每个氯离子周围都有 6 个钠离子，每个钠离子周围也有 6 个氯离子等距离地排列着。离子晶体在空间三维方向上不断延续，就形成了巨大的离子晶体。NaCl 晶体结构如图 1-10 所示。由于离子键的结合力很大，因此离子晶体的硬度高、强度大、热膨胀系数小、脆性大。离子键很难产生可以自由运动的电子，所以离子晶体具有很好的绝缘性。在离子键中，由于离子的外层电子被牢固地束缚，可见光的能量一般不足以使其受激发，因而不吸收可见光，典型的离子晶体是无色透明的。

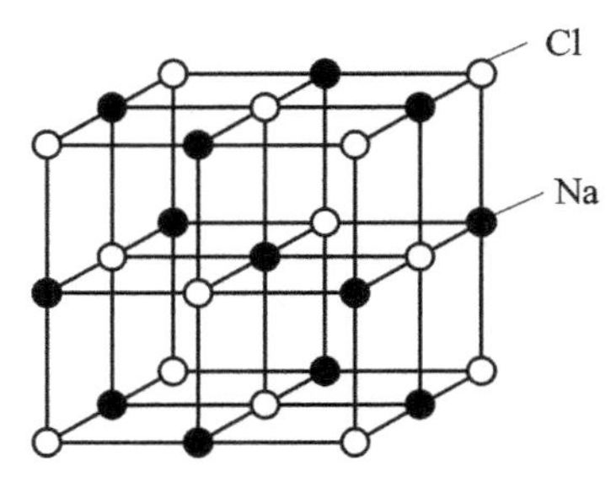

图 1-10 NaCl 晶体结构

2) 共价键

元素周期表中的ⅣA、ⅤA、ⅥA 族大多数元素或电负性不大的原子相互结合时，原子间不产生电子的转移，以共价电子形成稳定的电子满壳层的方式实现结合。这种由共用电子对产生的结合键称为共价键。

最具代表性的共价晶体是金刚石，其结构如图 1-11 所示。金刚石结构由碳原子组成，每个碳原子贡献出 4 个价电子与周围的 4 个碳原子共有，形成 4 个共价键，因此构成四面体：一个碳原子在中心，与它共价的 4 个碳原子在 4 个顶角上。硅、锗、锡等元素可构成共价晶体。SiC、BN 等化合物属于共价晶体。

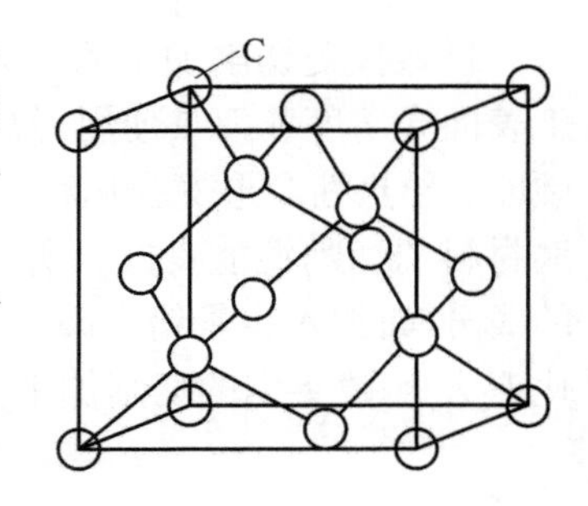

图 1-11　金刚石晶体结构

共价键结合力很大，故共价晶体的强度、硬度高，脆性大，熔点、沸点高，挥发性低。

3) 金属键

绝大多数金属元素(周期表中Ⅰ、Ⅱ、Ⅲ族元素)是以金属键结合的。金属原子结构的特点是外层电子少，原子容易失去其价电子而成为正离子。当金属原子相互结合时，金属原子的外层电子(价电子)就脱离原子，成为自由电子，为整个金属晶体中的原子所共有。这些共有的自由电子在正离子之间自由运动形成所谓的电子气。这种由金属正离子与电子气之间相互作用而结合的方式称为金属键。图 1-12 所示为金属钠的晶体结构。

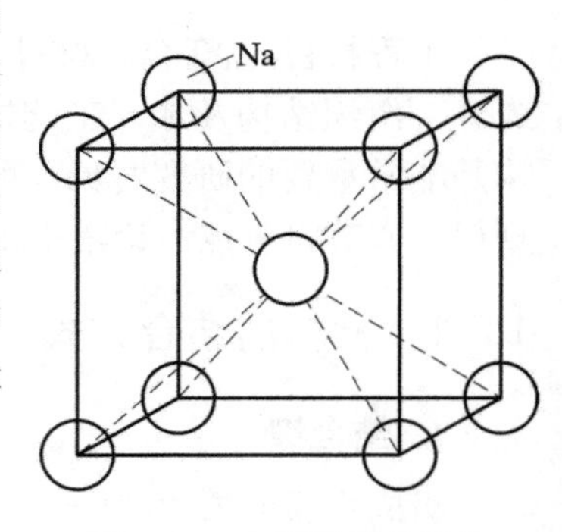

图 1-12　金属钠晶体结构

以金属键结合的金属具有以下特性：

(1) 良好的导电性及导热性。由于金属中有大量的自由电子存在，当金属的两端存在电势差或外加电场时，电子可以定向地流动，使金属表现出优良的导电性。由于自由电子的活动能力很强及金属离子振动的作用，因而使金属具有良好的导热性。

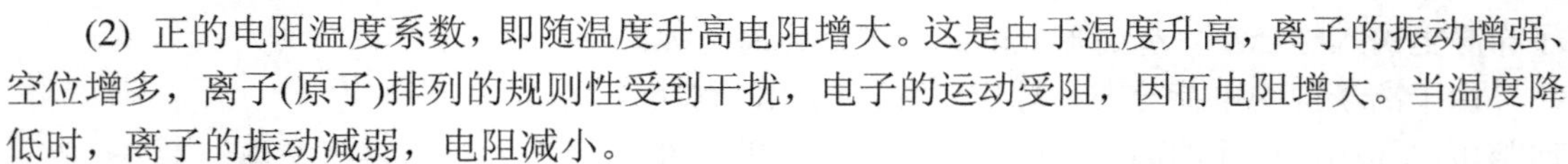

(2) 正的电阻温度系数，即随温度升高电阻增大。这是由于温度升高，离子的振动增强、空位增多，离子(原子)排列的规则性受到干扰，电子的运动受阻，因而电阻增大。当温度降低时，离子的振动减弱，电阻减小。

(3) 良好的强度及塑性。由于正离子与电子气之间的结合力较大，所以金属晶体具有良好的强度。由于金属键没有方向性，原子间没有选择性，因此在受外力作用而发生原子位置相对移动时结合键不会遭到破坏，使金属具有良好的塑性变形能力(良好的塑性)。

(4) 特有的金属光泽。由于金属中的自由电子能吸收并随后辐射出大部分投射到其表面的光能，因此金属不透明并呈现特有的金属光泽。

4) 分子键

有些物质的分子具有极性，即分子的一部分带有正电荷，而分子的另一部分带有负电荷。一个分子的正电荷部位与另一个分子的负电荷部位间以微弱静电引力相吸引而结合在一起的键称为范德华键(或分子键)。分子晶体因其结合键能很低，所以其熔点很低，硬度也低。此类结合键无自由电子，所以绝缘性良好。

2. 工程材料的键性

材料结合键的类型不同，其性能就不同。常见结合键的特性见表 1-2。

表 1-2　结合键的特性

	离　子　键	共　价　键	金　属　键
结构特点	无方向性或方向性不明显，配位数大	方向性明显，配位数小，密度小	无方向性，配位数大，密度大
力学性能	强度高，断裂性良好，硬度大	强度高，硬度大	有各种强度，有塑性
热学性能	熔点高，膨胀系数小，熔体中有离子存在	熔点高，膨胀系数小，熔体中有的含有分子	有各种熔点，导热性好，液态的温度范围宽
电学性能	绝缘体，熔体为导体	绝缘体，熔体为非导体	导电体(自由电子)
光学性能	与各构成离子的性质相同，对红外线的吸收强，多是无色或浅色透明的	折射率大，同气体的吸收谱线很不同	不透明，有金属光泽

实际中使用的工程材料有的是单纯的一种键，更多的是几种键的结合。

1) 金属材料

绝大多数金属材料的结合键是金属键，少数的具有共价键(加灰锡)和离子键(如金属间化合物 Mg_3Sb_2)，所以金属材料的金属特性特别明显。

2) 陶瓷材料

陶瓷材料的结合键是离子键和共价键，大部分材料以离子键为主，所以材料具有高的熔点和很高的硬度，但脆性较大。

3) 高分子材料

高分子材料的结合键是共价键和分子键，即分子内靠共价键结合，分子间靠分子键结合。虽然分子键的作用力很弱，但由于高分子材料的分子很大，所以大分子间的作用力也较大，因而高分子材料也具有较好的力学性能。

如果以四种键为顶点作一个四面体，就可以把材料结合键的范围示意地表示在这个四面体上，具体材料的特性见图 1-13。

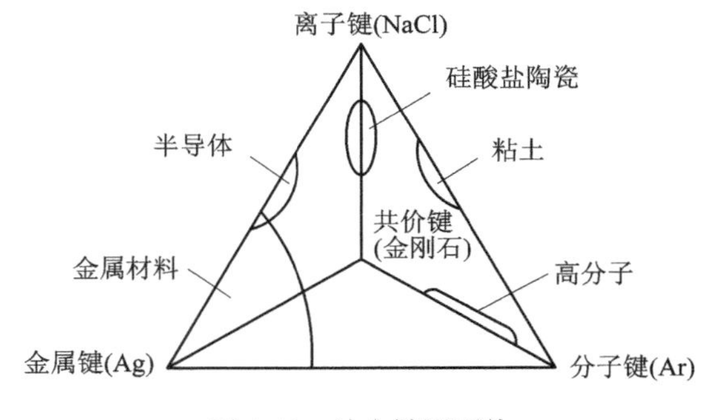

图 1-13　结合键四面体

3. 晶体与非晶体

材料按照结合键以及原子或分子大小的不同可在空间组成不同的排列类型，即不同的结构。材料结构不同，则性能不同；材料的种类和结合键都相同，但原子排列的结构不同，其性能也会有很大的差异。通常按原子在物质内部的排列规则性将物质分为晶体和非晶体。

1) 晶体

所谓晶体，是指原子在其内部沿三维空间呈周期性重复排列的一类物质。几乎所有金属、大部分的陶瓷以及部分聚合物在其凝固后都具有晶体结构。

晶体的主要特点是：① 结构有序；② 物理性质表现为各向异性；③ 有固定的熔点；④ 在一定条件下有规则的几何外形。

2) 非晶体

所谓非晶体，是指原子在其内部沿三维空间呈紊乱、无序排列的一类物质。典型的非晶体材料是玻璃。虽然非晶体在整体上是无序的，但在很小的范围内原子排列还是有一定规律性的，所以将原子的这种排列规律称为“短程有序”；而将整个晶体中原子排列的规律性称为“长程有序。”

非晶体的特点是：① 结构无序；② 物理性质表现为各向同性；③ 没有固定的熔点；④ 热导率(导热系数)和热膨胀性小；⑤ 在相同应力作用下，非晶体的塑性形变大；⑥ 组成非晶体的化学成分变化范围大。

3) 晶体与非晶体的转化

非晶体的结构是短程有序，即在很小的尺寸范围内存在有序性；而晶体内部虽存在长程有序结构，但在小范围内存在缺陷，即在很小的尺寸范围内存在无序性。所以两种结构尚存在有共同特点，物质在不同条件下，既可形成晶体结构，又可形成非晶体结构。如玻璃经适当热处理也可形成晶体玻璃，而金属液体在高速冷却条件下(＞107°C / s)可以得到非晶体金属。

有些物质可看成是有序与无序的中间状态，如塑料、液晶、准晶等。

1.2.2 金属材料的结构

为了研究晶体中原子的排列规律，假定理想晶体中的原子都是固定不动的刚球，晶体即由这些刚球堆垛而成，形成原子堆垛的球体几何模型，如图 1-14(a)所示。这种模型的优点是立体感强且直观，但刚球密密麻麻地堆垛一起，很难看清内部原子排列的规律和特点。为了便于分析各种晶体中的原子排列规律性，常以通过各原子中心的一些假想连线来描绘其三维空间的几何排列形式，如图 1-14(b)所示。各连线的交点称做“结点”，表示各原子中心位置。这种用以描述晶体中原子排列的空间格架称为空间点阵或晶格(lattice)。由于晶格中原子排列具有周期性的特点，简便起见，我们可从其晶格中选取一个最基本的几何单元来表达晶体规则排列的形式特征，如图 1-14(c)所示。组成晶格的这种最基本的几何单元称为晶胞(unit cell)，晶胞的大小和形状常以晶胞的棱边长度 a、b、c(称做晶格常数)和棱边间相互夹角 α、β、γ 来表示。

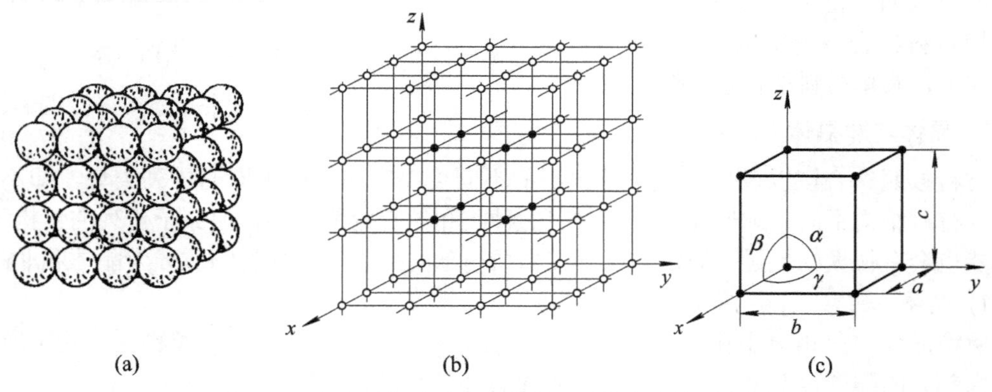

图 1-14 立方晶体球体几何模型、晶格和晶胞示意图

(a) 立方晶体球体几何模型；(b) 金属的晶格；(c) 晶胞及晶格常数的表示方法

1. 典型的金属晶体结构

自然界中的各种晶体物质，或其晶格形式不同，或其晶格常数不同，主要与其原子构造、原子间的结合力的性质有关。对于金属晶体来说，其原子结构的共同特点是价电子数少，一般为 1～2 个，最多不超过 4 个，与原子核间的结合力弱，很容易脱离原子核的束缚而变成自由电子。贡献出价电子的原子，成为正离子，自由电子穿梭于各离子之间作高速运动，形成电子云。金属的这种结合方式称做金属键。

1) 体心立方晶格(body-centered cubic lattice)

体心立方晶格的晶胞模型如图 1-15 所示。其晶胞是一个立方体，晶胞的三个棱边长度 $a=b=c$，通常只用一个晶格常数 a 表示。三个晶轴之间夹角均为 90°。在体心立方晶胞的每个角上和晶胞中心都排列有一个原子，每个角上的原子属于 8 个晶胞所共有，故只有 1/8 的原子属于这个晶胞，晶胞中心的原子完全属于这个晶胞，所以体心立方晶胞中属于单个晶胞的原子数为 8×1/8＋1＝2。在体心立方晶胞中，只有沿立方体对角线方向的原子是相互紧密排列的。体对角线的长度为 $\sqrt{3}a$，它与 4 个原子半径的长度相等，所以体心立方晶格的原子半径 $r=\sqrt{3}a/4$ (图 1-16)。具有体心立方晶格的金属有 α-Fe、Cr、V、Nb、Mo、W、β-Ti 等。

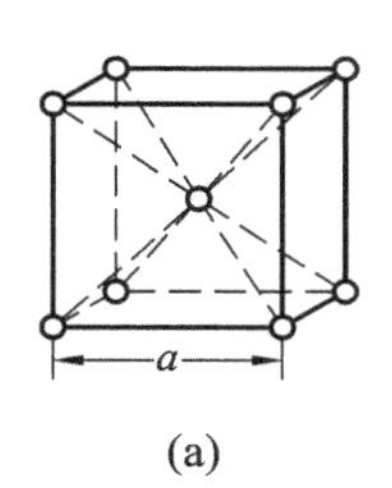

(a)

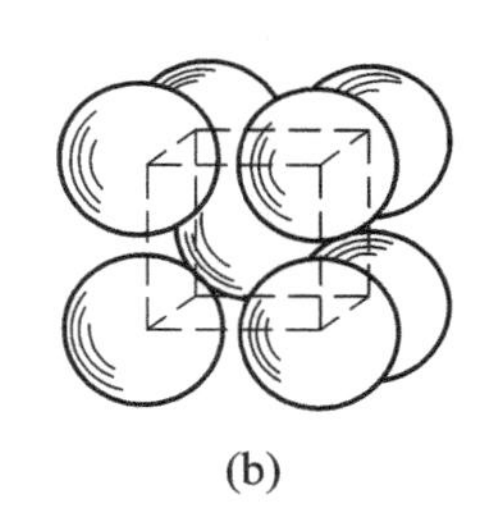

(b)

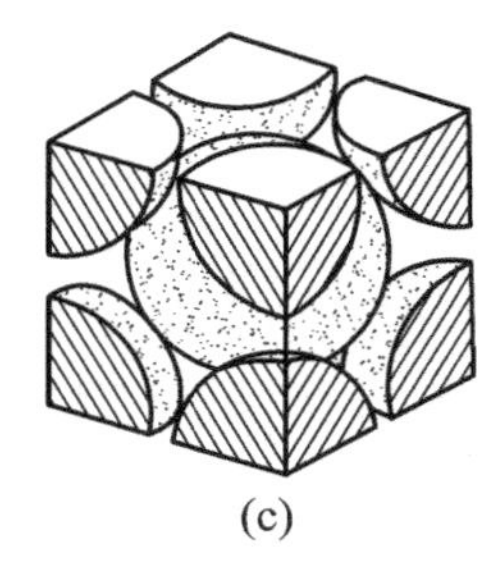

(c)

图 1-15　体心立方晶胞模型

(a) 质点模型；(b) 刚球模型；(c) 晶胞原子数

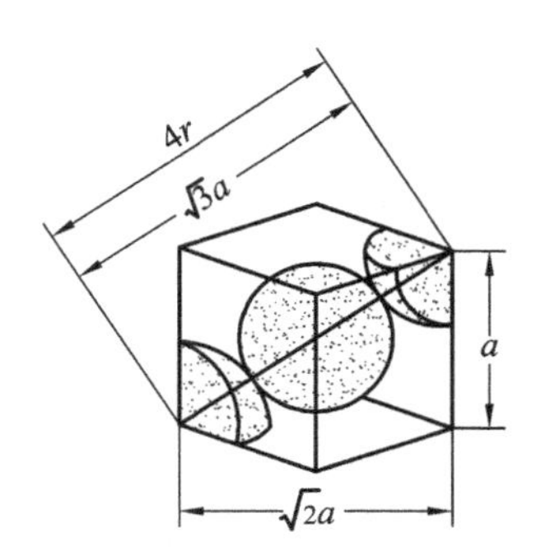

图 1-16　体心立方晶胞原子半径计算

2) 面心立方晶格(face-centered cubic lattice)

面心立方晶格的晶胞模型如图 1-17 所示。其晶胞也是一个立方体，晶格常数用 a 表示。在面心立方晶格的每个角上和晶胞的六个表面的中心都排列有一个原子，每个角上的原子属于 8 个晶胞所共有，每个晶胞实际占有该原子的 1/8，而位于六个面中心的原子同时属于相邻的两个晶胞所共有，所以每个晶胞只分到面心原子的 1/2，因此面心立方晶胞中属于单个晶胞的原子数为 8×1/8＋6×1/2＝4。

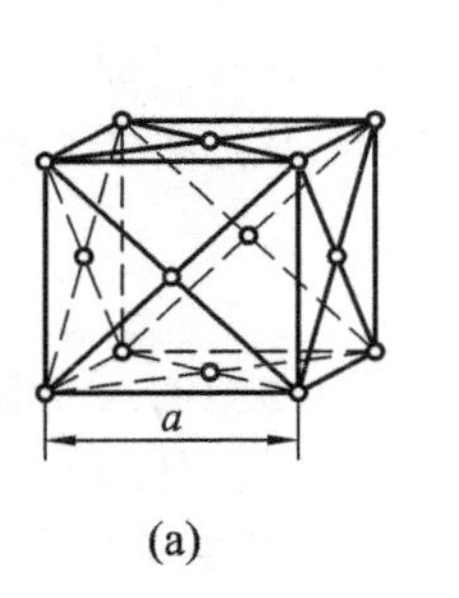

(a)

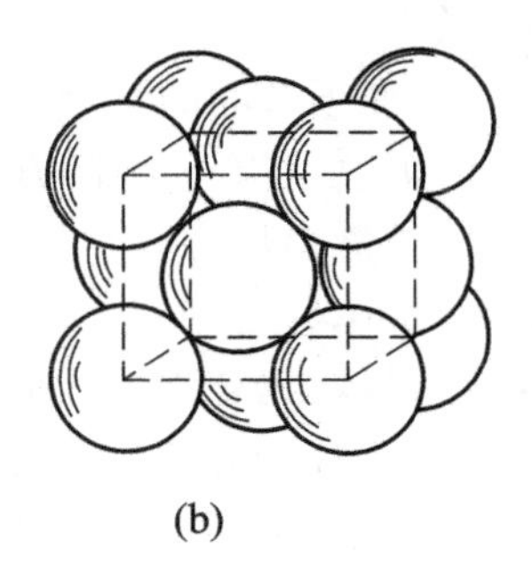
(b)

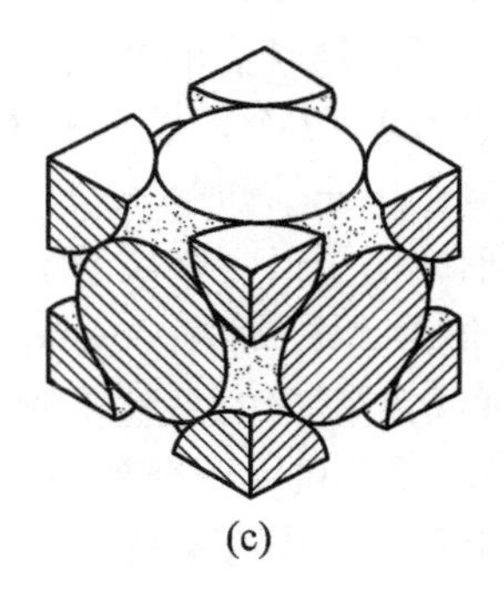
(c)

图 1-17 面心立方晶胞模型

(a) 质点模型；(b) 刚球模型；(c) 晶胞原子数

在面心立方晶胞中，只有沿晶胞六个表面的对角线方向的原子是互相紧密地接触排列的。面对角线的长度为 $\sqrt{2}a$，它与 4 个原子半径的长度相等，所以面心立方晶格的原子半径 $r=\sqrt{2}a/4$。

具有面心立方晶格的金属有 γ-Fe、Cu、Ni、Al、Ag、Au、Pb、Pt、β-Co 等。

3) 密排六方晶格(hexagonal close-packed lattice)

密排六方晶格的晶胞模型如图 1-18 所示。在晶胞的 12 个角上各有一个原子，构成六方柱体，上、下底面的中心各有一个原子，晶胞内还有三个原子。晶胞中的原子数可参照图 1-18(c)，具体计算如下：六方柱每个角上的原子均属于六个晶胞所共有，上、下底面中心的原子同时为两个晶胞所共有，再加上晶胞内的三个原子，故密排六方晶胞中属于单个晶胞的原子数为 12×1/6＋2×1/2＋3＝6。

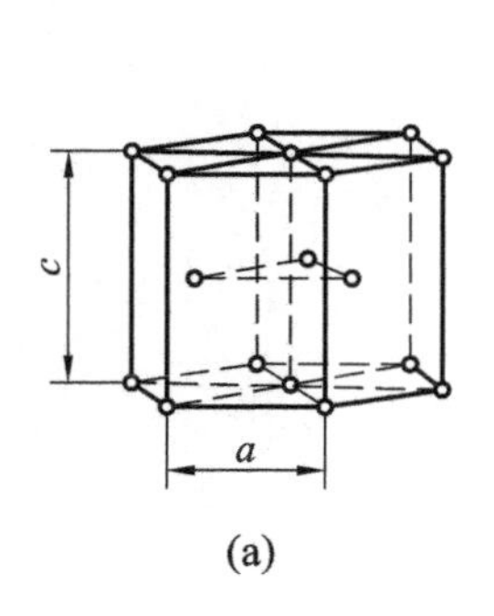

(a)

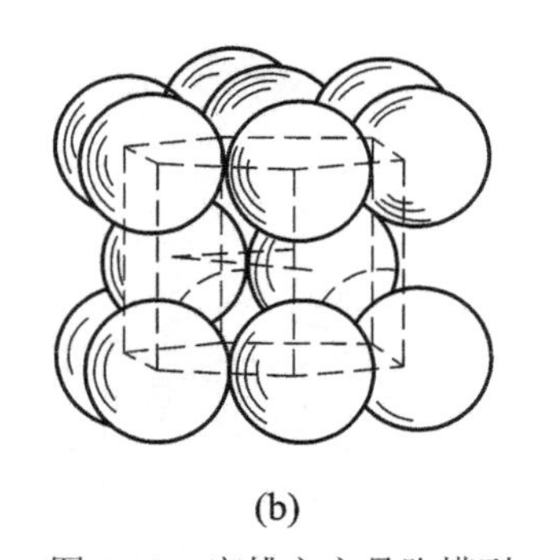
(b)

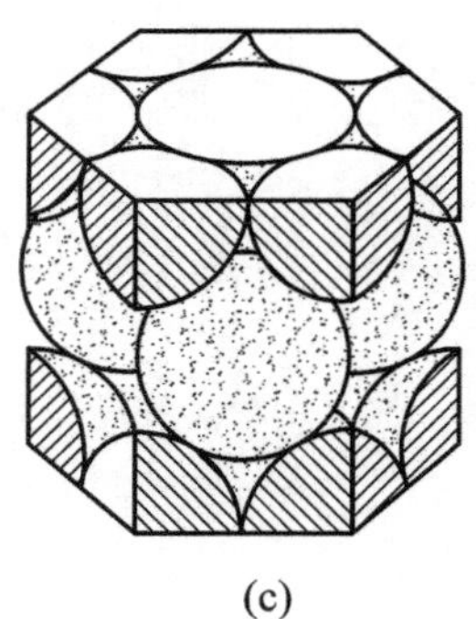
(c)

图 1-18 密排六方晶胞模型

(a) 质点模型；(b) 刚球模型；(c) 晶胞原子数

密排六方晶胞的晶格常数有两个：正六边形的边长 a 和上下两底面之间的距离即柱体高度 c，c 与 a 之比 c/a 称为轴比，典型的密排六方晶格中 $c/a=\sqrt{8/3}\approx1.633$。

对于典型的密排六方晶格金属，相互相邻的两个原子紧密地接触排列，长度为 a，等于两个原子半径，所以密排六方晶格的原子半径 $r=a/2$。

具有密排六方晶格的金属有 Mg、Zn、Be、Cd、α-Ti、α-Co 等。

2．典型晶格的配位数和致密度

金属晶体的一个特点是趋于最紧密的排列，所以晶格中原子排列的紧密程度是反映晶体结构特征的一个重要因素，通常用配位数和致密度两个参数来表征。

1) 配位数(coordination number)

配位数是指晶体结构中与任意一个原子周围最邻近且等距离的原子的数目。配位数越大，晶体中原子排列就越紧密。

在体心立方晶格中，以立方体中心的原子来看(图 1-11)，与其最邻近等距离的原子是周围顶角上的 8 个原子，所以体心立方晶格的配位数为 8。在面心立方晶格中，以面中心的原子来看(图 1-13)，与之最邻近的是它周围顶角上的 4 个原子，这 5 个原子构成一个平面，这样的平面共有 3 个，且这 3 个平面彼此相互垂直，结构形式相同，所以与该原子最邻近等距离的原子共有 3×4＝12 个，因此面心立方晶格的配位数为 12。在典型的密排六方晶格中，原子刚球十分紧密地堆垛排列，以晶胞上底面中心的原子为例，它不仅与周围 6 个角上的原子相接触，而且与其下面的 3 个位于晶胞之内的原子以及与其上面相邻晶胞内的 3 个原子相接触(图 1-14)，故配位数为 12。

2) 致密度(tightness)

球体几何模型中，把原子看做刚性圆球，原子与原子结合时之间必然存在空隙。晶体中原子排列的紧密程度可用原子所占体积与晶体体积的比值来表示，称为晶体的致密度或密集系数，可用下式表示：

$$K = \frac{nV_1}{V} \tag{1-9}$$

式中，K 为晶体的致密度；n 为一个晶胞实际包含的原子数；V_1 为一个原子的体积；V 为晶胞的体积。

晶体的致密度越大，表明晶体原子排列密度越高，原子结合越紧密。

体心立方晶格的晶胞中包含有 2 个原子，晶胞的棱边长度(晶格常数)为 a，原子半径为 $r = \sqrt{3}a/4$，其致密度为

$$K = \frac{nV_1}{V} = \frac{2\times\frac{4}{3}\pi r^3}{a^3} = \frac{2\times\frac{4}{3}\pi\left(\frac{\sqrt{3}}{4}a\right)^3}{a^3} \approx 0.68$$

此值表明，在体心立方晶格中，有 68%的体积为原子所占有，其余 32%为间隙体积。

面心立方晶格的晶胞中含有 4 个原子，晶胞的棱边长度(晶格常数)为 a，原子半径为 $r = \sqrt{2}a/4$，由此可计算出它的致密度为

$$K = \frac{nV_1}{V} = \frac{4\times\frac{4}{3}\pi r^3}{a^3} = \frac{4\times\frac{4}{3}\pi\left(\frac{\sqrt{2}}{4}a\right)^3}{a^3} \approx 0.74$$

同理，对于典型的密排六方晶格金属，晶胞中的原子数为 6，其原子半径为 $r=a/2$，则致密度为

$$K=\frac{nV_1}{V}=\frac{6\times\frac{4}{3}\pi r^3}{\frac{3\sqrt{3}}{2}a^2\sqrt{\frac{8}{3}}a}=\frac{6\times\frac{4}{3}\pi\left(\frac{1}{2}a\right)^3}{3\sqrt{2}a^3}\approx 0.74$$

表 1-3 是三种典型金属晶格的计算数据。由表列数据可见，不论从配位数还是致密度来看，面心立方晶格和密排六方晶格的原子排列都是最紧密的，在所有的晶体结构中属最密排排列方式。体心立方晶格次之，属次密排排列方式。

表 1-3　三种典型晶格的数据

晶格类型	晶胞中的原子数	原子半径	配位数	致密度
体心立方	2	$\sqrt{3}a/4$	8	0.68
面心立方	4	$\sqrt{2}a/4$	12	0.74
密排六方	6	$a/2$	12	0.74

3. 实际金属的晶体结构

1) *多晶体结构和亚结构*

前面所讲的晶体是指没有任何缺陷的理想晶体，这种晶体在自然界中是不存在的。近年来，科学工作者虽然用人工的办法制造出了单晶体(single crystal)，但尺寸相当小，况且事实上也存在一些缺陷。单晶体是指内部晶格位向完全一致的晶体，实际中使用的金属是多晶体(polycrystal)，是由许多彼此位向不同、外形不规则的小晶体所组成的(图 1-19(b))。我们把这种外形不规则的小晶体称做晶粒(crystal grain)。晶粒与晶粒之间的界面称为晶界(grain boundary)。多晶体由于各个晶粒的各向异性相互抵消，一般测不出其像在单晶体中那样的各向异性而显示出各向同性。实践证明，在多晶体的每个晶粒内部，实际上也并不像理想单晶体那样晶格位向完全一致，而是存在着许多尺寸更小，位向差也很小(一般是10′~20′左右，最大到 1°~2°)的小晶块。它们相互嵌镶成一颗晶粒，这些在晶格位向上彼此有微小差别的晶内小区域称为亚结构或嵌镶块。因其尺寸更小，须在高倍显微镜或电子显微镜下才能观察到。

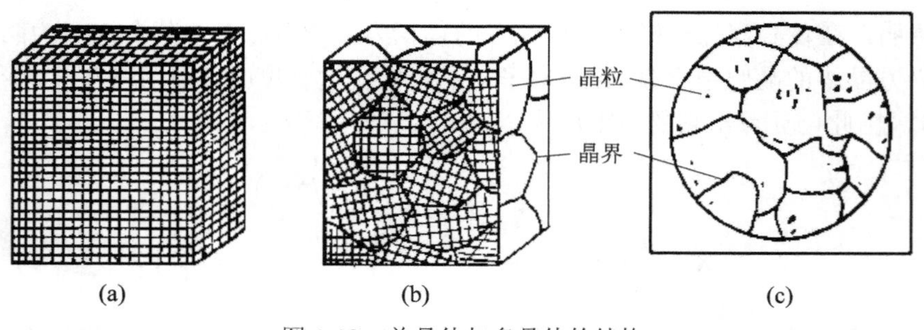

图 1-19　单晶体与多晶体的结构

(a) 单晶体示意图；(b) 多晶体示意图；(c) 多晶体纯铁的显微组织

2) 实际金属晶体缺陷

实际金属是多晶体结构，晶粒内存在着亚结构。同时，由于结晶条件等原因，会造成晶体内部某些局部区域原子排列的规则性受到干扰而破坏，不像理想晶体那样规则和完整。把这种偏离理想状态的区域称为晶体缺陷或晶格缺陷。这种局部存在的晶体缺陷对金属性能影响很大，按晶体缺陷的几何形态特征分为以下三类：

(1) 点缺陷(point defect)。

空间三维尺寸都很小，都相当于原子尺寸的缺陷，包括空位、间隙原子和置换原子等。

在实际晶体结构中，晶格的某些结点若未被原子所占据则形成空位。空位是一种平衡含量极小的热平衡缺陷，随晶体温度升高，空位的含量也随之提高。晶体中有些原子不占有正常的晶格结点位置，而是处于晶格间隙中，称之为间隙原子。同类原子晶格不易形成间隙原子，异类间隙原子大多数是原子半径很小的原子，如钢中的氢、氮、碳、硼等。晶体中若有异类原子，异类原子占据了原来晶相中的结点位置，替换了某些基体原子则形成置换原子。

由于点缺陷的存在，使其周围的原子离开了原来的平衡位置，因而造成晶格畸变，如图1-20所示。

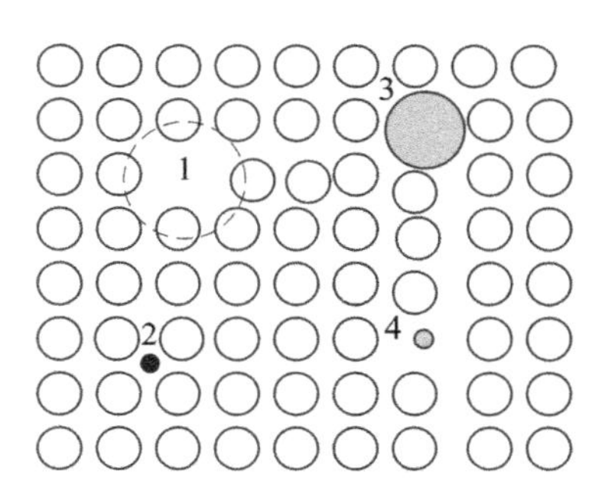

1—空位；2—空隙原子；3、4—置换原子

图1-20　点缺陷示意图

(2) 线缺陷(linear defect)。

空间三维尺寸中两维都很小，在原子尺寸范围内，一维尺寸相对很大的缺陷，属于这一类缺陷的主要是位错(dislocation)。

位错是晶体中某处有一列或若干列原子发生有规律的错排现象。可看做是晶体中一部分晶体相对于另一部分晶体产生局部滑移而造成的，滑移部分与未滑移部分的交界线即为位错线。晶体中位错的基本类型有刃型位错(edge dislocation)和螺型位错(screw dislocation)两种。刃型位错模型如图1-21所示，某一原子面在晶体内部中断，宛如用一把锋利的钢刀切入晶体沿切口插入一额外半原子面一样，刀口处的原子列即为刃型位错线；螺型位错模型如图1-22所示，相当于钢刀切入晶体后，被切的上下两部分沿刃口相对错动了一个原子间距，上下两层相邻原子发生了错排和不对齐的现象。沿刃口的错排原子被扭曲成了螺旋形即为螺型位错线。无论是刃型位错还是螺型位错，沿位错线周围原子排列都偏离了平衡位置，产生晶格畸变。

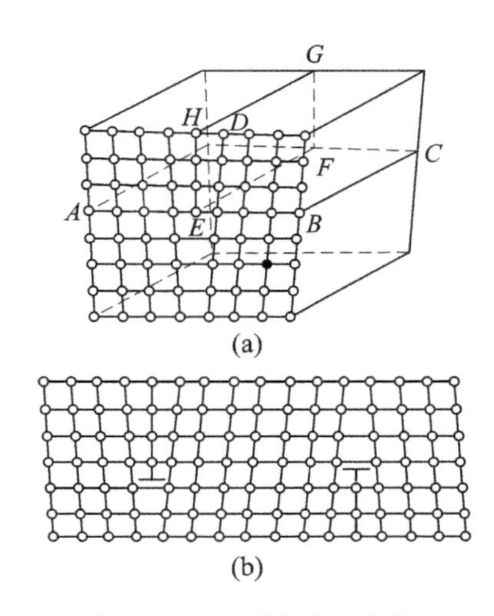

图1-21　刃型位错示意图

(a) 立体模型；(b) 平面模型

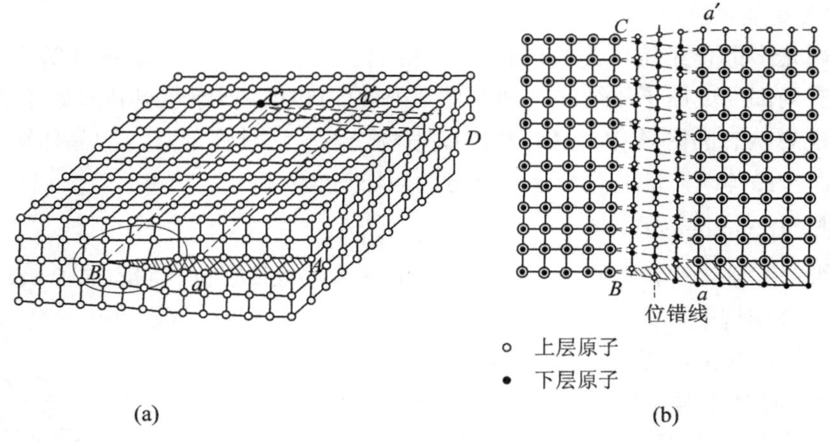

图 1-22 螺型位错示意图

(a) 立体模型；(b) 平面模型

金属晶体中往往存在大量的位错线，通常用位错密度 ρ (dislocation density)来表示：

$$\rho=\frac{\Sigma L}{V} \tag{1-10}$$

式中，ΣL 为体积 V 内位错线的总长度(cm)；V 为晶体体积(cm^3)。

一般经适当退火的金属中，位错密度 $\rho\approx 10^5\sim10^8 cm^{-2}$；而经过剧烈冷变形的金属，位错密度可增至 $10^{10}\sim10^{12} cm^{-2}$。位错的存在极大地影响金属的力学性能，当金属为理想晶体(无缺陷)或仅含少量位错时，金属屈服点 σ_s 很高，随着位错密度的增加屈服强度降低，当进行冷变形加工时，位错密度大大增加，σ_s 又增高(图 1-23)。

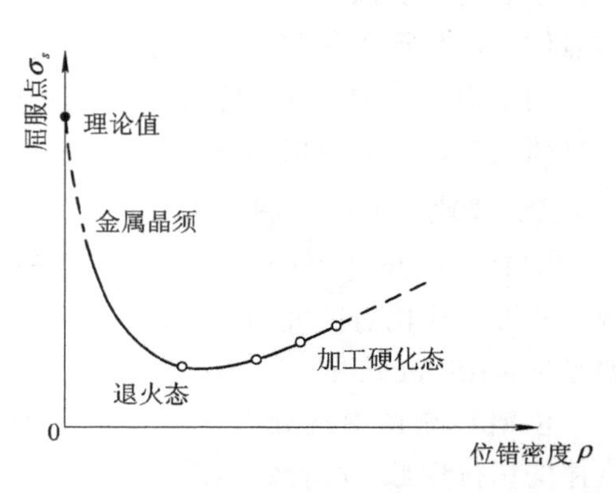

图 1-23 金属强度与位错密度的关系示意图

(3) 面缺陷(interficial defect)。

空间三维尺寸中有一维很小，在原子尺寸范围内，另外两维尺寸相对存在很大的缺陷，包括晶界、亚晶界、嵌镶结构、堆垛层错和相界以及孪晶界等。这里只介绍晶界和亚晶界。实际金属是多晶体，各晶粒间位向不同，晶界处原子排列的规律性受到破坏。晶界实际上是不同位向晶粒之间原子无规则排列的过渡层，宽度为 5～10 个原子间距，位向差一般为 20°～40°(图 1-24(a))。亚晶粒(subgrain)是组成晶粒的尺寸很小，位向差也很小(10′～2°)的小晶块。亚晶粒之间的交界面称亚晶界(sub-boundary)。亚晶界同样是小区域的原子排列无规则的过渡层。亚晶界也可看做位错壁(图 1-24(b))。过渡层中晶格产生了畸变(图 1-24)，在常温下，晶界对塑性变形起了阻碍作用，晶粒愈细，晶界就愈多，对塑性变形的阻碍作用就愈大。因此，细晶粒的金属材料便具有较高的强度和硬度。

由于晶界的特殊结构不仅影响金属的机械性能，而且由于其晶格歪扭很明显，晶界能较高，因此，金相试片受腐蚀时，晶界很易受腐蚀；金属相变时，在晶界处首先形成晶核；原子在晶界的扩散也较晶内快些；晶体受外力作用时，晶体滑移变得困难等等，其原因就在于此。

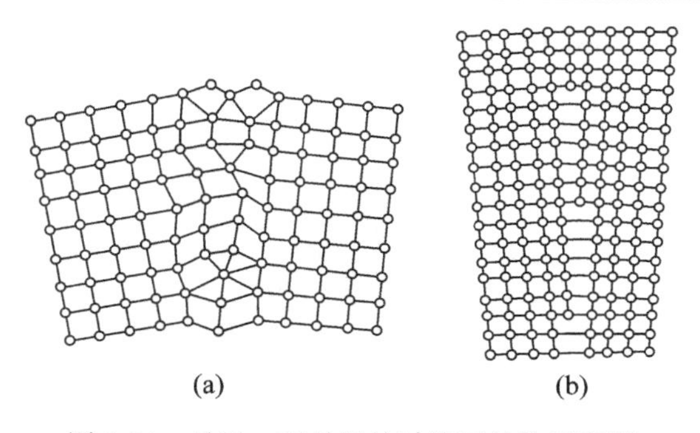

图 1-24 晶界、亚晶界的过渡区结构示意图

(a) 晶界；(b) 亚晶界

4. 合金的相结构

1) 合金的基本概念

纯金属的机械性能、工艺性能和物理化学性能常常不能满足工程上的要求，故其应用受到限制。在机械工程中，广泛采用合金材料，尤其是铁碳合金。

合金是指在金属中加入一种或几种(金属或非金属)元素，熔合成具有金属特性的物质。如在铁中加碳熔炼成钢铁，在铜中加入锌而熔合成为黄铜等，都是机械工程上常用的合金材料。

研究合金时常用到下列术语，这里略加说明。

(1) 组元(component)。组成合金的独立物质称组元。一般情况下即指组成该合金的元素，如黄铜的组元是铜和锌。但在一定条件下较稳定的化合物也可看做组元，如钢铁中的 Fe_3C。

(2) 系(series)。由若干给定组元可以配制出一系列比例不同的合金，这一系列合金就构成了一个合金系统，称为合金系。按照组成合金组元数的不同，合金系也可分为二元系、三元系等。

(3) 相(phase)。金属或合金中，凡化学成分、晶体结构都相同并与其他部分有界面分开的均匀组成部分，称为相。如纯铁在常温下是由单相的α-Fe 组成，而铁中加入碳之后，铁与碳相互作用出现了一个新的强化相 Fe_3C。

此外，研究合金时还常常提到组织组成物这一概念，它是指组成合金显微组织的独立部分。如铁中碳质量分数达 0.77%时，其平衡组织由铁素体 F(碳溶入α-Fe 中形成的固溶体)和 Fe_3C 隔片组成，称为珠光体。所以珠光体组织则是由固溶体 F 相和金属化合物 Fe_3C 相两相组成。

2) 合金的相结构

按合金组元原子之间相互作用的不同，液态是完全互溶的合金，在其凝固结晶时，可能出现三种基本情况：合金呈单相的固溶体，合金呈单相的金属化合物，合金由两相(固溶体或金属化合物)组成机械混合物。

(1) 固溶体(solid solution)。金属在固态下也具有溶解某些元素的能力，从而形成一种成分和性质均匀的固态合金，叫固溶体。同溶液一样，固溶体也有溶剂与溶质之分。固溶体的晶格结构与两组元之一的晶格结构相同，保持晶格结构的元素称为溶剂，溶入溶剂的元素称为溶质。根据溶质原子在溶剂中的分布状况，固溶体主要有以下两种形式。

① 置换固溶体(substitutional solid solution)。在溶剂晶格某些结点上，其原子被溶质原子所替代而形成的固溶体，称为置换固溶体(图 1-25 和图 1-26(a))。

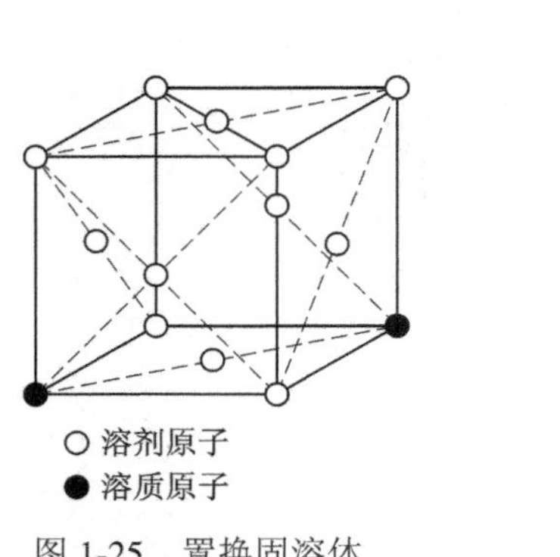

图 1-25 置换固溶体

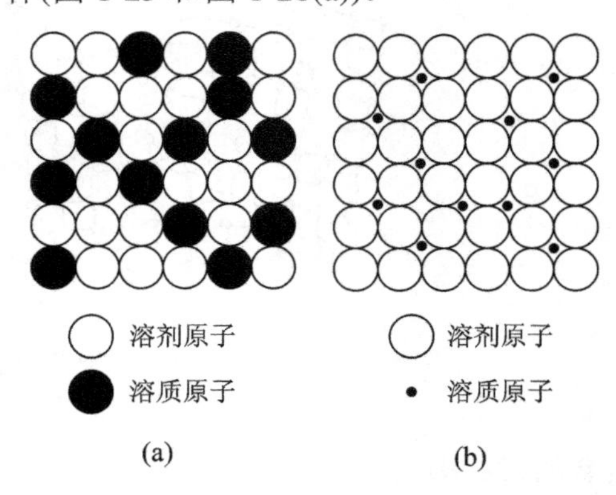

图 1-26 固溶体结构平面示意图

(a) 置换固溶体；(b)间隙固溶体

大多数元素如 Si、Mn、Cr、Ni 等均可溶入α-Fe 或γ-Fe 中形成置换固溶体。溶质原子在溶剂晶格中的溶解度决定于二者原子直径的差别和在周期表中相互位置的距离。两元素的原子直径差愈小，在周期表中的位置愈靠近，其相互间的溶解度就愈大。若溶剂和溶质的晶格类型也相同，则这些元素间往往能以任何比例相互溶解而形成无限固溶体，如 Cr、Ni 便能和 Fe 形成这一类型的固溶体。反之，两个元素之间的相互溶解度若有一定的限度，则形成有限固溶体，如 Si 溶于 Fe 则属于此种固溶体。

② 间隙固溶体(interstitial solid solution)。不论何种形式的晶格，其原子与原子之间总有一些空隙存在。直径较大的原子所组成的晶格，其空隙的尺寸也较大，有时能容纳一些尺寸较小的原子，这种溶解方式形成的固溶体，称为间隙固溶体，如图 1-26(b)所示。显然，这种固溶体能否形成，主要由溶质原子与溶剂原子的尺寸来决定。实验证明，二者直径之比 $d_{质}/d_{剂} \leqslant 0.59$ 时方可形成这种固溶体。当然，除了溶剂晶格中必须有足够大的间隙，溶质原子直径应足够小之外，是否能形成间隙固溶体还同元素本身的性质有密切关系。一般说来，过渡族元素为溶剂时与尺寸较小的元素 C、H、N、B 等易形成间隙固溶体。

(2) 金属间化合物(intermetallic compound)。当组成合金的各元素之间的化学性质差别大，原子直径大小也有不同时，则能按一定组成形成金属化合物。金属化合物的晶格类型与组成化合物各组元的晶格类型完全不同，其性能的差别也很大。例如，钢中的渗碳体(Fe_3C)是由 75%铁原子和 25%碳原子所形成的金属化合物，它具有复杂的斜方晶格，既不同于铁的体心立方晶格，也不同于石墨的六方晶格类型。

化合物的种类较多，其晶格类型有简单的，也有复杂的。根据化合物结构的特点，常分如下三类：

① 正常价化合物(normal-valence compound)。这类化合物是由元素周期表上相距远而电化学性质相差较大的两元素之间形成的。它们的特征是严格遵守化合价规律，因而这类化合物对其两个组元几乎没有溶解度，其成分可用化学式来表示。如 Mg_2Si、ZnS 等。正常价化合物一般具有较高的硬度和较大的脆性。在工业合金中只有少数的合金系才形成这类化合物。

② 电子化合物(electron compound)。这类化合物与正常价化合物不同，它不遵守一般的

化合价规律，但是，如果将这类化合物的价电子数与原子数之比值(该比值称为电子浓度)进行统计，会发现一定的规律性。

凡电子浓度为3/2的电子化合物皆具有体心立方晶格，习惯上称为β相，如CuZn、Cu_5Sn、NiAl、FeAl等；凡电子浓度为21/13的电子化合物，皆具有复杂立方晶格，称为γ相，如Cu_5Zn_8、$Cu_{31}Zn_8$等；凡电子浓度为7/4的电子化合物，皆具有密排六方晶格，称ε相，如$CuZn_3$、Cu_3Sn等。

由于这类化合物的形成规律与电子浓度密切相关，故称为电子化合物。电子化合物虽然可用化学式表示，但实际上它的成分是可变的，能溶解一定量的组元形成以化合物为基的固溶体。电子化合物也具有较高的硬度与脆性。

③ 间隙化合物(interstitial compound)。间隙化合物是由过渡族金属元素(Fe、Cu、Mn、Mo、W、V等)和原子直径很小的类金属元素(C、N、H、B)形成的。最常见的间隙化合物是金属的碳化物、渗氮物、硼化物等。

凡原子半径比值r_X/r_M(M代表金属、X代表类金属)不超过0.59者，均能形成简单形式的晶格，如VC、TiN、TiC、NbC、Fe_4N等(图1-27(a))，也称其为间隙相。当$r_X/r_M>0.59$时，则尺寸因素的关系不利于形成上述简单而对称性高的晶格，于是形成了具有复杂晶格的化合物，如Fe_3C则构成了复杂的斜方晶格(图1-27(b))，需要区别的是固溶体中早期析出的$Fe_{2\text{-}3}C$又称为ε碳化物，具有密排的六方晶格。

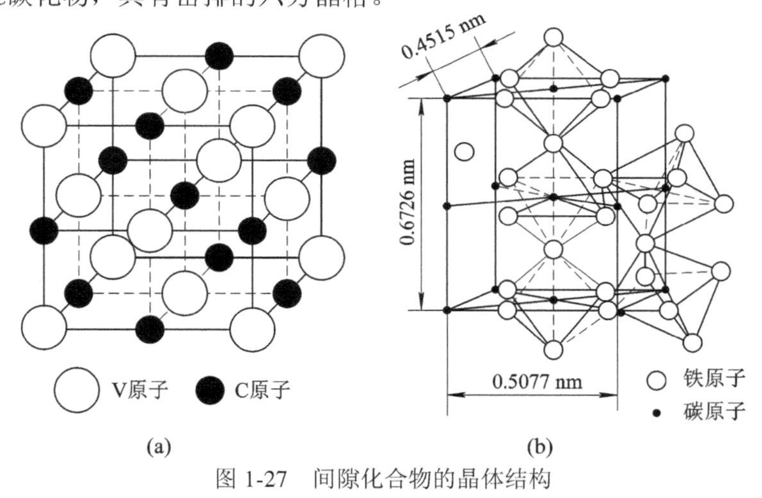

图1-27 间隙化合物的晶体结构

(a) 间隙相VC的晶体结构；(b) 间隙化合物Fe_3C的晶体结构

形成简单晶格的间隙相的共同特点是：具有极高的熔点和硬度，而且十分稳定；形成复杂晶格的间隙化合物其熔点和硬度比前者低，稳定性也较差。二者都能溶解其他组元而形成固溶体。

间隙化合物在钢中存在对钢的强度及耐磨性有着重要作用。如碳钢中的Fe_3C可以提高钢的强度和硬度，工具钢中的VC可提高钢的耐磨性；高速钢中的间隙化合物则使其在高温下保持高硬度；WC和TiC则是制造硬质合金的主要材料。

1.2.3 高分子材料的结构

高分子材料(high polymer material)是分子量很大的材料，它是由许多单体(低分子)用共价键连接(聚合)起来的大分子化合物。所以高分子又称大分子，高分子化合物又称高聚物或聚合物。例如：聚氯乙烯就是由氯乙烯聚合而成。把彼此能相互连接起来而形成高分子化合物的低分子化合物(如氯乙烯)称为单体，而所得到的高分子化合物(如聚氯乙烯)就是高聚物。组成高聚物的基本单元称为链节。若用 n 值表示链节的数目。n 值愈大，高分子化合物的分子量 M 也愈大，即 $M = n \times m$。式中，m 为链节的分子量，通常称 n 为聚合度(degree of polymerization)。整个高分子链就相当于由几个链节按一定方式重复连接起来，成为一条细长链条。高分子合成材料大多数是以碳和碳结合为分子主链，即分子主干由众多的碳原子相互排列成很长的碳链，两旁再配以氢、氯、氟或其他分子团，或配以另一较短的支链，使分子成交叉状态。分子链和分子链之间还依赖分子间作用力连接。

从分子结构式中可以发现高分子化合物的化学结构有以下三个特点：

(1) 高分子化合物的分子量虽然十分大，但它们的化学组成一般都比较简单，和有机化合物一样，仅由几种元素所组成。

(2) 高分子化合物的结构像一条长链，在这个长链中含有许多个结构相同的重复单元，这种重复单元叫“链节”。这就是说，高分子化合物的分子是由许许多多结构相同的链节所组成的。

(3) 高分子化合物的链节与链节之间，和链节内各原子之间一样，也是由共价键结合的，即组成高分子链的所有原子之间的结合键都属共价键。

低分子化合物按其分子式，都有确定的分子量，而且每个分子都一样。高分子化合物则不然，一般所得聚合物总是含有各种大小不同(链长不同、分子量不同)的分子。换句话说聚合物是同一化学组成、聚合度不等的同系混合物，所以高分子化合物的分子量实际上是一个平均值。

1. 高聚物的结构

高聚物的结构可分为两种类型：均聚物(homopolymer)和共聚物(copolymer)。

1) 均聚物

只含有一种单链节，若干个链节用共价键按一定方式重复连接起来，像一根又细又长的链子一样。这种高聚物结构在拉伸状态或在低温下易呈直线形状(图 1-28(a))，而在较高温度或稀溶液中，则易呈蜷曲状。这种高聚物的特点是可溶，即它可以溶解在一定的溶液之中，加热时可以熔化。基于这一特点，线性高聚物结构的聚合物易于加工，可以反复应用。一些合成纤维、热塑性塑料(如聚氯乙烯、聚苯乙烯等)就属于这类高聚物。

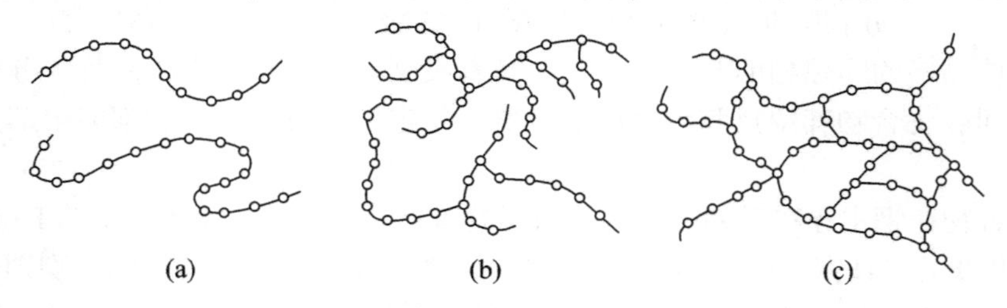

图 1-28 均聚物结构示意图

(a) 线型结构；(b) 支链型结构；(c) 网状结构

支链型高聚物结构好像一根“节上小枝”的枝干(图 1-28(b))，主链较长，支链较短，其性质和线性高聚物结构基本相同。

网状高聚物是在一根根长链之间有若干个支链把它们交联起来，构成一种网状形状。如果这种网状的支链向空间发展的话，便得到体型高聚物结构(图 1-28(c))。这种高聚物结构的特点是在任何情况下都不熔化，也不溶解。成型加工只能在形成网状结构之前进行，一经形成网状结构，就不能再改变其形状。这种高聚物在保持形状稳定、耐热及耐溶剂作用方面有其优越性。热固性塑料(如酚醛、脲醛等塑料)就属于这一类。

2) 共聚物

共聚物是由两种以上不同的单体链节聚合而成的。由于各种单体的成分不同，共聚物的高分子排列形式也多种多样，可归纳为：无规则型、交替型、嵌段型、接枝型。例如将 M_1 和 M_2 两种不同结构的单体分别以有斜线的圆圈和空白圆圈表示。共聚物高分子结构可以用图 1-29 表示。

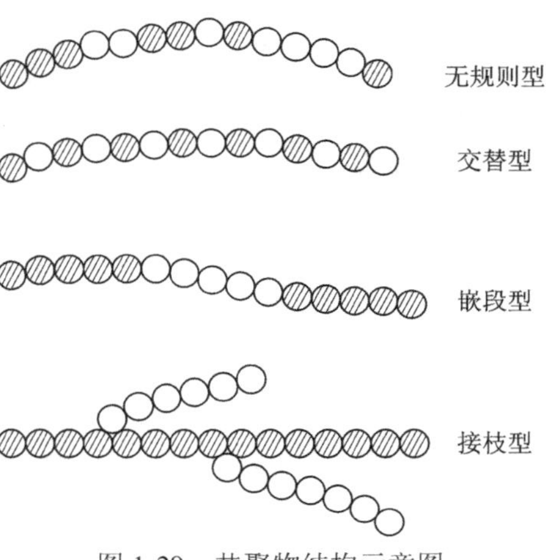

图 1-29　共聚物结构示意图

无规则型是指 M_1、M_2 两种不同单体在高分子长链中呈无规则排列；交替型是指 M_1、M_2 单体呈有规则的交替排列在高分子长链中；嵌段型是指 M_1 聚合片段和 M_2 聚合片段彼此交替连接；接枝型是指 M_1 单体连接成主链，又连接了不少 M_2 单体组成的支链。

共聚物在实际应用中具有十分重要的意义，因为共聚物能把两种或多种自聚的特性综合到一种聚合物中。因此，有人把共聚物称为非金属的“合金”，这是一个很恰当的比喻。例如 ABS 树脂是丙烯腈、丁二烯和苯乙烯三元共聚物，均具有较好的耐冲击、耐热、耐油、耐腐蚀及易加工等综合性能。

2. 高聚物的聚集态结构

高聚物的聚集态结构是指高聚物材料本体内部高分子链之间的几何排列和堆砌结构，也称为超分子结构。实际应用的高聚物材料或制品，都是许多大分子链聚集在一起的，所以高聚物材料的性能不仅与高分子的分子量和大分子链结构有关，而且和高聚物的聚集状态有直接关系。

高聚物按照大分子排列是否有序，可分为结晶态(crystal state)和非结晶态(amorphous)两类。结晶态聚合物分子排列规则有序；非结晶态聚合物分子排列杂乱不规则。

结晶态聚合物由晶区(分子有规则紧密排列的区域)和非晶区(分子处于无序状态的区域)所组成。如图 1-30 所示。高聚物部分结晶的区域称为微晶，微晶的多少称为结晶度。一般结晶态高聚物的结晶度有 50%～80%。

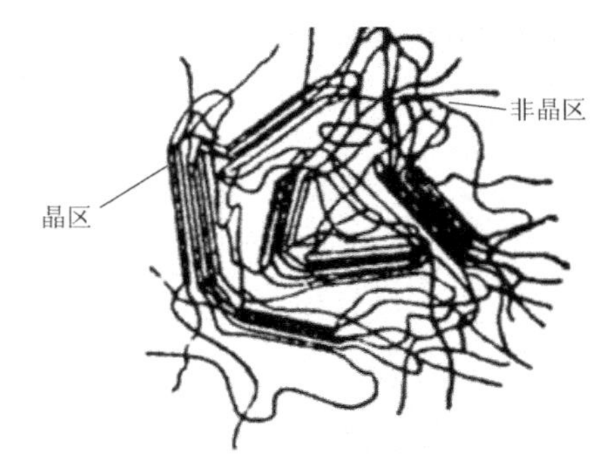

图 1-30　高聚物的晶区与非晶区示意图

过去一直认为非晶态聚合物的结构是大分子杂乱无章、相互穿插与交缠排列。近来研究发现，非晶态聚合物的结构只是大距离范围的无序，小距离范围内是有序的，即远程无序和近程有序。

晶态与非晶态影响高聚物的性能。结晶使分子排列紧密，分子间作用力增大，所以使高聚物的密度、强度、硬度、刚度、熔点、耐热性、耐化学性、抗液体及气体透过性等性能有所提高；而依赖链运动的有关性能，如弹性、塑性和韧性较低。

1.2.4 陶瓷材料的结构

现代陶瓷材料(ceramic material)被看做除金属材料和有机高分子材料以外的所有固体材料，所以陶瓷材料亦称无机非金属材料。陶瓷的结合键主要是离子键或共价键，它们可以是结晶型的，如 MgO、Al_2O_3、ZrO_2 等；也可以是非晶型的，如玻璃等。有些陶瓷在一定条件下，可由非晶型转变为结晶型，如玻璃陶瓷等。

1. 离子型晶体陶瓷(ionic crystal cemamic)

陶瓷材料中属于离子型晶体陶瓷的很多。主要有：NaCl 结构，具有这类结构的陶瓷材料有 MgO、NiO、FeO 等；CaF_2 结构(图 1-31)，具有这类结构的陶瓷有 ZrO_2、VO_2、ThO_2 等；刚玉型结构(图 1-32)，具有这类结构的陶瓷主要有 Al_2O_3、Cr_2O_3 等；钙钛矿型结构(图 1-33)，具有这类结构的陶瓷有 $CaTiO_3$、$BaTiO_3$、$PbTiO_3$ 等。

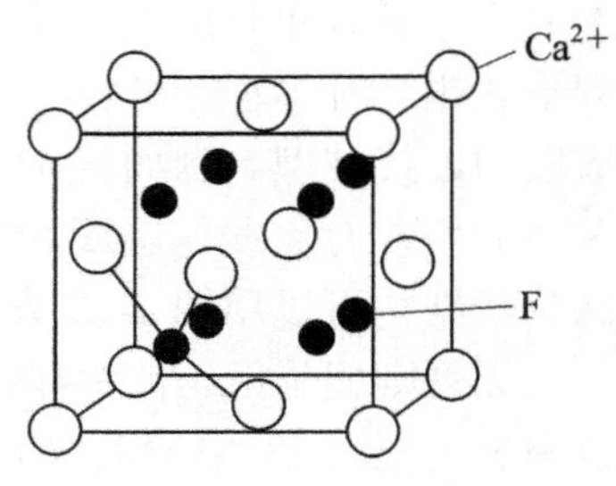

图 1-31 CaF_2 结构

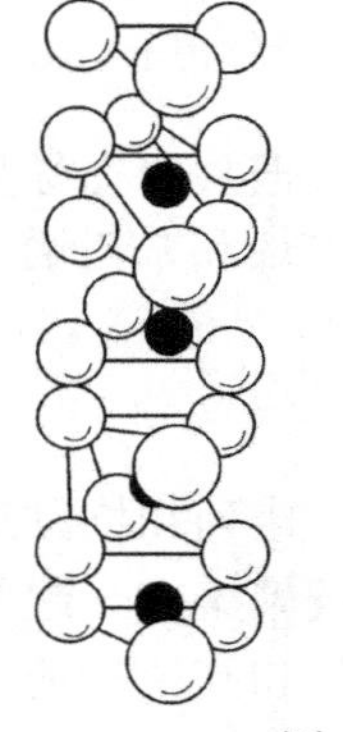

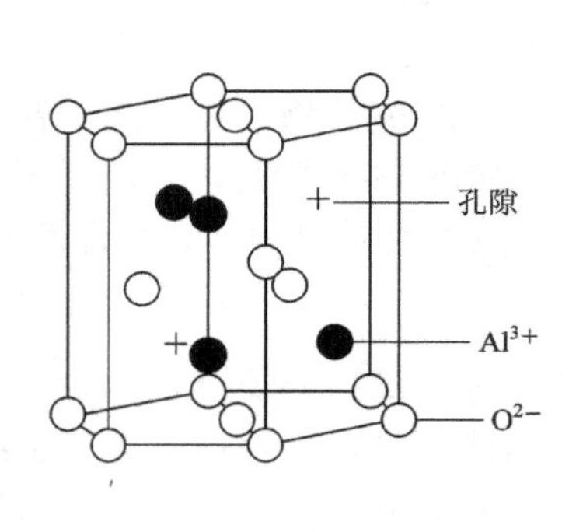

图 1-32 刚玉型结构

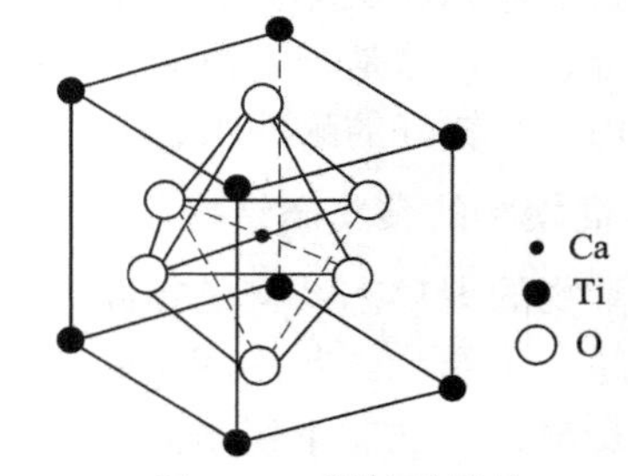

图 1-33 钙钛矿结构

2. 共价型晶体陶瓷(covalent crystal cemamic)

共价晶体陶瓷多属于金刚石结构(图 1-34)，或者是由其派生出的结构，如 SiC 结构(图 1-35)和 SiO_2 结构(图 1-36)。

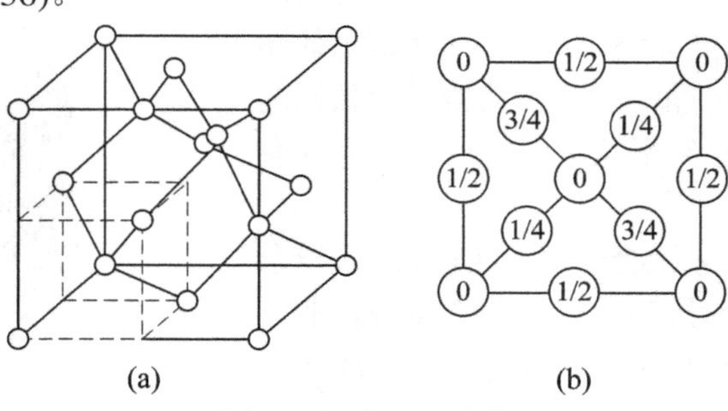

图 1-34 金刚石结构

(a) 晶胞；(b) 原子在晶胞底面上的投影

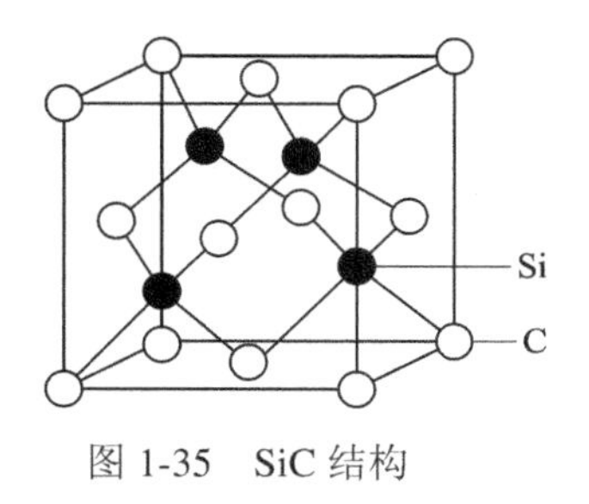

图 1-35 SiC 结构

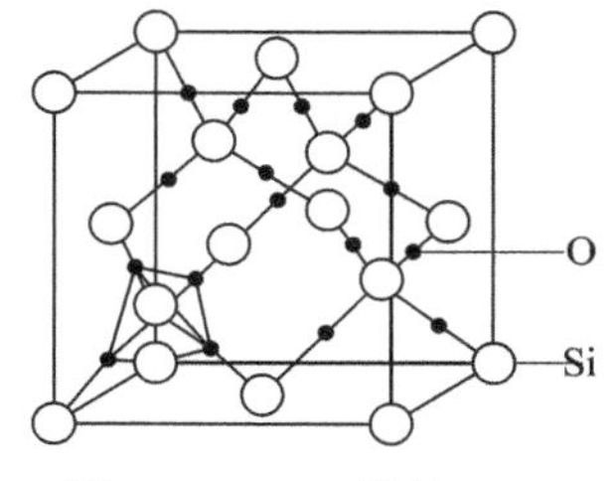

图 1-36 SiO_2 结构

1.3 金属材料的结晶

1.3.1 纯金属的结晶

通常，大部分金属要经过熔炼或铸造(指由液态向固态的转变过程)之后才能制成各种制品。由于固态金属通常是晶体，所以把金属由液态向固态的转变过程称为结晶(crystalline)。从原子排列规则性看，结晶就是原子排列从无规则状态向规则状态的转变过程。掌握金属结晶过程及其规律，对于控制零件的组织和性能是十分重要的。

1. 冷却曲线(cooling curve)和过冷度(degree of supercooling)

晶体的结晶过程可用热分析法(thermoanalysis method)测定(见图 1-37(a))，即将金属材料加热到熔化状态，然后缓慢冷却，记录下液体金属的冷却温度随时间的变化规律，作出金属材料的冷却曲线，如图 1-37(b)所示。由图可见，在 T_m 温度以上，随时间延长，温度均匀下降。液态金属在理论结晶温度 T_m 时并不产生结晶，而需冷却到低于 T_m 的某一温度 T_n 时，液体才开始结晶，由于放出结晶潜热，弥补了金属向四周散出的热量，因而冷却曲线上出现“平台”。持续一段时间之后，结晶完毕，固态金属的温度继续均匀下降直至室温。曲线上平台所对应的温度 T_n 为实际结晶温度。理论结晶温度 T_m 与平台温度 T_n 之差即为实际过冷度。液体要结晶就必须过冷，液体的冷却速度越大，过冷度越大，实际结晶温度就越低。

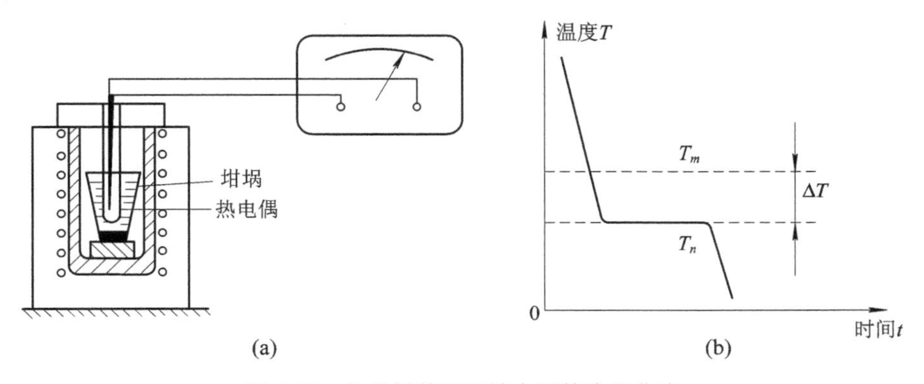

图 1-37 热分析装置及纯金属的冷却曲线

(a) 热分析装置；(b) 纯金属的冷却曲线

2. 金属结晶的热力学条件

热力学定律指出，在等压条件下，一切自发过程都是朝着吉布斯自由能降低的方向进行的，直到进行到吉布斯自由能具有最低值为止。这个规律又称为最小自由能原理。吉布斯自由能 G 是物质中能够向外界释放或能对外做功的那一部分能量。一般来说，金属在积聚状态的自由能 G 随温度的升高而降低。由于液态金属中原子排列的规则性比晶体中的差，所以同一物质的液体和晶体在不同温度下吉布斯自由能的变化情况不同，如图 1-38 所示。在自由能—温度的关系曲线上，液态金属的自由能变化曲线比晶体的更陡，即液体自由能降低得更快，两条曲线必然相交，其交点所对应的温度就是理论结晶温度或熔点 T_m，此时液相与固相的吉布斯自由能相等。温度低于 T_m，$G_S < G_L$，金属的稳定状态是固态，液体将结晶；高于 T_m 温度，$G_S > G_L$，金属处于液态才稳定，晶体将熔化。因此，液态物质要结晶，就必须冷却到 T_m 以下的某一温度 T_n 才能结晶，这种现象称为过冷现象(supercooling phenomenon)。理论结晶温度与实际结晶温度之差称为过冷度，记作 ΔT，$\Delta T = T_m - T_n$。过冷度的大小除与金属的性质和纯度有关外，主要决定于结晶的冷却速度的大小。一般地，冷却速度越大，过冷度越大，液态和固态间的自由能差越大，液体结晶的驱动力越大，结晶越容易进行。

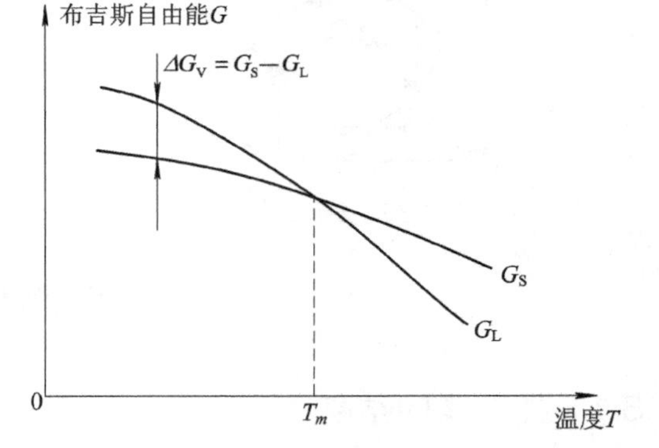

图 1-38 液体和晶体吉 Gibbs(1876 American Scientist)随温度变化示意图

3. 金属结晶过程的一般规律

观察任何一种液体的结晶过程，都会发现结晶是一个不断形核(nucleation)和长大(growth)的过程，这是结晶的普通规律。

图 1-39 示意性地说明了结晶过程。液体冷却到 T_m 温度以下，经过一段时间，首先在液体中某些部位形成一批稳定的原子集团作为晶核，接着，晶核长大，同时又有一些新的晶核出现。就这样不断形核，不断长大，直到液体完全消失，每一个晶核成长为一个晶粒，最后得到多晶体结构。

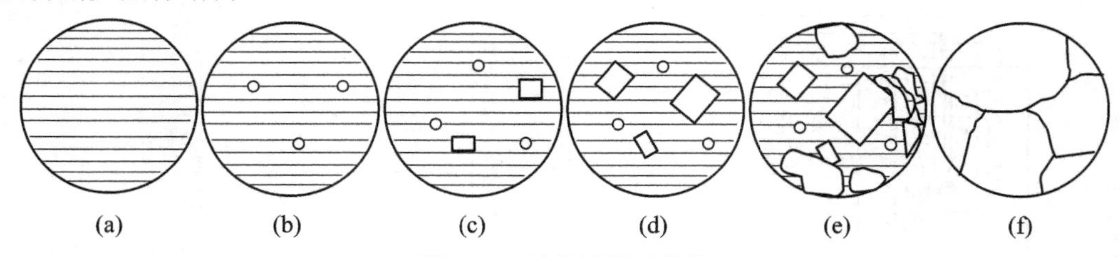

图 1-39 结晶过程示意图

4. 金属的同素异构转变

大多数金属在结晶后的冷却过程中，其晶体结构类型保持不变，但有些金属(如铁、锰、钛、锡等)在不同的温度下具有不同的晶体结构。这种同一金属元素在固态下晶体结构随温度变化的现象称为金属的同素异构转变(allotropy transformation)。同素异构转变是一种固态相变。

图 1-40 所示为铁的同素异构转变冷却曲线。铁在固态时随温度的变化有三种同素异构

体δ-Fe、γ-Fe 和α-Fe，其晶格常数也随温度的变化而变化。铁自液态结晶后，在 1538～1394℃的温度范围内具有体心立方晶体结构，称为 δ-Fe。在 1394℃时发生同素异构转变，由体心立方晶体结构的 δ-Fe 转变为面心立方晶体结构的 γ-Fe。温度进一步降低到 912℃时，面心立方晶体结构的 γ-Fe 转变为体心立方晶体结构的α-Fe。α-Fe 在 770℃还将发生磁性转变，即由高温的顺磁性转变为低温的铁磁性状态。通常把磁性转变温度称为铁的居里点(Curie point)。磁性转变时铁的晶格类型不变，所以磁性转变不属于相变。

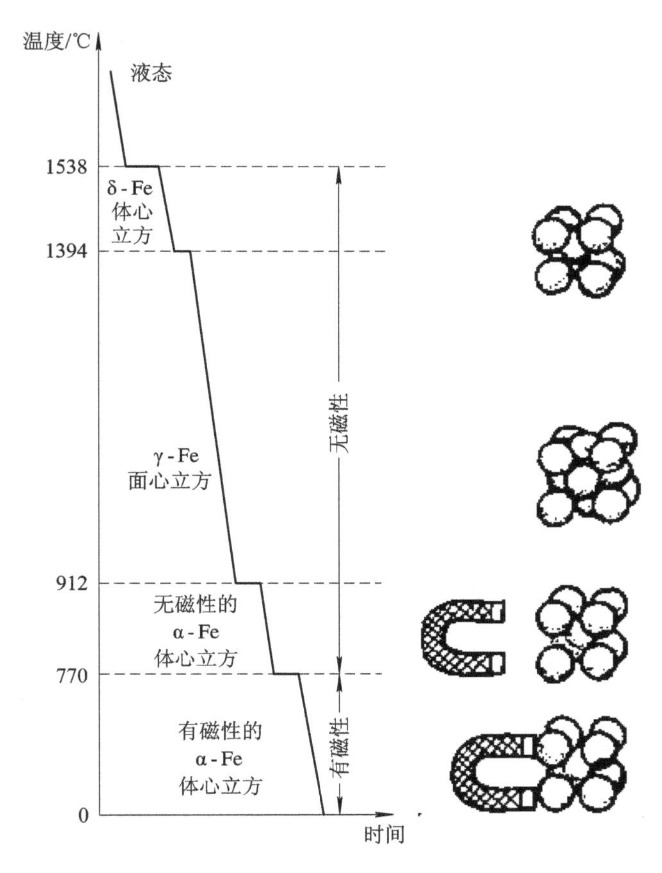

图 1-40　纯铁的冷却曲线及晶体结构变化

1.3.2　二元相图

1. 二元合金相图的基本知识

由两种或两种以上的组元按不同的比例配制成一系列不同成分的所有合金称为合金系，如 Al-Si 系合金、Fe-C-Si 系合金。为了研究合金的组织与性能之间的关系，就必须了解合金中各种组织的形成及变化规律。合金相图就是用图解的方法表示合金系中合金的状态、组织、温度和成分之间的关系。

相图又称为平衡相图或状态图，它是表明合金系中不同成分合金在不同温度下是由哪些相组成以及这些相之间平衡关系的图形。利用合金相图可以知道各种成分的合金在不同的温度下有哪些相，各相的相对含量、成分以及温度变化时可能发生的变化。掌握合金相图的分析和使用方法，有助于了解合金的组织状态和预测合金的性能。也可按要求研究配制新的合金。生产实践中，合金相图是制定合金熔炼、锻造和热处理工艺的重要依据。

1) 二元合金相图的建立方法

现有的合金相图都是通过实验建立的。其根据是，不同成分的合金，晶体结构不同，物理化学性能也不同。当合金中有相转变时，必然伴随有物化性能的变化，测定发生这些变化的温度和成分，再经综合，即可建立整个相图。常用的方法有热分析法、膨胀法、电阻法、X-射线分析法和磁性分析法等。

以热分析法建立 Cu-Ni 合金相图为例，具体步骤是；

(1) 配制不同成分的 Cu-Ni 合金。例如：

合金Ⅰ—纯 Cu

合金Ⅱ—75%Cu+25%Ni

合金Ⅲ—50%Cu+50%Ni

合金Ⅳ—25%Cu+75%Ni

合金Ⅴ—纯 Ni

配制的合金愈多，则作出的相图愈精确。

(2) 作各个合金的冷却曲线，并找出各个临界温度值。

(3) 画出温度—成分坐标系，在各合金成分垂线上标出临界点温度。

(4) 将临界点温度中物理意义相同的点连起来，即得 Cu-Ni 合金相图。

图 1-41 为按上述步骤建立 Cu-Ni 合金相图过程的示意图。

相图上的每个点、每条线、每个区域都有明确的物理意义。a_0、b_0 分别为 Cu 和 Ni 的熔点。*abc* 线为液相线(liquidus curve)，该线以上合金全为液体，任何成分的合金从液态冷却时，碰到液相线就要有固体开始结晶出来。$a'b'c'$ 为固相线(solidus curve)，该线以下合金全为固体，合金加热到固相线时，即开始产生液体。固相线和液相线之间的区域是固相和液相并存的两相区。两相区的存在说明 Cu-Ni 合金的结晶是在一个温度范围内进行的，这一点不同于在恒温下结晶的纯金属。合金结晶温度区间的大小和温度的高低是随成分改变的。

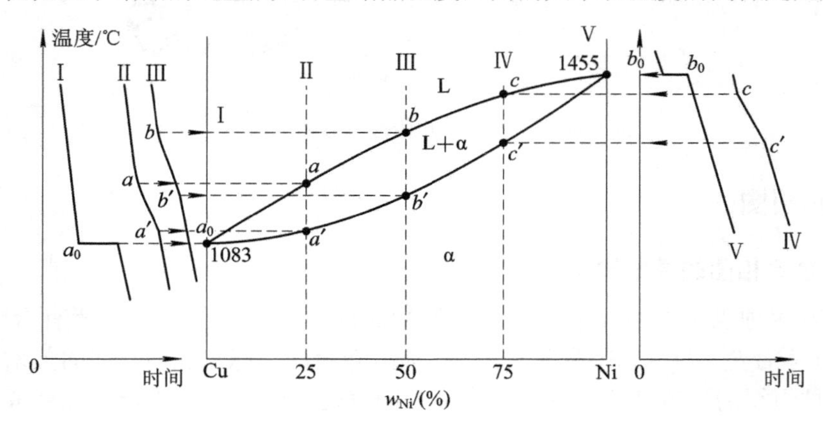

图 1-41 Cu-Ni 合金相图的建立过程

2) 杠杆定律(lever rule)

在两相区结晶过程中，两相的成分和相对量都不断在变化，杠杆定律就是确定相图中两相区内，两平衡相的成分和两平衡相相对量的重要工具。

仍以 Cu-Ni 合金为例，建立其相同的操作步骤如下：

(1) X 成分合金在 t 温度下两平衡相成分的确定：在图 1-42(a)中，过 X 点作一成分垂线，过 t 点作一水平线交液相线于 a 点，交成分垂线于 o 点，交固相线于 b 点。a 点在成分轴上的投影 X_1，便是 t 温度时 X 成分合金中液相部分的化学成分。同理，b 点在成分轴上的投影 X_2 点，即为 X 成分合金在 t 温度结晶出的 α 固溶体的化学成分。也即合金 X 在 t 温度时的平衡相是由成分为 X_1%的液相 L 和成分为 X_2%的固相 α 所组成。

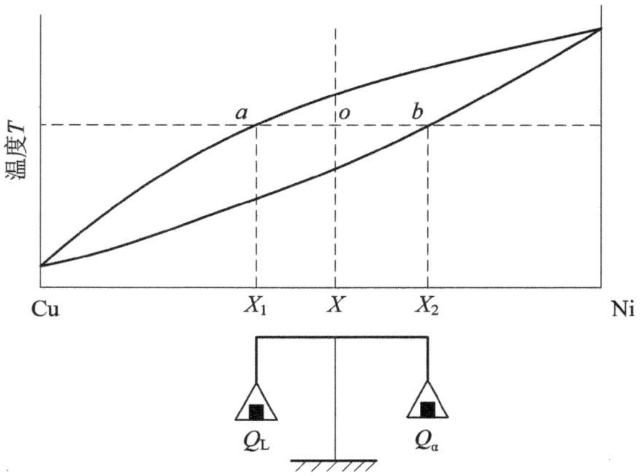

(2) X 成分合金在 t 温度下两平衡相相对量的确定：设合金总质量为 1，其中液相的质量为 Q_L，固相的质量为 Q_α。即

$$Q_L + Q_\alpha = 1 \tag{1-11}$$

图 1-42 杠杆定律的证明和力学比喻

液相中的含 Ni 量为 X_1，固相中的含 Ni 量为 X_2，合金的含 Ni 量为 X，则

$$Q_L \cdot X_1 + Q_\alpha \cdot X_2 = X \tag{1-12}$$

解方程(1-11)，(1-12)得：

$$Q_\alpha = \frac{X - X_1}{X_2 - X_1} = \frac{oa}{ba} \tag{1-13}$$

$$Q_L = \frac{X_2 - X}{X_2 - X_1} = \frac{bo}{ba} \tag{1-14}$$

将(1-13)，(1-14)两式相除得：

$$\frac{Q_\alpha}{Q_L} = \frac{XX_1}{X_2X} = \frac{oa}{bo}$$

即 K 成分合金在 t 温度下，其固相 α 和液相 L 的相对量为图 1-42(a)中线段 $XX_1(oa)$和 $X_2X(bo)$之长度比。

由图 1-42(b)可见，以上所得两相质量间的关系同力学中杠杆原理十分相似，因此称为杠杆定律。杠杆定律不仅适用于液、固两相区，也适用于其他类型的二元合金的两相区。但是，杠杆定律仅适用于两相区。

2. 二元匀晶相图(Binary isomorphous phase diagram)

二元合金中，两组元在液态时无限互溶，在固态时也无限互溶形成单相固溶体的一类相图，称为“匀晶相图”。上述二元合金相图便是其中最简单的一种。具有这类相图的合金系有：Cu-Ni、Cu-Au、Au-Ag、Fe-Cr、Fe-Ni 和 W-Mo 等。这类合金在结晶时都是从液相结晶出固溶体，固态下呈单相固溶体。所以这种结晶过程称为匀晶转变。几乎所有的二元相图都包含有匀晶转变部分，因此掌握这一类相图是学习二元相图的基础。

1) 合金的结晶过程分析

现仍以 Cu-Ni 二元合金为例，分析其结晶过程与产物。

图 1-43 是 Cu-Ni 合金匀晶相图。其中上面的一条曲线为液相线，下面的一条曲线为固相线。相图被它们划分为三个相区：液相线以上为单相液相区 L，固相线以下为单相区 α，两者之间为液、固两相共存区 L＋α。

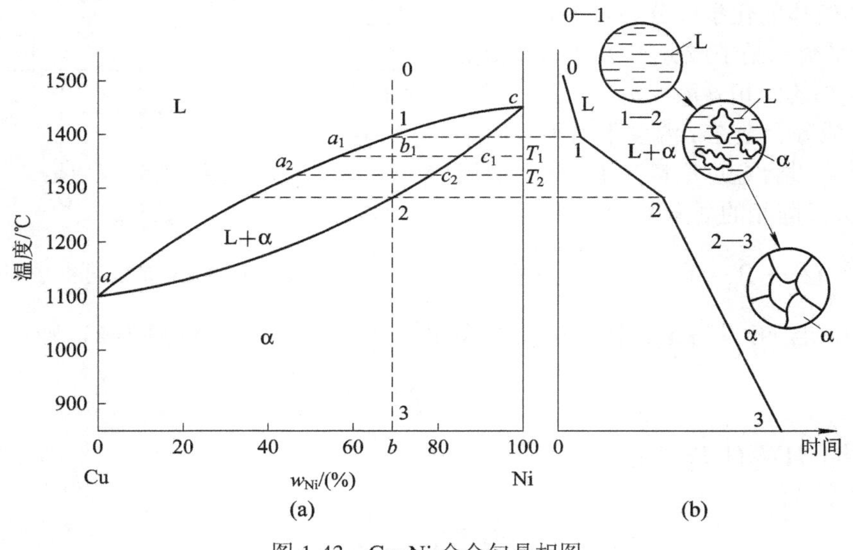

图 1-43 Cu-Ni 合金匀晶相图

2) 合金的平衡结晶过程

平衡结晶是指合金在极其缓慢冷却条件下进行结晶的过程。在此条件下得到的组织称为平衡组织。

以含 Ni70%的 Cu-Ni 合金为例(图 1-43)：

(1) 当温度高于 1 点时，合金为液相 L。

(2) 当温度降到 1 点时(与液相线相交的温度)，开始从液相中结晶出固溶体。

(3) 随着温度的继续下降，从液相不断析出固溶体，合金在整个结晶过程中所析出的α固溶体的成分将沿着固相线变化(即由 $c_1 \to c_2$)，而液相成分将沿液相线变化(即由 $a_1 \to a_2$)。在一定温度下，两相的相对量可用杠杆定律求得。例如 $T = T_1$ 时，液相的成分为 a_1，固相的成分为 c_1，固相的相对重量为 $\frac{a_1b_1}{a_1c_1} \times 100\%$，液相的相对重量为 $\frac{b_1c_1}{a_1c_1} \times 100\%$。

(4) 当温度下降到 2 点时，液相消失，结晶完毕，最后得到与合金成分相同的固溶体。

3. 二元共晶相图(Binary eutectic phase diagram)

两组元在液态能完全互溶，而在固态时相互之间只具有有限的溶解度，即形成有限固溶体，且发生共晶反应时，这类相图称为“二元共晶相图”。具有这类相图的合金系有：Pb-Sn、Pb-Sb、Pb-Bi、Al-Si 和 Cu-Ag 等。

1) 相图分析

由图 1-44 中得知，此合金系包含 α 相和 β 相两种有限固溶体。α 相为 B 组元溶于 A 组元中所形成的固溶体；β 相恰好相反，它是 A 组元溶于 B 组元所形成的固溶体。二者均只有有限溶解度。图中 *ac*、*cb* 为液相线，这两条曲线的上面为液相区，*adceb* 为固相线，*acda* 与 *cbec* 间区为两相区，分别为液相加初晶 α 与液相加初晶 β。*dce* 为共晶线，在此温度则发生 L→α+β 共晶转变，此时三相共存。*c* 点为共晶点。*df* 为 B 组元在 A 组元中的溶解度曲线，*eg* 则为 A 组元在 B 组元中的溶解度曲线，*df* 和 *eg* 均称为固溶线。

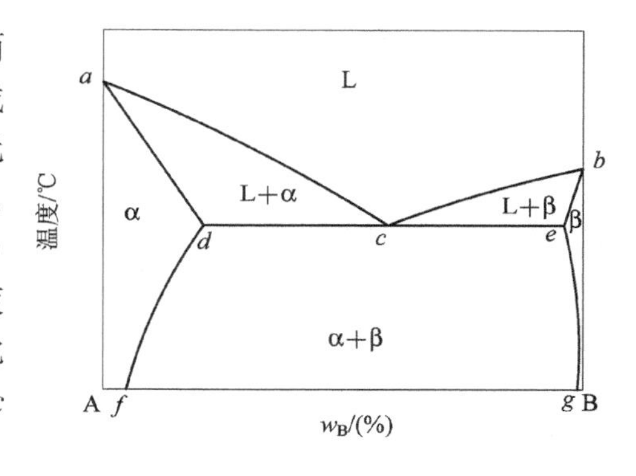

图 1-44　共晶状态图

2) 结晶过程分析

(1) 合金 I 的结晶(图 1-45)。合金 I 的结晶过程与上述匀晶相图中任何成分合金的结晶过程均无差别。当液相冷至 1 点时，从液相中开始析出固溶体，温度降至 2 点时，结晶完成。温度继续降低，组织不再发生变化，室温下合金显微组织为单相 α 固溶体。

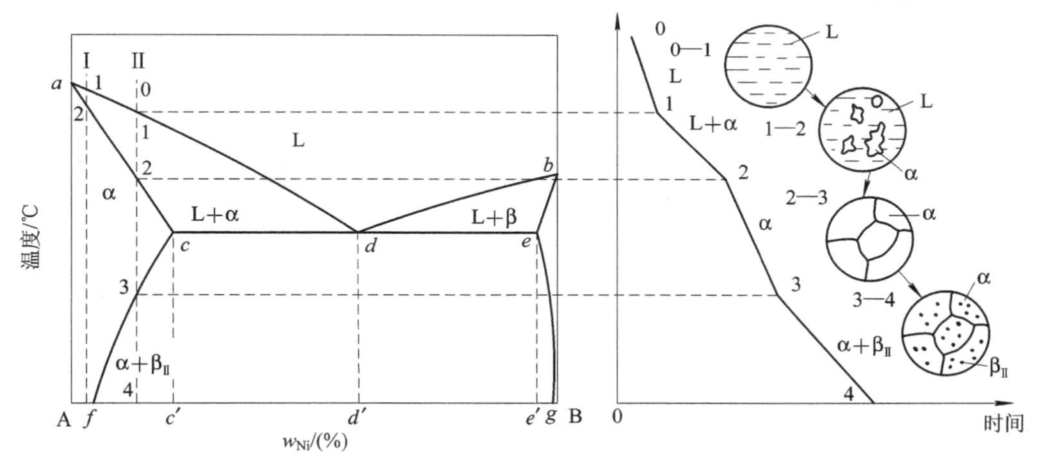

图 1-45　A-B 合金 I 、II 的结晶过程

(2) 合金 II 的结晶(图 1-45)。此合金在高温阶段的结晶过程与合金 I 相同，进行匀晶反应，结晶终了为均一的 α 相。但当温度降至与固溶线 *cf* 相交时，α 相中溶入的组元 B 量达到饱和状态。随着温度的继续下降，α 相中多余的 B 组元便以 β 固溶体的形态析出。为了与液相中析出的初晶相 β 有所区别，把它叫做二次 β 相，用 β_{II}表示。倘若温度再继续降低，α 相溶解 B 组元的量逐渐减少，β_{II}的数量逐渐增加。合金 II 在室温下的显微组织 α+β_{II}。

(3) 合金III的结晶。这一合金属于共晶成分，其结晶过程较简单(图 1-46)。在共晶温度 *c* 点以上呈单相液体，当共晶成分的合金冷至共晶温度 *c* 时，产生共晶反应，由液相中同时析出 α+β 的共晶体组织。继续降低温度时，共晶体中的 α 相也要析出二次 β 相，由于 β_{II}往往同共晶体中的 β 相连在一起，所以合金在室温下可以看成是由 α+β 共晶组织所组成的。

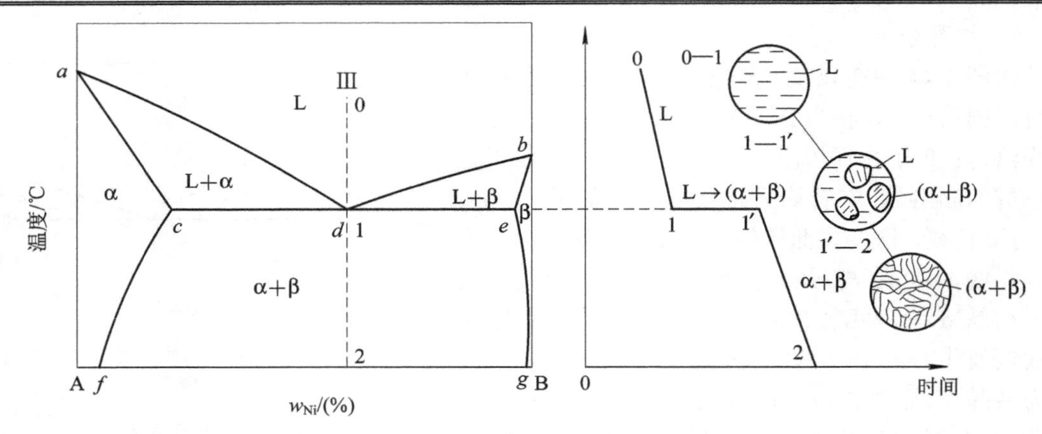

图 1-46 A-B 合金III的结晶过程

(4) 合金Ⅳ的结晶(图 1-47)。这种合金属于亚共晶合金。当合金冷到 1 点时，液相中开始结晶出 α 固溶体。随着温度的降低，α 固溶体的数量逐渐增加，而液相数量不断减少。当冷至共晶温度 2 点时，剩余的液相达到共晶成分，于是同时结晶出共晶体 α+β。所以共晶反应结束时，合金的组织为 α 固溶体+(α+β)共晶体。之后继续降低温度，初晶 α 和共晶体中的 α 相都要析出 β_{II}。因此，合金Ⅳ的室温显微组织为 α+β_{II}+共晶体(α+β)。

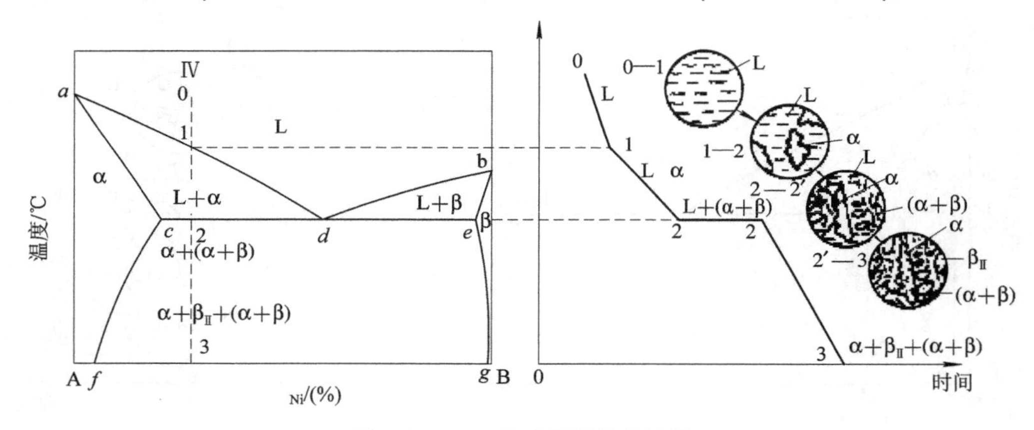

图 1-47 A-B 合金Ⅳ的结晶过程

过共晶合金的结晶过程同亚共晶合金的结晶过程相似，只是合金由液相中析出的初生相不是 α 相而是 β 相。

4. 二元包晶相图(Binary peritectic phase diagram)

二元包晶相图与前述的共晶相图的共同点是：液态时两组元均可无限互溶，而固态时则只有有限溶解度，因而也形成有限固溶体。但是其相图中的水平线所代表的结晶过程则与共晶相图完全不同。

图 1-48 是 Fe-Fe_3C 相图左上角的包晶部分。当合金 I 从高温液态冷至 1 点时，开始结晶，从液相中析出 δ 固溶体(图 1-49(a))，随着温度继续下降，δ 相的数量不断增加，液相量则不断减少。δ 相成分沿 *ah* 线变化，液相成分沿 *ab* 线变化。合金冷至包晶反应温度时(1495℃)，剩下的液相和原先析出的 δ 相相互作用生成 A 相，新相是在原有的 δ 相表面生核

并成长一层A相的外层(图1-49(b))，此时三相共存，结晶过程在恒温下进行。由于三相的浓度各不相同，通过铁原子和碳原子的不断扩散，A固溶体一方面不断消耗液相向液体中生长，同时也不断吞并δ固溶体向内生长直至把液体和δ固溶体全部消耗完毕，最后便形成单一的A固溶体(图1-49(c))，包晶转变即告完成。

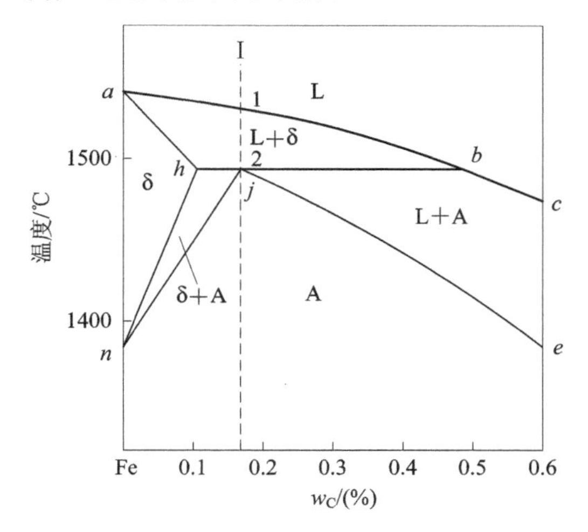

图1-48 $Fe-Fe_3C$ 状态图包晶部分

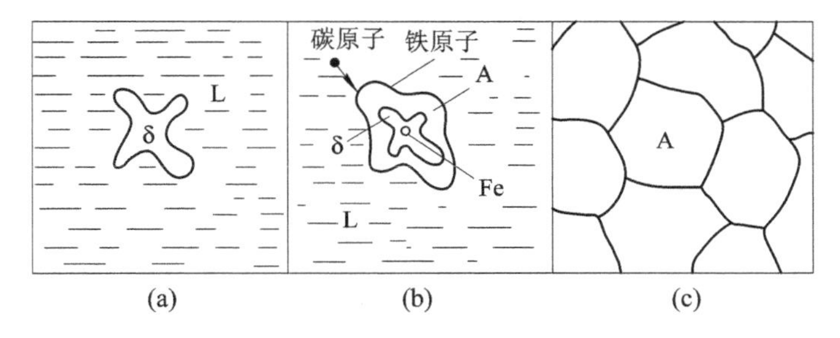

图1-49 包晶转变示意图

在这种结晶过程中，A晶体包围着δ晶体，靠不断消耗液相和δ相而进行结晶，故称为包晶反应。

除Fe-C合金外，Cu-Zn、Cu-Sn、Ag-Pt等合金系中都有包晶转变。

5. 其他类型的二元相图

1) 二元共析相图(Binary eutectoid phase diagram)

在二元合金相图中往往还遇到这样的反应，即在高温时通过匀晶反应、包晶反应所形成的固溶体，在冷至某一更低的温度处，又发生分解而形成两个新的固相。发生这种反应的相图与共晶相图很相似，只是反应前的母相不是液相，而是固相。这种由一种固相同时分解成两种固相的反应，称为共析反应，其相图称为共析相图，如图1-50所示。

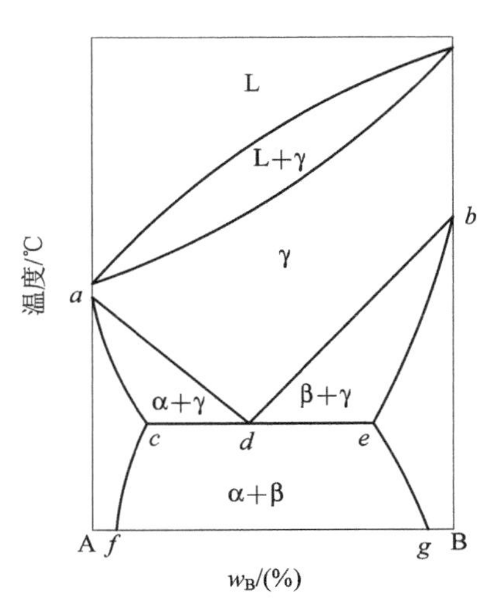

图1-50 共析状态图

与共晶反应相比，共析反应具有以下几方面特点：

(1) 由于共析反应是固体下的反应，在分解过程中需要原子作大量的扩散。但在固态中，扩散过程比液态中困难得多，所以共析反应比共晶反应更易于过冷。

(2) 由于共析反应易于过冷，因而生核率较高，得到的两相机械混合物(共析体)要比共晶体更细密。

(3) 共析反应往往因为母相与子相的比容不同，而产生容积的变化，从而引起较大的内应力，这一现象在合金热处理时表现得更为明显。

$Fe-Fe_3C$ 相图中即存在共析反应，它是钢铁热处理赖以为据的重要反应。

2) 形成稳定化合物的共晶相图

图 1-51 是 Mg-Si 合金状态固，它是形成稳定化合物的共晶相图的一个实例。Mg 和 Si 可以形成稳定的化合物 Mg_2Si，它具有严格的成分，含 Si 量为 36.59%，在相图中可用一条通过 Mg_2Si 成分的垂直线来表示。Mg_2Si 的熔点为 1102℃，其结晶过程与纯金属相似，在 1102℃以下均为固体。因此，可以把 Mg_2Si 看做一个组元，把 Mg-Si 合金相图分成两部分，按两个共晶相图进行分析。垂线左边部分看做是 Mg 与 Mg_2Si 组成的共晶相图；垂线右边部分看做是 Mg_2Si 和 Si 组成的共晶相图。

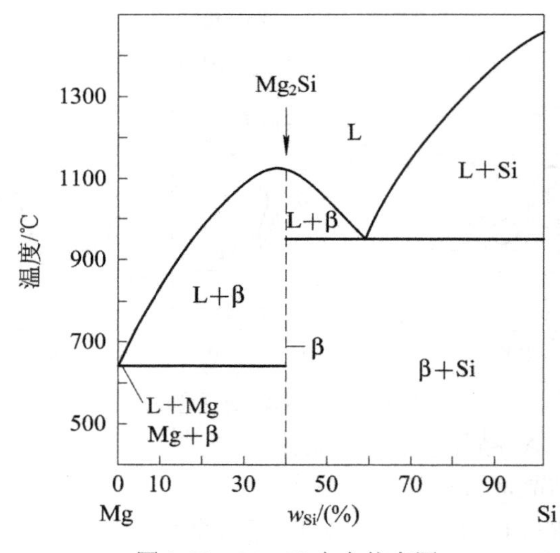

图 1-51 Mg-Si 合金状态图

6. 根据相图判断合金的性能

由相图可以看出，在一定温度下合金的成分与其组成相之间的关系，以及不同合金的结晶特点。合金的使用性能取决于它们的成分和组织，合金的某些工艺性能取决于其结晶特点，因此，通过相图可以判断合金的性能和工艺性，为正确地配制合金、选材和制定相应的工艺提供依据。

1) 根据相图判断合金的机械性能和物理性能

二元合金的室温平衡组织主要有两种类型，即固溶体和两相混合物。图 1-52 为匀晶、共晶和包晶系合金的力学性能和物理性能随成分变化的一般规律。由图可见，固溶体合金与作为溶剂的纯金属相比，其强度、硬度升高，导电率降低，并在某一成分存在极值。因固溶强化对强度与硬度的提高有限，不能满足工程结构对材料性能的要求，所以工程上经常将固溶体作为合金的基体。

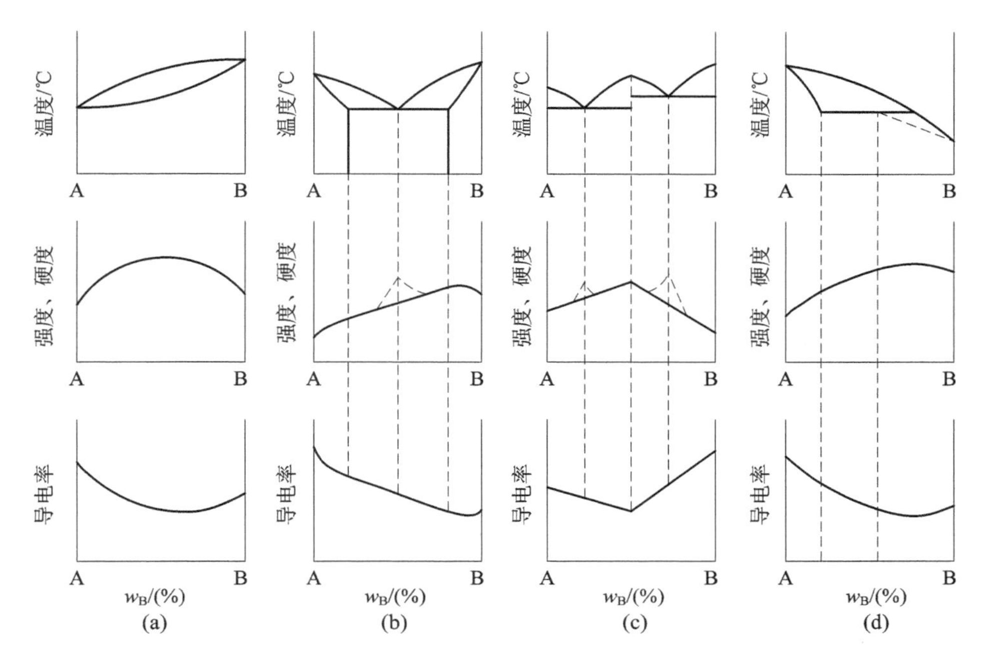

图 1-52 合金力学性能、物理性能与相图的关系

(a) 匀晶系合金；(b) 共晶系合金；(c) 形成稳定化合物的共晶系合金；(d) 包晶系合金

固溶体合金的电导率与成分的变化关系与强度和硬度的相似，均呈曲线变化。这是由于随着溶质组元含量的增加，晶格畸变增大，增大合金中自由电子的阻力所致。同理可以推测，热导率的变化关系与电导率相同，随着溶质组元含量的增加，热导率逐渐降低，而电阻的变化却与之相反。因此工业上常采用含镍量为50%的Cu-Ni合金作为制造加热元件。

共晶相图和包晶相图的端部均为固溶体，其成分与性能间的关系已如上述。相图的中间部分为两相混合物，在平衡状态下，当两相的大小和分布都比较均匀时，合金的性能大致是两相性能的算术平均值。例如合金的硬度HB为

$$HB = HB_{\alpha}\varphi_{\alpha} + HB_{\beta}\varphi_{\beta}$$

式中，HB_{α}、HB_{β}分别为α相和β相的硬度；φ_{α}、φ_{β}为α相和β相的体积分数。因此，合金的机械性能和物理性能与成分的关系呈直线变化。但是应当指出，当共晶组织十分细密，且在不平衡结晶出现伪共晶时，其强度和硬度将偏离直线关系而出现蜂值，其强度、硬度明显提高。组织越致密，合金的性能提高得越多。

2) 根据相图判断合金的工艺性能

合金的铸造性能主要表现为合金液体的流动性(即液体填充铸型的能力)、缩孔及热裂倾向及偏析等。这些性能主要取决于相图上液相线与固相线之间的水平距离与垂直距离，即结晶时液、固相间的成分间隔与温度间隔。

从相图上也可以判断出合金的工艺性能，如图 1-53 所示是合金的铸造性能与相图的关系。由图可见，相图中的液相线与固相线之间的水平距离和垂直距离(成分间隔和温度间隔)越大，合金的流动性就越差，分散缩孔也越多，合金成分偏析(枝晶偏析)也越严重，使铸造性能变差。另外，当结晶间隔很大时，将使合金在较长时间内处于半固、半液状态，这对于已结晶的固相来说，因为有不均匀的收缩应力，有可能引起铸件内部裂纹等现象。

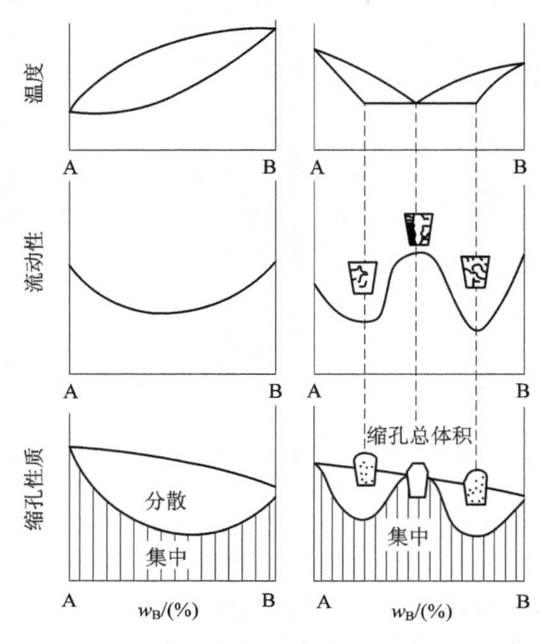

图 1-53　合金铸造工艺性能与相图的关系

对于共晶系合金来说，共晶成分的合金熔点低，并且是恒温凝固，故液体的流动性好，凝固后容易形成集中缩孔，而分散缩孔(缩松)少，热裂倾向也小。因此，共晶合金的铸造性能最好，故在其他条件许可的情况下，铸造合金选用接近共晶成分的合金。

合金的压力加工性能与其塑性有关，因为单相固溶体合金具有较好的塑性，变形均匀，其压力加工性能良好，因此压力加工合金通常是相图上单相固溶体成分范围内的单相合金或含有少量第二相的合金。单相固溶体的硬度一般较低，不利于切削加工，故切削性能较差。当合金形成两相混合物时，合金的切削加工性能要好于单相合金，但压力加工性能却不如单相固溶体。

1.3.3　铁碳相图

钢铁是现代机械制造工业中应用最为广泛的金属材料。碳钢和铸铁都是铁碳合金。了解与掌握铁碳合金相图，对于钢铁材料的研究和使用、各种热加工工艺的制定等都具有重要的指导意义。铁与碳两个组元可以形成一系列化合物：Fe_3C、Fe_2C、FeC 等，由于钢中碳的质量分数一般不超过 2.11%，铸铁的碳的质量分数一般不超 5%，因此在研究铁碳合金时，仅研究 Fe–Fe_3C (w_C＝6.69%)部分。下面讨论的铁碳相图，实际上是铁渗碳体(Fe–Fe_3C)相图，如图 1-54 所示。

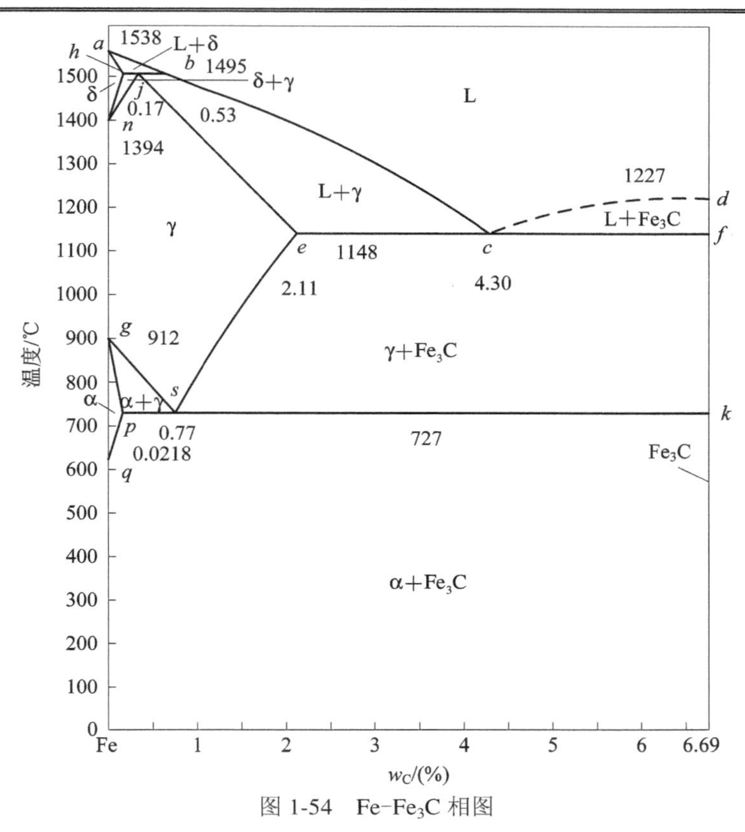

图 1-54　Fe-Fe_3C 相图

1. 铁碳合金的基本相

Fe 和 Fe_3C 是组成 Fe-Fe_3C 相图的两个基本组元。由于铁与碳之间的相互作用不同，使铁碳合金固态下的相结构存在固溶体和金属化合物两类，属于固溶体相的是铁素体和奥氏体，属于金属化合物相的是渗碳体。

1) 工业纯铁(industrial pure iron)

工业纯铁的含铁量一般为 w_{Fe}=99.8%～99.9%，含有 0.1%～0.2%的杂质(杂质主要是碳元素)。纯铁的机械性能大致如下：

抗拉强度：σ_b≈180～230 MPa；

屈服强度：$\sigma_{0.2}$≈100～170 MPa；

伸长率：δ≈30%～50%；

断面收缩率：ψ≈70%～80%；

冲击韧性：a_k≈1600～2000 kJ/m^2；

硬度：50～80 HBS。

纯铁虽有较好的塑性，但其强度、硬度差，生产中很少直接用作结构材料，通常都使用铁碳的合金。纯铁具有高的磁导率，可用于要求软磁性的场合，例如各种仪器仪表的铁心等。

2) 碳溶于铁中形成的固溶体——铁素体(ferrite)和奥氏体(austenite)

铁中加入少量碳后使强度、硬度显著增加，这是由于碳的加入引起了内部组织结构的变化。固态下碳在铁中的存在形式有三种：碳溶于铁中形成固溶体，碳与铁作用形成化合物，碳与铁原子间不相互作用而以自由态石墨存在。

(1) 铁素体。碳溶解于 α-Fe 中所形成的间隙固溶体，称为“铁素体”，以符号“F”或“α”表示。在 α-Fe 的体心立方晶格中，最大间隙半径只有 0.31 Å，比碳原子半径 0.77 Å 小得多。碳原子只能处于位错、空位、晶界等晶体缺陷处或个别八面体间隙中，所以碳在 α-Fe 中的溶解度很小，最大溶解度为 0.0218%(727℃)。随着温度的降低，其溶解度要降低，室温时，碳在 α-Fe 中的溶解度仅为 0.0008%。

铁素体的组织与纯铁组织没有明显区别，是由等轴状的多边形晶粒组成，黑线是晶界，亮区是铁素体晶粒(图 1-55(a))。由于铁素体的溶碳能力很小，故其机械性能几乎和纯铁相同，强度和硬度低，而塑性和韧性好。另外，铁素体在 770℃以上具有顺磁性，在 770℃以下呈铁磁性。碳溶于体心立方晶格 δ-Fe 中的间隙固溶体称为 δ 铁素体，以“δ”表示，其最大溶解度于 1495℃时为 0.09%。

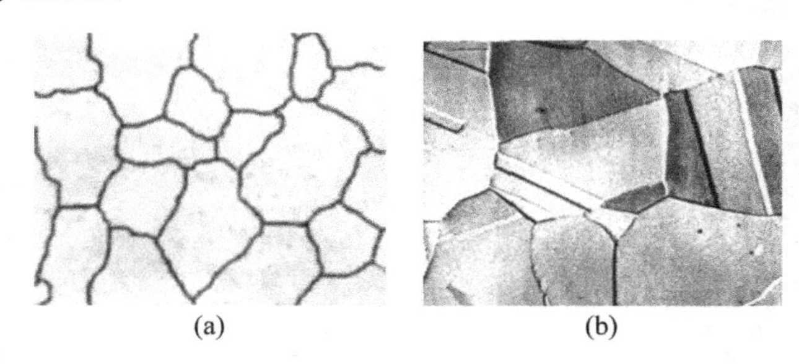

(a) (b)

图 1-55 铁素体和奥氏体的显微组织

(a) 铁素体的显微组织(400×)；(b)奥氏体的显微组织(400×)

(2) 奥氏体。碳溶解于 γ-Fe 中形成的间隙固溶体，称为“奥氏体”，以符号“A”或“γ”表示。在奥氏体多边形的晶粒内往往有孪晶线，即有一些成对平行线条出现(图 1-55(b))。在 727℃时，γ-Fe 溶碳量为 0.77%，随着温度升高，其溶解度增加，在 1148℃时其最大溶碳量为 2.11%。在铁碳合金中，奥氏体是一种存在于高温状态下的组织，它有着良好的韧性和塑性，变形抗力小，易于锻造成型。奥氏体的力学性能与其碳质量分数和晶粒度有关，硬度为 170～220 HBS；伸长率 δ=40%～50%。可见奥氏体也是一个强度、硬度较低而塑性、韧性较高的相，但它与铁素体不同，只有顺磁性，而不呈现铁磁性。

(3) 渗碳体。当碳在 α-Fe 或 γ-Fe 中的溶解度达到饱和时，过剩的碳原子就和铁原子化合，形成间隙化合物 Fe_3C，称为“渗碳体”，以符号“Cm”表示。

渗碳体的碳质量分数为 6.69%，其晶格是复杂三斜晶格(图 1-27(b))。

渗碳体的熔点很高，硬而耐磨，其机械性能大致如下：

抗拉强度 $\sigma_b \approx 30$ MN/m^2；

伸长率 $\delta \approx 0$；

断面收缩率 $\psi \approx 0$。

渗碳体在钢与铸铁中一般呈片状、粒状或网状(图 1-56)。它的形状、尺寸与分布对钢的性能有很大影响，是铁碳合金的重要强化相。渗碳体在固态下不发生同素异构转变，但可能与其他元素形成固溶体。其中的碳原子可能被氮等小原子置换，而铁原子可能为其他金属原子如 Mn、Cr 所替代。这种以渗碳体为溶剂的固溶体，称为合金渗碳体。

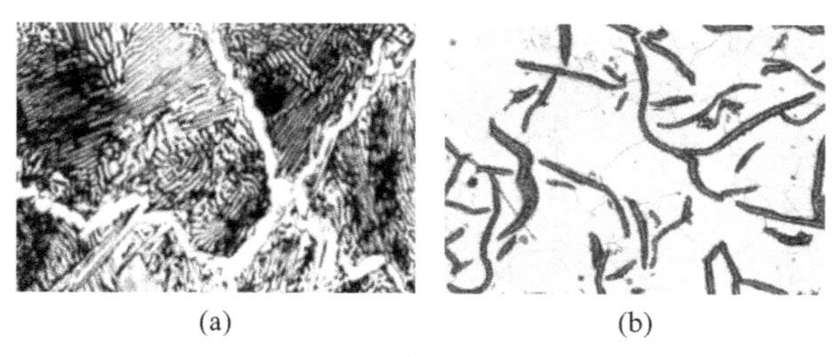

(a) (b)

图 1-56 渗碳体的显微组织

(a) 在钢中(400×)；(b) 在铸铁中(400×)

渗碳体是亚稳定的化合物。在一定的条件下，渗碳体能按下列反应分解形成石墨状的具有六方结构的自由碳，其强度硬度极低。灰口铸铁中C主要以这种石墨形式存在(这个转变对铸铁有重要意义)(图 1-56(b))。

$$Fe_3C \rightarrow 3Fe + G\ (\text{石墨})$$

综上所述，$Fe-Fe_3C$ 合金系中存在四个相，即液体(L)、铁素体(F)、奥氏体(A)和渗碳体(Fe_3C 或 Cm)。

2．$Fe-Fe_3C$ 相图分析

1) 相图中的点、线、区及其意义

现将图 1-54 所示 $Fe-Fe_3C$ 相图中各特性点的温度、碳浓度及意义示于表 1-4 中。相图中的 *abcd* 线为液相线，*ahjecf* 线为固相线。

表 1-4 $Fe-Fe_3C$ 相图中的特性点

符 号	温度/℃	碳的质量分数/(%)	说 明
a	1538	0	纯铁的熔点
b	1495	0.53	包晶转变时液相合金的成分
c	1148	4.30	共晶点
d	1227	6.69	渗碳体的熔点(计算值)
e	1148	2.11	碳在奥氏体中的最大溶解度
f	1148	6.69	渗碳体的成分
g	912	0	γ-Fe→α-Fe 同素异构转变点
h	1495	0.09	碳在 δ 中的最大溶解度
j	1495	0.17	包晶点
k	727	6.69	渗碳体
n	1394	0	δ-Fe→γ-Fe 同素异构转变点
p	727	0.0218	碳在 α-Fe 中的最大溶解度
s	727	0.77	共析点
q	室温	0.0008	室温时碳在 α-Fe 中的最大溶解度

相图中包括 5 个基本相，相应有 5 个单相区，它们分别是：

abcd 以上——液相区(L)；

ahna——高温铁素体区(δ)；

njesgn——奥氏体区(A 或γ)；

gpqg——铁素体区(F 或α)；

dfk——渗碳体区(Fe_3C)。

相图中还有 7 个两相区，分别是：L+δ、L+A、L+Fe_3C、δ +A、F+A、A+Fe_3C 及 F+Fe_3C，它们分别位于两相邻的两单相区之间。

铁碳合金相图包括包晶、共晶、共析三个基本转变，现分别说明如下。

① 包晶转变发生于 1495℃(水平线 *hjb*)，其反应式为

$$L_{0.53}+\delta_{0.09}\xleftrightarrow{1495℃}A_{0.17}$$

包晶转变是在恒温下进行的，其产物是奥氏体。凡碳质量分数介于 0.09%~0.53%的铁碳合金在结晶时都要发生包晶转变。

② 共晶转变发生于 1148℃(水平线 *ecf*)，其反应式为

$$L_{4.3}\xleftrightarrow{1148℃}A_{2.11}+Fe_3C$$

共晶转变同样是在恒温下进行的，共晶反应的产物是奥氏体和渗碳体的混合物，称为(高温)莱氏体，用字母 L_d 表示。凡碳质量分数大于 2.11%的铁碳合金冷却至 1148℃时，将发生共晶转变，从而形成莱氏体组织。

③ 在 727℃(水平线 *psk*)发生共析转变，其反应式为

$$A_{0.77}\xleftrightarrow{727℃}F_{0.0218}+Fe_3C$$

共析转变也是在恒温下进行的，反应产物是铁素体与渗碳体的混合物，称为珠光体，用字母 P 代表。共析温度以 A_1 表示。凡碳质量分数大于 0.0218%的铁碳合金冷却至 727℃时，奥氏体将发生共析转变形成珠光体。

此外，在铁碳合金相图中还有三条重要的特性线，它们是 *es* 线、*pq* 线和 *gs* 线。

es 线是碳在奥氏体中的固溶线。随温度变化，奥氏体的溶碳量将沿 *es* 线变化。因此碳质量分数大于 0.77%的铁碳合金，自 1148℃至 727℃的降温过程中，将从奥氏体中析出渗碳体。为区别自液相中析出的渗碳体，通常把从奥氏体中析出的渗碳体称为二次渗碳体(Fe_3C_{II})。*es* 线也称为 A_{Cm} 线。

pq 线是碳在铁素体中的固溶线。铁碳合金由 727℃冷却至室温时，将从铁素体中析出渗碳体。这种渗碳体称为三次渗碳体(Fe_3C_{III})。对于工业纯铁及低碳钢，由于三次渗碳体沿晶界析出，会降低其塑性、韧性，因而要重视三次渗碳体的存在与分布。在碳质量分数较高的铁碳合金中，三次渗碳体可忽略不计。

gs 线称为 A_3 线，它是在冷却过程中，由奥氏体中析出铁素体的开始线。或者说是在加热时，铁素体完全溶入奥氏体的终了线。

2) 典型铁碳合金的结晶过程分析

铁碳合金相图上的各种合金，按其含碳量及组织的不同，常分为工业纯铁、钢和铸铁三大类。工业纯铁的碳质量分数小于0.0218%，其显微组织主要为铁素体。钢是碳质量分数在0.0218%～2.11%之间的铁碳合金，钢的高温固态组织为具有良好塑性的奥氏体，因而宜于锻造。根据碳质量分数及室温组织的不同，钢也可分为亚共析钢(碳质量分数<0.77%)、共析钢(碳质量分数=0.77%)和过共析钢(碳质量分数>0.77%)三种。

白口铸铁的含碳量在2.11%～6.69%之间，其断口具有白亮光泽。白口铸铁在结晶时有共晶转变，因而具有较好的铸造性能。根据碳质量分数及室温组织的不同，白口铸铁又可分为共晶白口铸铁、亚共晶白口铸铁、过共晶白口铸铁。共晶白口铸铁的含碳量为4.3%，室温组织是莱氏体；亚共晶白口铸铁的含碳量低于4.3%，室温组织是珠光体、二次渗碳体和莱氏体；过共晶白口铸铁的含碳量高于4.3%，室温组织是莱氏体和一次渗碳体。

现以上述几种典型合金为例。分析其结晶过程和在室温下的显微组织(所选取的合金成分如图1-57所示的典型合金相图中的(1)～(7)所示)。

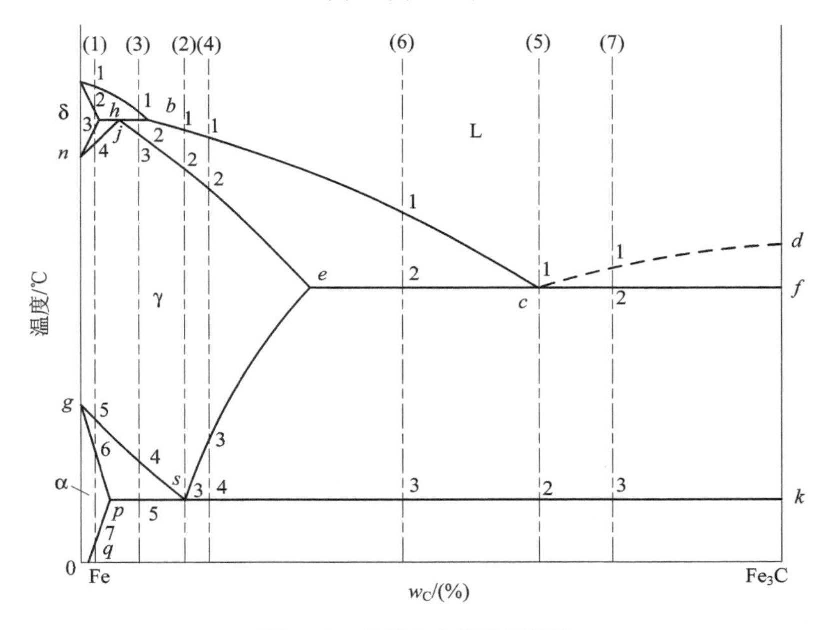

图1-57 典型合金的结晶相图

(1) 工业纯铁(industrial pure iron)。

此处以 w_C 为0.01%的Fe-C合金为例来分析工业纯铁(图1-57中(1))的结晶过程，其示意图如图1-58所示。液态合金在1～2温度区间按匀晶转变形成单相δ固溶体。δ冷却到3点时，开始向奥氏体(A)转变，这一转变于4点结束，合金全部转变为单相奥氏体。奥氏体冷到5点时，开始形成铁素体(F)，冷却到6点时，合金成为单相的铁素体。铁素体冷却到7点时，碳在铁素体中的溶解量呈饱和状态，因而自7点继续降温时，将自铁素体中析出少量 Fe_3C_{III}，它一般沿铁素体晶界呈片状分布。工业纯铁缓冷到室温后的显微组织如图1-59所示，主要是铁素体及少量 Fe_3C_{III}。

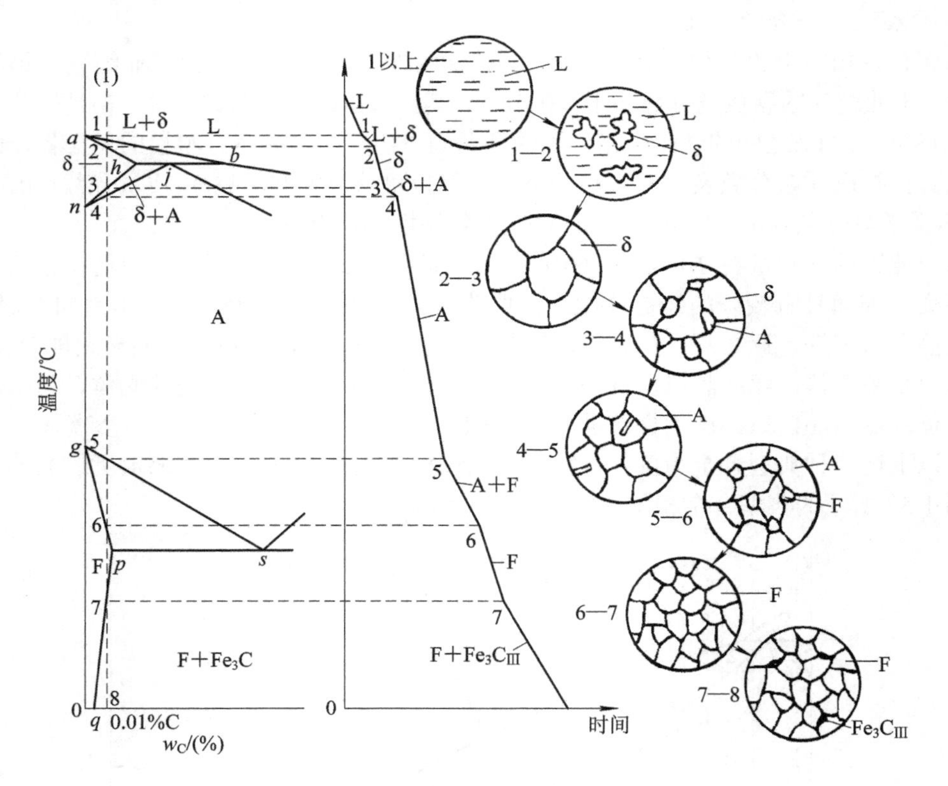

图 1-58 工业纯铁结晶过程示意图

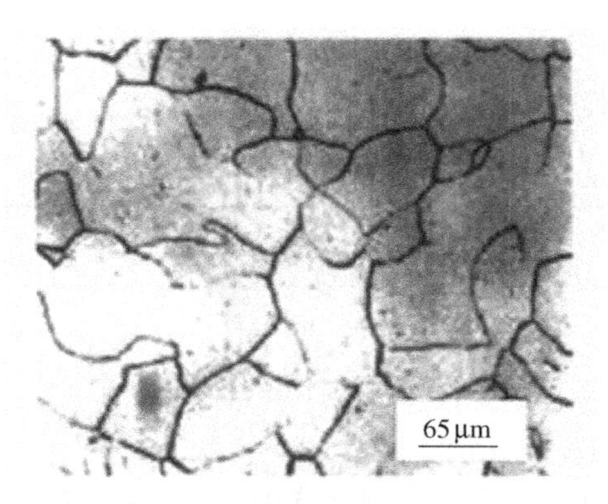

图 1-59 工业纯铁的显微组织

(2) 共析钢(eutectoid steel)。

图 1-60 是共析钢(图 1-57 中(2))的结晶过程示意图。共析钢在温度 1～2 之间按匀晶转变形成奥氏体。奥氏体冷至 727℃(3 点)时，将发生共析转变形成珠光体(P)，即 A→P(F+Fe_3C)。珠光体中的渗碳体称为共析渗碳体。当温度由 727℃继续下降时，铁素体沿固溶线 *pq* 改变成分，析出少量 $Fe_3C_Ⅲ$。$Fe_3C_Ⅲ$常与共析渗碳体连在一起，不易分辨，且数量极少，可忽略不计。

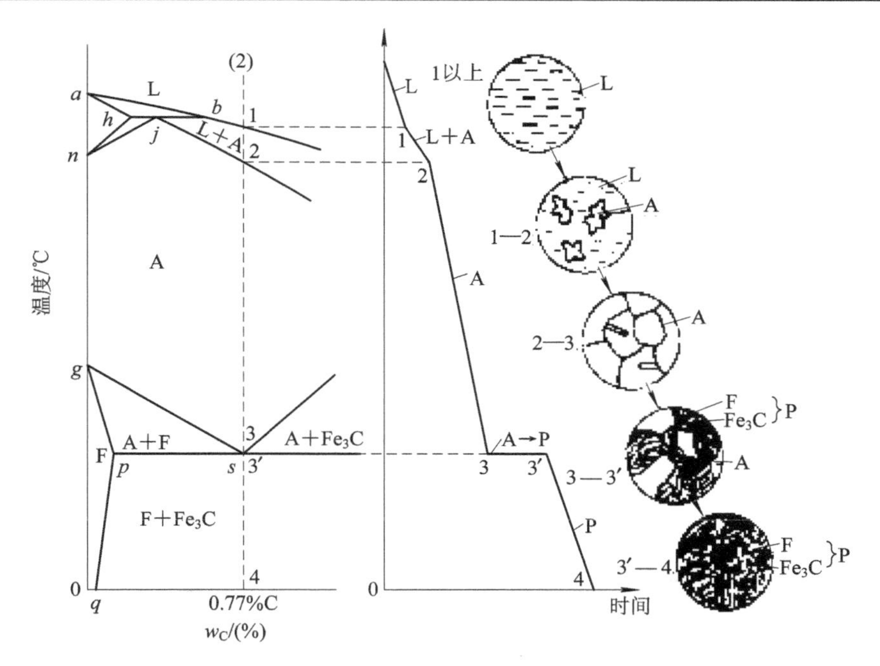

图 1-60　共析钢结晶过程示意图

图 1-61 是共析钢的珠光体显微组织，呈片层状的两相机械混合物。珠光体中片层状 Fe_3C 经适当的退火处理后，也可呈粒状分布在铁素体基体上，这种珠光体称为粒状珠光体(globular pearlite)。珠光体的碳质量分数为 0.77%，其中铁素体与渗碳体的相对量可用杠杆定律求出

$$w_{Fe}=\frac{6.69-0.77}{6.69-0.0218}\times100\%=88.7\%$$

$$w_{Fe_3C}=\frac{0.77-0.0218}{6.69-0.0218}\times100\%=11.3\%$$

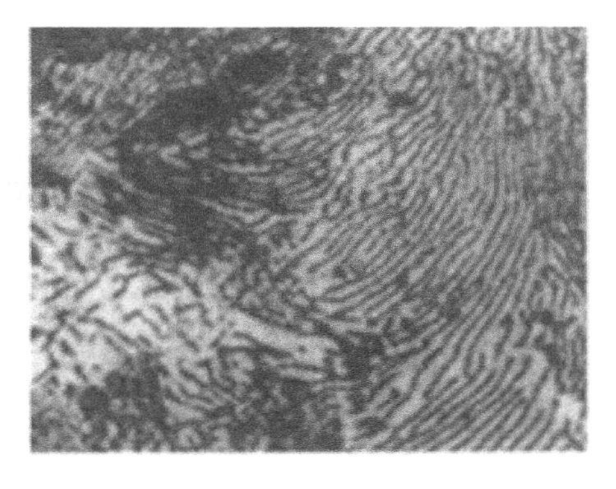

图 1-61　共析钢的显微组织图(1000×)

(3) 亚共析钢(hypoeutectoid steel)。

以含碳量为 0.45%的合金为例来进行分析，图 1-62 是亚共析钢(图 1-57 中(3))结晶过程示意图。在 1 点以上合金为液体。温度降到 1 点以后，开始从液体中析出 δ 固溶体，1～2 点间为 L+δ。*hjb* 为包晶线，故在 2 点发生包晶转变形成奥氏体。包晶转变结束后，除奥氏体外还有过剩的液体。温度继续下降时，在 2～3 点之间从液体中继续结晶出奥氏体，奥氏体中碳的浓度沿 *je* 线变化。到 3 点后合金全部凝固成固相奥氏体。温度由 3 点降到 4 点时，是奥氏体的单相冷却过程，没有相和组织的变化。继续冷却至 4～5 点时，由奥氏体中结晶出铁素体。在此过程中，奥氏体成分沿 *gs* 变化，铁素体成分沿 *gp* 线变化。当温度降到 727℃，奥氏体的成分达到 *s* 点(0.77%)则发生共析转变，即 A→P(F+Fe_3C)，形成珠光体。此时原先析出的铁素体保持不变。所以共析转变后，合金的组织为铁素体和珠光体。当继续冷却时，铁素体的碳质量分数沿 *pq* 线下降，同时析出三次渗碳体。同样，三次渗碳体的

量极少，一般可忽略不计。因此，含碳量为0.45%的铁碳合金的室温组织由铁素体和珠光体组成，其显微组织如图1-63所示。

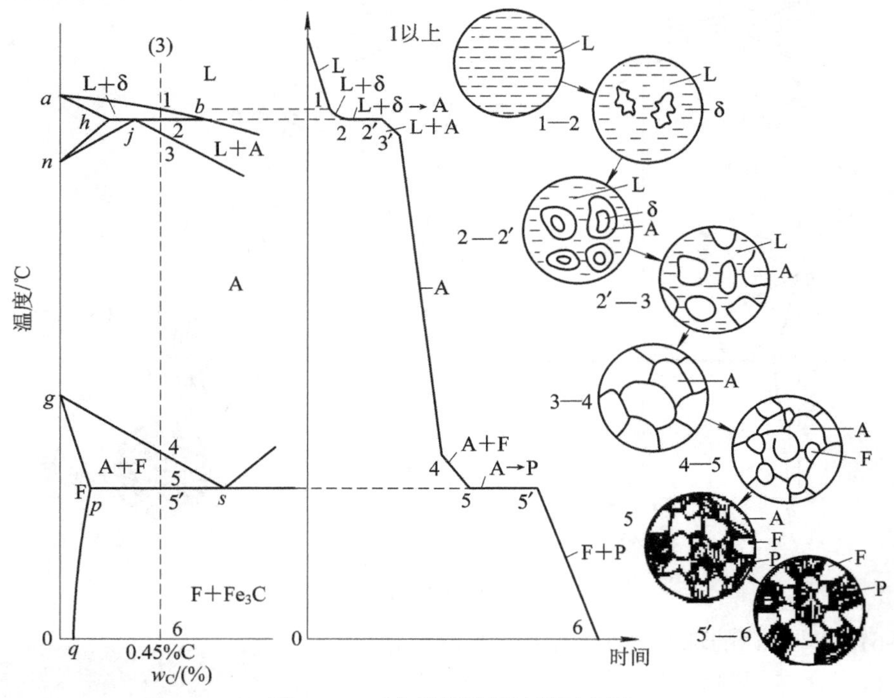

图1-62 亚共析钢结晶过程示意图

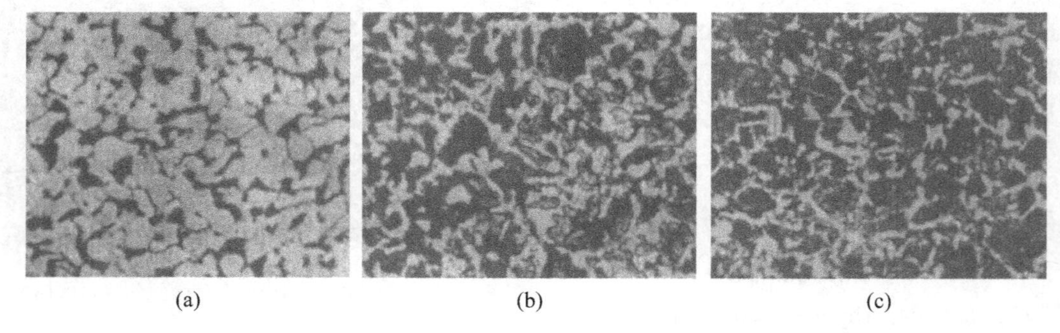

图1-63 亚共析钢的显微组织图(200×)

(a) w_C=0.20%；(b) w_C=0.40%；(c) w_C=0.60%

所有亚共析钢的室温组织都是由铁素体和珠光体组成的，只是珠光体与铁素体的相对量因含碳量的不同而有所变化。含碳量越高，则组织中珠光体越多，铁素体越少。相对量同样可用杠杆定律来计算。若忽略铁素体中的碳质量分数，则亚共析钢的碳质量分数可以通过显微组织中铁素体和珠光体的相对面积估算得到。例如，经观察某退火亚共析钢显微组织中珠光体和铁素体的面积各占50%，则其含碳量大致为w_C=50%×0.77%=0.385%。

(4) 过共析钢(hypereutectoid steel)。

以含碳量为1.2%的合金为例来分析过共析钢(图1-57中(4))的结晶过程，如图1-64所示。合金在1～2点之间按匀晶过程转变为单相奥氏体组织。在2～3点之间为单相奥氏体的冷却过程。自3点开始，由于奥氏体的溶碳能力降低，奥氏体晶界处析出Fe_3C_{II}。温度在3～

4之间，随着温度不断降低，析出的二次渗碳体量也逐渐增多。与此同时，奥氏体的碳质量分数也逐渐沿 *es* 线降低。当冷到727℃(4点)时，奥氏体的成分达到 *s* 点，于是发生共析转变 A→P(F+Fe_3C)，形成珠光体。4点以下直到室温，合金组织变化不大。因此常温下过共析钢的显微组织由珠光体和网状二次渗碳体所组成，其显微组织如图1-65所示。

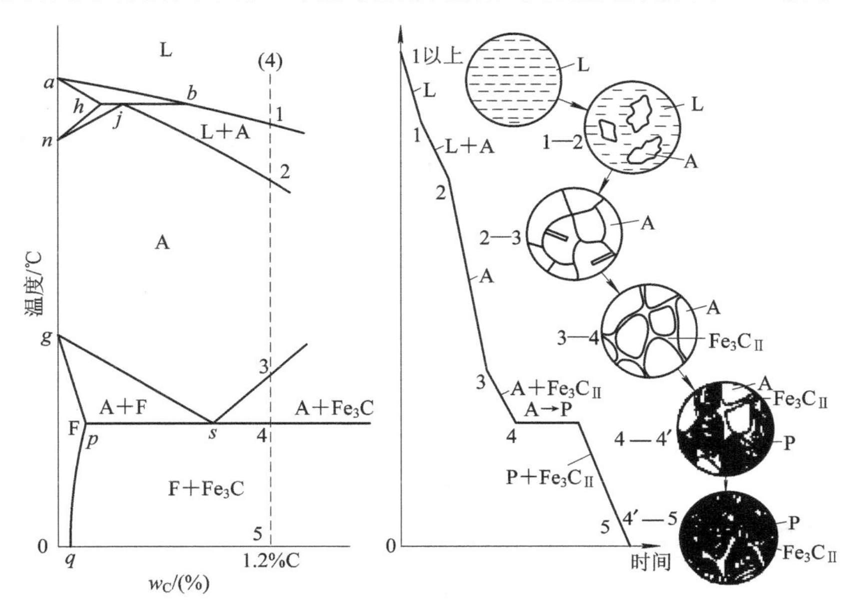

图1-64 过共析钢结晶过程示意图

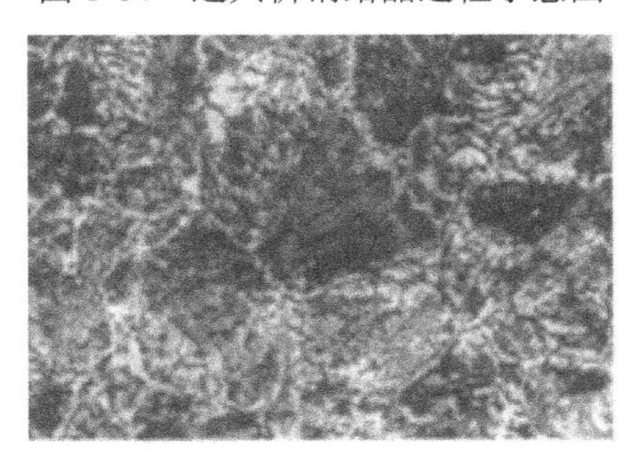

图1-65 w_C 为1.2%的过共析钢的显微组织图(500×)

(5) 共晶白口铸铁(eutectic white iron)。

图1-66所示为白口铸铁部分典型合金结晶过程示意图，下面对其分别加以分析。

共晶合金(图1-57中(5))在1点发生共晶反应，由莱氏体转变为(高温)莱氏体(L_d)，即

$$L_{4.3} \xleftrightarrow{1148℃} A_{2.11} + Fe_3C$$

在1～2之间，奥氏体中的碳质量分数逐渐降低，从奥氏体中不断析出二次渗碳体Fe_3C_{II}。但是Fe_3C_{II}是依附在共晶Fe_3C上析出并长大的，且无界线相隔，因此在显微镜下也难以分辨。至2点温度时共晶A的碳质量分数为0.77%，在恒温下发生共析反应转变，即共晶奥氏体转变为珠光体，高温莱氏体转变成低温莱氏体(L'_d (P+Fe_3C))。在此后的降温过程中，虽然铁素体也会析出Fe_3C_{III}，但是数量很少且组织不再发生变化，所以室温平衡组织仍

为 $L_{d'}$，最后室温下的组织是珠光体分布在共晶渗碳体的基体上，其显微组织如图 1-67(b)所示。

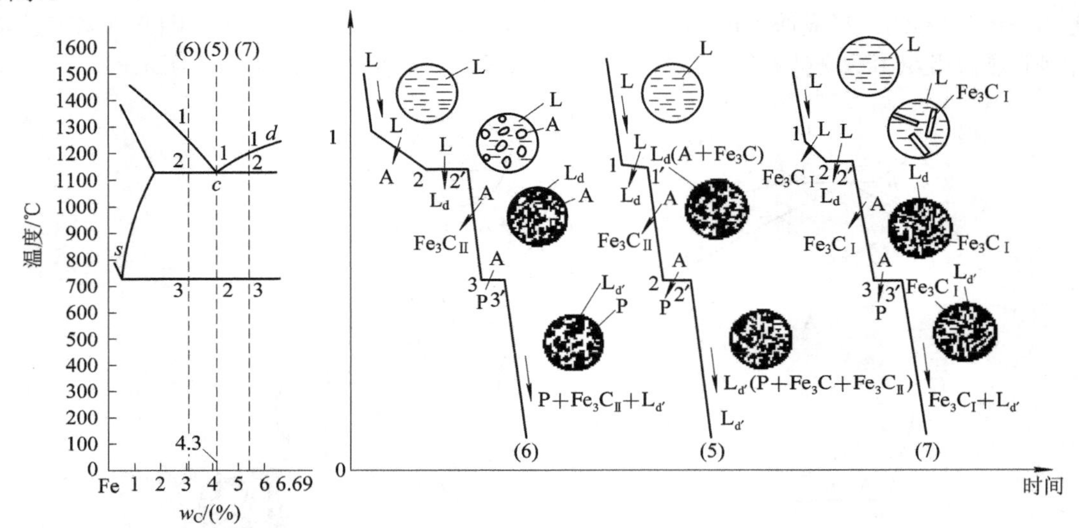

图 1-66　白口铸铁部分典型合金结晶过程示意图

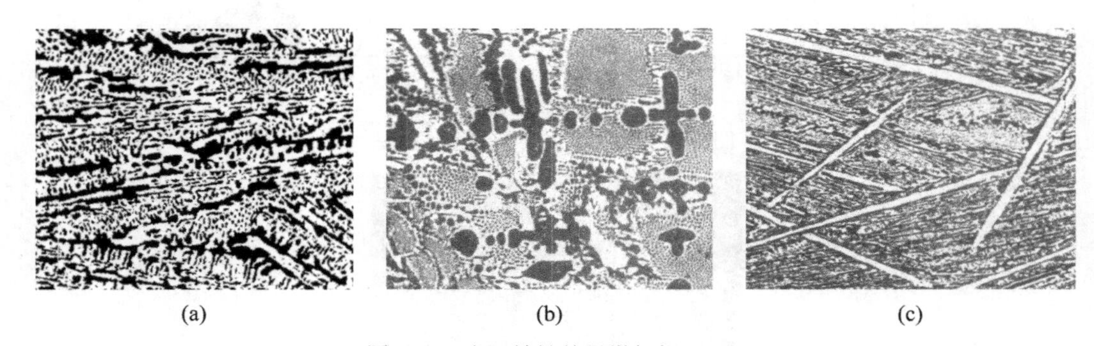

(a)　(b)　(c)

图 1-67　白口铸铁的显微组织(200×)

(a) 共晶白口铸铁；(b) 亚共晶白口铸铁；(c) 过共晶白口铸铁

在亚共晶合金(图 1-57 中(6))(hypoeutectic alloy)结晶过程中，1～2 点之间按匀晶转变结晶出初晶(或先共晶)奥氏体，奥氏体的成分沿 *je* 线变化，而液相的成分沿 *bc* 线变化，当温度降至 2 点时，液相成分达到共晶点 *c*，于是在恒温(1148℃)下发生如下共晶转变：

$$L_{4.3} \xleftrightarrow{1148℃} A_{2.11} + Fe_3C$$

即形成(高温)莱氏体。当温度冷却至 2～3 点温度区间时，从奥氏体(初晶和共晶)中析出了二次渗碳体。随着二次渗碳体的析出，奥氏体的成分沿着 *es* 线不断降低，当温度达到 3 点(727℃)时，奥氏体的成分也达到了 *s* 点，在恒温下发生共析转变，且所有的奥氏体均转变为珠光体。最后，亚共晶合金在室温下的组织为珠光体、二次渗碳体和低温莱氏体(图 1-67(b))，图中大块黑色部分是由初晶奥氏体转变成的珠光体，它由初晶奥氏体析出的二次渗碳体与共晶渗碳体连成一片，难以分辨。

过共晶合金(图 1-57 中(7))(hypereutectic alloy)在结晶过程中，1～2 温度区间从液体中结晶出粗大的先共晶渗碳体，称为一次渗碳体 Fe_3C_I。随着一次渗碳体量的增多，液相成分沿着 *dc* 线变化。当温度降至 2 点时，液相成分达到 *c* 点，于是在恒温(1148℃)下发生如下共晶转变，即

$$L_{4.3} \xleftrightarrow{1148℃} A_{2.11} + Fe_3C$$

形成(高温)莱氏体。当温度冷却至 2～3 点温度区间时，共晶奥氏体先析出二次渗碳体，然后在恒温(727℃)下发生共析转变，形成珠光体。因此，过共晶白口铸铁室温下的组织为一次渗碳体和低温莱氏体，其显微组织如图 1-67(c)所示。

3. 碳质量分数对 Fe-C 合金组织及性能的影响

1) *碳质量分数对平衡组织的影响*

根据以上分析结果，可知不同碳质量分数的铁碳合金在平衡凝固时可形成不同的室温组织。根据杠杆定律，可以求得缓冷后铁碳合金的相组成物及组织组成物与含碳量之间的定量关系，其结果如图 1-68 所示。

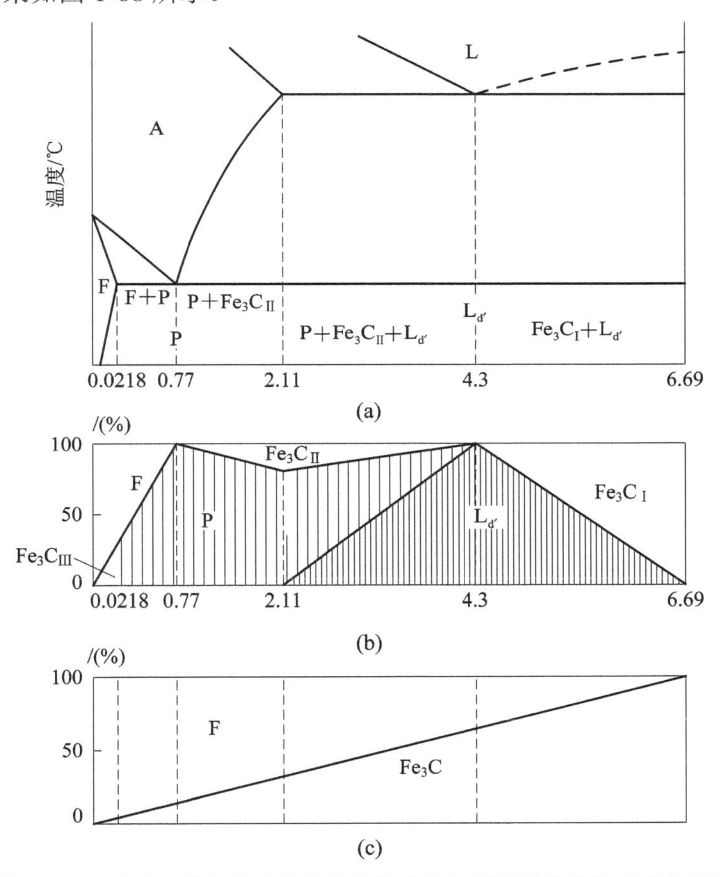

图 1-68　铁碳合金的相组成物及组织组成物与碳质量分数的对应关系图

从图 1-68(b)可以清楚地看出合金室温组织的变化规律。当碳质量分数增加时，不仅组织中渗碳体的数量增加，其存在形式也发生了变化。渗碳体由分布在铁素体的基体内(如珠

光体)变为分布在奥氏体的晶界上(Fe_3C_{II})，当最后形成莱氏体时，渗碳体已成为基体了。

根据图 1-68(a)所示铁碳相图，可知铁碳合金的室温组织均由 F 和 Fe_3C 相组成，两相的相对质量由杠杆定律确定。随着碳质量分数增加，F 的相对量逐渐降低，而 Fe_3C 的相对量呈线性增加(图 1-68(c))。

2) 含碳质量分数对力学性能的影响

不同碳质量分数的铁碳合金组织不同，其性能也不同。在铁碳合金中，渗碳体是硬脆的强化相，而铁素体则是柔软的韧性相，所以其硬度主要取决于组织中组成相的硬度及相对量。随含碳量的增加，由于 Fe_3C 增多，铁碳合金的硬度由全部为 F 的约 80 HB 增大到全部为 Fe_3C 时的约 800 HB。而合金的塑性变形全部由 F 提供，所以随含碳量的增大，即含 F 量不断减少时，合金的塑性连续下降。这也是高碳钢和白口铸铁脆性高的主要原因。

强度是一个对组织形态敏感的性能。如果合金的基体是铁素体，则随渗碳体数量越多、分布越均匀，材料的强度也越高。但是，当渗碳体相分布在晶界，特别是作为基体时，材料强度将会大大下降。碳质量分数与碳钢力学性能的关系如图 1-69 所示。

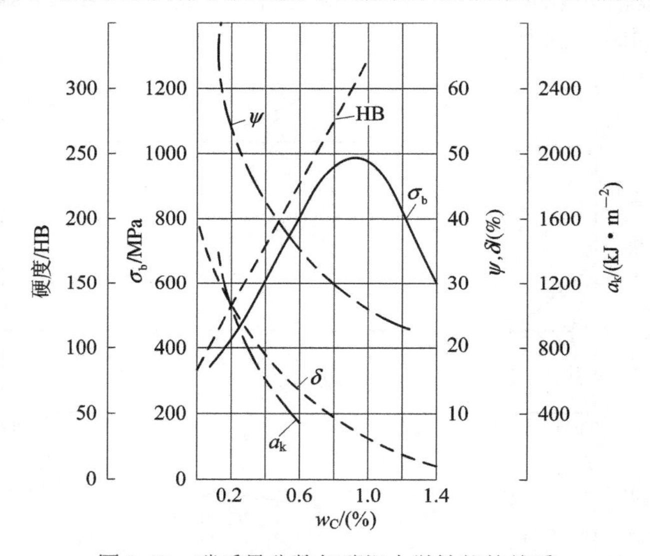

图 1-69 碳质量分数与碳钢力学性能的关系

工业纯铁中的含碳量很低，可认为是由单相铁素体构成的，故其塑性、韧性较好，强度、硬度较低。

亚共析钢组织是由铁素体和珠光体组成的。随着含碳量的增加，珠光体含量也相应增加，钢的强度和硬度直线上升，而塑性指标相应降低。

共析钢的缓冷组织由片层状的珠光体构成。由于渗碳体是一个强化相，这种片层状的分布使珠光体具有较高的硬度与强度，但塑性指标较低。

过共析钢缓冷后的组织由珠光体与二次渗碳体组成。随含碳量的增加，脆性的二次渗碳体数量也相应增加，当 w_c 约 0.9%时，Fe_3C_{II}沿晶界形成完整的网，强度则迅速降低，且脆性增加。所以，工业用钢中的含碳量一般不超过 1.3%～1.4%。由于白口铸铁组织中存在较多的渗碳体，因此其特别脆硬，难以切削加工，主要用作耐磨材料。

1.4 钢的热处理

随着科学技术的飞速发展，人们对材料性能的要求也越来越高，其中以钢铁材料最为突出。为了满足这一需求，一般采用两种方法，即研制新材料和对钢及其他材料进行热处理。因热处理是一种重要的金属热加工工艺，所以在机械制造工业中被广泛地应用。例如，在机床制造中60%～70%的零件都要经过热处理；在汽车、拖拉机等制造中70%～80%的零件都要进行热处理；而工模具和轴承等则要100%地进行热处理。总之，重要的零件都必须经过适当的热处理才能使用。由此可见，热处理在机械制造中占有重要的地位。

热处理是将固态金属或合金在一定介质中加热、保温和冷却，以改变材料整体或表面组织，从而获得所需性能的工艺。热处理可大幅度地改善金属材料的工艺性能，如T10钢经球化处理后，切削性能会大大改善；而经淬火处理后，其硬度可从处理前的20 HRC提高到62～65 HRC。在钢的热处理加热、保温和冷却过程中，其组织结构会发生相应变化，因此钢中组织结构变化的规律是研究钢热处理的理论基础和依据。

1.4.1 钢在加热时的转变

为了在热处理后获得所需性能，大多数热处理工艺(如退火、正火、淬火等)都需要将工件加热到临界温度以上，以获得全部或部分奥氏体组织，并使其成分均匀化，这一过程也称为奥氏体化。加热时形成的奥氏体的质量(奥氏体化的程度、成分均匀性及晶粒大小等)对其冷却转变过程及最终的组织和性能都有极大的影响。因此，了解奥氏体形成的规律，是掌握热处理工艺的基础。

1. 钢的临界温度

根据Fe-Fe_3C相图，共析钢加热到A_1线以上，亚共析钢和过共析钢加热到A_3线和A_{Cm}线以上时才能将其完全转变为奥氏体。在实际的热处理过程中，按热处理工艺的要求，加热或冷却都是按一定的速度进行，因为相变是在非平衡条件下进行的，则必然要产生滞后现象，即有一定的过热度或过冷度。因此在加热时，钢发生奥氏体转变的实际温度比相图中的A_1、A_3、A_{Cm}点要高，分别用Ac_1、Ac_3、Ac_{Cm}表示。同样，在冷却时奥氏体分解的实际温度要比A_1、A_3、A_{Cm}点低，分别用Ar_1、Ar_3、Ar_{Cm}表示。如图1-70所示。

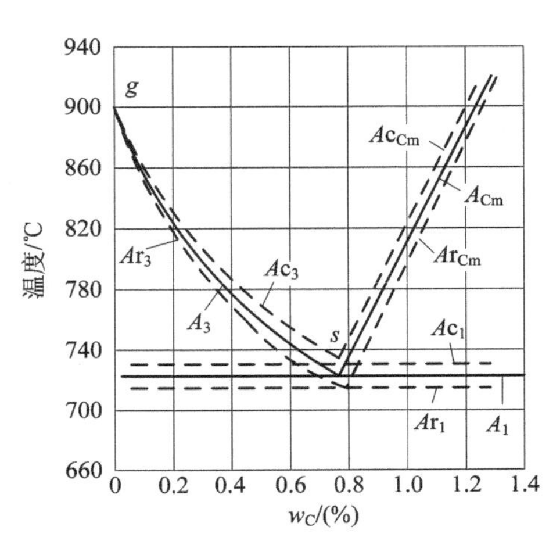

图1-70 加热和冷却速度对临界点A_1、A_3和A_{Cm}的影响(加热和冷却速度为0.125 ℃/min)

2. 奥氏体的形成

1) 奥氏体形成的基本过程

钢在加热时，奥氏体的形成过程符合相变的普遍规律，也是通过形核及核心长大来完成的。现以共析

钢为例，其原始组织为珠光体，当加热到温度 Ac_1 以上时，发生珠光体向奥氏体的转变，即

$$F_{w_C=0.02\%}+Fe_3C_{w_C=6.69\%}\rightarrow A_{w_C=0.77\%}$$

这一转变是由化学成分、晶格类型都不相同的两个相转变成为另一种成分和晶格类型的新相，在转变过程中要发生晶格改组和碳原子的重新分布，这些变化均需要通过原子的扩散来完成，所以奥氏体的形成是属于扩散型转变。共析钢奥氏体的形成一般分为四个阶段，如图 1-71 所示。

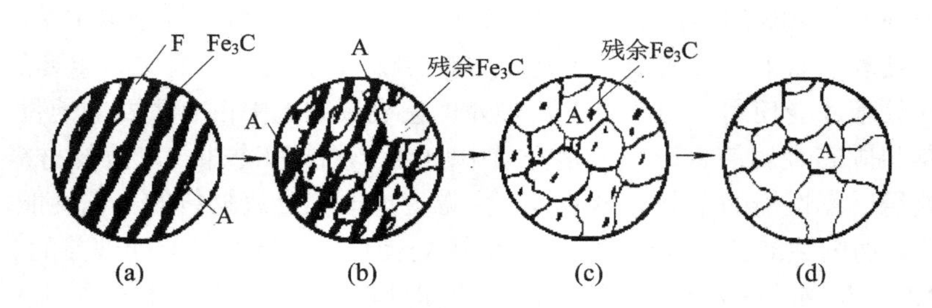

图 1-71　共析钢奥氏体的形成过程示意图

(a) A 形核；(b) A 长大；(c) 残余渗碳体溶解；(d) 均匀化

(1) 奥氏体晶核的形成。奥氏体晶核一般优先在铁素体和渗碳体相界处形成。这是因为在相界处，原子排列紊乱，能量较高，能满足晶核形成的结构、能量和浓度条件。

(2) 奥氏体晶核的长大。奥氏体晶核形成后，它一面与铁素体相接，另一面和渗碳体相接，并在浓度上建立起平衡关系。由于和渗碳体相接的界面其碳浓度高，而和铁素体相接的界面碳浓度低，这就使得奥氏体晶粒内部存在着碳的浓度梯度，从而引起碳不断从渗碳体界面通过奥氏体晶粒向低碳浓度的铁素体界面扩散。因此，为了维持原来相界面碳浓度的平衡关系，奥氏体晶粒不断向铁素体和渗碳体两边长大，直至铁素体全部转变为奥氏体为止。

(3) 残余渗碳体的溶解。在奥氏体形成过程中，奥氏体向铁素体方向成长的速度远大于渗碳体的溶解，因此在奥氏体形成之后，还残留一定量的未溶渗碳体。这部分渗碳体只能在随后的保温过程中，逐渐溶入奥氏体中，直至完全消失。

(4) 奥氏体成分的均匀化。渗碳体完全溶解后，奥氏体中碳浓度的分布并不均匀，原来属于渗碳体的地方含碳较多，而属于铁素体的地方含碳较少，必须继续保温，通过碳的扩散，使奥氏体成分均匀化。

亚共析钢和过共析钢中奥氏体的形成过程与共析钢基本相同，当温度加热到 Ac_1 线以上时，首先发生珠光体向奥氏体的转变。对于亚共析钢在 Ac_1～Ac_3 的升温过程中先共析铁素体逐步向奥氏体转变，当温度升高到 Ac_3 以上时，才能得到单一的奥氏体组织。对于过共析钢在 Ac_1～Ac_{Cm} 的升温过程中，先共析相二次渗碳体逐步溶入奥氏体中，只有温度升高到 Ac_{Cm} 以上时，才能得到单一的奥氏体组织。

2) 影响奥氏体形成的因素

钢的奥氏体形成主要是通过形核和长大来实现的，凡是影响形核和长大的因素都影响奥氏体的形成速度。

(1) 加热温度。随着加热温度的升高，相变驱动力增大，碳原子扩散能力增大，原子在奥氏体中的扩散速度加快，从而提高了形核率和长大速度，加快了奥氏体的转变速度；同时，温度高，*gs* 和 *es* 线间的距离越大，奥氏体中碳原子浓度梯度也就增大，所以奥氏体化速度加快。

(2) 加热速度。在实际热处理中，加热速度越快，产生的过热度就越大，可使转变终了温度和转变温度范围越宽，转变完成的时间也越短。

(3) 钢中含碳量。随着钢中含碳量的增加，铁素体和渗碳体的相界面增多，因而奥氏体的核心增多，奥氏体的转变速度加快。

(4) 合金元素。钢中的合金元素不改变奥氏体形成的基本过程，但显著影响奥氏体的形成速度。钴、镍等增大碳在奥氏体中的扩散速度，因而加快奥氏体化过程；铬、钼、钒等对碳的亲和力较大，能与碳形成较难溶解的碳化物，显著降低碳的扩散能力，所以减慢奥氏体化过程；硅、铝、锰等对碳的扩散速度影响不大，不影响奥氏体化过程。因为合金元素可以改变钢的临界点，并影响碳的扩散速度，它自身也在扩散和重新分布，且合金元素的扩散速度比碳慢得多，所以在热处理时，合金钢的热处理加热温度一般都高一些，保温时间要长一些。

(5) 原始组织。原始珠光体中的渗碳体有两种形式：片状和粒状。原始组织中渗碳体为片状时奥氏体形成速度快，因为它的相界面积大，并且渗碳体片间距越小，相界面积越大，同时奥氏体晶粒中碳浓度梯度也大，所以长大速度更快。

3. 奥氏体晶粒的大小及其控制

1) 奥氏体晶粒度的概念

奥氏体晶粒大小对后续的冷却转变及转变所得的组织与性能有着重要的影响。如图 1-72 所示，奥氏体晶粒细时，退火组织珠光体亦细，则强度、塑性、韧性较好，淬火组织马氏体也细，因而韧性得到改善。因此获得细小的晶粒是热处理过程中始终要注意的问题。奥氏体有以下三种不同概念的晶粒度。

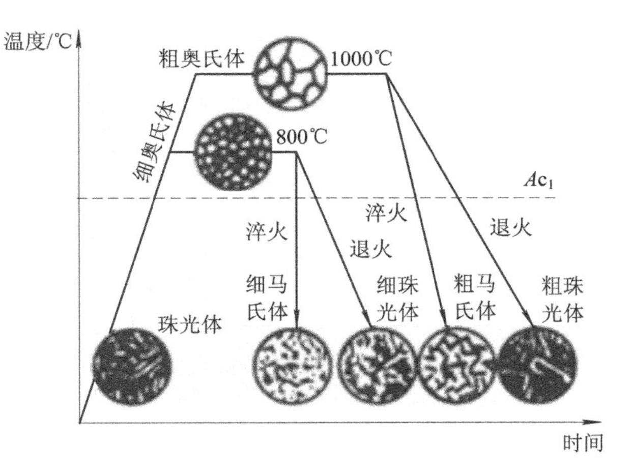

图 1-72　奥氏体晶粒大小对转变产物晶粒大小的影响示意图

(1) 起始晶粒度(initiate grain size)。起始晶粒度是指珠光体刚刚转变为奥氏体的晶粒大小。起始晶粒度非常细小，在继续加热或保温过程中还要继续长大。

(2) 本质晶粒度(essential grain size)。冶金部标准(YB/T 5148—1993)中规定，将钢试样加热到(930±10)℃、保温3～8 h，冷却后制成金相试样，在显微镜下放大100倍观察，然后再和标准晶粒度等级图(图1-73)比较，测定钢的奥氏体晶粒大小，这个晶粒度即为该钢的本质晶粒度。标准晶粒度通常分8级，在1～4级范围内的称为本质粗晶粒钢，在5～8级范围内的称为本质细晶粒钢，超过8级的为超细晶粒度。

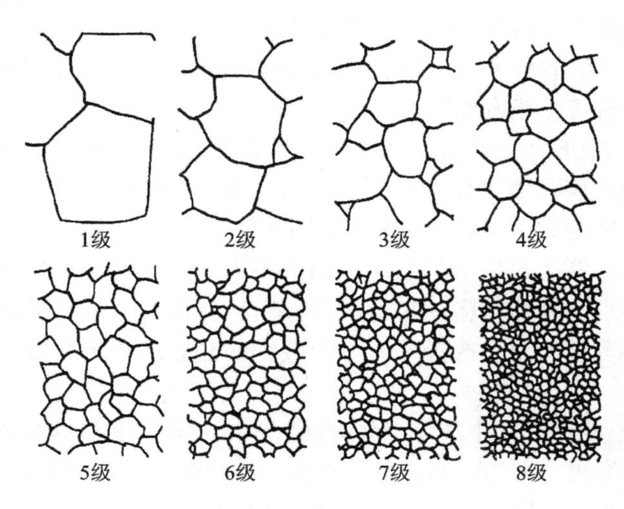

图1-73 标准晶粒度等级示意图(100×)

本质晶粒度代表着钢在加热时奥氏体晶粒的长大倾向。它取决于钢的成分及冶炼方法。用铝脱氧的钢以及含钛、钒、锆等元素的合金钢都是本质细晶粒钢。用硅、锰脱氧的钢为本质粗晶粒钢。本质细晶粒钢在加热温度超过一定限度后，晶粒也会长大粗化。图1-74所示为两种钢加热时晶粒的长大倾向。由图可见，本质细晶粒钢在930℃以下加热时晶粒长大的倾向小，适于进行热处理，所以需经热处理的工件，一般都用本质细晶粒钢制造。

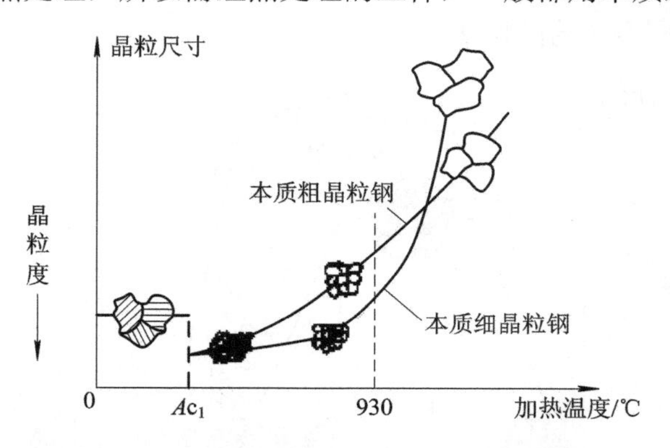

图1-74 本质细晶粒和本质粗晶粒长大倾向示意图

(3) 实际晶粒度(actual grain size)。实际晶粒度是指在具体热处理或热加工条件下得到的奥氏体晶粒度，它决定钢的性能。

2) 影响奥氏体晶粒大小的因素

奥氏体晶粒越细，其冷却产物的强度、塑性和韧性越好。影响奥氏体晶粒大小的主要因素有：

(1) 加热温度和保温时间。加热温度是影响奥氏体晶粒长大最主要的因素。奥氏体刚形成时晶粒是细小的，但随着加热温度的升高或保温时间的延长，奥氏体将逐渐长大。温度越高，奥氏体晶粒长大越剧烈；在一定温度下，保温时间越长，奥氏体晶粒越粗大。

(2) 钢的化学成分。增加奥氏体中的碳质量分数，将增大奥氏体的晶粒长大倾向。当钢中含有形成稳定碳化物、渗氮物的合金元素(如铬、钒、钛、钨、钼等)时，这些碳化物和渗氮物弥散分布于奥氏体晶界上，阻碍奥氏体晶粒长大。而磷、锰则有加速奥氏体晶粒长大的倾向。

1.4.2　钢在冷却时的转变

热处理工艺中，钢在奥氏体化后需要进行冷却。冷却是热处理的关键工序，它决定钢在冷却后的组织和性能。表 1-5 列出了 40Cr 钢经 850℃加热到奥氏体后，在不同冷却条件下对其性能的影响。

表 1-5　钢在不同冷却条件下的力学性能

冷却方式	σ_b /MPa	σ_s /MPa	δ/(%)	ψ/(%)	a_k/(J/cm^2)
炉冷	574	289	22	58.4	61
空气冷	678	387	19.3	57.3	80
油冷并经 200℃回火	1850	1590	8.3	33.7	55

由 Fe−Fe_3C 相图可知，当温度处于临界点 A_1 以下时，奥氏体就变得不稳定，要发生分解和转变。但在实际冷却过程中，处在临界点以下的奥氏体并不立即发生转变，这种在临界点以下存在的奥氏体，称为过冷奥氏体。过冷奥氏体的冷却方式通常有以下两种：

(1) 等温处理(isothermal treatment)。将钢迅速冷却到临界点以下的给定温度进行保温，使其在该温度下恒温转变示意图如图 1-75 曲线 1 所示。

(2) 连续冷却(continuous cooling)。将钢以某种速度连续冷却，使其在临界点以下变温连续转变示意图如图 1-75 曲线 2 所示。

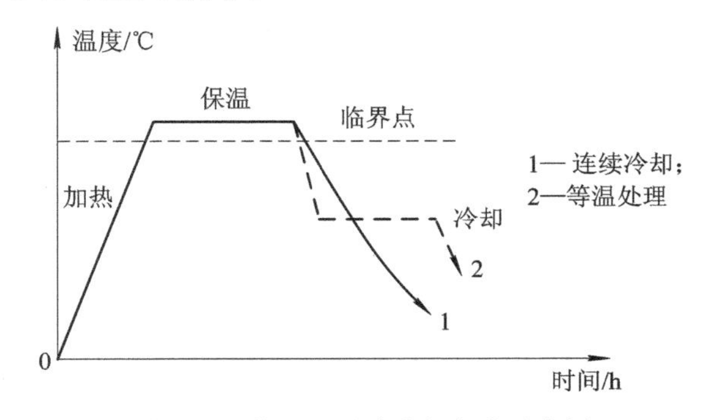

图 1-75　热处理两种冷却方式示意图

现以共析钢为例讨论过冷奥氏体的等温转变和连续冷却转变。

1. 过冷奥氏体的等温转变(isothermal transformation)

1) 过冷奥氏体的等温转变曲线(TTT 曲线或称 C 曲线)

由铁碳相图可知，当温度在 A_1 以上时，奥氏体是稳定的，能长期存在的。当温度降到 A_1 以下后，奥氏体即处于过冷状态，这种奥氏体称为过冷奥氏体。过冷奥氏体是不稳定的，它会转变为其他组织。钢在冷却时的转变，实质上是过冷奥氏体的转变。这是研究过冷奥氏体转变的基本方法。

(1) 共析钢过冷奥氏体的等温转变。

共析钢过冷奥氏体的等温转变过程和转变产物可用其等温转变曲线(C 曲线)图来分析(图 1-76)。过冷奥氏体等温转变曲线表明过冷奥氏体转变所得组织和转变量与温度和转变时间之间的关系，是钢在不同温度下的等温转变动力学曲线(图 1-76(a))的基础上测定的。即将各温度下的转变开始时间和终了时间标注在温度—时间坐标系中，并分别把开始点和终了点连成两条曲线，得到转变开始线和转变终了线，如图 1-76(b)所示。根据曲线的形状一般也称为 C 曲线。

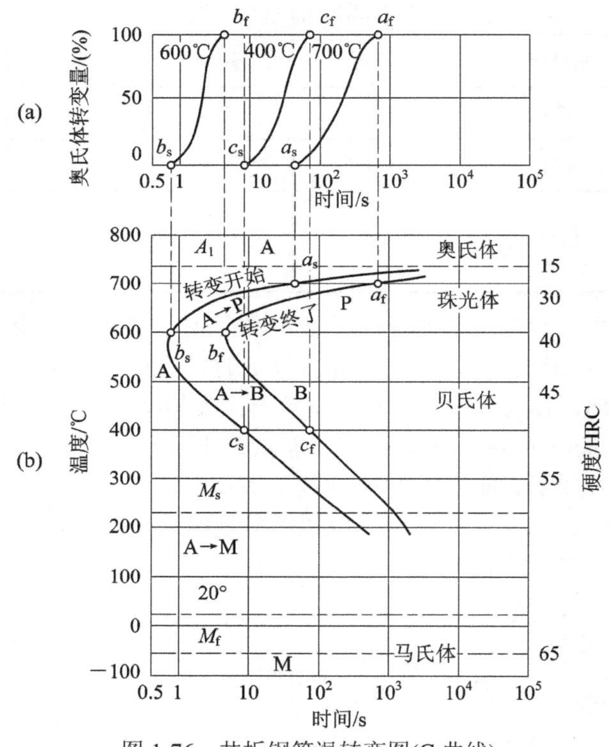

图 1-76 共析钢等温转变图(C 曲线)

(a) 不同温度下的等温动力学转变曲线；(b) 等温转变图(C 曲线)

在 C 曲线的下面还有两条水平线：M_s 线和 M_f 线，它们为过冷奥氏体发生马氏体转变(低温转变)的开始温度线(以 M_s 表示)和终了温度线(以 M_f 表示)。

由共析钢的 C 曲线可以看出，在 A_1 以上，奥氏体的稳定区，不发生转变，能长期存在；在 A_1 以下，奥氏体不稳定，要发生转变，但在转变之前奥氏体要有一段稳定存在的时间(处于过冷状态)，这段时间称为过冷奥氏体的孕育期，也就是奥氏体从过冷到转变开始的时间。

孕育期的长短反映了过冷奥氏体的稳定性大小。在曲线的“鼻尖”处(约550℃)孕育期最短，过冷奥氏体稳定性最小。“鼻尖”将曲线分为两部分，“鼻尖”上部分随着温度下降(即过冷度增大)，孕育期变短，转变速度加快；“鼻尖”下部分随着温度下降(即过冷度增大)，孕育期增长，转变速度就变慢。过冷奥氏体转变速度随温度变化的规律是由两种因素造成的：一种是转变的驱动力(即奥氏体与转变产物的自由能差 ΔF)，它随温度的降低而增大，从而加快转变速度；另一种是原子的扩散能力(扩散系数 D)，温度越低，原子的扩散能力就越弱，使转变速度变慢。因此，在“鼻尖”点以上的温度，原子扩散能力较大，主要影响因素是驱动力(ΔF)；而在550℃以下的温度，虽然驱动力足够大，但原子的扩散能力下降，此时的转变速度主要受原子扩散速度的制约，使转变速度变慢。所以在550℃时的转变条件最佳，转变速度最快。

(2) 非共析钢过冷奥氏体的等温转变。

亚共析钢的过冷奥氏体等温转变曲线见图1-77(以45钢为例)。与共析钢C曲线不同的是，在亚共析钢曲线的上方多了一条过冷奥氏体转变为铁素体的转变开始线。亚共析钢随着碳质量分数的减少，C曲线位置往左移，同时 M_s、M_f 线往上移。亚共析钢的过冷奥氏体等温转变过程与共析钢的相类似，只是在高温转变区过冷奥氏体将先有一部分转变为铁素体，剩余的过冷奥氏体再转变为珠光体组织。如45钢过冷A在650～600℃等温转变后，其产物为铁素体(F)+索氏体(S)。

过共析钢过冷A的C曲线见图1-78(以T10钢为例)。C曲线的上部为过冷A中析出二次渗碳体(Fe_3C_{II})开始线。在一般热处理加热条件下，过共析钢随着碳质量分数的增加，C曲线位置往左移，同时 M_s、M_f 线往下移。过共析钢的过冷奥氏体在高温转变区，将先析出 Fe_3C_{II}，剩余的过冷奥氏体再转变为珠光体组织。如T10钢过冷A在 A_1～650℃等温转变后，将得到 Fe_3C_{II}+珠光体(P)。

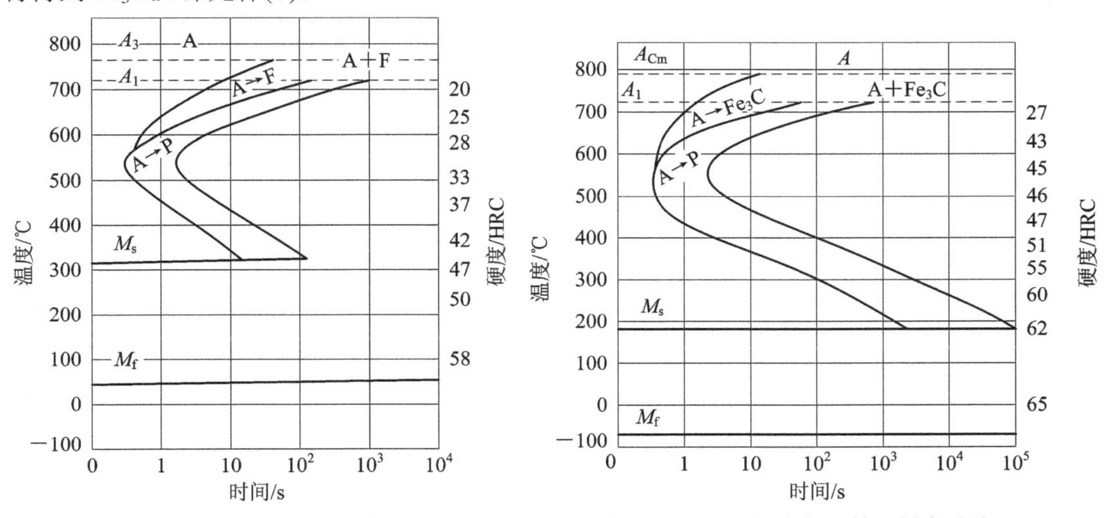

图1-77 45钢过冷A等温转变曲线 图1-78 T10钢过冷A等温转变曲线

2) 过冷奥氏体等温转变产物的组织和性能

根据过冷奥氏体在不同温度下转变产物的不同，可将其分为三种不同类型的转变：A_1 至C曲线“鼻尖”区间的高温转变，其转变产物为珠光体，所以又称为珠光体转变；C曲线“鼻尖”至 M_s 线区间的中温转变，其转变产物为贝氏体，所以又称为贝氏体转变；在 M_s 线以下区间的低温转变，其转变产物为马氏体，所以又称为马氏体转变。

(1) 珠光体型转变(pearlite tansformation)——高温转变(A_1～550℃)。

共析成分的奥氏体过冷到珠光体转变区内等温停留时，将发生共析转变，形成珠光体。珠光体转变可写成如下的共析反应式：

$$\gamma \rightarrow \alpha + Fe_3C$$

$$w_C=0.77\% \quad w_C=0.0218\% \quad w_C=6.69\%$$

面心立方　体心立方　复杂斜方

可见，珠光体转变是一个由单相固溶体分解为成分和晶格都截然不同的两相混合组织的过程，因此，转变时必须进行碳的重新分布和铁的晶格重构。这两个过程是依靠碳原子和铁原子的扩散来完成的，所以珠光体转变是典型的扩散型转变。

① 珠光体的形成。奥氏体向珠光体的转变是一种扩散型转变，它们也是由形核和核心长大，并通过原子扩散和晶格重构的过程来完成。图 1-79 示出片状珠光体的等温形成过程。首先，新相的晶核优先在奥氏体的晶界处形成，然后向晶粒内部长大，同时，又不断有新的晶核形成和长大，每个晶核发展成一个珠光体领域，其片层大致平行。这样不断交替地形核长大直到各个珠光体领域相互接触，奥氏体全部消失，转变即告以完成。

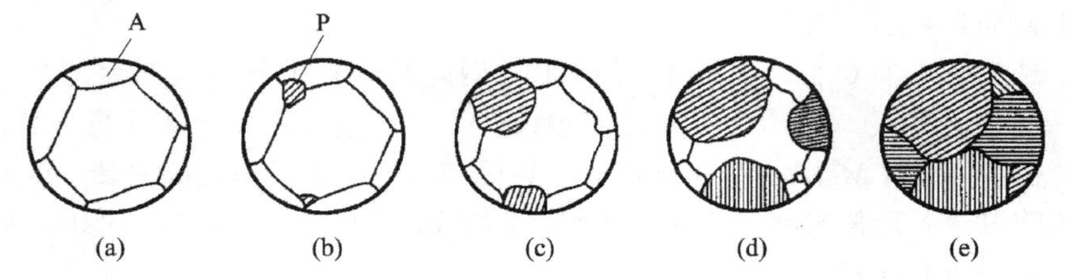

图 1-79　共析钢奥氏体向珠光体等温转变过程示意图

珠光体形核需要一定的能量起伏、结构起伏和浓度起伏。在奥氏体晶界处，同时出现这三种起伏的几率比晶粒内部大得多，所以珠光体晶核总是优先在奥氏体晶界处形成。如果奥氏体中有未溶碳化物颗粒存在，这些碳化物颗粒便可作为现成的晶核而长大。

② 珠光体的组织和性能。珠光体是铁素体和渗碳体的共析混合物。根据共析渗碳体的形状，珠光体分为片状珠光体和粒状珠光体两种。高温转变产物都是片层相间的珠光体，但由于转变温度不同，原子扩散能力及驱动力不同，其片层间距差别也很大。一般转变温度愈低，层间距愈小，共析渗碳体愈小。根据共析渗碳体的大小，习惯上把珠光体型组织分为珠光体、索氏体(细珠光体)和屈氏体(极细珠光体)三种，如图 1-80 所示。在光学显微镜下，放大 400 倍以上便能看清珠光体，放大 1000 倍以上便能看清索氏体，而要看清屈氏体的片层结构，必须用电子显微镜放大几千倍以上。需指出的是，珠光体、索氏体和屈氏体三者从组织上并没有本质的区别，也没有严格的界限，实质是同一种组织，只是渗碳体片的厚度不同，在形态上片层间距不同而已。片层间距是片状珠光体的一个主要指标，指珠光体中相邻两片渗碳体的平均距离。片层间距的大小主要取决于过冷度，而与奥氏体的晶粒度和均匀性无关。表 1-6 所示为它们大致形成的温度和性能。由表可见，转变温度较高即过冷度较小时，铁、碳原子易扩散，获得的珠光体片层较粗大。转变温度越低，过冷度越大，获得的珠光体组织就越细，片层间距越小，硬度也就越高。

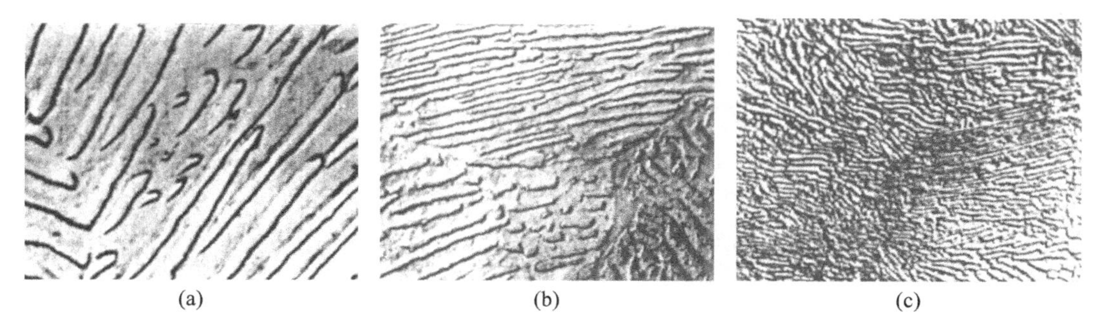

图 1-80　共析钢过冷奥氏体高温转变组织

(a) 珠光体(3800×)；(b) 索氏体(8000×)；(c) 屈氏体(8000×)

表 1-6　珠光体型组织的形成温度和性能

组织类型	形成温度/℃	片层间距/μm	硬度/HRC
珠光体(P)	A_1～650	>0.4	15～27
索氏体(S)	650～600	0.4～0.2	27～38
屈氏体(T)	600～550	<0.2	38～43

(2) 贝氏体型转变(bainite tansformation)——中温转变(550℃～M_s)。

共析成分的奥氏体过冷到 550℃～M_s 的中温区保温，发生奥氏体向贝氏体的等温转变，而形成贝氏体，用符号“B”表示。钢在等温淬火过程中发生的转变就是贝氏体转变。因此，研究贝氏体的形成规律、组织与性能的特点，对于指导热处理及合金化都具有重要意义。

① 贝氏体的组织和性能。贝氏体是过冷奥氏体在中温区的共析产物，是碳化物(渗碳体)分布在过饱和碳的铁素体基体上的两相混合物，其组织和性能都不同于珠光体。贝氏体的组织形态比较复杂，随着奥氏体的成分和转变温度的不同而变化。在中碳钢(45 钢)和高碳钢(T8 钢)中具有两种典型的贝氏体形态：一种是在 550～350℃范围内(中温区的上部)形成的羽毛状的上贝氏体($B_{上}$)，如图 1-81 (a)、(b)所示。在上贝氏体中，过饱和铁素体呈板条状，在铁素体之间，断断续续地分布着细条状渗碳体，如图 1-81(c)所示。另一种是在 350℃～M_s 范围内(中温区的下部)形成的针状的下贝氏体($B_{下}$)，如图 1-82(a)所示。在下贝氏体中，过饱和铁素体呈针片状，比较混乱地呈一定角度分布。在电子显微镜下观察发现，在铁素体内部析出许多极细的ε-$Fe_{2.4}C$ 小片，小片平行分布，与铁素体片的长轴呈 50°～60°取向，如图 1-82(b)所示。

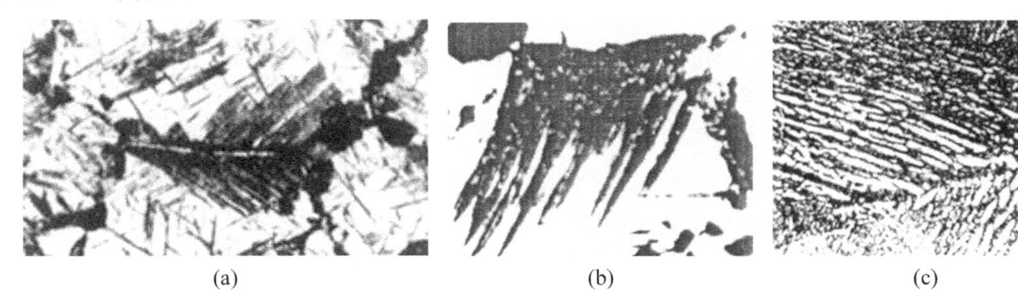

图 1-81　上贝氏体的形态(以 45 钢为例)

(a) 光学显微照片(400×)；(b) 光学显微照片(1300×)；(c) 电子显微照片(5000×)

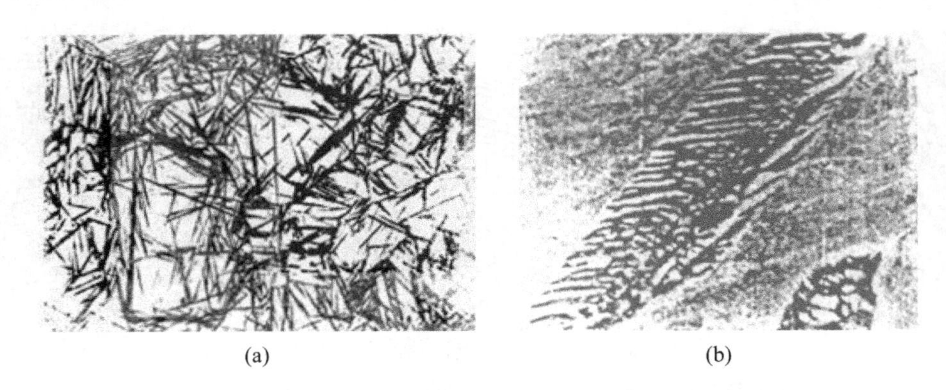

(a) (b)

图 1-82 下贝氏体的形态(以 T8 钢为例)

(a) 光学显微照片(400×)；(b) 电子显微照片(12 000×)

在低碳钢和低碳、中碳合金钢中还出现一种粒状贝氏体，如图 1-83 所示。它形成于中温区的上部，大约 500℃以上的范围内。在粒状贝氏体中，铁素体呈不规则的大块状，上面分布着许多不规则的岛状相，它原是富碳和合金元素含量较高的小区，随后在降温过程中分解为铁素体和渗碳体，有的转变成马氏体并含少量的残留奥氏体，也有的以残留奥氏体状态一直保留下来，这取决于该岛状相的稳定性。因此，粒状贝氏体形态和结构是极其复杂的。

图 1-83 粒状贝氏体的形态(500×)

不同贝氏体的性能不同，其中以下贝氏体的性能最好，它具有高的强度、韧性和耐磨性。图 1-84 绘出了共析钢的机械性能与等温分解温度的关系。由此可以看出，越是靠近贝氏体区上限温度形成的上贝氏体，其韧性越差，硬度、强度越低。由于上贝氏体中的铁素体条比较宽，抗塑性变形能力比较低，渗碳体分布在铁素体条之间容易引起脆断。因此，上贝氏体的强度较低，塑性和韧性都很差，这种组织一般不适用于机械零件。而在中温区下部形成的下贝氏体，硬度、强度和韧性都很高。由于下贝氏体组织中的针状铁素体细小且无方向性，碳的过饱和度大，碳化物分布均匀，弥散度大，所以它的强度和硬度高(50～60 HRC)，并且具有良好的塑性和韧性。因此，许多机械零件常选用等温淬火热处理，就是为了得到综合力学性能较好的下贝氏体组织。

② 贝氏体的形成。在中温转变区，由于转变温度低、过冷度大，只有碳原子有一定的扩散能力(铁原子不扩散)，这种转变属于半扩散型转变。在这个温度下，有一部分碳原子在铁素体中已不能析出，形成过饱和的铁素体，使得碳化物的形成时间增长，渗碳体已不能呈片状析出。因此，转变前的孕育期和进行转变的时间都随温度的降低而延长。

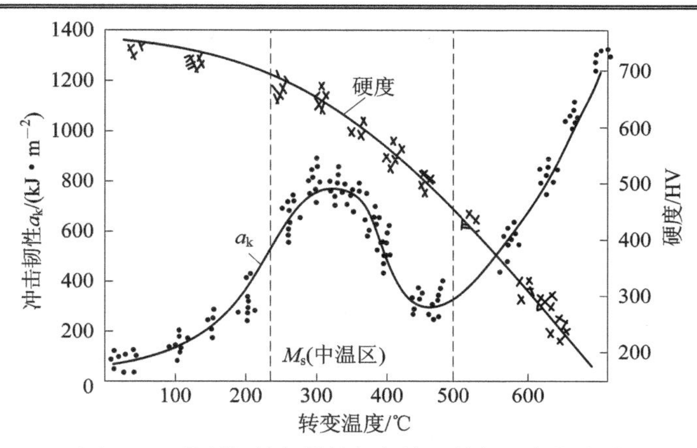

图 1-84 共析钢的机械性能与等温转变温度的关系

(3) 马氏体型转变(martensite transformation)——低温转变(M_s～M_f)。

共析成分的过冷奥氏体以某一冷却速度(大于临界冷却速度 v_k)冷却到 M_s 点以下(230℃)时将转变为马氏体(M)。与珠光体和贝氏体转变不同，马氏体转变不能在恒温下完成，而是在 M_s～M_f 之间的一个温度范围内连续冷却完成。由于转变温度很低，铁和碳原子都失去了扩散能力，因此马氏体转变属于非扩散型转变。

① 马氏体的形成。马氏体的形成也存在一个形核和长大的过程。马氏体晶核一般在奥氏体晶界、孪晶界、滑移面或晶内晶格畸变较大的地方形成，因为转变温度低，铁、碳原子不能扩散，而转变的驱动力极大，所以马氏体是以一种特殊的方式即共格切变的方式形成并瞬时长大到最终尺寸。所谓共格切变，是指沿着奥氏体的一定晶面，铁原子集体地、不改变相互位置关系地移动一定的距离(不超过一个原子间距)，并随即进行轻微的调整，将面心立方晶格改组成体心立方晶格(图 1-85)。碳原子原地不动留在新组成的晶胞中，由于溶解度的不同，钢中的马氏体含碳总是过饱和的，这些碳原子溶于新组成晶格的间隙位置，使轴伸长，增大其正方度 c/a，形成体心正方晶格(Body-centered tetragonal，BCT)，如图 1-86 所示。马氏体碳的质量分数越高，其正方度 c/a 越大。马氏体就是碳在α-Fe 中的过饱和固溶体。过饱和碳使α-Fe 的晶格发生很大畸变，产生很强的固溶强化。

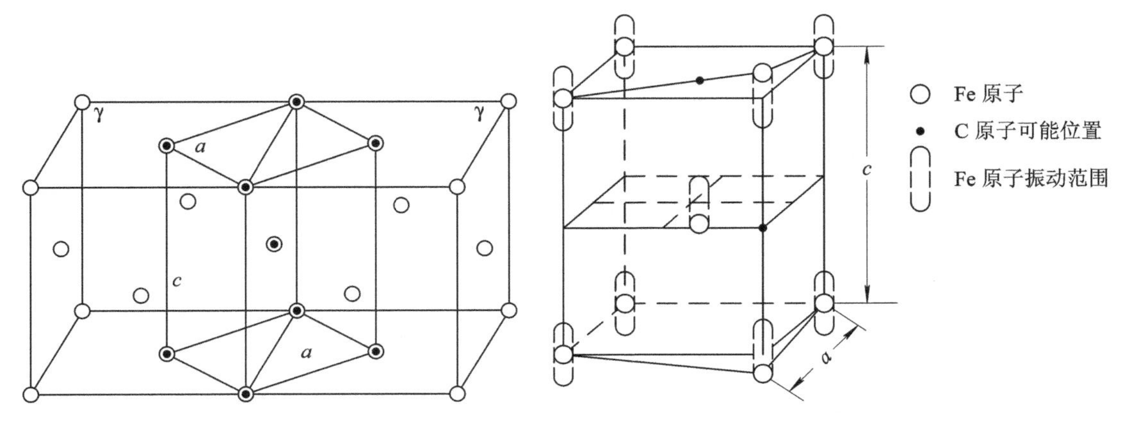

图 1-85 马氏体晶胞与母相奥氏体的关系

图 1-86 马氏体晶格示意图

在马氏体形核与长大过程中，马氏体和奥氏体的界面始终保持共格关系，即界面上的原子为两相共有，其排列方式是既属于马氏体晶格又属于奥氏体晶格，同时依靠奥氏体晶格中产生弹性应变来维持这种关系。当马氏体片长大时，这种弹性变形就急剧增加，一旦与其相应的应力超过奥氏体的弹性极限，就会发生塑性变形，从而破坏其共格关系，使马氏体长大到一定尺寸就立即停止。

② 马氏体的组织形态与特点。马氏体的形态一般分为板条和片状(或针状)两种。马氏体的组织形态与钢的成分、原始奥氏体晶粒的大小以及形成条件等有关。奥氏体晶粒愈粗，形成的马氏体片愈粗大；反之，形成的马氏体片就愈细小。在实际热处理加热时得到的奥氏体晶粒非常细小，淬火得到的马氏体片也非常细，以致于在光学显微镜下看不出马氏体晶体形态，这种马氏体也称为隐晶马氏体。

马氏体的形态主要取决于奥氏体的碳质量分数。图 1-87 表明，碳质量分数低于 0.25%时，为典型的板条马氏体；碳质量分数大于 1.0% 时，几乎全是片状马氏体；碳质量分数在 0.25%～1.0%之间时，是板条状和片状两种马氏体的混合组织。

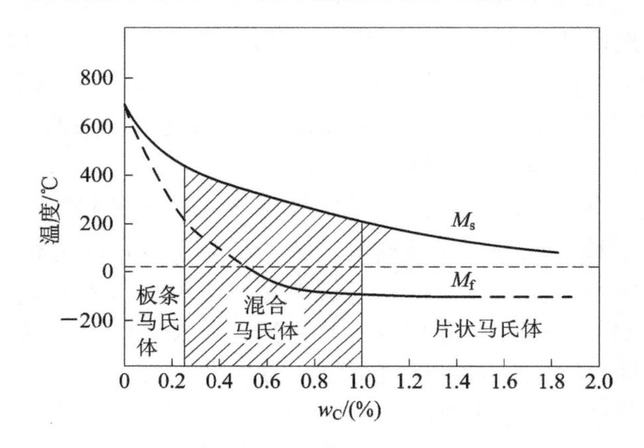

图 1-87　马氏体形态与含碳量的关系

板条马氏体又称为低碳马氏体，在光学显微镜下它是一束束尺寸大致相同几乎平行排列的细板条组织，马氏体板条束之间的角度较大，如图 1-88(a)所示。在一个奥氏体晶粒内，可以形成不同位向的许多马氏体区(共格切变区)，如图 1-88(b)所示。高倍透射电镜观察表明，在板条马氏体内有大量位错缠结的亚结构，所以板条马氏体也称为位错马氏体。

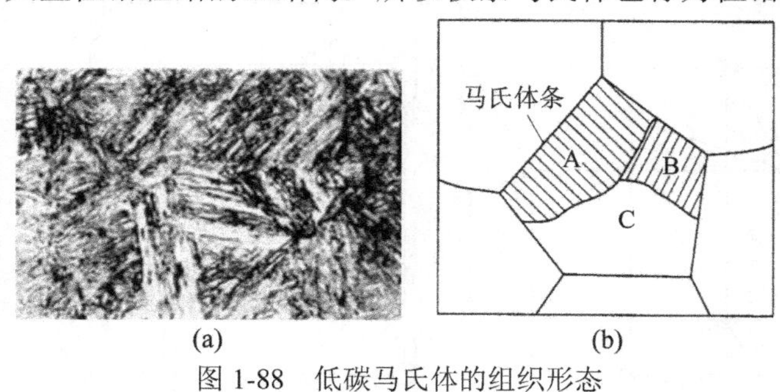

图 1-88　低碳马氏体的组织形态

(a) 显微组织(500×)；(b) 板条马氏体组织示意图

片状马氏体又称为高碳马氏体(high carbon martensite)，在光学显微镜下呈针状，竹叶状或双凸透镜状，在空间形同铁饼。马氏体片多在奥氏体晶体内形成，一般不穿越奥氏体晶界，并限制在奥氏体晶粒内。最先形成的马氏体片较粗大，往往横贯整个奥氏体晶粒，并将其分割。随后形成的马氏体片受到限制只能在被分割了的奥氏体中形成，因而马氏体片愈来愈细小。相邻的马氏体片之间一般互不平行，而是互成一定角度排列(60°或 120°)，如图 1-89(a)所示。最先形成的马氏体容易被腐蚀，颜色较深。所以，完全转变后的马氏体为大小不同、分布不规则，颜色深浅不一的针片状组织，如图 1-89(b)所示。高倍透射电镜观察表明，马氏体片内有大量细孪晶带的亚结构，所以片状马氏体也称为孪晶马氏体。

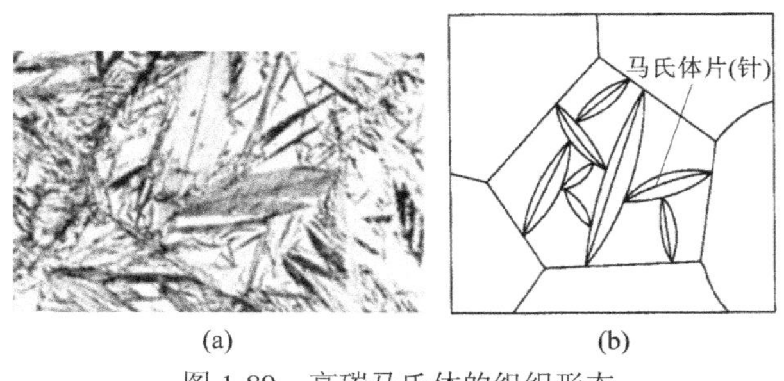

(a) (b)

图 1-89 高碳马氏体的组织形态

(a) 显微组织(400×)；(b) 针状马氏体组织示意图

③ 马氏体的性能。马氏体的强度和硬度主要取决于马氏体的碳质量分数，其关系如图 1-90 所示。由图可见，当碳质量分数小于 0.5%时，马氏体的硬度随着碳质量分数的升高而急剧增大。碳质量分数为 0.2%的低碳马氏体便可达到 50HRC 的硬度；当碳质量分数提高到 0.4%时，硬度就能达到 60 HRC 左右。研究指出，对于要求高硬度、耐磨损和耐疲劳的工件，碳质量分数为 0.5%～0.6%的淬火马氏体最为适宜；对于要求韧性高的工件，碳质量分数在 0.2%左右的马氏体为宜。

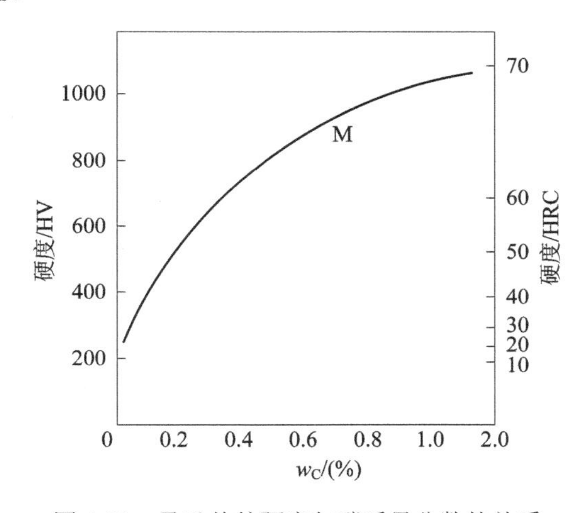

图 1-90 马氏体的硬度与碳质量分数的关系

马氏体中的合金元素对于硬度影响不大，但可提高强度。所以，碳质量分数相同的碳素钢与合金钢淬火后，其硬度相差很小，但合金钢的强度显著高于碳素钢。导致马氏体强化的原因主要有以下几方面：

i. 碳对马氏体的固溶强化作用。由于碳造成晶格的正方畸变，阻碍位错的运动，因而造成马氏体强化与硬化。

ii. 马氏体的亚结构对强化和硬化的作用。条状马氏体中的高密度位错网及片状马氏体中的微细孪晶都会阻碍位错的运动，造成强化和硬化。

iii. 马氏体形成后，碳及合金元素向位错和其他晶体缺陷处偏聚或析出，使位错难以运动，造成时效硬化。

iv. 马氏体条或马氏体片的尺寸越小，则马氏体的强度越高。这实质上是由于相界面阻碍位错运动而造成的，属于界面结构强化。

由于马氏体是含碳过饱和的固溶体，其晶格畸变严重歪扭，内部又存在大量的位错或孪晶亚结构，各种强化因素综合作用后，其硬度和强度大幅度提高，而塑性、韧性急剧下降，因此含碳量愈高，强化作用愈显著。

马氏体的塑性和韧性主要取决于它的亚结构。片状马氏体中的微细孪晶不利于滑移，使脆性增大。条状马氏体中的高密度位错是不均匀分布的，存在低密度区，为位错运动提供了条件，所以仍有相当好的韧性。

此外，由于高碳片状马氏体的含碳量高，晶格的正方畸变严重，淬火应力较大，同时片状马氏体中存在许多显微裂纹，其内部的微细孪晶破坏了滑移系，这些都使其脆性增大，所以片状马氏体的塑性和韧性都很差，故片状马氏体的性能特点是硬而脆。

低碳条状马氏体则不然。由于含碳量低，再加上自回火，所以晶格正方度很小(碳的过饱和度小)或没有，淬火应力很小，不存在显微裂纹，而且其亚结构为分布不均匀的位错，低密度的位错区为位错提供了活动余地。这些都使得条状马氏体的韧性相当好。同时，其强度和硬度也足够高。所以板条马氏体因具有高的强韧性而得到了广泛的应用。

例如，含碳量为 0.10%～0.25%的碳素钢及合金钢淬火形成条状马氏体的性能大致如下：

$\sigma_b=(100\sim150)\times10^7$MPa；

$\sigma_{0.2}=(80\sim130)\times10^7$ MPa；

35～50 HRC；

$\delta=9\%\sim17\%$；

$\psi=40\%\sim65\%$；

$a_k=(60\sim180)$ J/cm^2。

共析碳钢淬火形成的片状马氏体的性能如下：

$\sigma_b=230\times10^7$ MPa；

$\sigma_{0.2}=200\times10^7$ MPa；

900 HV；

$\delta\approx1\%$；

$\psi=30\%$；

$a_k\approx10$ J/cm^2。

可见，高碳马氏体既硬又脆，而低碳马氏体既强又韧，两者性能大不相同。

④ 马氏体转变的特点。

i. 奥氏体向马氏体的转变是非扩散型相变，是碳在α-Fe 中的过饱和固溶体。过饱和的碳在铁中造成很大的晶格畸变，产生很强的固溶强化效应，使马氏体具有很高的硬度。马氏体中含碳越多，其硬度越高。

ii. 马氏体以极快的速度(小于 10^{-7}m/s)形成。过冷奥氏体在 M_s 点以下瞬间形核并长大成马氏体，转变是在 M_s～M_f 范围内连续降温的过程中进行的，即随着温度的降低不断有新的马氏体形核并瞬间长大。停止降温，马氏体的增长也停止。由于马氏体的形成速度很快，后形成的马氏体会冲击先形成的马氏体，造成微裂纹，使得马氏体变脆，因此这种现象在高碳钢中应尤为注意。

iii. 马氏体转变是不完全的，总要残留少量奥氏体。残留奥氏体的质量分数与马氏体点(M_s 和 M_f)的位置有关。由图 1-83 可知，随着奥氏体中碳质量分数增加，M_s 和 M_f 点则降低，碳质量分数高于 0.5%以上时，M_f 点已降至室温以下，这时奥氏体即使冷至室温也不能完全转变为马氏体，被保留下来的奥氏体称为残留奥氏体(A′)。残留奥氏体量随碳质量分数的增加而增加，如图 1-87 所示。有时为了减少淬火至室温后钢中保留的残留奥氏体量，可将其连续冷到零度以下(通常冷到−78℃或该钢的 M_f 点以下)进行处理，这种工艺称为冷处理。

另外，已生成的马氏体对未转变的奥氏体产生较大的压应力也使得马氏体转变不能进行到底，总要保留一部分不能转变的(残留)奥氏体。

iv. 马氏体形成时体积膨胀。奥氏体转变为马氏体时，晶格由面心立方转变为体心正方晶格，结果使马氏体的体积增大，这在钢中造成很大的内应力。同时，形成的马氏体对残留奥氏体会施加大的压应力，在钢中引起较大的淬火应力，严重时将导致淬火工件的变形和开裂。

3) 影响 C 曲线的因素

C 曲线的形状和位置对奥氏体的稳定性、分解转变特性和转变产物的性能以及热处理工艺具有十分重要的意义。影响 C 曲线形状和位置的因素主要是奥氏体的成分和加热条件。

(1) 碳的质量分数。

亚共析钢和过共析钢的 C 曲线如图 1-77 和图 1-78 所示，与共析钢(图 1-76)相比，它们的 C 曲线的“鼻尖”上部区域分别多一条先共析铁素体和渗碳体的析出线。这表示非共析钢在过冷奥氏体转变为珠光体前就有先共析相析出。

在一般热处理加热条件下，亚共析碳钢的 C 曲线随着碳质量分数的增加而向右移，过共析碳钢的 C 曲线随着碳质量分数的增加而向左移。所以在碳钢中，以共析钢过冷奥氏体最稳定，C 曲线最靠右边。

(2) 合金元素。

除了钴以外，所有的合金元素溶入奥氏体中都会增大过冷奥氏体的稳定性，使 C 曲线右移。其中，非碳化物形成元素或弱碳化物形成元素(如硅、镍、铜、锰等)只改变 C 曲线的位置，即使 C 曲线的位置右移也不会改变其形状(图 1-91(a))。碳化物形成元素(如铬、钼、钨、钒、钛等)因对珠光体转变和贝氏体转变推迟作用的影响不同，不仅使 C 曲线的位置发生变化，还使其形状发生改变，产生两个“鼻子”，将使整个 C 曲线分裂成上下两条。上面的为转变珠光体的 C 曲线；下面的为转变贝氏体的 C 曲线。两条曲线之间有一个过冷奥氏体的亚稳定区，如图 1-91(b)、(c)所示。需要指出的是，合金元素只有溶入奥氏体后，才能增强过冷奥氏体的稳定性，而未溶的合金化合物因有利于奥氏体的分解，则会降低过冷奥氏体的稳定性。

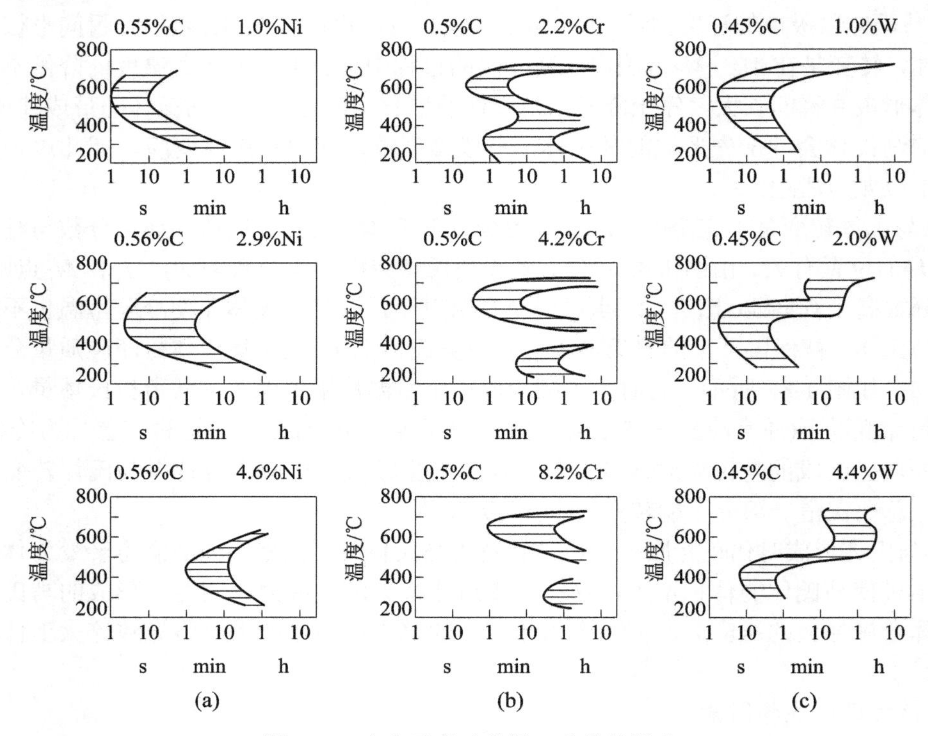

图 1-91 合金元素对碳钢 C 曲线的影响

(a) Ni 的影响；(b) Cr 的影响；(c) W 的影响

(3) 加热温度和保温时间。

加热温度愈高，保温时间愈长，碳化物溶解的愈完全，奥氏体的成分愈均匀，同时晶粒粗大，晶界面积愈小。这一切都有利于降低奥氏体分解时的形核率，增长转变的孕育期，从而也有利于过冷奥氏体的稳定性，使 C 曲线向右移。

2. 过冷奥氏体的连续冷却转变

在实际生产中，大多数热处理工艺都是在连续冷却过程中完成的，因此研究钢的过冷奥氏体的连续冷却转变过程对实际生产具有重大的实际意义。

1) 共析钢过冷奥氏体的连续冷却转变

(1) 共析钢过冷奥氏体的连续冷却转变曲线(CCT 曲线)。

连续冷却转变曲线是用实验方法测定的。将一组试样加热到奥氏体状态后，以不同冷却速度连续冷却，测出其奥氏体转变开始点和终了点的温度和时间，在温度—时间(对数)坐标系中，分别连接不同冷却速度的开始点和终了点，即可得到连续冷却转变曲线，也称 CCT 曲线。图 1-92 所示为共析钢的 CCT 曲线，图中 P_s 和 P_f 分别为过冷奥氏体转变为珠光体型

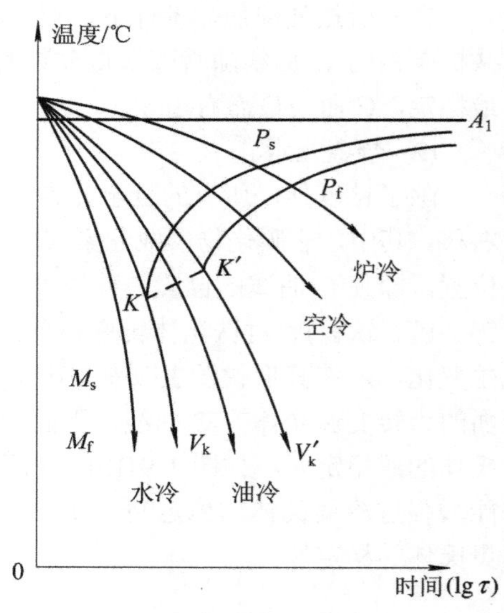

图 1-92 共析钢的 CCT 曲线

组织的开始线和终了线，两线之间为转变的过渡区，KK' 线为过冷 A 转变的终止线，当冷却到达此线时，过冷奥氏体便终止向珠光体的转变，一直冷却到 M_s 点又开始发生马氏体转变，不发生贝氏体转变，因而共析钢在连续冷却过程中没有贝氏体组织出现。

由 CCT 曲线图(图 1-92)可知，共析钢以大于 V_k 的速度冷却时，由于遇不到珠光体转变线，因此得到的组织全部为马氏体，这个冷却速度 V_k 称为上临界冷却速度。V_k 愈大，钢愈容易得到马氏体。V_k' 称为下临界冷却速度，当冷却速度小于 V_k' 时，钢将全部转变为珠光体。V_k' 愈小，退火所需的时间愈长。冷却速度在 V_k～V_k' 之间(如油冷)，在到达 KK' 线之前，奥氏体部分转变为珠光体，从 KK' 线到 M_s 点，剩余奥氏体停止转变，直到 M_s 点以下，才开始马氏体转变。到 M_f 点后马氏体转变完成，得到的组织为 M＋T，若冷至 M_s 与 M_f 之间，则得到的组织为 M＋T＋A′。

(2) 转变过程及产物。

现用共析钢的等温转变曲线来分析过冷 A 转变过程和产物。图 1-93 中，当共析钢以缓慢速度 V_1 冷却，即相当于炉冷(退火)时，过冷 A 转变为珠光体，因其转变温度较高，故珠光体呈粗片状，硬度为 170～220 HB。当以稍快速度 V_2 冷却，即相当于空冷(正火)时，过冷 A 转变为索氏体，呈细片状，硬度为 25～35 HRC。当以较快速度 V_4 冷却，即相当于油冷时，过冷 A 转变为屈氏体、马氏体和残余奥氏体，硬度为 45～55 HRC。当以更快的速度 v_5 冷却，即相当于水冷时，过冷 A 转变产物为马氏体和残留奥氏体。

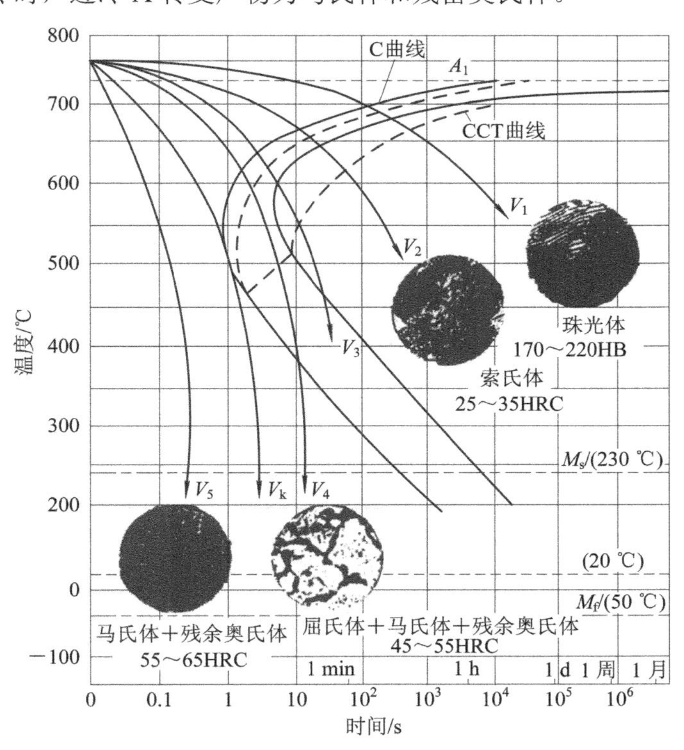

图 1-93　共析钢的 C 曲线和 CCT 曲线的比较及转变组织

(3) CCT 曲线和 C 曲线的比较和应用。

将相同条件的奥氏体冷却，测得的共析钢 CCT 曲线和 C 曲线叠加在一起，就得到图

1-93，其中虚线为连续冷却转变曲线。从图 1-93 中可以看出，CCT 曲线稍微靠右下一点，表明连续冷却时，过冷奥氏体的稳定性增加，奥氏体完成珠光体转变的温度更低，时间更长。根据实验，等温转变的临界冷却速度大约是连续冷却的 1.5 倍。另外共析钢过冷 A 在连续冷却过程中，没有贝氏体转变过程，因此得不到贝氏体组织，只有等温冷却时才能得到。

连续冷却转变曲线能准确地反映在不同冷却速度下，转变温度、时间及转变产物之间的关系，因此可直接用于制定热处理工艺规范。一般手册中给出的 CCT 曲线中除有曲线的形状及位置外，还给出了某钢在几种不同的冷却速度下，所经历的各种转变以及应得到的组织和性能(硬度)，还可以清楚地知道该钢的临界冷却速度等。这是制定淬火方法和选择淬火介质的重要依据。和 CCT 曲线相比，C 曲线更容易测定，并可以用其制定等温退火、等温淬火等热处理工艺规范。目前，C 曲线的资料比较充分，而有关 CCT 曲线的研究资料则仍比较缺乏，因此一般利用 C 曲线来分析连续转变的过程和产物，并估算连续冷却转变产物的组织和性能。在分析时要注意 C 曲线和 CCT 曲线所存在的差异。

2) 非共析钢过冷奥氏体的连续冷却转变

图 1-94 显示了亚共析钢过冷 A 的连续冷却转变过程及产物。与共析钢不同，亚共析钢过冷 A 在高温时有一部分将转变为铁素体，亚共析钢过冷 A 在中温转变区会有很少量贝氏体($B_上$)产生。如油冷的产物为 F+T+$B_上$+M，但 F 和 $B_上$转变量少，有时也可忽略。

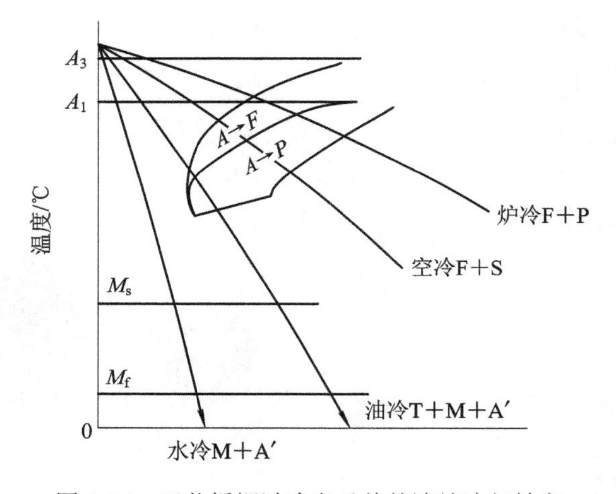

图 1-94　亚共析钢过冷奥氏体的连续冷却转变

过共析钢过冷 A 的连续冷却转变过程与亚共析钢一样。在高温区，过冷 A 将首先析出二次渗碳体，而后转变为其他组织组成物。由于奥氏体中碳质量分数高，所以油冷、水冷后的组织中应包括残余奥氏体。与共析钢一样，其冷却过程中无贝氏体转变。

1.4.3　钢的常规热处理

热处理是将金属或合金在固态下经过加热、保温和冷却等三个步骤，以改变其整体或表面的组织，从而获得所需性能的一种工艺。因而，热处理工艺过程可以用温度—时间关系曲线概括地表达，如图 1-75 所示。这种曲线也称之为热处理工艺曲线。

通过热处理可以充分发挥材料性能的潜力，调整材料的工艺性能和使用性能，满足机械零件在加工和使用过程中对性能的要求，所以几乎所有的机械零部件都要进行热处理。

根据所要求的性能不同，热处理的类型有多种，但其工艺都包括加热、保温和冷却三个阶段。按照应用特点，常用的热处理工艺大致可分以下几类：

(1) 普通热处理：包括退火、正火、淬火和回火等。

(2) 表面热处理和化学热处理：表面热处理包括感应加热淬火、火焰加热淬火和电接触加热淬火等；化学热处理包括渗碳、渗氮、碳氮共渗、渗硼、渗硫、渗铝、渗铬等。

(3) 其他热处理：包括可控气氛热处理、真空热处理和形变热处理等。

钢的热处理工艺还可以大致分为预先热处理和最终热处理两类。钢的退火与正火大都是要满足钢的冷加工性能，一般称为预先热处理；钢的淬火、回火和表面热处理，能使钢满足使用条件下的性能要求，一般称为最终热处理，但对于一些性能要求不高的零件，也常以退火，特别是正火作为最终热处理。

热处理工艺可以是零件加工过程中的一个中间工序，如改善铸、锻、焊毛坯组织和降低这些毛坯的硬度、改善切削加工性能的退火或正火；也可以是使工件性能达到规定技术指标的最终工序，如淬火＋回火。由此可见，热处理工艺不仅与其他工艺过程密切相关，而且在机械零件加工制造过程中占有重要的地位。

1. 钢的退火(annealing)与正火(normalizing)

1) 退火与正火的定义、目的和分类

钢的退火一般是将钢材或钢件加热到临界温度以上的某适当温度，保持适当时间后再缓慢冷却，以获得接近平衡的珠光体组织的热处理工艺。

钢的正火也是将钢材或钢件加热到临界温度以上的某适当温度，保持适当时间后以较快的速度冷却(通常在空气中冷却)，以获得珠光体类型组织的热处理工艺。

退火和正火是应用非常广泛的热处理工艺。在机器零件或工模具等工件的加工制造过程中，退火和正火经常作为预先热处理工序，安排在铸造或锻造之后、切削(粗)加工之前，用以消除热加工工序所带来的某些缺陷，为随后的工序作组织和性能准备。例如，在铸造或锻造等热加工以后，钢件中不但存在残余应力，而且晶粒粗大组织不均匀，成分也有偏析。这种钢件的力学性能低劣，淬火时也容易造成变形和开裂。经过适当的退火或正火处理可使钢件的组织细化、成分均匀、应力消除，从而改善钢件的力学性能并为随后最终热处理(淬火回火)做好组织上的准备。又如，在铸造或锻造等热加工以后，钢件硬度经常偏高或偏低，而且不均匀，严重影响切削加工。经过适当退火或正火处理，可使钢件的硬度达到 180～250 HBS，而且比较均匀，从而改善钢件的切削加工性能。

退火和正火除了经常作为预先热处理工序外，在一些普通铸钢件、焊接件以及某些不重要的热加工工件上，还作为最终热处理工序。

综上所述，退火和正火的主要目的大致可归纳为如下几点：① 调整钢件硬度以便进行切削加工；② 消除残余应力，以防钢件的变形、开裂；③ 细化晶粒，改善组织以提高钢的力学性能；④ 为最终热处理(淬火回火)做好组织上的准备。

钢件退火工艺种类很多，按加热温度可分为两大类：一类是在临界温度(Ac_1或Ac_3)以上的退火，又称相变重结晶退火，包括完全退火、均匀化退火(扩散退火)和球化退火等；另一类是在临界温度以下的退火，包括软化退火、再结晶退火及去应力退火等。各种退火的加热温度范围和工艺曲线如图 1-95 所示。保温时间可参考经验数据。

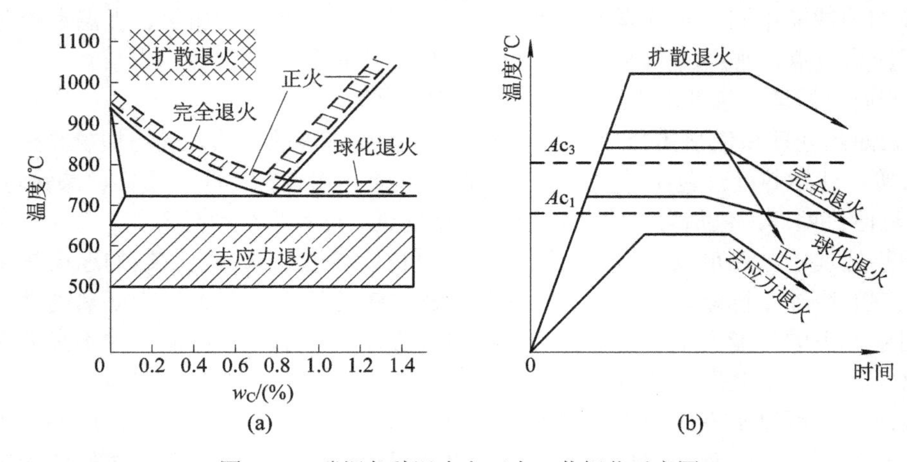

图 1-95 碳钢各种退火和正火工艺规范示意图

(a) 加热温度范围；(b) 工艺曲线

2) 退火和正火操作及其应用

(1) 退火的操作及应用。

① 完全退火(full annealing)与等温退火(isothermal annealing)。完全退火又称重结晶退火，一般简称为退火。这种退火主要用于亚共析的碳钢和合金钢的铸、锻件及热轧型材，有时也用于焊接结构。一般常作为一些不重要工件的最终热处理或作为某些重要件的预先热处理。完全退火操作是将亚共析钢工件加热到 Ac_3 以上 30～50℃，保温一定时间后缓慢冷却(随炉冷却或埋入石灰和砂中冷却)至 500℃以下，然后在空气中冷却。完全退火的“完全”是指工件被加热到临界点以上获得完全的奥氏体组织。它的目的在于通过完全重结晶，使热加工造成的粗大、不均匀组织均匀化和细化；或使中碳以上的碳钢及合金钢得到接近平衡状态的组织，以降低硬度、改善切削加工性能；由于冷却缓慢，还可消除残余应力。完全退火主要用于亚共析钢，过共析钢不宜采用，因为加热到 Ac_{Cm} 以上慢冷时，二次渗碳体会以网状形式沿奥氏体晶界析出，使钢的韧性大大下降，并可能在以后的热处理中引起裂纹。完全退火全过程所需的时间比较长，特别是对于某些奥氏体比较稳定的合金钢，往往需要数十小时，甚至是数天。

等温退火是将钢件或毛坯加热到高于 Ac_3(或 Ac_1)温度，保温适当时间后，并以较快的速度冷却至珠光体转变温度区间的某一温度，等温保持以使奥氏体转变为珠光体型组织，然后在空气中冷却的退火工艺。等温退火的目的及加热过程与完全退火相同，但转变较易控制，能获得均匀的预期组织。对于奥氏体较稳定的合金钢，可大大缩短退火时间，一般只需完全退火一半左右的时间。

② 球化退火(spheroicizing annealing)。球化退火属于不完全退火，是使钢中碳化物球状化而进行的热处理工艺。球化退火主要用于过共析钢，如工具钢、滚动轴承钢等，其目的是使二次渗碳体及珠光体中的渗碳体球状化(退火前先正火将网状渗碳体破碎)，以降低硬度、提高塑性、改善切削加工性能，以及获得均匀的组织，改善热处理工艺性能，并为以后的淬火作组织准备。近年来，球化退火应用于亚共析钢也获得了一定的成效，使其得到最佳的塑性和较低的硬度，从而大大有利于冷挤、冷拉、冷冲压成型加工。

球化退火的工艺是将工件加热到 Ac_1±(10～20℃)保温后等温冷却或缓慢冷却。球化退火一般采用随炉加热，加热温度略高于 Ac_1，以便保留较多的未溶碳化物粒子或较大的奥氏体中的碳浓度分布的不均匀性，促进球状碳化物的形成。若加热温度过高，二次渗碳体易在慢冷时以网状的形式析出。球化退火需要较长的保温时间来保证二次渗碳体的自发球化。保温后随炉冷却，在通过 Ar_1 温度范围时，应足够缓慢，使奥氏体进行共析转变时，以未溶渗碳体粒子为核心形成粒状渗碳体。生产上一般采用等温冷却以缩短球化退火时间。图 1-96 为 T12 钢两种球化退火工艺的比较及球化退火后的组织。T12 钢球化退火后的显微组织是在铁素体基体上分布着细小均匀的球状渗碳体(图 1-96(b))。

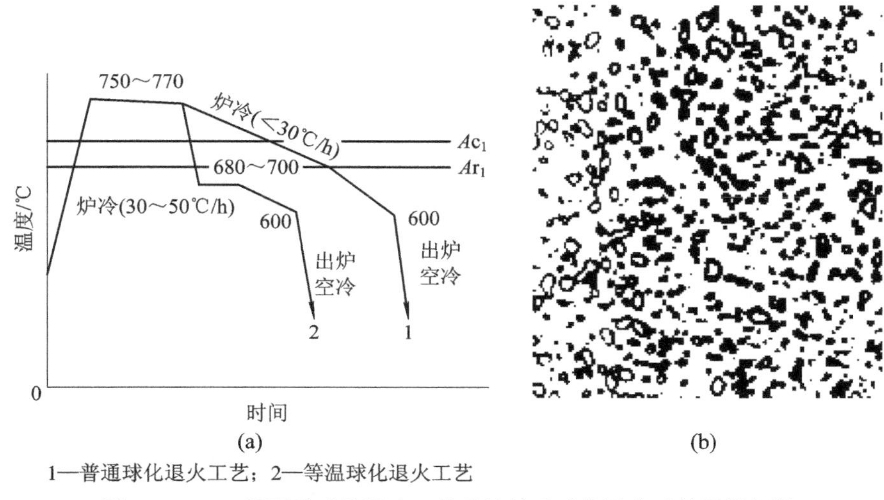

1—普通球化退火工艺；2—等温球化退火工艺

图 1-96 T12 钢两种球化退火工艺的比较及球化退火后的显微组织

(a) 两种球化退火工艺的比较；(b) 球化退火后的显微组织(800×)

③ 均匀化退火(uniform annealing)。均匀化退火又称扩散退火。将金属铸锭、铸件或锻坯，在略低于固相线的温度，消除或减少化学成分偏析及显微组织(枝晶)的不均匀性，以达到均匀化目的的热处理工艺称为均匀化退火。

均匀化退火是将钢加热到略低于固相线的温度(1050～1150℃)下加热并长时间保温(10～20 h)，然后缓慢冷却，以消除或减少化学成分偏析及显微组织(枝晶)的不均匀性，从而达到均匀化的目的。主要用于铸件凝固时要发生偏析，以造成成分和组织的不均匀性。如果是钢锭，这种不均匀性则在轧制成钢材时，将沿着轧制方向拉长而呈方向性(最常见的如带状组织)。低碳钢中所出现的带状组织的特点为有的区域铁素体多，有的区域珠光体多，这两个区域并排地沿着轧制方向排列。产生带状组织的原因是由于锻锭中锰等合金元素(影响过冷奥氏体的稳定性)产生了偏析，由于这种成分和结构的不均匀性，需要长程均匀化才能消除，因而过程进行得很慢，并消耗了大量的能量，且生产效率低，只有在必要时才使用。所以，均匀化退火多用于高合金钢的钢锭、铸件和锻坯及偏析现象较为严重的合金。均匀化退火在铸锭开坯或铸造之后进行比较有效。因为此时铸态组织已被破坏，元素均匀化的障碍大为减少。

钢件均匀化退火的加热温度通常选择在 Ac_3 或 Ac_{Cm} 以上的 150～300℃。根据钢种和偏析程度而异，碳钢一般为 1100～1200℃，合金钢一般为 1200～1300℃。均匀化退火时间一般为 10～15 h。若加热温度提高，扩散时间则可以缩短。

均匀化退火因为加热温度高，造成晶粒粗大，所以随后往往要经一次完全退火或正火处理来细化晶粒。

④ 去应力退火(relief annealing)。去应力退火是将工件随炉加热到 Ac_1 以下某一温度(一般是 500～650℃)，保温后缓冷(随炉冷却)至 300～200℃以下出炉空冷。由于加热温度低于 Ac_1，钢在去应力退火过程中不发生组织变化。其主要目的是消除工件在铸、锻、焊和切削加工、冷变形等冷热加工过程中产生的残留内应力、稳定尺寸及减少变形。这种处理可以消除约 50%～80%的内应力，从而不引起组织变化。

(2) 正火的操作及应用。正火是将钢加热到 Ac_3(亚共析钢)或 Ac_{Cm}(过共析钢)以上 30～50℃，保温后在自由流动的空气中均匀冷却的热处理工艺。与退火相比，正火冷却速度较快，目的是使钢的组织正常化，所以亦称正常化处理；正火转变温度较低，因而发生伪共析组织转变，使组织中珠光体量增多，获得的珠光体型组织较细，钢的强度、硬度也较高。正火后的组织通常为索氏体，对于碳质量分数低的亚共析碳钢还有部分铁素体(F＋S)；而碳质量分数高的过共析碳钢则会析出一定量的碳化物($S+Fe_3C_{II}$)。

正火的主要应用有：

① 作为最终热处理。正火可细化晶粒，使组织均匀化，减少亚共析钢中铁素体含量，使珠光体含量增多并细化，从而提高钢的强度、硬度和韧性。对于普通结构钢零件，机械性能要求不很高时，正火可作为最终热处理使之达到一定的力学性能，在某些场合可以代替调质处理。

② 作为预先热处理。截面较大的合金结构钢件，在淬火或调质处理(淬火加高温回火)前常进行正火处理，以消除铸、锻、焊等热加工过程的魏氏组织、带状组织、晶粒粗大等过热组织缺陷，并获得细小而均匀的组织，消除内应力。对于过共析钢可减少二次渗碳体量，并使其不形成连续网状，为球化退火作组织准备。

③ 改善切削加工性能。低、中碳钢或低、中碳合金钢退火后硬度太低，不便于切削加工。正火可提高其硬度，改善切削加工性，并为淬火作组织准备。

(3) 退火与正火的选择。综上所述，退火和正火目的相似，在具体选择时，可以从下面几方面加以考虑。

① 切削加工性。一般来说，钢的硬度为 170～230 HB，当组织中无大块铁素体时，切削加工性较好，因此，对低、中碳钢宜用正火；而对高碳结构钢和工具钢，以及含合金元素较多的中碳合金钢，则以退火为好。

② 使用性能。对于性能要求不高，随后便不再淬火回火的普通结构件，往往可用正火来提高力学性能；但对于形状比较复杂的零件或大型铸件，采用正火有变形和开裂的危险时，则用退火。如从减少淬火变形和开裂倾向考虑，正火不如退火。

③ 经济性。正火比退火的生产周期短，设备利用率高，节能省时，操作简便，故在可能的情况下，优先采用正火。

由于正火与退火在某种程度上有相似之处，实际生产中有时可以相互代替，而且正火与退火相比，力学性能高、操作方便、生产周期短、耗能少，所以在可能条件下，应优先考虑正火处理。

2. 钢的淬火(quenching)

1) 淬火

淬火是将钢件加热到 Ac_3 或 Ac_1 以上某一温度，保温一定时间，然后快速冷却以获得马氏体组织的热处理工艺。

淬火的目的是为了提高钢的力学性能。如用于制作切削刀具的 T10 钢，退火态的硬度小于 20 HRC，适合于切削加工，如果将 T10 钢淬火获得马氏体后配以低温回火，硬度可提高到约为 60～64 HRC，同时具有很高的耐用性，可以切削金属材料(包括退火态的 T10 钢)；再如 45 钢经淬火获得马氏体后高温回火，其力学性能与正火态相比，σ_s 由 320 MPa 提高到了 450 MPa，δ 由 18%提高到 23%，a_k 由 70 J/cm^2 提高到 100 J/cm^2，具有良好的强度与塑性和韧性的配合。可见淬火是一种强化钢件、更好地发挥钢材性能潜力的重要手段。

(1) 钢的淬火工艺。

① 淬火加热温度的选择。淬火加热的目的是为了获得细小而均匀的奥氏体，使淬火后得到细小而均匀的马氏体或贝氏体。碳钢的淬火加热温度可根据 Fe-Fe_3C 相图来选择，如图 1-97 所示。亚共析钢的淬火加热温度为 Ac_3 以上 30～50℃，这时加热后的组织为细的奥氏体，淬火后可以得到细小而均匀的马氏体。淬火加热温度不能过高，否则，奥氏体晶粒粗化，淬火后会出现粗大的马氏体组织，使钢的脆性增大，而且使淬火应力增大，容易产生变形和开裂；淬火加热温度也不能过低(如低于 Ac_3)，否则必然会残存一部分自由铁素体，淬火时这部分铁素体不发生转变，保留在淬火组织中，使钢的强度和硬度降低。但对于某些亚共析合金钢，在略低于 Ac_3 的温度进行亚温淬火，可利用少量细小残存分散的铁素体来提高钢的韧性。

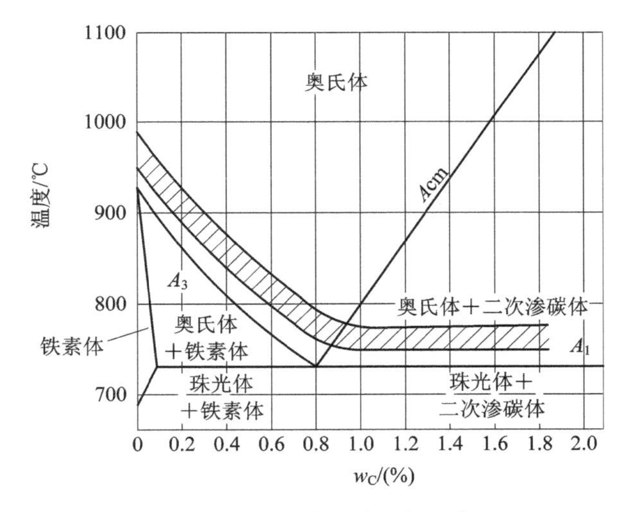

图 1-97 碳钢的淬火加热温度

共析钢、过共析钢的淬火加热温度为 Ac_1 以上 30～50℃，如 T10 的淬火加热温度为 760～780℃，这时的组织为奥氏体(共析钢)或奥氏体+渗碳体(过共析钢)，淬火后得到均匀细小的马氏体+残余奥氏体或马氏体+颗粒状渗碳体+残余奥氏体的混合组织。对于过共析钢，在此温度范围内淬火的优点有：组织中保留了一定数量的未溶二次渗碳体，有利于提高钢的硬度和耐磨性；并由于降低奥氏体中的碳质量分数，可改变马氏体的形态，从而降低了马氏体的脆性。此外，使奥氏体的碳质量分数不致过多而保证淬火后残余奥氏体不致过多，这有利于提高钢的硬度和耐磨性，奥氏体晶粒细小，淬火后可以获得较高的力学性能；同时加热时的氧化脱碳及冷却时的变形、开裂倾向小。若淬火温度太高，会形成粗大的马氏体，使机械性能恶化；同时也增大淬火应力，使变形和开裂倾向增大。

② 淬火加热时间的确定。淬火加热时间包括升温和保温两个阶段的时间。通常以装炉后炉温达到淬火温度所需时间为升温阶段，并以此作为保温时间的开始。保温阶段是指钢件芯部达到淬火温度(烧透)并完成奥氏体化所需的时间。

③ 淬火冷却介质。工件进行淬火冷却时所使用的介质称为淬火冷却介质。

i. 理想淬火介质的冷却特性。淬火要得到马氏体，其淬火冷却速度必须大于 V_k，而冷却速度过快，总是要不可避免地造成很大的内应力，往往会引起零件的变形和开裂。淬火时怎样才能既得到马氏体而又能减小变形并避免开裂呢?这是淬火工艺中要解决的一个主要问题。对此，可从两个方面入手：一是找到一种理想的淬火介质，二是改进淬火冷却方法。

由 C 曲线可知，要淬火得到马氏体，并不需要在整个冷却过程都进行快速冷却，理想淬火介质的冷却特性应如图 1-98 所示，在 650℃以上时，因为过冷奥氏体比较稳定，速度应慢些，以降低零件内部温度差而引起的热应力，防止变形；在 650～550℃(C 曲线“鼻尖”附近)，过冷奥氏体最不稳定，应快速冷却，淬火冷却速度应大于 V_k，使过冷奥氏体不致发生分解形成珠光体；在 300～200℃之间，过冷奥氏体已进入马氏体转变区，应缓慢冷却，因为此时相变应力占主导地位，可防止内应力过大而使零件产生变形，甚至开裂。但到目前为止，符合这一特性要求的理想淬火介质还没有找到。

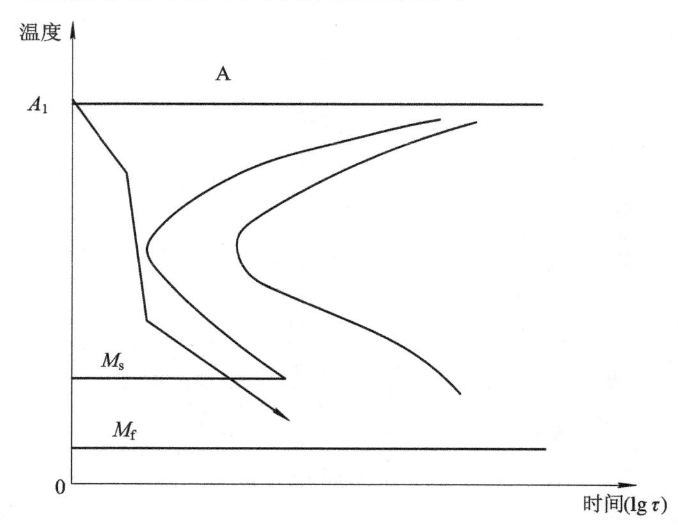

图 1-98 理想淬火介质的冷却特性

ii. 常用淬火介质。目前常用的淬火介质有水及水基、油及油基等。水是应用最为广泛的淬火介质，这是因为水价廉易得，而且具有较强的冷却能力，但水的冷却特性并不理想。水在 650～500℃范围内的冷却速度最大；在 300～200℃范围内也较大，但容易使零件产生变形、甚至开裂，这是它最大的缺点。提高水温只能降低 650～500℃范围的冷却能力，对 300～200℃的冷却能力几乎没有影响，而且不利于淬硬，也不能避免变形，所以淬火用水的温度常控制在 30℃以下。水在生产上主要用作尺寸较小、形状简单的碳钢零件的淬火介质。

盐水是为了提高水的冷却能力，在水中加入5%～15%的食盐而形成的盐水溶液，其冷却能力比清水更强。在650～500℃的范围内，其冷却能力比清水提高近1倍，这对于保证碳钢件的淬硬来说是非常有利的。当用盐水淬火时，由于食盐晶体在工件表面的析出和爆裂，不但能有效地破坏包围在工件表面的蒸汽膜，使冷却速度加快，而且能破坏在淬火加热时所形成的氧化皮，使它剥落下来，所以用盐水淬火的工件，易得到高的硬度和光洁的表面，不易产生淬不硬的弱点，这是清水无法相比的。但盐水在300～200℃范围内的冷速仍像清水一样快，使工件易产生变形，甚至开裂。生产上为防止这种变形和开裂，采用先盐水快冷，在M_s点附近再转入冷却速度较慢的介质中缓冷。所以盐水主要用于形状简单、硬度要求较高而均匀、表面要求光洁、变形要求不严格的低碳钢零件的淬火，如螺钉、销、垫圈等。

油也是广泛使用的一种冷却介质，淬火用油几乎全部为各种矿物油(如锭子油、机油、柴油、变压器油等)。它的优点是在300～200℃范围内冷却能力低，有利于减少零件变形与开裂；缺点是在650～500℃范围内冷却能力也低，对防止过冷奥氏体的分解是不利的，因此不利于钢的淬硬。所以只能用于一些过冷奥氏体较稳定的合金钢或尺寸较小的碳钢件的淬火。

为了减少零件淬火时的变形，可用盐浴和碱浴作淬火介质。这类淬火介质的特点是在冷却过程中因沸点高而不发生物态变化，工件淬火主要靠对流冷却，通常在高温区域冷却速度快，在低温区域冷却速度慢(在高温区碱浴的冷却能力比油强而比水弱，硝盐浴的冷却能力则比油弱；在低温区则都比油弱)、淬火性能优良、淬透力强、淬火边形小，基本无裂纹产生，但是对环境污染大，劳动条件差、耗能多、成本高，常用于截面不大，形状复杂，变形要求严格的碳钢、合金钢工件和工模具的淬火。熔盐有氯化钠、硝酸盐、亚硝酸盐等，工件在盐浴中淬火可以获得较高的硬度，而变形极小，不易开裂，通常用作等温淬火或分级淬火，其缺点是熔盐易老化，对工件有氧化及腐蚀的作用。熔碱有氢氧化钠、氢氧化钾等，它具有较大的冷却能力，工件加热时若未氧化，淬火后可获得银灰色的洁净表面，也有一定的应用，但熔碱蒸气具有腐蚀性，对皮肤有刺激作用，使用时要注意通风和采取防护措施。热处理常用碱浴和硝盐浴的成分、熔点及使用温度见表1-7。

表1-7 热处理常用碱浴、硝盐浴及中性盐浴的成分、熔点及使用温度

熔盐	成　分	熔点/℃	使用温度/℃
碱浴	80%KOH+20%NaOH+6%H_2O	130	140～250
硝盐浴	53%KNO_3+40%$NaNO_2$ +7%$NaNO_3$	137	150～500
	55%KNO_3+45%$NaNO_3$	218	230～550
中性盐浴	30%KCl+20%NaCl+50%$BaCl_2$	560	580～800

近年来，新型淬火介质在有机聚合物淬火剂的研究和应用等方面取得了较大的发展。这类淬火介质将有机聚合物溶解于水中，并根据需要调整溶液的浓度和温度，配制成冷却性能能满足要求的水溶液，它在高温阶段冷却速度接近于水，在低温阶段冷却速度接近于油。其优点是无毒、无烟无臭、无腐蚀、不燃烧、抗老化、使用安全可靠且冷却性能好，冷却速度可以调节，适用范围广，工件淬硬均匀，可明显减少变形和开裂倾向。因此，这类新型淬火介质能提高工件的质量，改善工作环境和劳动条件，给工厂带来节能、环保、技术和经济效益。目前有机聚合物淬火剂更在大批量、单一品种的热处理上用得较多，尤

其对于水淬开裂、变形大、油淬不硬的工件，采用有机聚合物淬火剂比淬火油更经济、高效、节能。从提高工件质量、改善劳动条件、避免火灾和节能得角度考虑，有机聚合物淬火剂有逐步取代淬火油的趋势，是淬火介质的主要发展方向。有机聚合物淬火剂的冷却速度主要受浓度、使用温度和搅拌程度三个基本参数的影响。一般来说，浓度越高，冷却速度越慢；使用温度越高，冷却速度越慢；搅拌程度越激烈，冷却速度越快。搅拌的作用也相当重要，它能够使溶液浓度均匀，加强溶液的导热能力，保证了淬火后工件硬度高且分布均匀，从而减少产生淬火软点和变形，开裂的倾向。通过控制上述因素，可以调整有机聚合物淬火剂的冷却速度，达到理想的淬火效果。一般来说，夏季使用的浓度可低些，冬季使用的浓度可高些，而且要充分搅拌。有机聚合物淬火剂大多制成含水的溶液，在使用时可根据工件的特点和技术要求，加水稀释成不同的浓度，便可以得到具有多种淬火烈度的淬火液，以适应不同的淬火需要。不同种类的有机聚合物淬火剂具有不同的冷却特性和稳定性，能适用于不同淬火工艺需要。目前世界上使用最稳定，应用最广泛的有机聚合物淬火剂是聚烷二醇(PAG)类淬火剂。这类淬火剂具有逆溶性，可以配成淬火速度比盐水慢而比较接近矿物油的不同淬火烈度的淬火液，其浓度易测、易控，可减少工件的变形和开裂，可避免淬火软点的产生，使用寿命长，适用于各类感应加热淬火和整体淬火。

(2) 常用淬火方法。

由于淬火介质不能完全满足淬火工艺的质量要求，因此在热处理工艺上还应在淬火方法上加以解决。实际生产中应根据钢的化学成分、工件的形状和尺寸，以及技术要求等来选择淬火方法。选择合适的淬火方法可以获得在所要求的淬火组织和性能前提条件下，尽量减少淬火应力，从而减少工件变形和开裂的倾向。目前常用的淬火方法有单介质淬火、双介质淬火、分级淬火和等温淬火等，见表1-8，冷却曲线如图1-99所示。

表1-8 常用淬火方法

淬火方法	冷却方式	特点和应用
单介质淬火	将奥氏体化后的工件放入一种淬火冷却介质中一直冷却到室温	操作简单，已实现机械化与自动化，适用于形状简单的工件
双介质淬火	将奥氏体化后的工件在水中冷却到接近M_s点时，立即取出放入油中冷却	防止低温马氏体转变时工件发生裂纹，常用于形状复杂的合金钢
马氏体分级淬火	将奥氏体化后的工件放入稍高于M_s点的盐浴中，使工件各部分与盐浴的温度一致后，取出空冷完成马氏体转变	大大减小热应力、变形和开裂，但盐浴的冷却能力较小，故只适用于截面尺寸小于10 mm^2的工件，如刀具、量具等
贝氏体等温淬火	将奥氏体化的工件放入温度稍高于M_s点的盐浴中等温保温，使过冷奥氏体转变为下贝氏体组织后，取出空冷	常用来处理形状复杂、尺寸要求精确、强韧性高的工具、模具和弹簧等
局部淬火	对工件局部要求硬化的部位进行加热淬火	
冷处理	将淬火冷却到室温的钢继续冷却到−70～−80℃，使残余奥氏体转变为马氏体，然后低温回火，消除应力，稳定新生马氏体组织	提高硬度、耐磨性、稳定尺寸，适用于一些高精度的工件，如精密量具、精密丝杠、精密轴承等

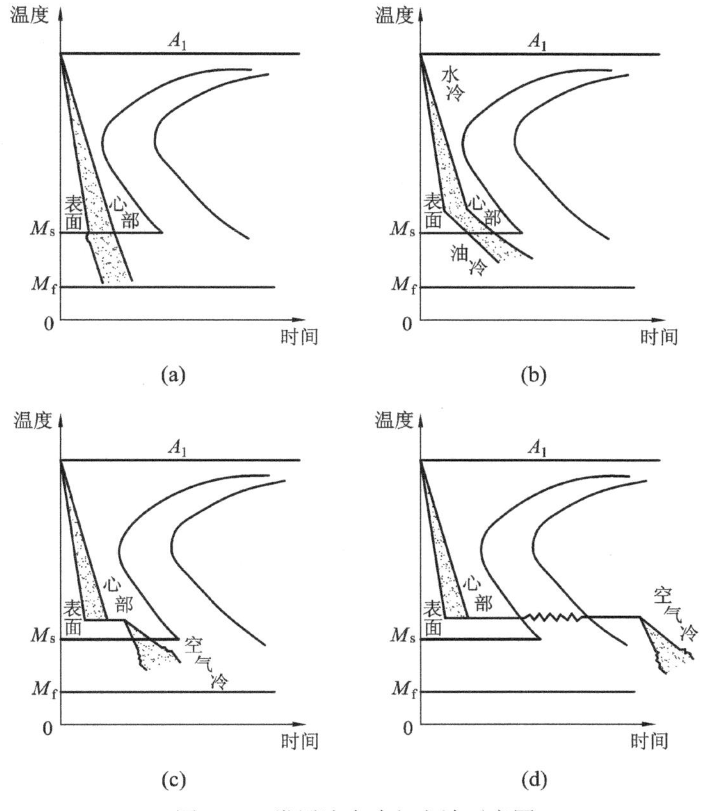

图 1-99 常用淬火冷却方法示意图

(a) 单介质淬火；(b) 双介质淬火；(c) 马氏体分级淬火；(d) 贝氏体等温淬火

(3) 钢的淬透性(hardenability)。

① 淬透性的基本概念。淬透性是指钢在淬火时获得马氏体的能力。淬火时，同一工件表面和心部的冷却速度是不同的，表面的冷却速度愈大，愈到心部冷却速度愈小，如图 1-100(a)所示。当淬透性低的钢，其截面尺寸较大时，由于心部不能淬透，因此表层与心部组织和硬度不同(图 1-100(b))。钢的淬透性主要取决于临界冷却速度。临界冷却速度愈小，过冷奥氏体愈稳定，钢的淬透性也就愈好。因此，除 Co 外，大多数合金元素都能显著提高钢的淬透性。

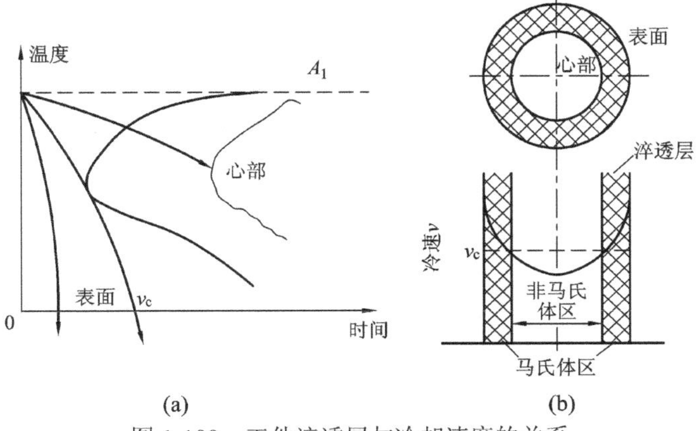

图 1-100 工件淬透层与冷却速度的关系

淬透性是钢的固有属性，决定了钢淬透层深度和硬度分布的特性。淬透性的大小可用钢在一定条件下淬火所获得的淬透层深度和硬度分布来表示。从理论上讲，淬透层深度应为工件截面上全部淬成马氏体的深度；但实际上，即使马氏体中含少量(质量分数5%～10%)的非马氏体组织，在显微镜下观察或通过测定硬度也很难将它们区别开来。因此规定：从工件表面向里的半马氏体组织处的深度为有效淬透层深度，以半马氏体组织所具有的硬度来评定是否淬硬。当工件的心部在淬火后获得了50%以上的马氏体时，可被认为已淬透。

用不同成分钢材制造的相同形状和尺寸的工件，在相同条件下淬火，形成马氏体的能力不同，形成马氏体的钢淬透层深度越大，反映钢的淬透性越好。如直径均为30 mm的45钢和40CrNiMo试棒，加热到奥氏体区(840℃)，然后都用水进行淬火，分析两根试棒截面的组织，测定其硬度。结果是45钢试棒表面组织为马氏体，而心部组织为铁素体＋索氏体，表面硬度为55 HRC，而心部硬度仅为20 HRC，表示45钢试棒心部未淬火。而40CrNiMo钢试棒的表面至心部均为马氏体组织，且硬度都为55 HRC，可见40CrNiMo的淬透性比45钢的好。

这里需要注意的是，钢的淬透性与实际工件的淬透层深度是有区别的。淬透性是钢在规定条件下的一种工艺性能，是确定的、可以比较的，是钢材本身固有的属性；淬透层深度是实际工件在具体条件下获得的表面马氏体到半马氏体处的深度，是变化的，与钢的淬透性及外在因素(如淬火介质的冷却能力、工件的截面尺寸等)有关。如果淬透性好、工件截面小、淬火介质的冷却能力强，则淬透层深度就大。

② 淬透性的评定方法。评定淬透性的方法常用的有临界淬透直径测定法和端淬试验法。

i. 临界淬透直径测定法。用钢制截面较大的试棒进行淬火实验时，发现仅有表面一定的深度获得马氏体。试棒截面硬度分布曲线呈U形，如图1-101所示，半马氏体深度h即为有效淬透深度。

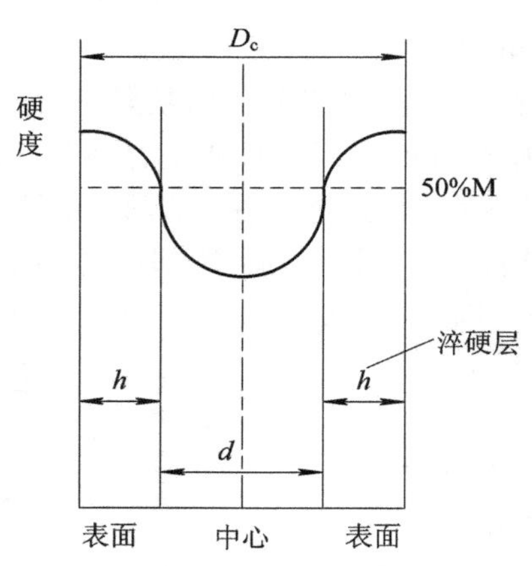

图1-101 钢试棒截面硬度分布曲线

钢材在某种冷却介质中冷却后，其心部能淬透(得到全部马氏体或50%马氏体组织)的最大直径称为临界淬透直径，以D_c表示。临界淬透直径测定法就是制作一系列直径不同的圆棒，淬火后分别测定各试样截面上沿直径分布的硬度U形曲线，从中找出中心恰为半马氏体组织的圆棒，该圆棒直径即为临界淬透直径。显然，冷却介质的冷却能力越大，钢的临界淬透直径就越大。在同一冷却介质中，钢的临界淬透直径越大，则其淬透性越好。表1-9

为常用钢材的临界淬透直径。

表 1-9　常用钢的临界淬透直径

钢　号	临界淬透直径 D_c/mm		钢　号	临界淬透直径 D_c/mm	
	水冷	油冷		水冷	油冷
45	13～16.5	6～9.5	35CrMo	36～42	20～28
60	14～17	6～12	60Si2Mn	55～62	32～46
T10	10～15	＜8	50CrVA	55～62	32～40
65Mn	25～30	17～25	38CrMoAlA	100	80
20Cr	12～19	6～12	20CrMnTi	22～35	15～24
40Cr	30～38	19～28	30CrMnSi	40～50	23～40
35SiMn	40～46	25～34	40MnB	50～55	28～40

ii. 末端淬火试验法。末端淬火试验法是将标准尺寸的试样(ϕ25 mm×100 mm)经奥氏体化后，迅速放入末端淬火试验机的冷却孔，对其一端面喷水冷却。规定喷水管内径为12.5 mm，水柱自由高度为(65±5)mm，水温为20～30℃，如图1-102(a)所示。显然，喷水端冷却速度越大，距末端沿轴向距离也就越大，冷却速度逐渐减小，其组织及硬度亦逐渐变化。在试样侧面沿长度方向磨一深度为0.2～0.5 mm的窄条平面，从末端开始，每隔一定距离测量一个硬度值，即可测得试样冷却后沿轴线方向硬度距水冷端距离的关系曲线称为淬透性曲线(图1-102(b))。这是淬透性测定的常用方法，详细可参阅GB 225—63《钢的淬透性末端淬火试验法》。

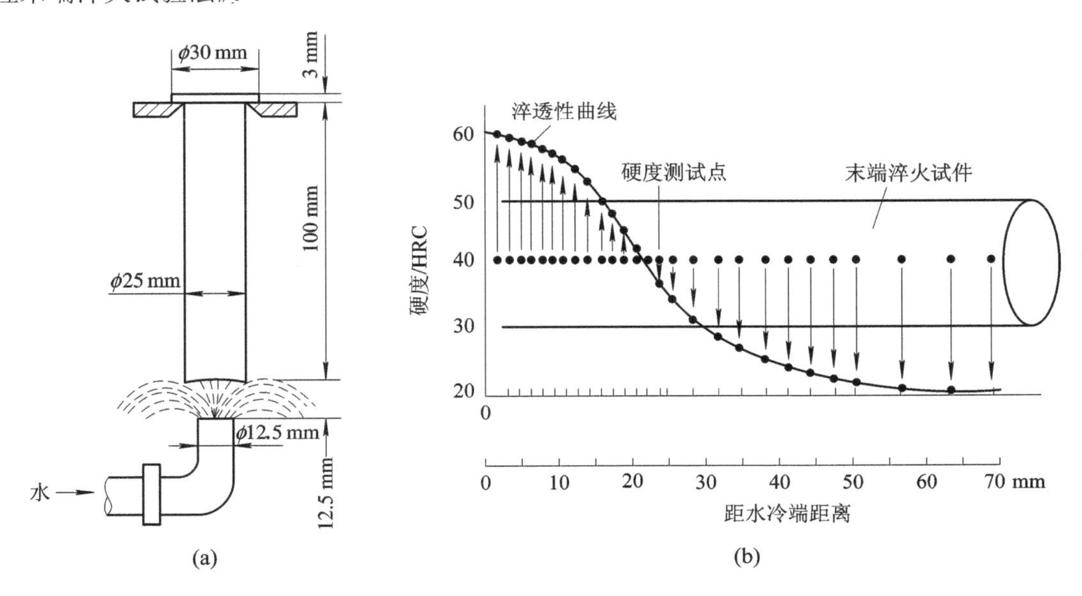

图 1-102　用末端淬火法测定钢的淬透性

(a) 试样尺寸及冷却方法；(b) 淬透性曲线的测定

实验测出的各种钢的淬透性曲线均收集在相关手册中。同一牌号的钢由于化学成分和晶粒度的差异，其淬透性实际也在一定的范围内波动。根据GB 225—63规定，钢的淬透性

值用 $J\dfrac{\mathrm{HRC}}{d}$ 表示。J 其中表示末端淬火的淬透性，d 表示距水冷端的距离，HRC 为该处的硬度。例如，淬透性值 $J\dfrac{42}{5}$，即表示距水冷端 5 mm 处的试样硬度为 42 HRC。

半马氏体组织比较容易由显微镜或硬度的变化来确定。马氏体中含非马氏体组织量不多时，硬度变化不大；当非马氏体组织量增至 50%时，硬度陡然下降，曲线上出现明显转折点，如图 1-103 所示。另外，在淬火试样的断口上，也可以看到以半马氏体为界，发生由脆性断裂过渡为韧性断裂的变化，并且其酸蚀断面呈明显的明暗界线。半马氏体组织和马氏体一样，硬度主要与碳质量分数有关，而与合金元素质量分数的关系不大，如图 1-104(b)所示。将图 1-104 中的(a)与(b)配合，即可找出 45 钢半马氏体区至端面的距离大约是 3 mm，而 40Cr 钢是 10.5 mm。该距离越大，淬透性越大，因而 40Cr 钢的淬透性大于 40 钢。

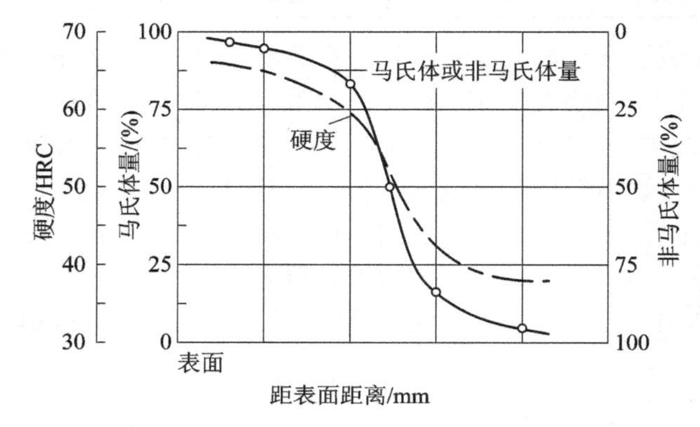

图 1-103　淬火试样断面上马氏体量和硬度的变化

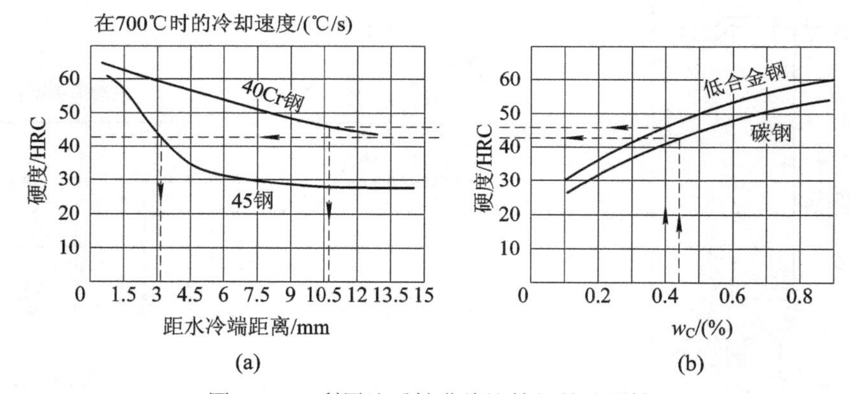

图 1-104　利用淬透性曲线比较钢的淬透性

(a) 45 钢和 40Cr 钢的淬透性曲线；(b) 半马氏体硬度与碳质量分数的关系曲线

③ 淬透性的影响因素。由钢的连续冷却转变曲线可知，淬火时要想得到马氏体，冷却速度必须大于临界速度 V_k，所以钢的淬透性主要由其临界速度来决定。V_k 愈小，即奥氏体愈稳定，钢的淬透性愈好。因此，凡是影响奥氏体稳定的因素，均影响其淬透性。

i. 合金元素。除 Co 外，大多数合金元素在溶于奥氏体后，均能降低 V_k，使 C 曲线右移，从而提高钢的淬透性。应该指出的是，合金元素是影响淬透性的最主要因素。

ii. 碳质量分数。对于碳钢来说，钢中的碳质量分数越接近共析成分，其C曲线越靠右；V_k越小，淬透性越好，即亚共析钢的淬透性随碳质量分数的增加而增大，过共析钢的淬透性随碳质量分数的增加而减小。

iii. 奥氏体化温度。提高奥氏体化温度，可使奥氏体晶粒长大，成分均匀化，从而减少珠光体的形核率，使奥氏体过冷奥氏体更稳定、C曲线右移、钢的V_k降低、淬透性增大。

iv. 钢中未溶第二相。钢中未溶入奥氏体的碳化物、渗氮物及其他非金属夹杂物，可成为奥氏体分解的非自发形核的核心，进而促进奥氏体转变产物的形核，减少过冷奥氏体的稳定性，增大V_k，降低淬透性。

④ 淬透性的应用。根据淬透性曲线，可比较对不同钢种的淬透性。淬透性是钢材选用的重要依据之一。利用半马氏体硬度曲线和淬透性曲线，找出钢的半马氏体区所对应的距水冷端距离，从而可推算出钢的临界淬火直径，确定钢件截面上的硬度分布情况等。临界淬火直径越大，钢的淬透性越好(图1-104(a))。由图1-104可知，40Cr钢的淬透性要比45钢好。

淬透性对钢的力学性能影响很大，将淬透性不同的钢调质处理后，其沿截面的组织和机械性能差别也相当大。淬透性高的40CrNiMo钢棒，其力学性能沿截面是均匀分布的，而淬透性低的40Cr、40钢其心部强度、硬度较低，韧性更低，如图1-105所示。这是因为淬透性高的钢调质后其组织由表及里都是回火索氏体，有较高的韧性；而淬透性低的钢，心部为片状索氏体和铁素体，表层为回火索氏体，所以心部强韧性差。因此，设计人员必须充分考虑淬透性对钢的作用，以便能根据工件的工作条件和性能要求进行合理的选材、制定热处理工艺，以提高工件的使用性能，具体应注意以下几点：

i. 要根据零件不同的工作条件合理确定钢的淬透性要求。并不是所有场合都要求淬透，也不是在任何场合淬透都是有益的。截面较大、形状复杂及受力情况特殊的重要零件，如螺栓、拉杆、锻模、锤杆等要求其表面和心部力学性能一致，应选淬透性好的钢。当某些零件的心部力学性能对其寿命的影响不大时，如承受扭转或弯曲载荷的轴类零件，外层受力很大、心部受力很小，可选用淬透性较低的钢，获得一定的淬透层深度即可。有些工件则不能或不宜选用淬透性高的钢，如焊接件，若淬透性高，就容易在热影响区出现淬火组织，造成工件淬透开裂；又如承受强烈冲击和复杂应力的冷镦模，其工作部分常因全部淬透而脆断。

ii. 零件尺寸越大，其热容量越大，淬火时零件冷却速度越慢，因此淬透层越薄，性能也就越差。如40Cr钢经调质后，当直径为30 mm时，$\sigma_b \geq 900$ MPa；直径为120 mm时，$\sigma_b \geq 750$ MPa；直径为240 mm时，$\sigma_b \geq 650$ MPa。这种随工件尺寸增大而热处理强化效果减弱的现象称为钢材的“尺寸效应”，因此不能根据手册中查到的小尺寸试样的性能数据用于大尺寸零件的强度计算。但是，合金元素含量高的淬透性大的钢，其尺寸效应则不是很明显。

iii. 由于碳钢的淬透性低，在设计大尺寸零件时，因此有时用碳钢正火比调质更经济，而效果相似。如钢样的设计尺寸为ϕ100 mm时，用45钢调质时$\sigma_b = 610$ MPa，而正火时σ_b也能达到600 MPa。

iv. 淬透层浅的大尺寸工件应考虑在淬火前先切削加工，如直径较大并具有几个台阶的传动轴需调质处理时，应先粗车成型，然后调质。如果以棒料先调质、再车外圆，由于直径大、表面淬透层浅，阶梯轴尺寸较小部分调质后的组织，在粗车时可能被车去，从而起不到调质作用。

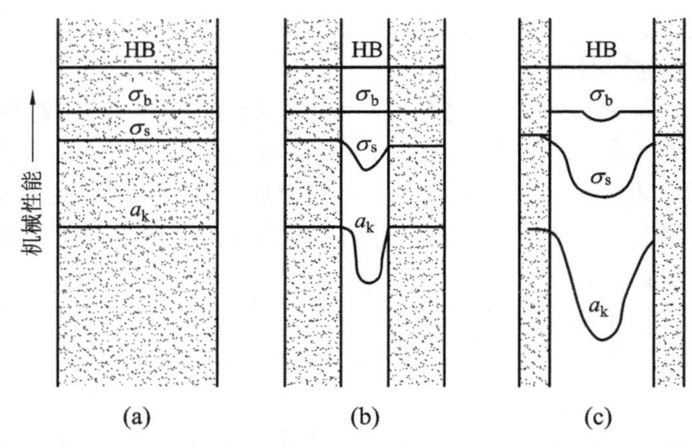

图 1-105 淬透性不同的钢调质后机械性能的比较

(a) 40CrNIMo 完全淬透；(b) 40Cr 钢淬透较大厚度；(c) 40 钢淬透较小厚度

(4) 钢的淬硬性(hardening capacity)。

淬硬性是指钢在理想条件下进行淬火硬化(即得到马氏体组织)所能达到的最高硬度的能力。淬硬性与淬透性是两个不同的概念，淬硬性主要取决于马氏体中的碳质量分数(也就是淬火前奥氏体的碳质量分数)，马氏体中的碳质量分数愈高，淬火后硬度愈高。合金元素的含量则对淬硬性无显著影响。所以，淬硬性好的钢淬透性不一定好，淬透性好的钢淬硬性也不一定高。例如，碳质量分数为 0.3%、合金元素的质量分数为 10%的高合金模具钢 3Cr2W8V 的淬透性极好，但在 1100℃油冷淬火后的硬度约为 50 HRC；而碳质量分数为 1.0%的碳素工具钢 T10 钢其淬透性并不高，但在 760℃水冷淬火后的硬度却大于 62 HRC。

淬硬性对于按零件使用性能要求选材及热处理工艺的制定同样具有重要的参考作用。对于要求高硬度、高耐磨性的各种工、模具，可选用淬硬性高的高碳、高合金钢；综合力学性能即强度、塑性、韧性要求都较高的机械零件可选用淬硬性中等的中碳及中碳合金钢；对于要求高塑性、韧性的焊接件及其他机械零件则应选用淬使性低的低碳、低合金钢，当零件表面有高硬度、高耐磨性要求时则可配以渗碳工艺，通过提高零件表面的碳质量分数使其表面淬硬性提高。

3. 回火(tempering)

回火是把淬火钢加热到 Ac_1 以下的某一温度保温后进行冷却的热处理工艺。回火紧接着淬火后进行，除等温淬火外，其他淬火零件都必须及时回火。

淬火钢回火的目的是：

i. 降低脆性，减少或消除内应力，防止工件变形或开裂。

ii. 获得工件所要求的力学性能。淬火钢件硬度高、脆性大，为满足各种工件不同的性能要求，可以通过回火来调整硬度，获得所需的塑性和韧性。

iii. 稳定工件尺寸。淬火马氏体和残余奥氏体都是不稳定组织，会自发发生转变而引起工件尺寸和形状的变化。通过回火可以使组织趋于稳定，以保证工件在使用过程中不再发生变形。

iv. 改善某些合金钢的切削性能。某些高淬透性的合金钢，空冷便可淬成马氏体，软化退火也相当困难，因此常采用高温回火，使碳化物适当聚集，降低硬度，以利切削加工。

1) 淬火钢在回火时的转变

不稳定的淬火组织有自发向稳定组织转变的倾向，淬火钢的回火可促使这种转变较快地进行。在回火过程中，随着组织的变化，钢的性能也发生相应的变化。

(1) 回火时的组织转变。

随回火温度的升高，淬火钢的组织大致发生以下四个阶段的变化，如图 1-106 所示。

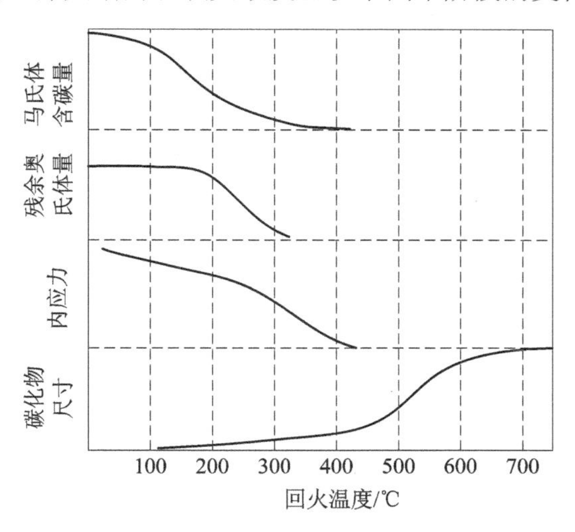

图 1-106　淬火钢在回火时的组织变化

① 马氏体分解。当回火温度＜100℃(本节的回火转变温度范围指碳钢而言，合金钢会有不同程度的提高)时，钢的组织基本无变化。马氏体分解主要发生在 100～200℃，此时马氏体中的过饱和碳以ε碳化物(Fe_xC)的形式析出，使马氏体的过饱和度降低。析出的碳化物以极细片状分布在马氏体基体上，这种组织称为回火马氏体，用符号“$M_{回}$”表示，如图 1-107 所示。在显微镜下观察，回火马氏体呈黑色，残余奥氏体呈白色。

图 1-107　回火马氏体的显微组织(400×)

马氏体分解进行到 350℃时，α 相中的碳质量分数接近平衡成分，但仍保留马氏体的形态。马氏体的碳质量分数越高，析出的碳化物也越多，碳质量分数小于 0.2%的低碳马氏体，在这一阶段不析出碳化物，只发生碳原子在位错附近的偏聚。

② 残余奥氏体的分解。残余奥氏体的分解主要发生在 200～300℃。由于马氏体分解，正方度随之下降，从而减轻了对残余奥氏体的压应力，因而残余奥氏体分解为 ε 碳化物和过饱和 α 相，其组织与下贝氏体或同温度下马氏体回火产物相同。

③ ε 碳化物转变为 Fe_3C。回火温度在 300～400℃时，亚稳定的ε碳化物转变成稳定的渗碳体(Fe_3C)，同时，马氏体中的过饱和碳也以渗碳体的形式继续析出；到 350℃左右，马

氏体中的碳质量分数已基本上降到铁素体的平衡成分，同时内应力大量消除。此时回火马氏体转变为在保持马氏体形态的铁素体基体上分布着细粒状渗碳体的组织，称回火屈氏体，用符号“T 回”表示，如图 1-108 所示。

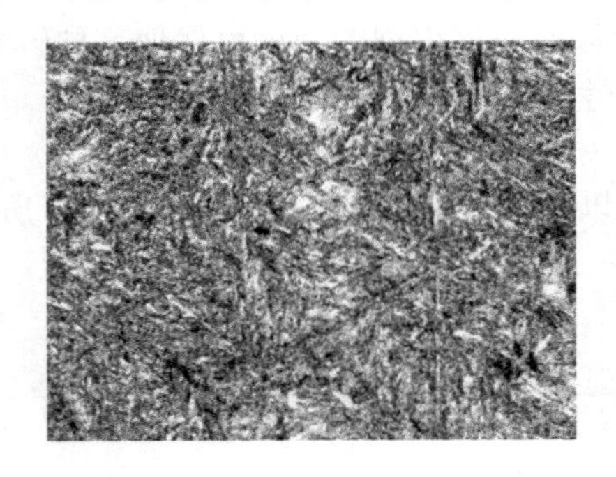

图 1-108 回火屈氏体的显微组织(400×)

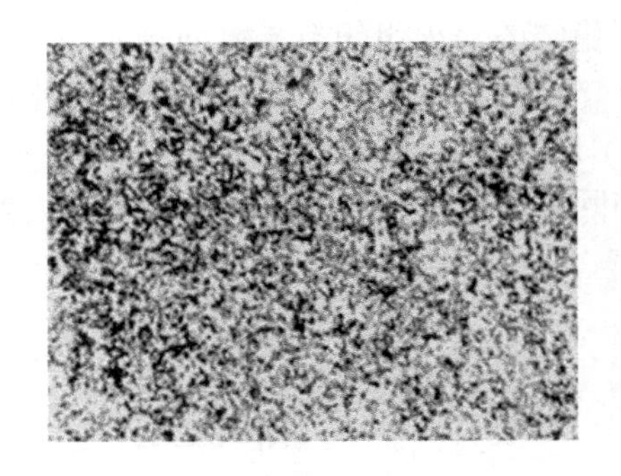

图 1-109 回火索氏体的显微组织(400×)

④ 渗碳体的聚集长大及α相的再结晶。这一阶段的变化主要发生在 400℃以上，铁素体开始发生再结晶，由针片状转变为多边形。这种由颗粒状渗碳体与多边形铁素体组成的组织称为回火索氏体，用符号“S 回”表示，如图 1-109 所示。

(2) 回火过程中的性能变化。

淬火钢在回火过程中力学性能总的变化趋势是：随着回火温度的升高，硬度和强度降低，塑性和韧性上升。但回火温度太高，则塑性会有所下降(图 1-110 和图 1-111)。

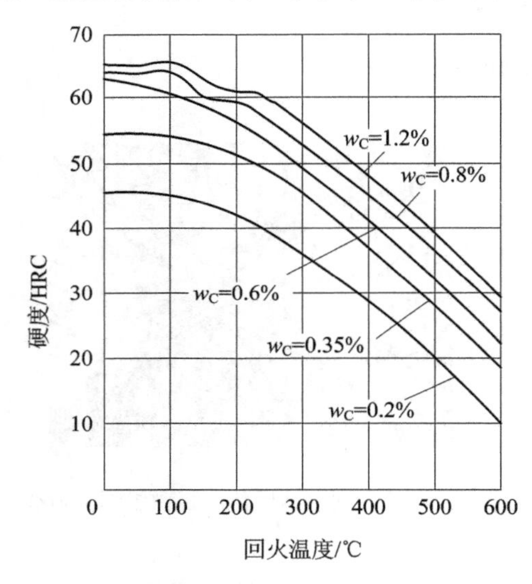

图 1-110 钢的硬度随回火温度的变化

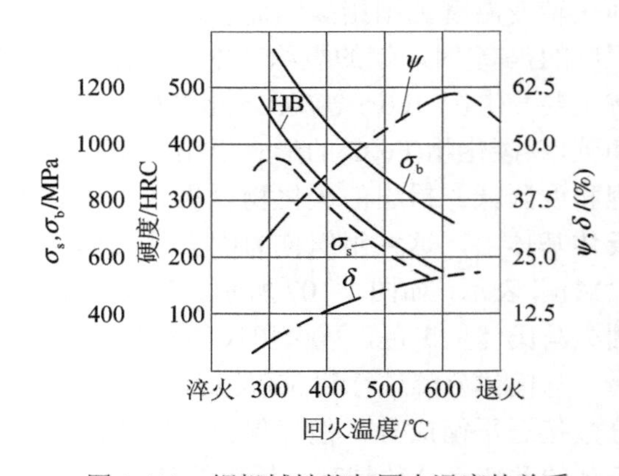

图 1-111 钢机械性能与回火温度的关系

在 200℃以下，由于马氏体中析出大量ε碳化物产生弥散强化作用，钢的硬度并不下降，高碳钢的硬度甚至还会略有升高。

在 200～300℃，高碳钢由于有较多的残余奥氏体转变为马氏体，硬度会再次提高。而低、中碳钢由于残余奥氏体量很少，硬度则缓慢下降。

300℃以上，由于渗碳体粗化及马氏体转变为铁素体，因此钢的硬度呈直线下降。

由淬火钢回火得到的回火屈氏体、回火索氏体和球状珠光体比由过冷奥氏体直接转变的屈氏体、索氏体和珠光体的力学性能好，在硬度相同时，回火组织的屈服强度、塑性和韧性好得多。这主要是由于两者渗碳体形态不同所致，片状组织中的片状渗碳体受力时，其尖端会引起应力集中，形成微裂纹，从而导致工件破坏。而回火组织的渗碳体呈粒状，不易造成应力集中。这就是为什么重要零件都要求进行淬火和回火的原因。

2) 回火种类及应用

淬火钢回火后的组织和性能取决于回火温度。根据钢的回火温度范围，把回火分为以下三类：

(1) 低温回火(low tempering)。

当回火温度为 150～250℃时，回火组织为回火马氏体。目的是降低淬火内应力和脆性的同时保持钢在淬火后的高硬度(一般达 58~64 HRC)和高耐磨性。它广泛用于处理各种切削刀具、冷作模具、量具、滚动轴承、渗碳件和表面淬火件等。

(2) 中温回火(average tempering)。

中温回火温度为 350～500℃，回火后组织为回火屈氏体，具有较高屈服强度和弹性极限，以及一定的韧性，硬度一般为 35～45 HRC，主要用于各种弹簧和热作模具的处理。

(3) 高温回火(high tempering)。

高温回火温度为 500～650℃，回火后得到粒状渗碳体和铁素体基体的混合组织，称为回火索氏体，硬度为 25～35 HRC。这种组织具有良好的综合力学性能，即在保持较高强度的同时，具有良好的塑性和韧性。习惯上把淬火加高温回火的热处理工艺称做“调质处理”，简称“调质”，广泛用于处理各种重要的机器结构构件，如连杆、螺栓、齿轮、轴类等。同时，也可作为某些要求较高的精密工件如模具、量具等的预先热处理。

钢调质处理后的机械性能和正火后相比，不但强度高，而且塑性和韧性也比较好，这和它们的组织形态有关。调质得到的是回火索氏体，其渗碳体为粒状；正火得到的是索氏体，其渗碳体为片状，粒状渗碳体对阻止断裂过程的发展比片状渗碳体有利。

必须指出，某些高合金钢淬火后高温(如高速钢在 560℃)回火，是为了促使残余奥氏体转变为马氏体回火，获得的是以回火马氏体和碳化物为主的组织。这与结构钢的调质在本质上是根本不同的。

除了上述三种常用的回火方法外，某些高合金钢还需在 640～680℃进行软化回火，以改善切削加工性。为了保持某些精密零件淬火后的高硬度及尺寸稳定性，有时需在 100～150℃进行长时间(10～15 h)的加热保温。这种低温长时间的回火称为尺寸稳定处理或时效处理。

3) 回火脆性(tempering brittlement)

淬火钢的韧性并不总是随着回火温度的升高而提高的，在某些温度范围内回火时，也会出现冲击韧性明显下降的现象，称之为“回火脆性”。回火脆性有第一类回火脆性(250～400℃)和第二类回火脆性(450～650℃)两种，如图 1-112 所示。这种现象在合金钢中比较显著，应当设法避免。

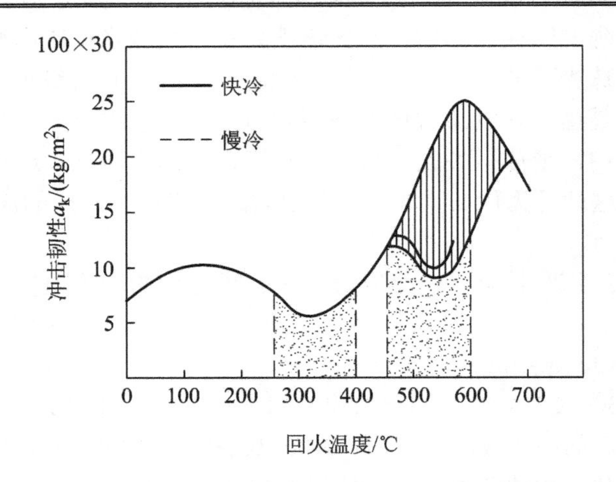

图 1-112 Ni-Cr 钢(0.3%C、1.47%Cr、3.4%Ni)的冲击韧度与回火温度的关系

(1) 第一类回火脆性。

淬火钢在 250～400℃回火时出现的脆性称为第一类回火脆性。几乎淬火后形成马氏体的钢在此温度回火，都不同程度地产生这种脆性。这与在这一温度范围沿马氏体的边界析出碳化物的薄片有关。目前，尚无有效的办法完全消除这类回火脆性，所以一般不在 250～350℃温度范围内回火。

(2) 第二类回火脆性。

淬火钢在 450～650℃范围内回火出现的脆性称为第二类回火跪性。第二类回火脆性主要发生在含 Cr、Ni、Si、Mn 等合金元素的合金钢中，这类钢淬火后在 450～650℃长时间保温或以缓慢速度冷却时，便产生明显的脆化现象，但如果回火后快速冷却，脆化现象便消失或受抑制，所以这类回火脆性是“可逆”的。一般认为，第二类回火脆性产生的原因与 Sb、Sn、P 等杂质元素在原奥氏体晶界偏聚有关。因为 Cr、Ni、Si、Mn 等会促进这种偏聚，所以增加了这类回火脆性的倾向。

回火后快冷除可以防止第二类回火脆性外，若在钢中加入 W(约 1%)、Mo(约 0.5%)等合金元素也可有效地抑制这类回火脆性的产生。

1.4.4 钢的表面热处理

一些零件既要表面硬度高、耐磨性好，又要心部韧性好(如齿轮、轴等)，若仅从选材方面去考虑，这是难以解决的。如高碳钢的硬度高，但韧性不足，低碳钢虽然韧性好，但表面的硬度和耐磨性又低。在实际生产中，广泛采用表面淬火或化学热处理的办法来满足上述要求。

1. 表面淬火

表面淬火是将工件的表面层淬硬到一定深度，而心部仍保持未淬火状态的一种局部淬火法。它是利用快速加热使工件表面奥氏体化，然后迅速予以冷却，这样，工件的表层组织为马氏体，而心部仍保持原来的退火、正火或调质状态的组织。其特点是仅对钢的表面进行加热、冷却，而成分不改变。

表面淬火一般适用于中碳钢和中碳合金钢，也可用于高碳工具钢、低合金工具钢以及球墨铸铁等。按照加热的方式，有感应加热、火焰加热、电接触加热和电解加热等表面淬火，目前应用最多的是感应加热和火焰加热表面淬火法。

1) *感应加热表面淬火*(induced surface hardening)

(1) 感应加热表面淬火的基本原理。

感应加热表面淬火的基本原理如图 1-113 所示。感应线圈中通以高频率的交流电，线圈内外即产生与电流频率相同的高频交变磁场。若把钢制工件置于通电线圈内，在高频磁场的作用下，工件内部将产生感应电流(涡流)，由于本身电阻的作用而被加热。这种感应电流密度在工件的横截面上分布是不均匀的，即在工件表面电流密度极大，而心部的电流密度几乎为零，这种现象称为集肤效应。功率愈高，表面电流密度愈大，则表面加热层愈薄。感应加热的速度很快，在几秒钟内即可使温度上升至 800～1000℃，而心部仍接近室温。当表层温度达到淬火加热温度，立即喷水冷却，使工件表层淬硬。

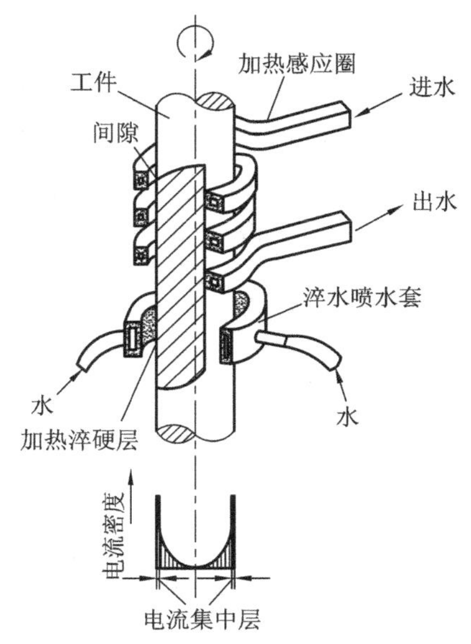

图 1-113　感应加热表面淬火示意图

感应加热淬火的淬硬层深度(即电流透入工件表层的深度)除与加热功率、加热时间有关外，还与电流的频率有关。碳钢淬硬层深度主要与电流频率有关，并存在以下表达式关系：

$$\delta = \frac{500}{\sqrt{f}}$$

式中，δ 为电流透入密度(mm)；f 为电流频率(Hz)。由上式可见，电流频率愈高，表面电流密度愈大，电流透入深度愈小，淬硬层愈薄。因此，可选用不同的电流频率得到不同的淬硬层深度。根据电流频率的不同，感应加热可分为高频加热、中频加热和工频加热。工业上对于淬硬层为 0.5～2mm 的工件，可采用电子管式高频电源，其常用频率为 200～300 kHz；要求淬硬层为 2～5 mm 时，适宜的频率为 2500～8000 Hz，可采用中频发电机或可控硅变频器；对于要求淬硬层在 10～15 mm 以上的工件，可采用频率为 50 Hz 的工频发电机处理。

(2) 感应加热表面淬火适用的钢种。

一般用于中碳钢和中碳低合金钢，如 45、40Cr、40MnB 钢等。这类钢经预先热处理(正火或调质)后表面淬火，心部保持较高的综合性能，而表面具有较高的硬度(50 HRC 以下)和耐磨性。高碳钢也可感应加热表面淬火，主要用于受较小冲击和交变载荷的工具、量具等。

(3) 感应加热表面淬火的特点。

感应加热时相变的速度极快，一般只有几秒或几十秒钟。与一般淬火相比，淬火后的组织和性能具有以下特点：

① 高频感应加热时，由于加热速度快，且钢的奥氏体化是在较大的过热度(Ac_3 以上 80～150℃)进行的，因此晶核多，且不易长大，淬火后组织为极细的隐晶马氏体，因而表面硬度高，比一般淬火高 2～3 HRC，而且表面硬度脆性较低。

② 表面层淬火得到马氏体后，由于体积膨胀在工件表面层造成较大的残余压应力，因此显著提高了工件的疲劳强度。小尺寸零件可提高 2～3 倍，大件也可提高 20%～30%。

③ 因为加热速度快，没有保温时间，所以工件的表面氧化和脱碳少，而且由于心部未被加热，工件的淬火变形也小。

④ 加热温度和淬硬层厚度(从表面到半马氏体区的距离)容易控制，便于实现机械化和自动化。

由于具有以上特点，感应加热表面淬火在热处理生产中得到了广泛的应用。其缺点是设备昂贵，当零件形状复杂时，感应圈的设计和制造难度较大，所以生产成本比较高。

感应加热后，采用水、乳化液或聚乙烯醇水溶液喷射淬火，淬火后进行 180～200℃的低温回火，以降低淬火应力，并保持高硬度和高耐磨性。在生产中，也常采用自回火，即在工件冷却到 200℃左右时停止喷水，利用工件内部的余热来达到回火的目的。

2) 火焰加热表面淬火(surface hardening hy flame heating)

火焰加热表面淬火是用氧-乙炔或氧-煤气等高温火焰(约 3000℃)加热工件表面，使其快速升温，升温后立即喷水冷却的热处理工艺方法。如图 1-114 所示，调节喷嘴到工件表面的距离和移动速度，可获得不同厚度的淬硬层。

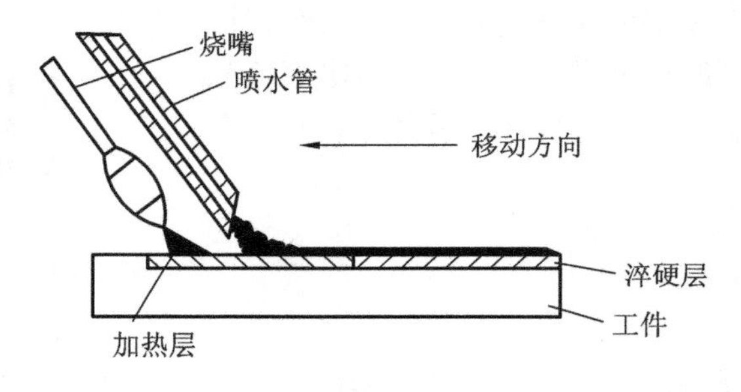

图 1-114 火焰表面淬火示意图

火焰加热表面淬火的淬硬层厚度一般为 2～6 mm。与高频感应加热表面淬火相比，火焰加热表面淬火具有工艺及设备简单、成本低等优点，但其生产率低、工件表面存在不同程度的过热，淬火质量控制也比较困难。因此主要用于单件、小批量生产及大型零件(如轴、齿轮、轧辊等)的表面淬火。

2. 化学热处理

化学热处理是将工件置于一定温度的活性介质中加热和保温，使介质中的一种或几种元素渗入工件表面，改变其化学成分和组织，达到改进表面性能、满足技术要求的热处理过程。与表面淬火相比，化学热处理不仅使工件的表面层组织发生变化，其成分也发生变化。

根据表面渗入的元素不同，化学热处理可分为渗碳、渗氮、碳氮共渗、渗硼、渗铝等。化学热处理的主要目的是有效提高钢件表面硬度、耐磨性、耐蚀性、抗氧化性以及疲劳强度等，以替代昂贵的合金钢。

钢件表面化学成分的改变取决于热处理过程中发生的以下三个基本过程：

① 介质分解。钢在加热时，介质分解，释放出欲渗入元素的活性原子，如渗碳时，$CH_4 \rightarrow [C]+2H_2$，分解出的[C]就是具有活性的碳原子。

② 吸收。分解出来的活性原子在工件表面被吸收并溶解，超过钢的溶解度时还能形成化合物。

③ 原子扩散。工件表面吸收的元素原子浓度逐渐升高，在浓度梯度的作用下不断向工件内部扩散，形成具有一定厚度的渗层。一般原子扩散速度较慢，往往成为影响化学热处理速度的控制因素。因此对一定介质而言，渗层的厚度主要取决于加热温度和保温时间。

任何化学热处理的物理化学过程基本相同，都要经过上述三个阶段，即分解、吸收和扩散。

目前在生产中，最常用的化学热处理工艺是渗碳、渗氮和碳氮共渗。

1) 钢的渗碳

为了增加钢件表层的碳质量分数和获得一定的碳浓度梯度，将工件置于渗碳介质中加热和保温，使其表面层渗入碳原子的化学热处理工艺称为渗碳。渗碳使低碳(碳质量分数为0.15%～0.30%)钢件表面获得高碳浓度(碳质量分数约1.0%)，再经过适当淬火和回火处理后，可使工件的表面具有高硬度和高耐磨性，并具有较高的疲劳极限，而心部仍保持良好的塑性和韧性。因此渗碳主要用于表面将受严重磨损，并在较大冲击载荷、交变载荷，较大的接触应力条件下工作的零件，如各种齿轮、活塞销、套筒等。

渗碳件一般采用低碳钢或低碳合金钢，如20、20Cr、20CrMnTi等。渗碳层厚度一般在0.5～2.5 mm，渗碳层的碳浓度一般控制在1%左右。

根据渗碳介质的不同，可分为固体渗碳、气体渗碳和液体渗碳，常用的是气体渗碳和固体渗碳。

(1) 气体渗碳。

气体渗碳是将工件装在密封的渗碳炉中(图1-115)，加热到900～950℃，向炉内滴入易分解的有机液体(如煤油、苯、丙酮、甲醇等)，或直接通入渗碳气体(如煤气、石油液化气等)。在炉内发生下列反应，产生活性碳原子，从而使工件表面渗碳：

$$2CO \rightarrow CO_2 + [C]$$

$$CO + H_2 \rightarrow H_2O + [C]$$

$$C_nH_{2n} \rightarrow nH_2 + n[C]$$

$$C_nH_{2n+2} \rightarrow (n+1)H_2 + n[C]$$

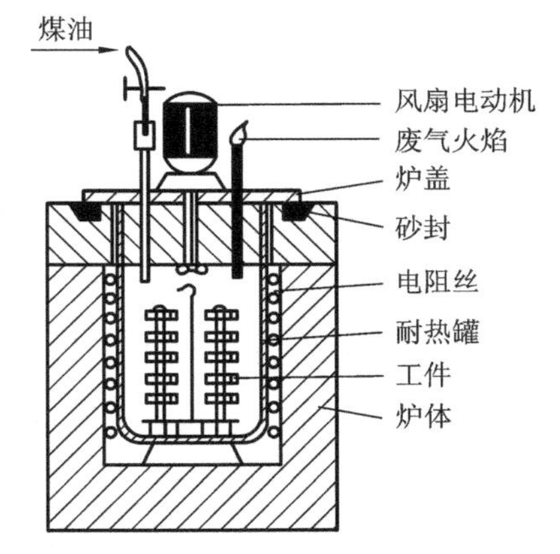

图1-115 气体渗碳法示意图

气体渗碳的优点是生产率高，劳动条件较好，渗碳气氛容易控制，渗碳层比较均匀，渗碳层的质量和机械性能较好。此外，还可实现渗碳后直接淬火，是目前应用最多的渗碳方法。

(2) 固体渗碳。

固体渗碳是将工件埋入填满固体渗碳剂的渗碳箱中，加盖并用耐火泥密封，然后放入热处理炉中加热至900～950℃，并保温渗碳。固体渗碳剂一般是由一定粒度(约3～8 mm)木炭和15%～20%的碳酸盐($BaCO_3$或Na_2CO_3)组成。木炭提供活性碳原子，碳酸盐则起催化作用，具体反应如下：

$$C + O_2 \rightarrow CO_2 (\text{或 } CO_2 + C \rightarrow 2CO，O_2\text{不足的环境中})$$

$$BaCO_3 \rightarrow BaO + CO_2$$

$$CO_2+C\rightarrow 2CO$$

在高温下，CO是不稳定的，在与钢表面接触时，分解出活性碳原子($2CO\rightarrow CO_2+[C]$)，并被工件表面吸收。

固体渗碳的优点是设备简单，尤其是在小批量生产的情况下具有一定的优越性。但生产效率低、劳动条件差、质量不易控制，目前用得不多。

① 渗碳工艺。渗碳工艺参数包括渗碳温度和渗碳时间等。

奥氏体的溶碳能力较大，因此渗碳是在 Ac_3 以上进行。温度愈高，渗碳速度愈快，渗层愈厚，生产率也愈高。为了避免奥氏体晶粒过于粗大，渗碳温度一般在900～950℃之间。渗碳时间则取决于渗碳厚度的要求。在900℃渗碳，保温1 h，渗层厚度为0.5 mm；保温4 h，渗层厚度可达1mm。

低碳钢渗碳后缓冷下来的显微组织见图1-116。表面为珠光体和二次渗碳体(过共析组织)，其心部为原始亚共析组织(珠光体和铁素体)，中间为过渡组织。一般规定，从表面到过渡层的一半处为渗碳层厚度。

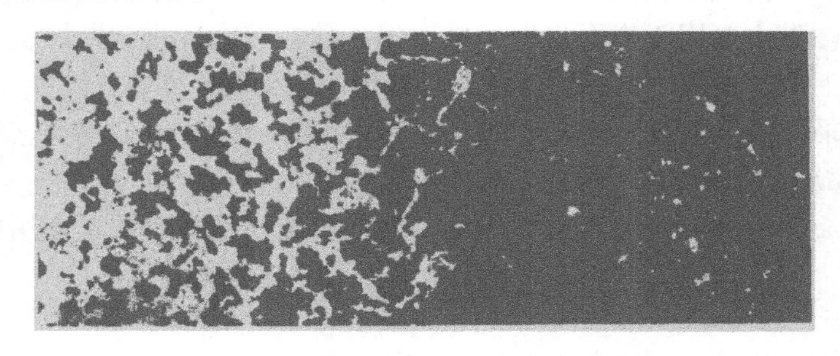

图1-116 低碳钢缓冷下来的显微组织

工件的渗碳层厚度取决于其尺寸及工作条件，一般为0.5～2.5 mm。例如，齿轮的渗碳层厚度由其工作要求及模数等因素来确定，表1-10和表1-11中列举了不同模数齿轮及其他工件的渗碳层厚度。

表1-10 汽车、拖拉机齿轮的模数和渗碳层厚度

齿轮模数 m	2.5	3.5～4	4～5	5
渗碳层厚度/mm	0.6～0.9	0.9～1.2	1.2～1.5	1.4～1.8

表1-11 机床零件的渗碳层厚度

渗碳层厚度/mm	应用举例
0.2～0.4	厚度小于1.2 mm的摩擦片、样板等
0.4～0.7	厚度小于2 mm的摩擦片、小轴、小型离合器、样板等
0.7～1.1	轴、套筒、活塞、支承销、离合器等
1.1～1.5	主轴、套筒、大型离合器等
1.5～2.0	镶钢导轨、大轴、模数较大的齿轮、大轴承环等

② 渗碳后的热处理。渗碳后的零件要进行淬火和低温回火处理，常用的淬火方法有三种，如图 1-117 所示。

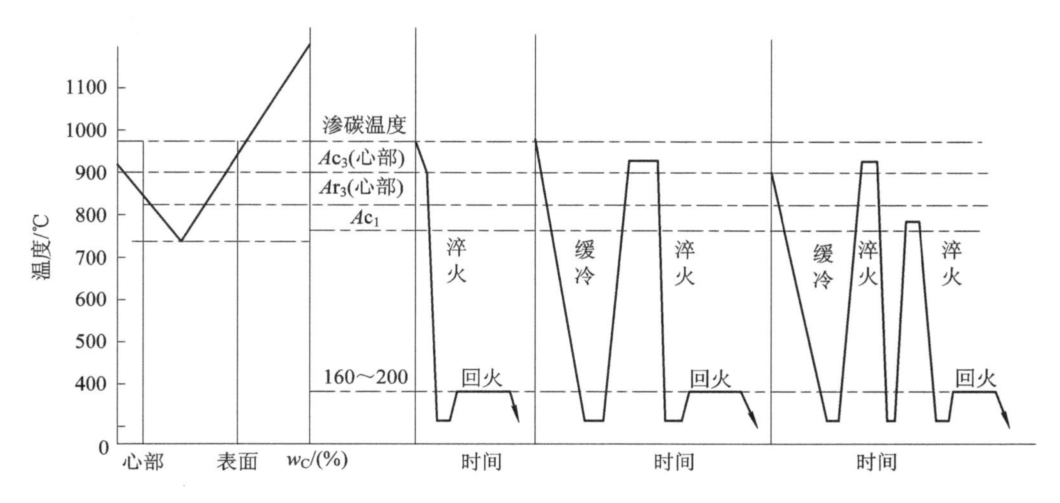

图 1-117 渗碳后的热处理示意图

(a) 直接淬火；(b) 一次淬火；(c) 二次淬火

i. 直接淬火(direct quenching)。直接淬火(图 1-117(a))法工艺简单，生产率高，节约能源，成本低，脱碳倾向小；但由于渗碳温度高，奥氏体晶粒粗大、淬火后马氏体粗大、残留奥氏体也较多，所以工件表面耐磨性较低、变形较大。一般只用于合金渗碳钢或耐磨性要求比较低和承载能力低的工件。为了减少变形，渗碳后常将工件预冷至 830～850℃后再淬火。

ii. 一次淬火(primary quenching)。一次淬火是将工件渗碳后缓冷到室温，再重新加热到临界点以上保温淬火(图 1-117(b))。对于心部组织性能要求较高的渗碳钢工件，一次淬火加热温度为 Ac_3 以上，主要是使心部晶粒细化，并得到低碳马氏体组织；对于承载不大而表面性能要求较高的工件，淬火加热温度为 Ac_1 以上 30～50℃，使表面晶粒细化，而心部组织无大的改善，性能略差一些。

iii. 二次淬火(secondary quenching)。对于本质粗晶粒钢或要求表面耐磨性高、心部韧性好的重负荷零件，应采用二次淬火(图 1-117(c))。第一次淬火加热到 Ac_3 以上 30～50℃，目的是细化心部组织并消除表面的网状渗碳体。第二次淬火加热到 Ac_1 以上 30～50℃，目的是细化表面层组织，获得细马氏体和均匀分布的粒状二次渗碳体。二次淬火法工艺复杂，生产周期长，生产效率较低，成本高，变形大，所以只用于要求表面耐磨性好和心部韧性高的零件。

渗碳淬火后要进行低温回火(150～200℃)，以消除淬火应力，提高韧性。

③ 渗碳钢淬火、回火后的性能。

渗碳件组织：表层为高碳回火马氏体＋碳化物＋残余奥氏体，心部为低碳回火马氏体(或含铁素体和屈氏体)。

渗碳后钢件的性能如下：

i. 表面硬度高，达 58～64 HRC 以上，耐磨性较好。心部塑性、韧性较好，硬度较低。未淬硬时，其心部硬度为 138～185 HBS；淬硬后的心部为低碳马氏体组织，硬度可达 30～

45 HRC。

ii. 疲劳强度高。渗碳钢的表面层为高碳马氏体，体积膨胀大，心部为低碳马氏体(淬透时)或铁素体加屈氏体(未淬透时)，体积膨胀小。结果在表面层造成残余压应力，使工件的疲劳强度提高。

2）钢的渗氮

向工件表面渗入氮，形成含氮硬化层的化学热处理工艺称为渗氮，其目的是提高工件表面的硬度、耐磨性、耐蚀性及疲劳强度。常用的渗氮方法有气体渗氮和离子渗氮。

(1) 气体渗氮(gas nitriding)。

气体渗氮是把工件放入密封的井式渗氮炉内加热，并通入氨气，氨被加热分解出活性氮原子($2NH_3 \rightarrow 2[N]+3H_2$)，活性氮原子被工件表面吸收并溶入表面，在保温过程中向内扩散，形成一定厚度的渗氮层。

① 与气体渗碳相比，气体渗氮有以下特点。

i. 渗氮温度低，一般都在 500～570℃之间进行。由于氨在 200℃开始分解，同时氮在铁素体中也有一定的溶解能力，无需加热到高温。工件在渗氮前要进行调质处理，所以渗氮温度不能高于调质处理的回火温度。

ii. 渗氮时间长，一般需要 20～50 h，渗氮层厚度为 0.3～0.5 mm。时间长是气体渗氮的主要缺点。为了缩短时间，采用二段渗氮法，其工艺过程如图 1-118 所示。第一阶段是使表层获得高的氮含量和硬度；第二阶段是在稍高的温度下进行较短时间的保温，以得到一定厚度的渗氮层。为了加速渗氮的进行，可采用催化剂如苯、苯胺、氯化铵等。催化剂能使渗氮速度提高 0.3～3 倍。

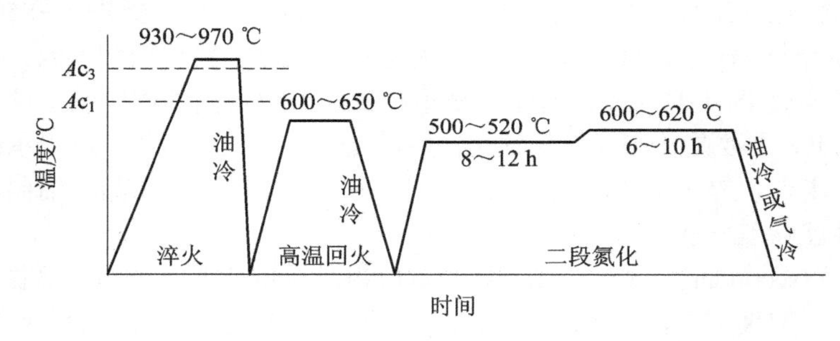

图 1-118　38CrMoAl 钢氮化工艺曲线

iii. 渗氮前零件需经调质处理，目的是改善机加工性能和获得均匀的回火索氏体组织，以保证渗氮后的工件具有较高的强度和韧性。对于形状复杂或精度要求高的零件，在渗氮前精加工后还要进行消除内应力的退火，以减少渗氮时的变形。

iv. 因为渗氮过程中工件变形很小，所以渗氮后不需要再进行其他热处理。

② 渗氮件的组织和性能。渗氮后的钢工件表面具有很高的硬度(1000～1100 HV)，而且可以在 600℃以下其硬度保持不降，所以渗氮层具有很高的耐磨性和热硬性。根据 Fe-N 相图(图 1-119)，氮可溶于铁素体和奥氏体中，并与铁形成 γ′相(Fe_4N)与ε相(Fe_2N)。渗氮后，显微分析发现，气体渗氮后的工件表面最外层为白色的 ε 相的渗氮物薄层，硬而脆但很耐蚀；紧靠这一层的是极薄的(ε+γ′)两相区；其次是暗黑色含氮共析体(α+γ′)层；心部为原始回火索氏体组织(图 1-120)。对于碳钢工件，上述固溶体和化合物中都溶有碳。

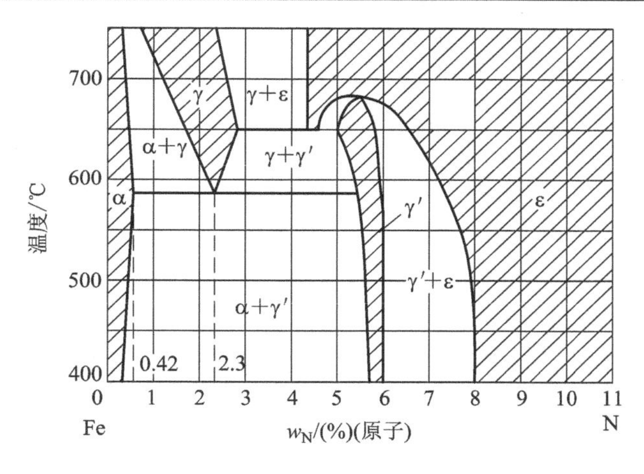

图 1-119　Fe-N 相图

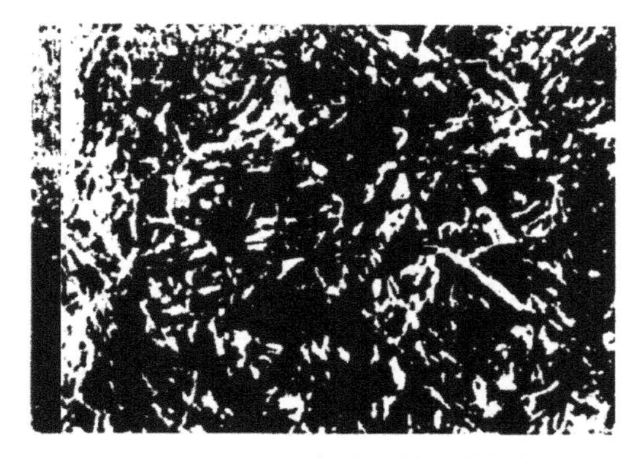

图 1-120　38CrMoAl 钢氮化层的显微组织(400×)

渗氮表面可形成的致密的化学稳定性较高的ε相层，所以耐蚀性好，在水、过热蒸气和碱性溶液中均很稳定。渗氮后工件表面层体积膨胀，形成较大的表面残余压应力，使渗氮件具有较高的疲劳强度。渗氮温度低，零件变形小。

③ 渗氮用钢。碳钢渗氮时形成的渗氮物不稳定，加热时易分解并聚集粗化，使硬度很快下降。为了克服这个缺点，同时为了保证渗氮后的工件表面具有高硬度和高耐磨性，心部具有强而韧的组织，所以渗氮钢一般都是采用能形成稳定渗氮物的中碳合金钢，如 35CrAlA、38CrMoAlA、38CrWVAlA 等。Al、Cr、Mo、W、V 等合金元素与 N 结合形成的渗氮物 AlN、CrN、MoN 等都很稳定，并在钢中均匀分布，能起到弥散强化作用，使渗氮层达到很高的硬度，在 600～650℃也不降低。

由于渗氮工艺复杂、周期长、成本高，所以只适用于耐磨性和精度都要求较高的零件，或要求抗热、抗蚀的耐磨件，如发动机的汽缸、排气阀、精密机床丝杠、镗床主轴、汽轮机阀门、阀杆等。随着新工艺(如软渗氮、离子渗氮等)的发展，渗氮处理得到了越来越广泛的应用。

(2) 离子渗氮。

离子渗氮在离子渗氮炉中进行(图 1-121)。它是利用直流辉光放电的物理现象来实现渗氮的，所以又称为辉光离子渗氮。离子渗氮的基本原理是：将严格清洗过的工件放在密封的真空室内的阴极盘上，并抽至真空度为 1～10 Pa，然后向炉内通入少量的氨气，使炉内的气压保持在 133～1330 Pa 之间。阴极盘接直流电源的负极(阴极)，真空室壳和炉底板接直流电源的正极(阳极)并接地，并在阴阳极之间接通 500～900 V 的高压电。氨气在高压电场的作用下，部分被电离成氮和氢的正离子及电子，并在靠近阴极(工件)的表面形成一层紫红色的辉光放电现象。由于高能量的氮离子轰击工件的表面，将离子的动能转化为热能使工件表面温度升至渗氮的温度(500～650℃)。在氮离子轰击工件表面的同时，还能产生阴极溅射效应，溅射出铁离子。被溅射出来的铁离子在等离子区与氮离子化合形成渗氮铁(FeN)，在高温和离子轰击的作用下，FeN 迅速分解为 Fe_2N、Fe_4N，并放出氮原子向工件内部扩散，于是在工件表面形成渗氮层，渗层为 Fe_2N、Fe_4N 等渗氮物，具有很高的耐磨性、耐蚀性和疲劳强度。随着时间的增加，渗氮层也逐渐加深。

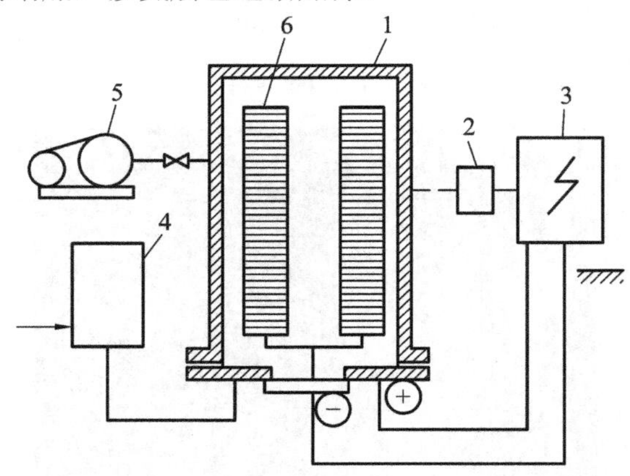

1—真空容器；2—测温装置系统；3—直流电源；
4—渗氮气体调节装置；5—真空泵；6—待处理工件

图 1-121　离子渗氮炉示意图

离子渗氮的优点如下：

① 生产周期短、渗速快，是气体渗氮的 3～4 倍。以 38CrMoAl 为例，渗氮层厚度要求在 0.6 mm 时，气体渗氮周期为 50 h 以上，而离子渗氮只需 15～20 h。同时节省能源及减少气体的消耗。

② 渗层具有一定的韧性。由于离子渗氮的阴极溅射有抑制脆性层的作用，因此可提高渗氮层的韧性和抗疲劳强度。

③ 工件变形小。渗氮处理后，工件变形小，表面呈银白色，质量好，特别适用于处理精密零件和复杂零件。

④ 能量消耗低，渗剂消耗少，对环境几乎无污染。

⑤ 渗氮前不需去钝处理。对于一些含 Cr 的钢，如不锈钢，表面有一层稳定致密的钝化膜可阻止氮原子的渗入。但离子渗氮的阴极溅射能有效地去除表面钝化膜，克服了气体渗氮不能处理这类钢的不足。

3) 钢的碳氮共渗(carbonitriding)

碳氮共渗是同时向工件表面渗入碳和氮的化学热处理工艺，也称为氰化处理。常用的碳氮共渗工艺有液体碳氮共渗和气体碳氮共渗。液体碳氮共渗的介质有毒，污染环境，劳动条件差，很少使用。气体碳氮共渗有中温和低温碳氮共渗，应用较为广泛。

(1) 中温气体碳氮共渗(mesothermal gas carbonitriding)。

与气体渗碳一样，碳氮共渗是将工件放入密封炉内，加热到共渗温度，向炉内滴入煤油，同时通入氨气。保温一段时间后，工件的表面就获得一定深度的共渗层。

中温气体碳氮共渗温度对渗层的碳/氮含量比和厚度的影响很大。温度愈高，渗层的碳/氮比愈高，渗层也愈厚；降低共渗温度，碳/氮比减小，渗层也变薄。

生产中常用的共渗温度一般在820～880℃范围内，保温1～2 h，共渗层厚0.2～0.5 mm。渗层的氮浓度在0.2%～0.3%，碳浓度在0.85%～1.0%范围。

中温碳氮共渗后可直接淬火，并低温回火。这是由于共渗温度低，晶粒较细，工件经淬火和回火后，共渗层的组织由细片状回火马氏体、适量的粒状碳渗氮物以及少量的残留奥氏体组成。

与渗碳相比，中温碳氮共渗具有以下优点：

① 渗入速度快、生产周期短、生产效率高。

② 加热温度低，工件变形小。

③ 在渗层表面碳质量分数相同的情况下，共渗层的硬度高于渗碳层，因而耐磨性更好。

④ 共渗层比渗碳层具有更高的压应力，因而有更高的疲劳强度，耐蚀性也比较好。

中温气体碳氮共渗主要应用于形状复杂、要求变形小的耐磨零件。

(2) 低温气体碳氮共渗(hypothermal gas carbonitriding)。

低温碳氮共渗以渗氮为主，又称为气体软渗氮，在普通气体渗氮设备中即可进行。软渗氮的温度在520～570℃之间，时间一般为1～6 h，常用介质为尿素。尿素在500℃上发生如下分解反应：

$$(NH_2)_2CO \rightarrow CO + 2H_2 + 2[N]$$

$$2CO \rightarrow CO_2 + 2[C]$$

由于处理温度比较低，在上述反应中，活性氮原子多于活性碳原子，加之碳在铁素体中的溶解度小，因此气体软渗氮是以渗氮为主。

软渗氮的特点是：

① 处理速度快，生产周期短。

② 处理温度低，零件变形小，处理前后零件精度没有显著变化。

③ 渗层具有一定韧性，不易发生剥落。

与气体渗氮相比，软氮化硬度比较低(一般为400～800 HV)，但能赋予零件表面耐磨、耐疲劳、抗咬合和抗擦伤等性能；缺点是渗层较薄，仅为0.01～0.02 mm。一般用于机床、汽车的小型轴类和齿轮等零件，也可用于工具、模具的最终热处理。

1.4.5 钢的热处理新技术

随着科学的进步和发展，不断有许多钢的热处理新技术、新工艺出现，这大大地提高了钢热处理后的质量和性能。

1. 可控气氛热处理和真空热处理

由于大多数的钢铁热处理是在空气中进行的，所以氧化与脱碳是热处理常见缺陷之一。它不但造成钢铁材料的大量损耗，也使得产品质量及使用寿命下降。据统计，在汽车制造业中，在氧化介质中热处理造成的烧损量占整个热处理零件重量的 7.5%。另外，热处理过程中产生的氧化皮也需要在后序的加工中清理掉，这既增加了工时，又浪费了材料。目前，防止氧化和脱碳的最有效方法是可控气氛热处理和真空热处理。

1) 可控气氛热处理(controlled atmosphere heat treatment)

向炉内通入一种或几种一定成分的气体，通过对这些气体成分的控制，使工件在热处理过程中不发生氧化和脱碳，这就是可控气氛热处理。

采用可控气氛热处理是当前热处理的发展方向之一，它可以防止工件在加热时的氧化和脱碳，实现光亮退火、光亮淬火等先进热处理工艺，节约钢材，提高产品质量。也可以通过调整气体成分，在光亮热处理的同时，实现渗碳和碳氮共渗。可控气氛热处理也便于实现热处理过程的机械化和自动化，大大提高劳动生产率。

通常的可控气氛是由 CO、H_2、N_2 及微量的 CO_2 和 H_2O 与 CH_4 等气体组成的，根据这些气体与钢及钢中的化合物的化学反应不同，可分为以下几类：

(1) 具有氧化与脱碳作用的气体，如氧、二氧化碳与水蒸气等。它们在高温下都会使工件表面产生强烈的氧化和脱碳，在气氛中应严格控制。

(2) 具有还原作用的气体，如氢和一氧化碳等。它们不但能保护工件在高温下不氧化，而且还能将已氧化的铁还原。另外，一氧化碳还具有弱渗碳的作用。

(3) 中性气体，如氮在高温下与工件既不发生氧化、脱碳，也不增碳。一般做保护气氛使用。

(4) 具有强烈渗碳作用的气体，如甲烷及其他碳氢化合物。甲烷在高温下能分解出大量的碳原子，渗入钢表面使之增碳。可控气氛往往是由多种气体混合而成的，适当调整混合气体的成分，可以控制气氛的性质，达到无氧化、无脱碳或渗碳的目的。

用于热处理可控气氛的种类很多，我国目前常用的可控气氛主要有以下四大类：

(1) 放热式气氛。用煤气或丙烷等与空气按一定比例混合后进行放热反应(燃烧反应)而制成，由于反应时放出大量的热，故称为放热式气氛。主要用于防止加热时的氧化，如低、中碳钢的光亮退火或光亮淬火等。

(2) 吸热式气氛。用煤气、天然气或丙烷等与空气按一定比例混合后，通入发生器进行吸热反应(外界加热)，故称为吸热式气氛，其碳势(碳势是指炉内气氛与奥氏体之间达到平衡时，钢表面的含碳量)可调节和控制，可用于防止工件的氧化和脱碳，或用于渗碳处理。它适用于各种碳质量分数的工件光亮退火、淬火，渗碳或碳氮共渗。

(3) 氨分解气氛。将氨气加热分解为氮和氢，一般用来代替价格较高的纯氢作为保护气氛。主要应用于含铬较高的合金钢(如不锈钢、耐热钢)的光亮退火、淬火和钎焊等。

(4) 滴注式气氛。用液体有机化合物(如甲醇、乙醇、丙酮和三乙醇氨等)混合滴入热处理炉内所得到的气氛称为滴注式气氛。它容易获得，只需要在原有的井式炉、箱式炉或连续炉上稍加改造即可使用。如滴注式可控气氛渗碳就是向井式渗碳炉中同时滴入两种有机液体，如甲醇和丙酮。前者分解后作为稀释气氛的载流体；丙酮分解后，形成渗碳能力很强的渗碳气体。调节两种液体的滴入比例，可以控制渗碳气氛的碳势。滴注式气氛主要应用于渗碳、碳氮共渗、软渗氮、保护气氛淬火和退火等。

2) 真空热处理(vacuum heat treatment)

金属和合金在真空热处理时会产生一些常规热处理技术所没有的作用，是一种能得到高的表面质量的热处理新技术，目前越来越受到重视。

(1) 真空热处理的效果。

① 真空的保护作用。真空加热时，由于氧的分压很低，氧化性、脱碳性气体极为稀薄，可以防止氧化和脱碳，当真空度达到 1.33×10^{-3}Pa 时，即可达到无氧化加热，同时真空热处理属于无污染的洁净热处理。

② 表面净化效果。金属表面在真空热处理时不仅可以防止氧化，而且还可以使已发生氧化的表面在真空加热时脱氧。因为在高真空中，氧的分压很低，加热可以加速金属氧化物分解，从而获得光亮的表面。

③ 脱脂作用。在机械加工时，工件不可避免地沾有油污，这些油污属于碳、氢和氧的化合物。在真空加热时，这些油污迅速分解为氢、水蒸气和二氧化碳，很容易蒸发而被排出炉外。所以在真空热处理中，即使工件有轻微的油污也会得到光亮的表面。

④ 脱气作用。在真空中长时间加热能使溶解在金属中的气体逸出，有利于提高钢的韧性。

⑤ 工件变形小。在真空中加热，升温速度慢，工件截面温差小，所以处理时变形小。

(2) 真空热处理的应用。

① 真空退火。利用真空无氧加热的效果，进行光亮退火，主要应用有冷拉钢丝的中间退火、不锈钢的退火以及有色合金的退火等。

② 真空淬火。真空淬火已广泛应用于各种钢的淬火处理，特别是在高合金工具钢和模具钢的淬火处理，保证了热处理工件的质量，大大提高了工件的性能。

③ 真空渗碳。工件在真空中加热并进行气体渗碳的工艺称为真空渗碳，也叫低压渗碳。是近年来发展起来的一项新工艺。与传统渗碳方法相比，真空渗碳温度高(1000℃)，可显著缩短渗碳时间，并减少渗碳气体的消耗；真空渗碳碳层均匀，渗层内碳浓度变化平缓，无反常组织及晶间氧化物产生，表面光洁。

2. 形变热处理

形变热处理是将形变与相变结合在一起的一种热处理新工艺，它能获得形变强化与相变强化的综合作用，是一种既可以提高强度，又可以改善塑性和韧性的最有效的方法。形变热处理中的形变方式很多，有锻、轧、挤压、拉拔等。

形变热处理中的相变类型也很多，有铁素体珠光体类型相变、贝氏体类型相变、马氏体类型相变及时效沉淀硬化型相变等。形变与相变的关系也是各式各样的，可以先形变后相变，也可以相变后再形变，或者是在相变过程中进行形变。目前最常用的有以下两种：

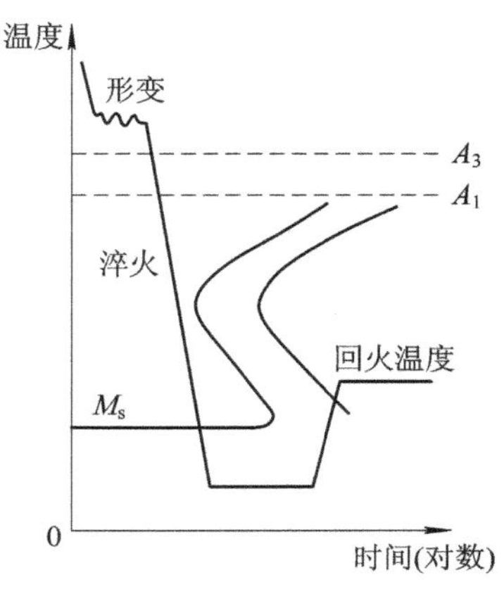

图 1-122　高温形变热处理工艺曲线示意图

1) 高温形变热处理(high temperature ausforming)

高温形变热处理是将钢加热到 Ac_3 以上(奥氏体区域)进行塑性变形，然后淬火和回火(图 1-122)，也可以立即在变形后空冷或控制冷却，得到铁素体、珠光体或贝氏体组织，这种工艺称为高温形变正火，也称为“控制轧制”。

这种工艺的关键是：在形变时，为了保留形变强化的效果，应尽可能避免发生再结晶软化，所以形变后应立即快速冷却。高温形变强化的原因是在形变过程中位错密度增加，奥氏体晶粒细化，马氏体细化，从而提高了强化效果。

高温形变热处理与普通热处理相比，不仅提高了钢的强度，同时也提高了塑性和韧性，使钢的综合力学性能得到明显的改善。高温形变热处理适用于各类钢材，可将锻造和轧制同热处理结合起来，减少加热次数，节约能源，同时，也能减少工件氧化、脱碳和变形，并且在设备上没有特殊要求，生产上容易实现。目前在连杆、曲轴、汽车板簧和热轧齿轮中的应用较多。

2) 中温形变热处理(intermediate temperature ausforming)

将钢加热到 Ac_3 以上，迅速冷却到珠光体和贝氏体形成温度之间，对过冷奥氏体进行一定量的塑性变形，然后淬火回火，这种处理方法称为中温形变热处理(图 1-123)。中温形变热处理要求钢要有较高的淬透性，以便在形变时不产生非马氏体组织。所以它适用于过冷奥氏体等温转变图上具有两个 C 曲线，即在 550～650℃范围内存在过冷奥氏体亚稳定区的合金钢。

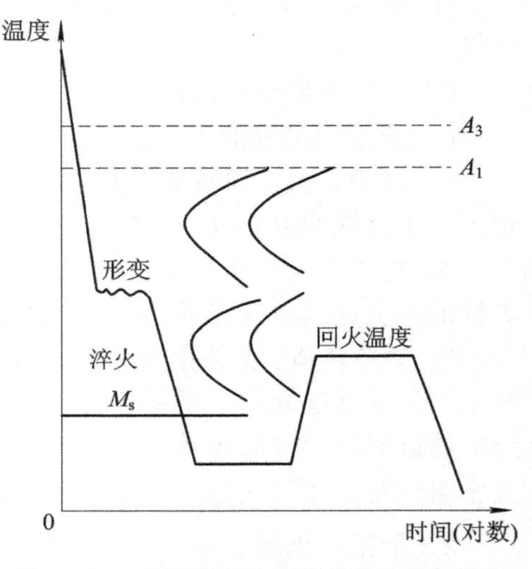

图 1-123　中温形变热处理工艺曲线示意图

中温形变热处理的强化效果非常显著，而且塑性和韧性不降低，甚至略有升高。因为在形变时，不仅马氏体组织细化，还增加了马氏体中的位错密度，同时，细小的碳化物在钢中弥散分布也起到了强化的作用。

中温形变热处理的形变温度较低，要求形变速度要快，加工设备功率大。因此，尽管中温形变热处理的强化效果好，但因工艺实施困难使其应用受到限制，目前主要用于强度要求极高的零件，如飞机起落架、高速钢刃具、弹簧钢丝、轴承等。

3．表面热处理新技术

1) 激光热处理(laser heat treatment)

激光是一种具有极高能量密度、极高亮度、单色性和方向性的强光源。随着激光技术的发展，以及大功率激光器在生产中的应用，激光热处理工艺的应用也越来越广泛。

(1) 激光加热表面淬火。激光束可以在极短的时间(1/100～1/1000 s)内将工件表面加热到相变温度，然后依靠工件本身的传热实现快速冷却淬火。其特点是：

① 加热时间短，相变温度高，形核率高，淬火得到隐晶马氏体组织，因而表面硬度高，耐磨性好。

② 加热速度快，表面氧化与脱碳极少，同时靠自冷淬火，不用冷却介质，工件表面清洁，无污染。

③ 工件变形小。特别适于形状复杂的零件(拐角、沟槽、盲孔)的局部热处理。

(2) 激光表面合金化。在工件表面涂覆一层合金元素或化合物，再用激光束进行扫描，使涂覆层材料和基体材料的浅表层一起熔化、凝固，形成一超细晶粒的合金化层，从而使工件表面具有优良的力学性能或其他一些特殊要求的性能。

2) 气相沉积技术(vapour deposition process)

气相沉积技术是利用气相中发生的物理、化学反应的生成物在工件表面形成一层具有特殊性能的金属或化合物涂层。气相沉积技术分为两大类，一类是化学气相沉积(简称CVD法)；另一类是物理气相沉积(简称PVD法)。近年来由于气相沉积技术的发展，将等离子技术引入化学气相沉积，出现了等离子体化学气相沉积(简称PVCD法)。

化学气相沉积是利用气态物质在固态工件表面进行化学反应，生成固态沉积物的过程。气相沉积通常是在工件表面上涂覆一层过渡族元素(如钛、铌、钒、铬等)的碳、氮、氧、硼化合物。常用的碳化钛或渗氮钛的沉积方法就是向加热到 900～1100℃的反应室内通入 $TiCl_4$、H_2、N_2、CH_4 等反应气体，经数小时沉积后，在工件表面形成几微米厚的碳化钛或渗氮钛。化学气相沉积的速度较快，而且涂层均匀，但由于沉积温度高，工件变形大，只能用于少数几种能承受高温的材料如硬质合金。

物理气相沉积通过蒸发、电离或溅射等物理过程产生金属粒子，在与反应气体反应生成化合物厚后，沉积在工件的表面形成涂层。物理气相沉积温度低(<500℃)，可以在刃具、模具的表面沉积一层硬质膜，提高它们的使用寿命。

等离子体化学气相沉积技术在化学气相沉积技术基础上，将等离子体引入反应室内，使沉积温度从化学气相沉积的1000℃降到了600℃以下，因此扩大了其应用范围。

气相沉积方法的优点是涂覆层附着力强、均匀、质量好、无污染等。涂覆层具有良好的耐磨性、耐蚀性等，涂覆后的零件寿命可提高 2～10 倍以上。气相沉积技术还能制备各种润滑膜、磁性膜、光学膜以及其他功能膜，因此在机械制造、航空航天、原子能等部门得到了广泛的应用。

思考题与习题

1-1 反映材料受冲击载荷的性能指标是什么？不同条件下测得的这种指标能否进行比较？怎样应用这种性能指标？

1-2 何谓过冷度?为什么结晶需要过冷度？它对结晶后的晶粒大小有何影响?

1-3 实际晶体中的晶体缺陷有哪几种类型？它们对晶体的性能有何影响?

1-4 二元匀晶相图、共晶相图与合金的机械性能、物理性能和工艺性能存在什么关系?

1-5 简述 $Fe\text{-}Fe_3C$ 相图中的三个基本反应：包晶反应、共晶反应及共析反应，写出反应式，并注明碳质量分数和温度。

1-6 画出 $Fe\text{-}Fe_3C$ 相图，并进行以下分析：

(1) 标注出相图中各区域的组织组成物和相组成物；

(2) 分析碳质量分数为 0.4% 亚共析钢的结晶过程及其在室温下组织组成物与相组成物的相对量；碳质量分数为 1.2%的过共析钢的结晶过程及其在室温下组织组成物与相组成物的相对量。

1-7　根据 $Fe-Fe_3C$ 相图，计算：

(1) 室温下，碳质量分数为 0.6%的钢中铁素体和珠光体含量。

(2) 室温下，碳质量分数为 0.2%的钢中珠光体和二次渗碳体含量。

(3) 铁碳合金中，二次渗碳体和三次渗碳体的最大百分含量。

1-8　现有形状尺寸完全相同的四块平衡状态的铁碳合金，它们的碳质量分数分别为 0.20%、0.4%、1.2%和 3.5%。根据所学知识，可用哪些方法来区别它们?

1-9　根据 $Fe-Fe_3C$ 相图，说明下列现象产生的原因：

(1) 碳质量分数为 1.0%的钢比碳质量分数为 0.5%的钢硬度高。

(2) 碳质量分数为 0.77%的钢比碳质量分数为 1.2%的钢强度高。

(3) 钢可进行压力加工(如锻造、轧制、挤压、拔丝等)成型，而铸铁只能铸造成型，而且铸铁的铸造性能比钢好。

1-10　钢中常存的杂质元素有哪些? 对钢的性能有何影响?

1-11　何谓过冷奥氏体? 如何测定钢的奥氏体等温转变图? 奥氏体等温转变有何特点?

1-12　共析钢奥氏体等温转变产物的形成条件、组织形态及性能各有何特点?

1-13　影响奥氏体等温转变图的主要因素有哪些? 比较亚共析钢、共析钢、过共析钢的奥氏体等温转变图。

1-14　比较共析碳钢过冷奥氏体连续冷却转变图与等温转变图的异同点。如何参照奥氏体等温转变图定性地估计连续冷却转变过程及所得产物?

1-15　钢获得马氏体组织的条件是什么? 钢的碳质量分数如何影响钢获得马氏体组织的难易程度?

1-16　生产中常用的退火方法有哪几种? 下列钢件各选用何种退火方法? 它们退火加热的温度各为多少? 并指出退火的目的及退火后的组织。

(1) 经冷轧后的 15 钢钢板，要求保持高硬度;

(2) 经冷轧后的 15 钢钢板，要求降低硬度;

(3) ZG270-500(原 ZG35)的铸造齿轮毛坯;

(4) 锻造过热的 60 钢锻坯;

(5) 具有片状渗碳体的 T12 钢坯。

第 2 章 金 属 材 料

金属材料(metal material)是目前应用最广泛的工程材料，尤其是钢铁材料、有色金属及其合金中的铝及铝合金、铜及铜合金和轴承合金等。

2.1 工 业 用 钢

工业用钢按化学成分可分为碳素钢和合金钢两大类。碳素钢(简称碳钢)除含铁、碳元素之外，还含有少量的锰、硅、硫、磷等杂质元素。由于碳钢具有较好的力学性能和工艺性能，并且产量大，价格较低，已成为工程上应用最广泛的金属材料。合金钢是在碳钢的基础上，特意加入某些合金元素而得到的钢种以改善和提高钢的性能或使之获得某些特殊性能。由于合金钢具有比碳钢更优良的特性，因而合金钢的用量正在逐年增大。

2.1.1 钢的分类与牌号

1. 钢的分类

钢的分类方法很多，除最常用的按照图 2-1 所示的按钢的化学成分、用途、质量或热处理金相组织等进行分类外，还可以按钢的冶炼方法将其分为平炉钢、转炉钢、电炉钢；按钢的脱氧程度将其分为沸腾钢、镇静钢、半镇静钢。

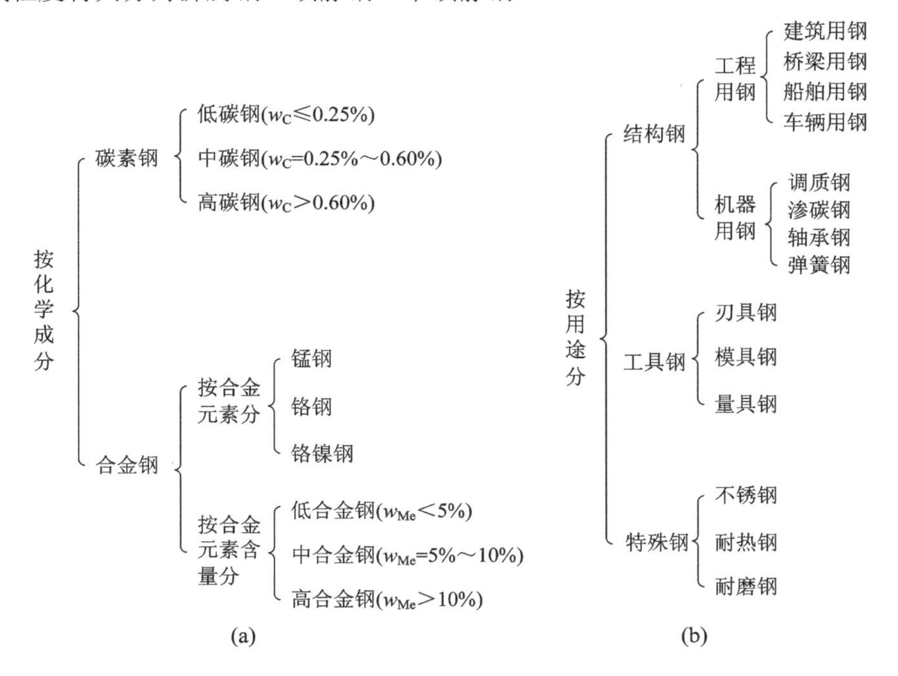

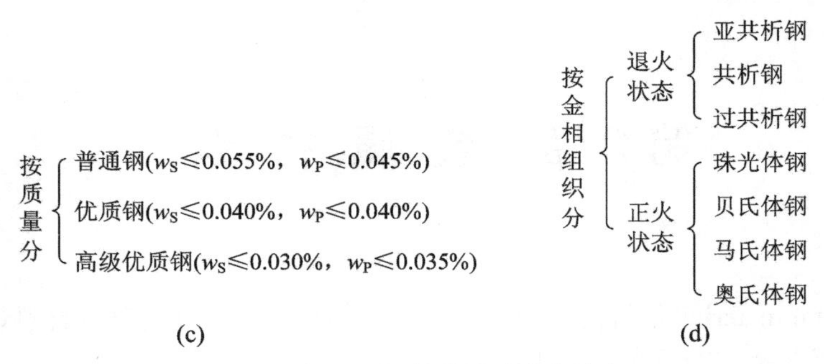

图 2-1 钢的常用分类方法

(a) 按化学成分分；(b) 按用途分；(c) 按质量分；(d) 按金相组织分

2. 钢的牌号

我国钢材是按碳质量分数、合金元素的种类和数量以及质量级别来编号的。依据国家标准规定，钢号中的化学元素采用国际化学元素符号表示，如 Si、Mn、Cr(稀土元素用“RE”表示)。产品名称、用途、冶炼和浇注方法等则采用汉语拼音字母表示。表 2-1 是部分钢的名称、用途、冶炼方法及浇注方法用汉字或汉语拼音字母表示的代号。

表 2-1 部分钢的名称、用途、冶炼方法及浇注方法代号

名 称	牌号表示		名 称	牌号表示	
	汉 字	汉语拼音字母		汉 字	汉语拼音字母
平炉	平	P	高温合金	高温	GH
酸性转炉	酸	S	磁钢	磁	C
碱性侧吹转炉	碱	J	容器用钢	容	R
顶吹转炉	顶	D	船用钢	船	C
氧气转炉	氧	Y	矿用钢	矿	K
沸腾钢	沸	F	桥梁钢	桥	q
半镇静钢	半	B	锅炉钢	锅	g
碳素工具钢	碳	T	钢轨钢	轨	U
滚动轴承钢	滚	G	焊条用钢	焊	H
高级优质钢	高	A	电工用纯铁	电铁	DT
易切钢	易	Y	铆螺钢	铆螺	ML
铸钢	—	ZG			

(1) 普通碳素结构钢。这类钢的钢号是用代表屈服强度的字母 Q、屈服强度值、质量等级符号(A、B、C、D)以及脱氧方法符号(F、b、Z、TZ)等四部分按顺序组成的。如 Q235—A、F，表示屈服强度为 235 MPa 的 A 级沸腾钢。质量等级符号反映碳素结构钢中硫、磷含量的多少(A、B、C、D 质量依次降低)。

(2) 优质碳素结构钢。这类钢的钢号是用钢中平均碳质量分数的两位数字表示的，单位为万分之一。如钢号 45，表示平均碳质量分数为 0.45%的钢。

对于碳质量分数大于 0.6%，锰的质量分数在 0.9%～1.2%的钢；碳质量分数小于 0.6%，锰的质量分数为 0.7%～1.0%的钢，数字后面附加化学元素符号“Mn”。如钢号 25Mn，表示平均碳质量分数为 0.25%、锰的质量分数为 0.7%～1.0%的钢。

沸腾钢、半镇静钢以及专门用途的优质碳素结构钢，应在钢号后特别标出，如 15 g 即为平均碳质量分数为 0.15%的锅炉用钢。

(3) 碳素工具钢。碳素工具钢是在钢号前加“T”表示的，其后跟以表示钢中平均碳质量分数的千分之几的数字。如平均碳质量分数为 0.8%的碳素工具钢记为“T8”。高级优质钢则在钢号末端加“A”，如“T10A”。

(4) 合金结构钢。该类钢的钢号由“数字＋元素＋数字”组成。前两位数字表示钢中平均碳质量分数的万分之几；合金元素用化学元素符号表示，元素符号后面的数字表示该元素平均质量分数。当其平均质量分数<1.5%时，一般只标出元素符号而不标数字，当其质量分数≥1.5%、≥2.5%、≥3.5%……时，则在元素符号后相应地标出 2、3、4……虽然这类钢中的钒、钛、铝、硼、稀土(Re)等合金元素质量分数很低，但仍应在钢中标出元素符号。

(5) 合金工具钢。该类钢编号前用一位数字表示平均碳质量分数的千分数，如 9CrSi 钢，表示平均碳质量分数为 0.9%(当平均碳质量分数≥1%时，不标出其碳质量分数)，合金元素 Cr、Si 的平均质量分数都小于 1.5%的合金工具钢；Cr12MoV 钢表示平均碳质量分数＞1%，铬的质量分数约为 12%，钼、钒质量分数都小于 1.5%的合金工具钢。

高速钢的钢号中一般不标出碳质量分数，仅标出合金元素的平均质量分数的百分数，如 W6Mo5Cr4V2。

(6) 滚动轴承钢。高碳铬轴承钢属于专用钢，该类钢在钢号前冠以“G”，其后为 Cr＋数字来表示，数字表示铬质量分数的千分之几。例如 GCr15 钢，表示铬的平均质量分数为 1.5%的滚动轴承钢。

(7) 特殊性能钢。特殊性能钢的碳质量分数也以千分之几表示。如“9Cr18”表示该钢平均碳质量分数为 0.9%。但当钢的碳质量分数≤0.03%及≤0.08%时，钢号前应分别冠以 00 及 0 表示。如 00Cr18Ni10、0Cr19Ni9 等。

(8) 铸钢。铸钢的牌号由字母“Z”后面加两组数字组成，第一组数字代表屈服强度值，第二组数字代表抗拉强度值。例如 ZG270-500 表示屈服强度为 270 MPa、抗拉强度为 500 MPa 的铸钢。

2.1.2 钢中的合金元素与杂质

1. 合金元素在钢中的作用

合金元素在钢中的作用是极为复杂的。下面简要叙述合金元素在钢中的几个最基本的作用。

1) 合金元素对钢中基本相的影响

铁素体和渗碳体是碳钢中的两个基本相，将合金元素加入钢中时，可以溶于铁素体内，也可以溶于渗碳体内。与碳亲和力弱的非碳化物形成元素，如镍、硅、铝、钴等，主要溶于铁素体中形成合金铁素体。而与碳亲和力强的碳化物形成元素，如锰、铬、钼、钨、钒、铌、锆、钛等，则可以与碳结合形成合金渗碳体或碳化物。

(1) 强化铁素体。大多数合金元素都能溶于铁素体，由于其与铁的晶格类型和原子半径有差异，必然引起铁素体晶格畸变，产生固溶强化作用，使其强度、硬度升高，塑性和韧性下降。图 2-2 和图 2-3 所示为几种合金元素含量对铁素体硬度和韧性的影响。由图可见，锰、硅能显著提高铁素体的硬度，但当 $w_{Mn}>1.5\%$、$w_{Si}>0.6\%$时，将显著地降低其韧性。只有铬和镍比较特殊，在适当的含量范围内($w_{Cr}\leqslant 2\%$、$w_{Ni}\leqslant 5\%$)，不但能提高铁素体的硬度，而且还能提高其韧性。

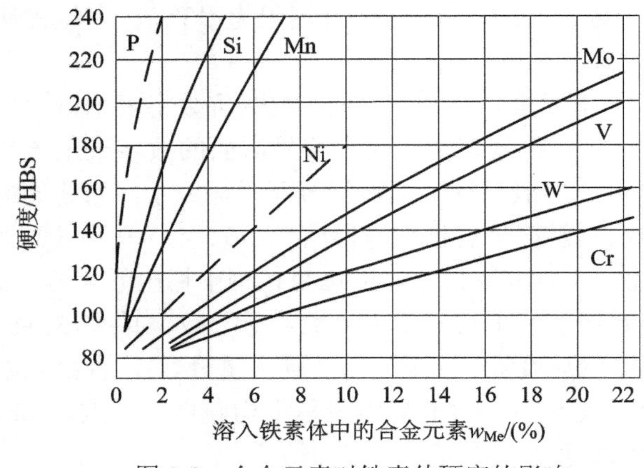

图 2-2　合金元素对铁素体硬度的影响

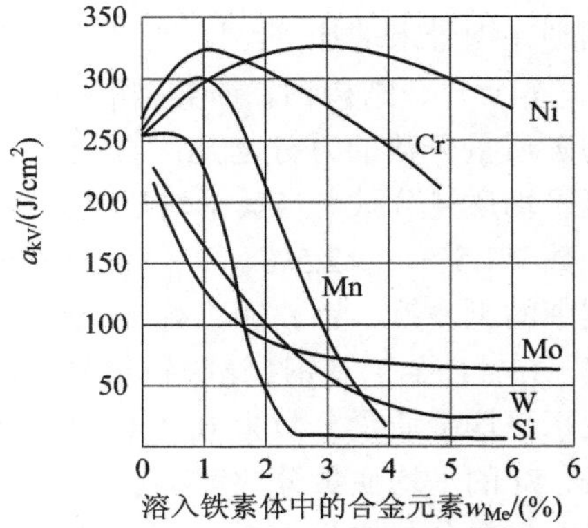

图 2-3　合金元素对铁素体冲击韧性的影响

(2) 形成合金碳化物。碳化物是钢中的重要组成相之一，碳化物的类型、数量、大小、形状及分布对钢的性能有很重要的影响。碳钢在平衡状态下，按碳质量分数的不同，可分为亚共析钢、共析钢、过共析钢。通过热处理又可改变珠光体中 Fe_3C 片的大小，从而获得珠光体、索氏体、屈氏体等。在合金钢中，碳化物的状况显得更重要。作为碳化物形成元素，在元素周期表中都是位于铁以左的过渡族金属，越靠左，d 层电子数越少，形成碳化物的倾向越强。

合金元素按其与钢中碳的亲和力的大小可分为非碳化物形成元素和碳化物形成元素两大类。常见的非碳化物形成元素有：镍、钴、铜、硅、铝、氮、硼等；常见的碳化物形成元素按照与碳的亲和力由弱到强的排列是：铁、锰、铬、钼、钨、钒、铌、锆、钛等。钢中形成的合金碳化物主要有以下两类：

① 合金渗碳体。弱或中强碳化物形成元素，由于其与碳的亲合力比铁强，通过置换渗碳体中的铁原子溶于渗碳体中，从而形成合金渗碳体，如$(FeMn)_3C$、$(FeCr)_3C$ 等。合金渗碳体与 Fe_3C 的晶体结构相同，但比 Fe_3C 略稳定，硬度也略高，是一般低合金钢中碳化物的主要存在形式。这种碳化物的熔点较低、硬度较低、稳定性较差。

② 特殊碳化物。中强或强碳化物形成元素与碳形成的化合物，其晶格类型与渗碳体完全不同。根据碳原子半径 r_C 与金属原子半径 r_M 的比值，可将碳化物分成两种类：

当 $r_C/r_M>0.59$ 时，形成具有简单晶格的间隙化合物，如 $Cr_{23}C_6$、Fe_3W_3C、Cr_7C_3 等。

当 $r_C/r_M<0.59$ 时，形成具有复杂晶格的间隙相，或称之为特殊碳化物，如 WC、VC、TiC、Mo_2C 等。与间隙化合物相比，它们的熔点、硬度与耐磨性高，也更稳定，不易分解。其中，中强碳化物形成元素如铬、钼、钨，既能形成合金渗碳体(如$(FeCr)_3C$ 等)，又能形成各自的特殊碳化物(如 Cr_7C_3、$Cr_{23}C_6$、MoC、WC)等。这些碳化物的熔点、硬度、耐磨性以及稳定性都比较高。

钒、铌、锆、钛是强碳化物形成元素，它们在钢中优先形成特殊碳化物，如 VC、NbC、TiC 等。它们的稳定性、耐磨性很强，熔点、硬度都很高。

2) 合金元素对热处理和力学性能的影响

合金钢一般都经过热处理后使用，主要是通过热处理改变钢的组织来显示合金元素的作用。

(1) 改变奥氏体区域。扩大奥氏体区域的元素有镍、锰、碳、氮等，这些元素使 A_1 和 A_3 温度降低，使 *s* 点、*e* 点向左下方移动，从而使奥氏体区域扩大。图 2-4 表示锰对奥氏体区域位置的影响。

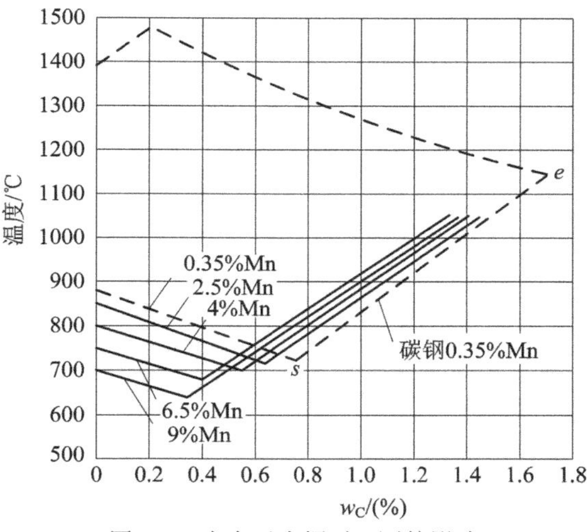

图 2-4 合金元素锰对 γ 区的影响

$w_{Mn}>13\%$ 或 $w_{Ni}>9\%$ 的钢，其 *s* 点就能降到零点以下，在常温下仍能保持奥氏体状态，成为奥氏体钢。由于 A_1 和 A_3 温度的降低，就直接地影响热处理加热的温度，所以锰钢、镍钢的淬火温度低于碳钢。又由于 *s* 点的左移，使共析成分降低，与同样碳质量分数的亚共析碳钢相比，组织中的珠光体数量增加，而使钢得到强化。由于 *e* 点的左移，又会使发生共晶转变的碳质量分数降低，在碳质量分数较低时，使钢具有莱氏体组织。如在高速钢中，虽然碳质量分数只有 0.7%～0.8%，但是由于 *e* 点左移，在铸态下会得到莱氏体组织，成为莱氏体钢。

缩小奥氏体区域的元素有铬、钼、硅、钨等，使 A_1 和 A_3 温度升高，使 *s* 点和 *e* 点均向左上方移动，从而使奥氏体的淬火温度也相应地提高了。图 2-5 是铬对奥氏体区域位置的影响。当 $w_{Cr}>13\%$(碳质量分数趋于零)时，奥氏体区域消失，在室温下得到单相铁素体，称为铁素体钢。

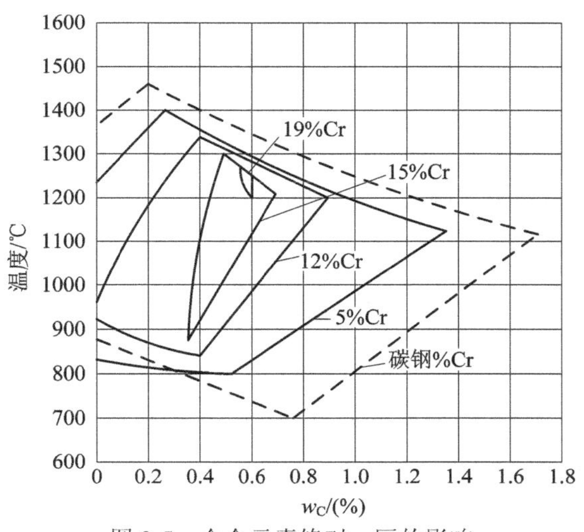

图 2-5 合金元素铬对 γ 区的影响

(2) 对奥氏体化的影响。大多数合金元素(除镍、钴外)可以减缓奥氏体化过程。合金钢在加热时，奥氏体化的过程基本上与碳钢相同，即包括奥氏体的形核与长大、碳化物的溶解以及奥氏体均匀化这三个阶段，它是扩散型相变。钢中加入碳化物形成元素后，使这一转变减慢。一般合金钢，特别是含有强碳化物形成元素的钢，为了得到较均匀的，含有足够数量的合金元素的奥氏体，充分发挥合金元素的有益作用，就需要更高的加热温度与较长的保温时间。

(3) 细化晶粒。几乎所有的合金元素(除锰外)都能阻碍钢在加热时奥氏体晶粒长大，但影响程度不同。碳化物形成元素(如钒、钛、铌、铬等)容易形成稳定的碳化物，铝会形成稳定的化合物 AlN、Al_2O_3，它们都以弥散质点的形式分布在奥氏体晶界上，对奥氏体晶粒长大起机械阻碍作用。因此，除锰钢外，合金钢在加热时不易过热。这样有利于在淬火后获得细马氏体，有利于适当提高加热温度，使奥氏体中溶入更多的合金元素，以增加淬透性及钢的机械性能，同时也可减少了淬火时变形与开裂的倾向。对渗碳零件，使用合金钢渗碳后，可采用直接淬火，以提高生产率。因此，合金钢不易过热是它的一个重要优点。

(4) 对 C 曲线和淬透性的影响。大多数合金元素(除钴外)溶入奥氏体后，都能够降低原子扩散速度，增加过冷奥体的稳定性，使曲线位置向右下方移动(图 2-6)，临界冷却速度减小，从而提高了钢的淬透性。通常对于合金钢就可以采用冷却能力较低的淬火剂淬火，即采用油淬火，以减少零件的淬火变形和开裂倾向。

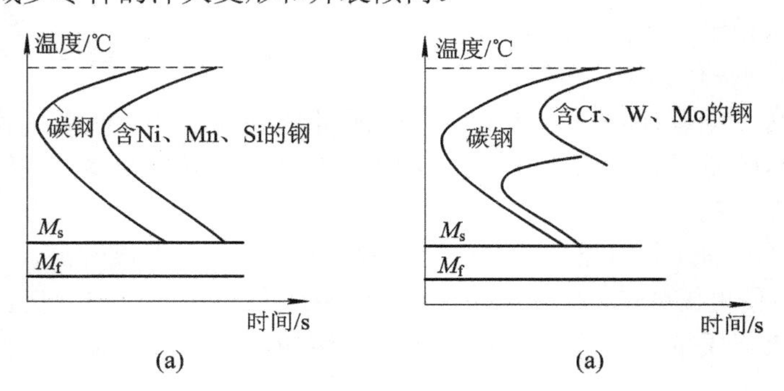

图 2-6 合金元素对 C 曲线的影响

(a) 非碳化物形成元素；(b) 碳化物形成元素

合金元素不但使 C 曲线位置右移，而且对 C 曲线的形状也有影响。非碳化物形成元素和弱碳化物形成元素，如镍、锰、硅等，仅使 C 曲线右移，见图 2-6(a)。而对于中强和强碳化物形成元素，如铬、钨、钼、钒等，溶于奥氏体后，不仅使 C 曲线右移，提高了钢的淬透性，也改变了 C 曲线的形状，将珠光体转变与贝氏体转变明显地分为两个独立的区域，见图 2-6(b)。

合金元素对钢的淬透性的影响由强到弱的次序为：钼、锰、钨、铬、镍、硅、钒。能显著提高钢淬透性的元素有钼、锰、铬、镍等，微量的硼($w_B<0.005\%$)也可显著提高钢的淬透性。多种元素同时加入要比各元素单独加入更为有效，所以淬透性好的钢多采用“多元少量”的合金化原则。

(5) 提高回火稳定性。淬火钢在回火时抵抗强度和硬度下降(软化)的能力称为回火稳定性。回火是靠固态下的原子扩散完成的，由于合金元素溶入马氏体，使原子扩散速度减慢，因而在回火过程中，马氏体不易分解，碳化物也不易析出聚集长大，因而提高了钢的回火稳定性。高的回火稳定性可以使钢在较高温度下仍能保持高的硬度和耐磨性。由于合金钢的回火稳定性比碳钢高，若要求得到同样的回火硬度时，则合金钢的回火温度应比碳钢高，回火时间也应延长，因而内应力消除得好，钢的韧性和塑性指标就高。而当回火温度相同时，合金钢的强度、硬度就比碳钢高。钢在高温(>500℃)下保持高硬度(≥60 HRC)的能力叫热硬性(也叫热硬性)。这种性能对切削工具钢具有重要意义。

碳化物形成元素如铬、钨、钼、钒等，在回火过程中有二次硬化作用，即回火时会出现硬度回升的现象。二次硬化实际上是一种弥散强化。二次硬化现象对需要较高热硬性的工具钢来说具有重要意义。

2. 杂质元素对钢性能的影响

钢中除铁与碳两种元素外，还含有少量的锰、硅、硫、磷、氧、氮、氢等非特意加入的杂质元素。它们对钢的性能也有一定的影响。

1) 锰

锰是炼钢时用锰铁脱氧而残留在钢中的。锰的脱氧能力较好，能清除钢中的 FeO，降低钢的脆性。锰与硫化合成 MnS，可以减轻硫的有害作用，改善钢的热加工性能。锰大部分溶于铁素体中，形成置换固溶体，发生强化作用。锰对钢的性能有良好的影响，是一种有益的元素。

2) 硅

硅是炼钢时用硅铁脱氧而残留在钢中的。硅的脱氧能力比锰强，能有效地消除钢中的 FeO，改善钢的品质。钢中大部分的硅溶于铁素体中，使钢的强度有所提高。

3) 硫

硫是在炼钢时由矿石和燃料带来的。在钢中一般是有害杂质，硫在 α-Fe 中溶解度极小，以 FeS 的形式存在。FeS 与 Fe 形成低熔点共晶体(FeS+Fe)，熔点为 985℃，低于钢材热加工的开始温度(1150～1250℃)。因此在热加工时，分布在晶界上的共晶体处于熔化状态而导致钢的开裂，这种现象称为热脆。因为 Mn 与 S 能形成熔点高的 MnS(熔点为 1620℃)，所以增加钢中锰的含量，可消除硫的有害作用。硫化锰在铸态下呈点状分布于钢中，高温时塑性好，热轧时易被拉成长条，使钢产生纤维组织。钢中硫的含量必须严格控制。

2.1.3　结构钢

结构钢包括工程用钢和机器用钢两大类。工程用钢主要用于各种工程结构，它们大都是用普通碳素钢和普通低合金钢制造的。这类钢具有冶炼简便、成本低、用量大的特点，使用时一般不进行热处理。而机器用钢一般都经过热处理后使用，主要用于制造机器零件，它们大都是用优质碳素钢和合金结构钢制造的。

1. 普通结构钢(general structural steel)

1) 普通碳素结构钢

(1) 用途。适用于一般工程用热轧钢板、钢带、型钢、棒钢等，可供焊接、铆接、栓接构件使用。

(2) 成分特点和钢种。普通碳素结构钢平均碳质量分数为 0.06%～0.38%，并含有较多的有害杂质和非金属夹杂物，但能满足一般工程结构及普通零件的性能要求，因而应用较广。表 2-2 所示为普通碳素结构钢的牌号、化学成分与力学性能及用途。

表 2-2　普通碳素结构钢的牌号、主要成分、力学性能及用途

牌号	等级	化学成分/(%)			力学性能			用途
		w_C/(%)	w_S/(%)<	w_P/(%)<	σ_s/MPa	σ_b/MPa	δ_5/(%)≥	
Q195	—	0.06～0.12	0.050	0.045	195	315～390	33	塑性好，有一定的强度，用于制造受力不大的零件，如螺钉、螺母、垫圈等，焊接件、冲压件及桥梁建设等金属结构件
Q215	A	0.09～0.15	0.050	0.045	215	335～410	31	
	B		0.045					
Q235	A	0.14～0.22	0.050	0.045	235	375～460	26	
	B	0.12～0.20	0.045					
	C	≤0.18	0.040	0.040				
	D	≤0.17	0.035	0.035				
Q255	A	0.18～0.28	0.050	0.045	255	410～510	24	强度较高，用于制造承受中等载荷的零件，如小轴、销子、连杆等
	B		0.045					
Q275	—	0.28～0.38	0.050	0.045	275	490～610	20	

碳素结构钢一般以热轧空冷状态供应。Q195 与 Q275 牌号的钢是不分质量等级的，出厂时同时保证力学性能和化学成分。

Q195 钢碳质量分数很低、塑性好，常用作铁钉、铁丝及各种薄板等。Q275 钢居中碳钢，强度较高，能代替 30 钢、40 钢制造较重要的零件。当 Q215、Q235、Q255 等钢的质量等级为 A 时，出厂时其力学性能及硅、磷、硫等成分均可保证，而其他成分不作保证。若为其他等级时，其力学性能及化学成分均保证。

2. 普通低合金结构钢

(1) 用途。低合金结构钢有高的屈服强度、良好的塑性、焊接性能及较好的耐蚀性。可满足工程上各种结构的承载大、自重轻的要求，如建筑结构、桥梁、车辆等。

(2) 成分特点和钢种。低合金结构钢是在碳素结构钢的基础上加入少量(不大于 3%)合金元素而制成，产品同时保证力学性能与化学成分。它的碳质量分数(0.1%～0.2%)较低，以少量锰(0.8%～1.8%)为主加元素，含硅量较碳素结构钢为高，并辅加某些其他(钛、钒、稀土等)合金元素。

(3) 热处理特点。低合金结构钢多在热轧、正火状态下使用，组织为铁素体＋珠光体。也有淬火成低碳马氏体或热轧空冷后获得贝氏体组织状态下使用。

(4) 钢种和牌号。常用普通低合金钢的牌号、主要成分、力学性能及用途见表 2-3。

表 2-3 常用普通低合金结构钢的成分、性能及用途

牌号	钢材厚度和直径/mm	力学性能			使用状态	用途
		σ_b/MPa	σ_s /MPa≥	δ_5 /(%)≥		
09MnV	≤16	430～580	295	23	热轧或正火	车辆部门的冲压件、建筑金属构件、冷弯型钢
	>16～25		275	22		
09Mn2	≤16	440～590	295	22	热轧或正火	低压锅炉、中低压化工容器、输油管道、储油罐等
	>16～30	420～570	275	22		
16Mn	≤16	510～660	345	21	热轧或正火	各种大型钢结构、桥梁、船舶、锅炉、压力容器、电站设备等
	>16～25	490～640	325	18		
15MnV	≤4～16	530～680	390	18	热轧或正火	中高压锅炉、中高压石油化工容器、车辆等焊接构件
	>16～25	510～660	375	20		
16MnNb	≤16	530～680	390	19	热轧	大型焊接结构，如容器、管道及重型机械设备、桥梁等
	>16～20	510～660	375	19		
14MnVTiRE	≤12	550～700	440	19	热轧或正火	大型船舶、桥梁、高压容器、重型机械设备等焊接结构件
	>12～20	530～680	410	19		

16Mn 是这类钢的典型钢号，它生产最早，用得最多，产量最大，各种性能匹配较好，屈服强度达 350 MPa，它比 Q235 钢的屈服强度高 20%～30%，故应用最广。

3. 优质结构钢(high-quality structural steel)

优质结构钢是主要用于制造各种机器零件，如轴类、齿轮、弹簧和轴承等的钢种，也称机器制造用钢。这类钢根据化学成分分为优质碳素结构钢与合金结构钢。

1) 优质碳素结构钢

(1) 用途。优质碳素结构钢主要用来制造各种机器零件。

(2) 成分特点。优质碳素结构钢中磷、硫含量均小于 0.035%，非金属夹杂物也较少。根据含锰量不同，分为普通含锰量(0.25%～0.8%)及较高含锰量(0.7%～1.2%)。这类钢的纯度和均匀度较好，因而其综合力学性能比普通碳素结构钢优良。

(3) 钢种和牌号。常用优质碳素结构钢的牌号、化学成分和力学性能及用途见表 2-4。08F 塑性好，可制造冷冲压零件。10、20 冷冲压性能与焊接性能良好，可作冲压件及焊接件，经过适当热处理(如渗碳)后也可制作轴、销等零件。35、40、45、50 经热处理后，可获得良好的综合力学性能，可用来制造齿轮、轴类、套筒等零件。60、65 主要用来制造弹簧。优质碳素结构钢使用前一般都要进行热处理。

表 2-4 常用优质碳素结构钢的牌号、主要成分、力学性能及用途

牌号	主要成分			力学性能			用途
	w_C/(%)	w_{Si}/(%)	w_{Mn}/(%)	σ_b/MPa	σ_s/MPa	δ_5/(%)	
				不小于			
08F	0.05～0.11	≤0.03	0.25～0.50	295	175	35	受力不大但要求高韧性的冲压件、焊接件、紧固件等，渗碳淬火后可制造要求强度不高的耐磨零件，如凸轮、滑块、活塞销等
08	0.05～0.12	0.17～0.37	0.35～0.65	325	195	33	
10	0.07～0.14	0.17～0.37	0.35～0.65	335	205	31	
15	0.12～0.19	0.17～0.37	0.35～0.65	375	225	27	
20	0.17～0.24	0.17～0.37	0.35～0.65	410	245	25	
30	0.27～0.35	0.17～0.37	0.50～0.80	490	295	21	负荷较大的零件，如连杆、曲轴、主轴、活塞销、表面淬火齿轮、凸轮等
35	0.32～0.40	0.17～0.37	0.50～0.80	530	315	20	
40	0.37～0.45	0.17～0.37	0.50～0.80	570	335	19	
45	0.42～0.50	0.17～0.37	0.50～0.80	600	355	16	
50	0.47～0.55	0.17～0.37	0.50～0.80	630	375	14	
55	0.52～0.60	0.17～0.37	0.50～0.80	645	380	13	
65	0.62～0.70	0.17～0.37	0.50～0.80	695	410	10	要求弹性极限或强度较高的零件，如轧辊、弹簧、钢丝绳、偏心轮等
65Mn	0.62～0.70	0.17～0.37	0.90～1.20	735	430	9	
70	0.67～0.75	0.17～0.37	0.50～0.80	715	420	9	
75	0.72～0.80	0.17～0.37	0.50～0.80	1080	880	7	

2) 合金结构钢

合金结构钢是机械制造、交通运输、石油化工及工程机械等方面应用最广、用量最大的一类合金钢。合金结构钢常在优质碳素结构钢的基础上加入一些合金元素而形成。合金元素加入量不大，属于中、低合金钢。

(1) 渗碳钢。

① 用途。渗碳钢主要用于制造汽车、拖拉机中的变速齿轮，内燃机上的凸轮轴、活塞销等机器零件。工作中它们遭受强烈的摩擦和磨损，同时承受较高的交变载荷，特别是冲击载荷。所以这类钢经渗碳处理后，应具有表面耐磨和心部抗冲击的特点。

② 性能要求。根据使用特点，渗碳钢应具有以下性能：

i. 渗碳层硬度高，并具有优异的耐磨性和接触疲劳抗力，同时要有适当的塑性和韧性。

ii. 渗碳件心部有高的韧性和足够高的强度，当心部韧性不足时，在冲击载荷或过载荷作用下容易断裂；当心部强度不足时，硬脆的渗碳层缺乏足够的支撑，而容易碎裂、剥落。

iii. 有良好的热处理工艺性能，在高的渗碳温度(900～950℃)下奥氏体晶粒不易长大，并且具有良好的淬透性。

③ 成分特点。根据性能要求，渗碳钢的化学成分如下：

i. 碳质量分数一般较低，在 0.10%～0.25%之间，是为了保证零件心部有足够的塑性和韧性。

ii. 加入能提高淬透性的合金元素，以保证经热处理后心部强化并提高韧性。常加入元

素有 w_{Cr}<2%、w_{Ni}<4%、w_{Mn}<2%等。铬还能细化碳化物，提高渗碳层的耐磨性，镍有利于提高渗碳层和心部的韧性。另外，微量硼能显著提高淬透性。

iii. 加入少量阻碍奥氏体晶粒长大的合金元素。主要是加入少量强碳化物形成元素 w_V<0.4%、w_{Ti}<0.1%、w_{Mo}<0.6%、w_W<1.2%等以形成稳定的合金碳化物，这样，除了能防止渗碳时晶粒长大外，还能增加渗碳层硬度和提高耐磨性。

④ 热处理特点。以 20CrMnTi 制造的汽车变速齿轮为例。其加工工艺路线为：下料→锻造→正火→加工齿形→渗碳(930℃)，预冷淬火(830℃)→低温回火(200℃)→磨齿。正火的目的在于改善锻造组织，保持合适的机加工硬度(170～210 HB)，其组织为索氏体+铁素体。齿轮在使用状态下的组织为：由表面往心部为回火马氏体＋碳化物颗粒＋残余奥氏体→回火马氏体＋残余奥氏体→低碳马氏体＋铁素体(心部淬透时)。

⑤ 钢种及牌号。常用渗碳钢的钢号、热处理工艺规范、力学性能及用途见表 2-5。

表 2-5 常用合金渗碳钢的牌号、热处理工艺、力学性能及用途

牌号	试样尺寸/mm	热处理温度				力学性能(不小于)					用途
		渗碳	第一次淬火	第二次淬火	回火	σ_b /MPa	σ_s /MPa	δ_5 /(%)	ψ /(%)	a_k /(J/cm^2)	
20Cr	15	930	880 水油	780 水～820 油	200	835	540	10	40	60	用于 30 mm 以下受力不大的渗碳件
20CrMnTi	15	930	880 油	870 油	200	1080	853	10	45	70	用于 30 mm 以下承受高速中载荷的渗碳件
20SiMnVB	15	930	850～880 油	780～800 油	200	1175	980	10	45	70	代替 20CrMnTi
20Cr2Ni4	15	930	880 油	780 油	200	1175	1080	10	45	80	用于承受高载荷的重要渗碳件，如大型齿轮

碳素渗碳钢多用 15、20 钢。这类钢价格便宜，但淬透性低，导致渗碳、淬回火后心部强度、表层耐磨性均不够高。主要用于尺寸小、载荷轻，要求耐磨的零件。

合金渗碳钢常按淬透性大小分为以下三类。

i. 低淬透性渗碳钢，水淬临界淬透直径为 20～35 mm。典型钢种为 20Mn2、20Cr、20MnV 等。用于制造受力不太大，要求耐磨并承受冲击的小型零件。

ii. 中淬透性渗碳钢，油淬临界淬透直径约为 25～60 mm。典型钢种有 20CrMnTi、12CrNi3、20MnVB 等，用于制造尺寸较大、承受中等载荷、重要的耐磨零件，如汽车中齿轮。

iii. 高淬透性渗碳钢，油淬临界淬透直径约 100 mm 以上，属于空冷也能淬成马氏体的马氏体钢。典型钢种有 12Cr2Ni4、20Cr2Ni4、18Cr2Ni4WA 等，用于制造承受重载与强烈磨损的极为重要的大型零件，如航空发动机及坦克齿轮。

(2) 调质钢。

① 用途。调质钢经热处理后具有高的强度和良好的塑性、韧性，即良好的综合力学性能。广泛用于制造汽车、拖拉机、机床和其他机器上的各种重要零件，如齿轮、轴类件、连杆、高强螺栓等。

② 性能要求。调质钢件大多承受多种和较复杂的工作载荷，要求具有高水平的综合力学性能，但不同零件受力状况不同，其性能要求也有所差别。截面受力均匀的零件如连杆，要求整个截面都有较高的强韧性。受力不均匀的零件，如承受扭转或弯曲应力的传动轴，主要要求受力较大的表面区有较好的性能，心部要求可低些。

③ 成分特点。为了达到强度和韧性的良好配合，合金调质钢的成分设计如下。

i. 中碳。碳质量分数一般在 0.25%～0.50%之间，以 0.40%居多。碳质量分数过低不易淬硬，回火后强度不足；碳质量分数过高则韧性不够。

ii. 加入能提高淬透性的合金元素 Cr、Mn、Si、Ni、B 等。调质件的性能水平与钢的淬透性密切有关。尺寸较小时，碳素调质钢与合金调质钢的性能差不多，但当零件截面尺寸较大而不能淬透时，其性能与合金钢相比就差很远了。45 钢和 40Cr 钢相比，40Cr 的强度要比 45 钢的高许多，同时具备良好的塑性和韧性。

iii. 加入 Mo、W 消除回火脆性。含 Ni、Cr、Mn 的合金调质钢，高温回火慢冷时容易产生第二类回火脆性。合金调质钢一般用于制造大截面零件，由快冷来抑制这类回火脆性往往有困难。因此常加入 Mo、W 来防止，其适宜含量约为 0.15%～0.30%Mo 或 0.8%～1.2%W。

④ 热处理特点。以东方红—75 拖拉机的连杆螺栓为例。材质为 40Cr 的钢，其工艺路线为：下料→锻造→退火→粗机加工→调质→精机加工→装配。在工艺路线中，预备热处理采用退火(或正火)，其目的是改善锻造组织、消除组织缺陷、细化晶粒；调整硬度，便于机械加工；为淬火做好组织准备。

调质工艺采用 830℃加热、油淬得到马氏体组织，然后在 525℃回火。为防止第二类回火脆性，在回火的冷却过程中采用水冷，最终使用状态下的组织为回火索氏体。

对于调质钢，有时除要求综合力学性能高之外，还要求表面耐磨，则在调质后可进行表面淬火或渗氮处理。这样在得到表面硬化层的同时，心部仍保持综合力学性能高的回火索氏体组织。

⑤ 钢种及牌号。常用调质钢的牌号、成分、热处理、性能与用途见表 2-6。它在机械制造业中应用相当广泛，按其淬透性的高低可分为三类。

i. 低淬透性调质钢。这类钢的油淬临界直径最大为 30～40 mm，最典型的钢种是 40Cr，广泛用于制造一般尺寸的重要零件。40MnB、40MnVB 钢是为节省铬而发展的代用钢，40MnB 的淬透性稳定较差，切削加工性能也差一些。

ii. 中淬透性调质钢。这类钢的油淬临界直径最大为 40～60 mm，含有较多合金元素。典型牌号有 35CrMo 等，用于制造截面较大的零件，例如曲轴、连杆等。加入钼不仅使淬透性显著提高，而且可以防止回火脆性。

iii. 高淬透性调质钢。这类钢的油淬临界直径为 60～160 mm，多半是铬镍钢。铬、镍的适当配合可大大提高钢的淬透性，并获得优良的机械性能(如 37CrNi3)，但这类钢对回火脆性十分敏感，因此不宜于作大截面零件。铬镍钢中加入适当的钼，例如 40CrNiMo 钢，不仅具有最好的淬透性和冲击韧性，还可消除回火脆性，用于制造大截面、重载荷的重要零件，如汽轮机主轴、叶轮、航空发动机轴等。

表 2-6 常用调质钢的牌号、成分、热处理、性能与用途

牌号	主要成分			热处理温度		力学性能(不小于)			用 途
	w_C /(%)	$w_{Si,Cr}$ /(%)	w_{Mn} /(%)	淬火 /℃	回火 /℃	σ_s /MPa	σ_b /MPa	a_k /(kJ/m^2)	
40Cr	0.37～0.45	Cr 0.8～1.10	0.50～0.80	850 油	500 水油	980	785	47	用作重要调质件，如轴类、连杆螺栓、汽车转向节、齿轮等
40MnB	0.37～0.44	0.20～0.40	1.10～1.40	850 油	500 水油	980	785	47	代替 40Cr
35CrMo	0.32～0.40	Cr 0.8～1.10	0.40～0.70	850 油	550 水油	980	835	63	用作重要的调质件，如锤杆、轧钢曲轴，是 40CrNi 的代用钢
38CrMoAlA	0.35～0.42	Cr 1.35～1.65	Al 0.7～1.1	940 水油	640 水油	980	835	71	用作需渗氮的零件，如镗杆、磨床主轴、精密丝杆、量规等
40CrMnMo	0.37～0.45	Cr 0.9～1.20	0.90～1.20	850 油	600 水油	980	785	63	用作受冲击载荷的高强度件，是 40CrNiMn 钢的代用钢

(3) 弹簧钢。

① 用途。弹簧钢是一种专用结构钢，主要用于制造各种弹簧和弹性元件。

② 性能要求。弹簧利用弹性变形吸收能量以缓和振动和冲击，或依靠弹性储能来起驱动作用。根据工作要求，弹簧钢应有以下性能：

i. 高的弹性极限 σ_e。以保证弹簧具有高的弹性变形能力和弹性承载能力，为此应具有高的屈强强度 σ_s 或屈强比 σ_s/σ_b。

ii. 高的疲劳极限 σ_r。因弹簧一般在交变载荷下工作。σ_b 愈高，σ_r 也相应愈高。另外，表面质量对 σ_r 影响很大，弹簧钢表面不应有脱碳、裂纹、折叠、斑疤和夹杂等缺陷。

iii. 足够的塑性和韧性，以免受冲击时发生脆断。

此外，弹簧钢还应有较好的淬透性，不易脱碳和过热，容易绕卷成型等。

③ 成分特点。弹簧钢的化学成分有以下特点：

i. 中、高碳。为了保证高的弹性极限和疲劳极限，因而要具有高的强度。弹簧钢的碳质量分数应比调质钢高，合金弹簧钢的碳质量分数一般为 0.45%～0.70%。碳素弹簧钢的一般 0.6%～0.9%。

ii. 加入以 Si 和 Mn 为主的提高淬透性的元素。Si 和 Mn 主要是提高钢淬透性，同时也提高屈强比，而以 Si 的作用最突出。但它热处理时促进表面脱碳，Mn 则使钢易于过热。因此，重要用途的弹簧钢，必须加入 Cr，V，W 等元素，例如 Si-Cr 弹簧钢表面不易脱碳。Cr-V 弹簧钢晶粒细；不易过热，耐冲击性能好，高温强度也较高。

④ 热处理特点。按弹簧的加工工艺不同，可将其分为热成型弹簧和冷成型弹簧两种。

i. 热成型弹簧。用热轧钢丝或钢板成型，然后淬火加中温(450～550℃)回火，获得回火屈氏体组织，具有很高的屈服强度特别是弹性极限，并有一定的塑性和韧性。这类弹簧一般是较大型的弹簧。

ii. 冷成型弹簧。小尺寸弹簧一般用冷拔弹簧钢丝(片)卷成。有以下三种制造方法。

● 冷拔前进行“淬铅”处理，即加热到 Ac_3 以上，然后在 450～550℃的熔铅中等温淬火。淬铅钢丝强度高，塑性好，具有适于冷拔的索氏体组织。经冷拔后弹簧钢丝的屈服强度可达 1600 MN/m^2 以上。弹簧绕卷成型后不再淬火，只进行消除应力的低温(200～300℃)退火，并使弹簧定形。

● 冷拔至要求尺寸后，利用淬火(油淬)加回火来进行强化，再冷绕成弹簧，并进行去应力回火，之后不再热处理。

● 冷拔钢丝退火后，冷绕成弹簧，再进行淬火和回火强化处理。汽车板簧经喷丸处理后，使用寿命可提高几倍。

⑤ 钢种和牌号。常用弹簧钢的牌号、成分、热处理及用途见表 2-7。

表 2-7 常用弹簧钢的牌号、成分、热处理及用途

牌号	主要成分			热处理温度		力学性能(不小于)			用途
	w_C/(%)	w_{Mn}/(%)	$w_{Si,Cr}$/(%)	淬火/℃	回火/℃	σ_b/MPa	σ_s/MPa	a_k/(kJ/m²)	
65	0.37～0.45	0.50～0.80	0.17～0.37	840 油	500	1000	800	450	用于工作温度低于 200℃，ϕ20～ϕ30 mm 的减振弹簧、螺旋弹簧
85	0.37～0.44	0.50～0.80	0.17～0.37	820 油	480	1150	1000	600	用于工作温度低于 200℃，ϕ30～ϕ50 mm 的减振弹簧、螺旋弹簧
65Mn	0.32～0.40	0.90～1.20	0.17～0.37	830 油	540	1000	800	800	用于工作温度低于 200℃，ϕ30～ϕ50 mm 的板簧、螺旋弹簧
60Si2Mn	0.35～0.42	0.60～0.90	1.50～2.00	870 油	480	1300	1200	800	用于工作温度低于 250℃，ϕ<50 mm 的重型板簧和螺旋弹簧
50CrVA	0.37～0.45	0.50～0.80	Cr 0.8～1.10	850 油	500	1300	1150	800	用于工作温度低于 400℃，ϕ30～ϕ50 mm 的板簧、弹簧

碳素弹簧钢包括65、85、65Mn等。这类钢经热处理后具有一定的强度和适当的韧性，且价格较合金弹簧钢便宜，但淬透性差。

合金弹簧钢中常见的是60Si2Mn。它有较高的淬透性，油淬临界直径为20～30 mm。50CrVA钢不仅有良好的回火稳定性，且淬透性更高，油淬临界直径为30～50 mm。

(4) 滚动轴承钢。

① 用途。轴承钢主要用来制造滚动轴承的滚动体(滚珠、滚柱、滚针)、内外套圈等，属专用结构钢。从化学成分上看它属于工具钢，所以也用于制造精密量具、冷冲模、机床丝杠等耐磨件。

② 性能要求。轴承元件的工况复杂而苛刻，因此对轴承钢的性能要求很严，主要是三方面。

i. 高的接触疲劳强度。轴承元件的压应力高达1500～5000 MPa；应力交变次数每分钟达几万次甚至更多，往往造成接触疲劳破坏，产生麻点或剥落。

ii. 高的硬度和耐磨性。滚动体和套圈之间不但有滚动摩擦，而且还有滑动摩擦，轴承也常常因过度磨损而破坏，因此轴承钢要具有高而均匀的硬度。硬度一般应为62～64 HRC。

iii. 足够的韧性和淬透性。

③ 成分特点。根据性能要求，滚动轴承钢的化学成分如下：

i. 高碳。为了保证轴承钢的高硬度、高耐磨性和高强度，碳质量分数较高，一般为0.95%～1.1%。

ii. 铬为基本合金元素。铬能提高淬透性。它的渗碳体$(FeCr)_3C$细密，且均匀分布，能提高钢的耐磨性特别是接触疲劳强度。但Cr含量过高会增大残余奥氏体量和碳化物分布的不均匀性，使钢的硬度和疲劳强度反而降低。适宜含量为0.4%～1.65%。

iii. 加入硅、锰、钒等。Si、Mn可进一步提高淬透性，便于制造大型轴承。V部分溶于奥氏体中，部分形成碳化物(VC)，提高钢的耐磨性并防止过热。无Cr钢中皆含有V。

iv. 纯度要求极高。规定$w_S<0.02\%$，$w_P<0.027\%$。非金属夹杂对轴承钢的性能尤其是接触疲劳性能影响很大，因此轴承钢提高纯度一般采用电冶炼和真空脱氧等冶炼技术。

④ 热处理特点。

i. 球化退火。目的不仅是降低钢的硬度，便于切削加工，更重要的是获得细的球状珠光体和均匀分布的过剩的细粒状碳化物，为零件的最终热处理作组织准备。

ii. 淬火和低温回火。淬火温度要求十分严格，温度过高会过热、晶粒长大，使韧性和疲劳强度下降，且易淬裂和变形；温度过低，则奥氏体中溶解的铬量和碳量不够，钢淬火后硬度不足。GCr15钢的淬火温度应严格控制在820～840℃范围内，回火温度一般为150～160℃。

精密轴承必须保证在长期存放和使用中不变形。引起尺寸变化的原因主要是存在有内应力和残余奥氏体发生转变。为了稳定尺寸，淬火后可立即进行“冷处理”(－60～－80℃)，并在回火和磨削加工后，进行低温时效处理(于120～130℃保温5～10小时)。

⑤ 钢种和牌号。常用滚动轴承钢的钢号、成分、热处理和用途见表2-8。

我国轴承钢分两类，即铬轴承钢和添加Mn、Si、Mo、V的轴承钢。

i. 铬轴承钢。最有代表性的是GCr15，使用量占轴承钢的绝大部分。由于淬透性不很高，多用于制造中、小型轴承，也常用来制造冷冲模、量具、丝锥等。

ii. 添加 Mn、Si、Mo、V 的轴承钢。在铬轴承钢中加入 Si、Mn 可提高淬透性，如 GCr15SiMn 钢等，用于制造大型轴承。为了节省铬，加入 Mo、V 可得到无铬轴承钢，如 GSiMoV、GSiMnMoVRE 等，其性能与 GCr15 相近。

表 2-8 常用滚动轴承钢的钢号、成分、热处理和用途

牌 号	主 要 成 分				热处理温度		硬度/HRC	用 途
	w_C/(%)	w_{Cr}/(%)	w_{Si}/(%)	w_{Mn}/(%)	淬火/℃	回火/℃		
GCr9	1.00～1.10	0.90～1.20	0.15～0.35	0.25～0.45	810～820 水油	150～170	62～66	直径小于 20 mm 的滚动体及轴承内、外圈
GCr9SiMn	1.00～1.10	0.90～1.25	0.45～0.75	0.95～1.25	810～830 水油	150～160	62～64	直径小于 25 mm 的滚柱；壁厚小于 14 mm，外径小于 250 mm 的套圈
GCr15	0.95～1.05	1.40～1.65	0.15～0.35	0.25～0.45	820～840 水油	150～160	62～64	同 GCr9SiMn
GCr15SiMn	0.95～1.05	1.40～1.65	0.45～0.75	0.95～1.25	810～830 油	160～200	61～65	直径大于 50 mm 的滚柱；壁厚大于 14 mm，外径大于 250 mm 的套圈；ϕ25 mm 以上的滚柱
GMnMoVRE	0.95～1.05		0.15～0.40	1.10～1.40	770～810 油	170±5	≥62	代替 GCr15 钢用于军工和民用方面的轴承

2.1.4 工具钢

工具钢是用来制造刀具、模具和量具的钢。按化学成分分为碳素工具钢、低合金工具钢、高合金工具钢等。按用途分为刃具钢、模具钢、量具钢。

1. 刃具钢(cutting tool steel)

1) *碳素工具钢*

(1) 用途。主要用于制造车刀、铣刀、钻头等金属切削刀具。

(2) 性能要求。刃具切削时受工件的压力，刃部与切屑之间发生强烈的摩擦。由于切削发热，刃部温度可达 500～600℃。此外，还需承受一定的冲击和振动。因此对刃具钢提出如下基本性能要求。

① 高硬度。切削金属材料所用刃具的硬度一般都在 60 HRC 以上。

② 高耐磨性。耐磨性直接影响刃具的使用寿命和加工效率。高的耐磨性取决于钢的高硬度和其中碳化物的性质、数量、大小及分布。

③ 高热硬性。刃具切削时必须保证刃部硬度不随温度的升高而明显降低。钢在高温下保持高硬度的能力称为热硬性或红硬性。热硬性与钢的回火稳定性和特殊碳化物的弥散析出有关。

碳素工具钢是碳质量分数为 0.65%～1.35%的高碳钢。该钢的碳质量分数范围可保证淬火后有足够高的硬度。虽然该类钢淬火后硬度相近，但随碳质量分数增加，未溶渗碳体增多，使钢耐磨性增加，而韧性下降，故不同牌号的该类钢所承制的刃具亦不同。高级优质碳素工具钢淬裂倾向较小，宜制造形状复杂的刃具。

(3) 热处理特点。碳素工具钢的预备热处理为球化退火，在锻、轧后进行，目的是降低硬度、改善切削加工性能，并为淬火做组织准备。最终热处理是淬火＋低温回火。淬火温度为780℃，回火温度为180℃，组织为回火马氏体＋粒状渗碳体＋少量残余奥氏体。

碳素工具钢的缺点是淬透性低，截面大于10～12 mm的刃具仅表面被淬硬；其红硬性也低，温度升达200℃后硬度明显降低，丧失切削能力；且淬火加热易过热，致使钢的强度、塑、韧性降低。因此，该类钢仅用来制造截面较小、形状简单、切削速度较低的刃具，用来加工低硬度材料。

(4) 钢种和牌号。碳素工具钢的牌号、主要成分、力学性能及用途见2-9。

表2-9 碳素工具钢的牌号、主要成分、力学性能及用途

牌号	主要成分			硬 度		用 途
	w_C/(%)	w_{Si} /(%)≤	w_{Mn} /(%)≤	退火后 /HBS≤	淬火后 /HRC≥	
T7(A)	0.65～0.74	0.40	0.35	187	62	用作受冲击的工具，如手锤、旋具等
T8(A)	0.75～0.84	0.40	0.35	187	62	用作低速切削刃具，如锯条、木工刃具、虎钳钳口、饲料机刀片等
T9(A)	0.85～0.90	0.40	0.35	192	62	
T10(A)	0.95～1.04	0.40	0.35	197	62	低速切削刃具、小型冷冲模、形状简单的量具
T11(A)	1.05～1.14	0.40	0.35	207	62	
T12(A)	1.15～1.24	0.40	0.35	207	62	用作不受冲击，但要求硬、耐磨的工具，如锉刀、丝锥、板牙等
T13(A)	1.25～1.35	0.40	0.35	217	62	

2) 低合金刃具钢

(1) 成分特点。

① 高碳。保证刃具有高的硬度和耐磨性，碳质量分数为0.9%～1.1%。

② 加入Cr、Mn、Si、W、V等合金元素。Cr、Mn、Si主要是提高钢的淬透性，Si还能提高回火稳定性；W、V能提高硬度合耐磨性，并防止加热时过热，保持晶粒细小。

(2) 热处理特点。

预备热处理为锻造后进行球化退火。最终热处理为淬火＋低温回火，其组织为回火马氏体＋未溶碳化物＋残余奥氏体。

与碳素工具钢相比较，由于合金元素的加入，淬透性提高了，因此可采用油淬火。淬火变形和开裂倾向小。

(3) 钢种和牌号。低合金刃具钢的典型钢种见表2-10。

表 2-10 常用低合金刃具钢的牌号、成分、热处理及用途

牌号	主要成分				热处理温度/℃		硬度/HRC	用途
	w_C/(%)	w_{Si}/(%)	w_{Mn}/(%)	w_{Cr}/(%)	淬火	回火		
9Mn2V	0.85～0.95	≤0.40	1.70～2.00		780～810 油	150～200	60～62	丝锥、板牙、铰刀、量规、块规、精密丝杆
9CrSi	0.85～0.95	1.20～1.60	0.30～0.60	0.95～1.25	820～860 油	180～200	60～63	耐磨性高、切削不剧烈的刀具，如板牙、齿轮铣刀等
CrWMn	0.90～1.05	≤0.40	0.80～1.10	0.90～1.20	800～830 油	140～160	62～65	要求淬火变形小的刀具，如拉刀、长丝锥、量规等
Cr2	0.95～1.10	≤0.40	≤0.40	1.30～1.65	830～860 油	150～170	60～62	低速、切削量小、加工材料不很硬的刀具，测量工具，如样板
CrW5	1.25～1.50	≤0.30	≤0.30	0.40～0.70	800～820 水	150～160	64～65	低速切削硬金属用的刀具，如车刀、铣刀、刨刀
9Cr2	0.85～0.95	≤0.40	≤0.40	1.30～1.70	820～850 油	—	—	主要作冷轧辊、钢引冲孔凿、尺寸较大的铰刀

① Cr2 钢，碳质量分数高，加入 Cr 后显著提高淬透性，减少变形与开裂倾向，碳化物细小均匀，使钢的强度和耐磨性提高。可制造截面较大(20～30 mm)，形状较复杂的刃具，如车刀、铣刀、刨刀等。

② 9SiCr 钢，有更高的淬透性和回火稳定性。其工作温度可达 250～300℃。适宜制造形状复杂变形小的刃具，特别是薄刃刀具，如板牙、丝锥、钻头等。但该钢脱碳倾向大，退火硬度较高，切削性能较差。

3) 高合金刃具钢

高合金刃具钢就是高速钢，具有很高的热硬性，在高速切削的刃部温度达 550℃时，硬度无明显下降。

(1) 成分特点。

① 高碳。碳质量分数在 0.70%以上，最高可达 1.5%左右，它一方面要保证能与 W、Cr、V 等形成足够数量的碳化物；另一方面还要有一定数量的碳溶于奥氏体中，以保证马氏体的高硬度。

② 加入铬提高淬透性。几乎所有高速钢的含铬量均约为 4%。铬的碳化物($Cr_{23}C_6$)在淬火加热时几乎全部溶于奥氏体中，增加过冷奥氏体的稳定性，大大提高了钢的淬透性。铬还提高钢的抗氧化、脱碳能力。

③ 加入钨钢保证高的热硬性。退火状态下 W 或 Mo 主要以 M_6C 型的碳化物形式存在。

淬火加热时，一部分$(Fe,W)_6C$等碳化物溶于奥氏体中，淬火后存在于马氏体中。在560℃左右回火时，碳化物以W_2C或Mo_2C形式弥散析出，造成二次硬化。这种碳化物在500～600℃温度范围内非常稳定，不易聚集长大，从而使钢产生良好的热硬性。淬火加热时，未溶的碳化物能起阻止奥氏体晶粒长大及提高耐磨性的作用。

④ 加入钒提高耐磨性。V形成的碳化物VC(或V_4C_3)非常稳定，极难溶解，硬度较高(大大超过了W_2C的硬度)且颗粒细小，分布均匀，因此对提高钢的硬度和耐磨性有很大作用。钒也产生二次硬化，但因总含量不高，对提高热硬性的作用不大。

(2) 热处理特点。

现以应用较广泛的W18Cr4V钢为例，说明高速钢的加工及热处理特点。

W18Cr4V钢在工厂中得到了广泛的应用，适于制造一般高速切削用车刀、刨刀、钻头、铣刀等。下面就以W18Cr4V钢制造的盘形齿轮铣刀为例，说明其热处理工艺方法的选定和工艺路线的安排。

盘形齿轮铣刀的主要用途是铣制齿轮。在工作过程中，齿轮铣刀往往会磨损变钝而失去切削能力，因此要求齿轮铣刀经淬火回火后，应保证具有高硬度(刃部硬度要求为63～65 HRC)、高耐磨性及热硬性。为了满足上述性能要求，根据盘形齿轮铣刀的规格(模数m＝3)和W18Cr4V钢成分的特点来选定热处理工艺方法和安排工艺路线。

盘形齿轮铣刀生产过程的工艺路线为：下料→锻造→退火→机械加工→淬火＋回火→喷砂→磨加工→成品。

高速钢的铸态组织中具有鱼骨胳状碳化物，见图2-7。这些粗大的碳化物不能用热处理的方法来消除，而只有用锻造的方法将其击碎，并使它分布均匀。

图2-7　W18Cr4V的铸态组织(500×)

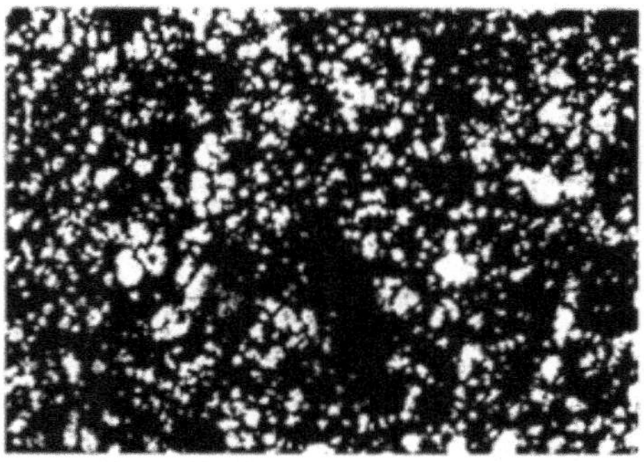

图2-8　W18Cr4V钢的锻造退火后的组织(500×)

锻造退火后的显微组织由索氏体和分布均匀的碳化物所组成，见图2-8。如果碳化物分布不均匀，将使刀具的强度、硬度、耐磨性、韧性和热硬性均降低，从而使刀具在使用过程中容易崩刃和磨损变钝，导致早期失效。据某厂统计，在数百件崩齿、掉齿的刀具中，98%以上都是由碳化物不均匀所造成。可见高速钢坯料的锻造，不仅是为了成型，而且是为了击碎粗大碳化物，使碳化物分布均匀。

对齿轮铣刀锻坯碳化物不均匀性要求≤4级。为了达到上述要求，高速钢锻造反复镦粗、拔长多次，决不应一次成型。由于高速钢的塑性和导热性均较差，而且具有很高的淬透性，在空气中冷却即得到马氏体淬火组织。因此，高速钢坯料锻造后应予缓慢冷却，通常采用砂中缓冷，以免产生裂纹。这种裂纹在热处理时会进一步扩张，而导致整个刀具开裂报废。锻造时如果停锻温度过高(＞1000℃)或变形度不大，会造成晶粒的不正常长大。

锻造后必须经过退火，以降低硬度(退火后硬度为 207～255 HB)，消除应力，并为随后淬火回火热处理做好组织准备。

为了缩短时间，一般采用等温退火。但为了使齿轮铣刀在铣削后齿面有较高的光洁度，在铣削前需经过调质处理。即在 900～920℃加热，油中冷却，然后在 700～720℃回火 1～3 小时。调质后的组织为回火索氏体＋碳化物，其硬度为 26～32 HRC。

W18Cr4V 钢制盘形齿轮铣刀的淬火回火工艺如图 2-9 所示。由图可见，W18Cr4V 钢盘形齿轮铣刀在淬火之前先要进行一次预热(800～840℃)。由于高速钢导热性差、差性低，而淬火温度又很高，假如直接加热到淬火温度就很容易产生变形与裂纹，所以必须预热。对于大型或形状复杂的工具，还要采用两次预热。

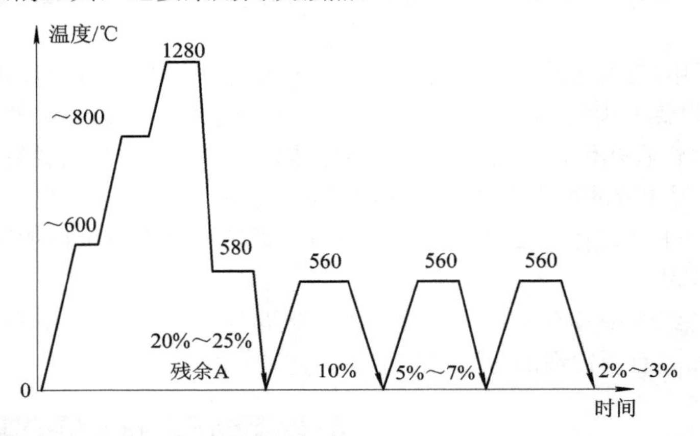

图 2-9 W18Cr4V 盘形铣刀淬火回火工艺

高速钢的热硬性主要取决于马氏体中合金元素的含量，即加热时溶于奥氏体中合金元素的量。淬火温度对奥氏体成分的影响很大，如图 2-10 所示。

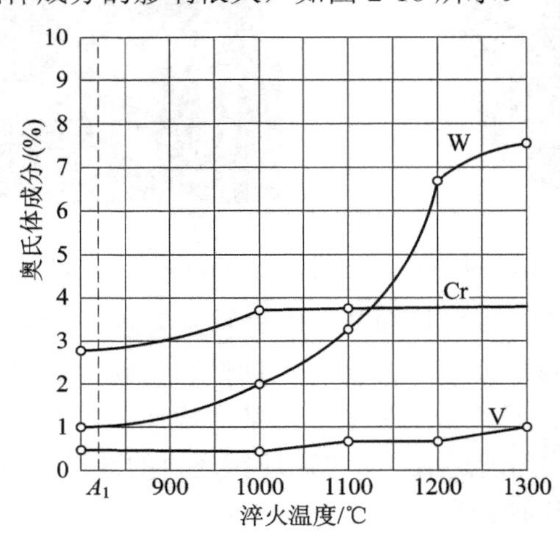

图 2-10 W18Cr4V 钢淬火温度对奥氏体成分的影响

由图 2-10 可知，对高速钢热硬性影响最大的两个元素(W 和 V)，在奥氏体中的溶解度只有在1000℃以上时才有明显的增加，在1270～1280℃时，奥氏体中约含有7%～8%的钨、4%的铬、10%的钒。温度再高，奥氏体晶粒就会迅速长大变粗，淬火状态残余奥氏体也会迅速增多，从而降低高速钢性能。这就是淬火温度一般定为1270～1280℃的主要原因。高速钢刀具淬火加热时间一般按8～15 s/mm(厚度)计算。

淬火方法应根据具体情况确定，本例之铣刀采用580～620℃在中性盐中进行一次分级淬火。分级淬火可以减小变形与开裂。对于小型或形状简单的刀具也可采用油淬等。

W18Cr4V钢硬度与回火温度的关系见图2-11。由图2-11可知，在550～570℃回火时硬度最高。其原因有两点：

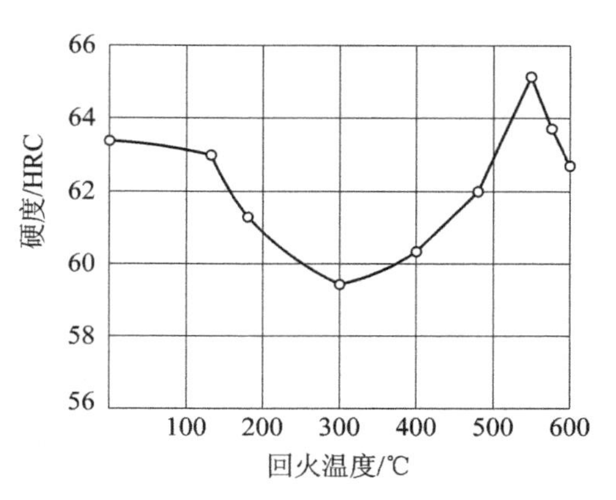

图2-11 W18Cr4V的硬度与回火温度的关系

① 在此温度范围内，钨及钒的碳化物(W_2C、VC)呈细小分散状从马氏体中沉淀析出(即弥散沉淀析出)，这些碳化物很稳定，难以聚集长大，从而提高了钢的硬度，这就是所谓的“弥散硬化”。

② 在此温度范围内，一部分碳及合金元素也从残余奥氏体中析出，从而降低了残余奥氏体中碳及合金元素含量，提高了马氏体转变温度。在随后冷却时，就会有部分残余奥氏体转变为马氏体，使钢的硬度得到提高。由于以上原因，在回火时使出现了硬度回升的“二次硬化”现象。

为什么要进行三次回火呢？因为W18Cr4V钢在淬火状态约有20%～25%的残余奥氏体，一次回火难以全部消除，经三次回火即可使残余奥氏体减至最低量(一次回火后约剩10%，二次回火后约剩5%～7%，三次回火后约剩2%～3%)。后一次回火还可以消除前一次回火由于奥氏体转变为马氏体所产生的内应力。它由回火马氏体＋少量残余奥氏体＋碳化物组成。常用高速钢的牌号、成分、热处理及性能见表2-10。

表2-10 常用高速钢的牌号、成分、热处理及性能

钢 号	主要化学成分					热处理及性能		
	w_C /(%)	w_W /(%)	w_V /(%)	w_{Cr} /(%)	w_{Mo} /(%)	淬火/℃	回火/℃	回火后硬度/HRC≥
W18Cr4V	0.70～0.80	17.5～19.0	1.00～1.40	3.80～4.40	—	1270～1285 油	550～570 三次	63
W6Mo5Cr4V2	0.80～0.90	5.50～6.75	1.75～2.20	3.80～4.40	4.75～5.50	1210～1230 油	540～560 三次	63

2. 模具钢(die steel)

模具钢一般分为冷作模具钢和热作模具钢两大类。由于冷作模具钢和热作模具钢的工作条件不同，因而对模具钢性能要求有所区别。为了满足其性能要求，必须合理选用钢材，正确选定热处理工艺方法和妥善安排工艺路线。

1) 冷作模具钢(cold-working die steel)

(1) 用途。冷作模具钢用于制造各种冷冲模、冷镦模、冷挤压模及拉丝模等。工作温度不超过200～300℃。

(2) 性能要求。冷作模具钢工作时承受很大的压力、弯曲力、冲击载荷和摩擦，主要损坏形式是磨损，也常出现崩刃、断裂和变形等失效现象。因此冷作模具钢应具有以下基本性能：

① 高硬度，一般为58～62 HRC；

② 高耐磨性；

③ 足够的韧性与疲劳抗力；

④ 热处理变形小。

(3) 成分特点。

① 高碳。百分含量多在1.0%以上，有时达2%，以保证获得高硬度和高耐磨性。

② 加入Cr、Mo、W、V等合金元素。加入这些合金元素后，形成难溶碳化物，提高耐磨性。尤其是加Cr，典型的Cr12型钢，铬含量高达12%。铬与碳形成M_7C_3型碳化物，能极大地提高钢的耐磨性。铬还能显著提高钢的淬透性。

(4) 热处理特点。高碳高铬冷模具钢的热处理方案有两种。

① 一次硬化法。在较低温度(950～1000℃)下淬火，然后低温(150～180℃)回火，硬度可达61～64 HRC，使钢具有较好的耐磨性和韧性，适用于重载模具。

② 二次硬化法。在较高温度(1100～1150℃)下淬火，然后于510～520℃多次(一般为三次)回火，产生二次硬化，使硬度达60～62 HRC，红硬性和耐磨性较高(但韧性较差)。适用于在400～450℃范围内工作的模具。Cr12型钢热处理后组织为回火马氏体、碳化物和残余奥氏体。

Cr12型钢属莱氏体钢，网状共晶碳化物和碳化物的不均匀分布使材料变脆，以致发生崩刃现象，所以要反复锻造来改善其分布状态。

2) 热作模具钢(hot-working die steel)

(1) 用途。用于制造各种热锻模、热压模、热挤压模和压铸模等，工作时型腔表面温度可达600℃以上。

(2) 性能要求。热作模具钢工作可承受较大的冲击载荷、强烈的塑性摩擦、剧烈的冷热循环所引起的不均匀热应变和热应力以及高温氧化，常出现崩裂、塌陷、磨损、龟裂等失效现象。因此热作模具钢的主要性能要求是：

① 高的热硬性和高温耐磨性；

② 高的抗氧化能力；

③ 高的热强性和足够高的韧性，尤其是受冲击较大的热锻模钢；

④ 高的热疲劳抗力，以防止龟裂破坏。此外，由于热作模具一般较大，还要求有高的淬透性和导热性。

(3) 成分特点。

① 中碳。碳质量分数一般为0.3%～0.6%，以保证高强度、高韧性，较高的硬度(35～52 HRC)和较高的热疲劳抗力。

② 加入较多的提高淬透性的元素 Cr、Ni、Mn、Si 等。Cr 是提高淬透性的主要元素，同时和 Ni 一起提高钢的回火稳定性。Ni 在强化铁素体的同时还增加钢的韧性，并与 Cr、Mo 一起提高钢的淬透性和耐热疲劳性能。

③ 加入产生二次硬化的 Mo、W、V 等元素，Mo 还能防止第二类回火脆性，提高高温强度和回火稳定性。

(4) 热处理特点。对于热作模具钢，需反复锻造，其目的是使碳化物均匀分布。锻造后要退火，其目的是消除锻造应力、降低硬度(197～241 HB)，以便于切削加工。最后通过淬火＋高温回火(即调质处理)，得回火索氏体，以获得良好的综合力学性能来满足使用要求。

(5) 钢种和牌号。对于中小尺寸(截面尺寸＜300 mm)的模具，一般采用 5CrMnMo；对于大尺寸(截面尺寸＞400 mm)的模具，一般采用 5CrNiMo。

各类常用模具钢的牌号、成分、热处理、性能及用途见表 2-11。

表 2-11 各类常用模具钢的牌号、成分、热处理、性能及用途

类别	牌号	主要成分				热处理温度				用途
		w_C/(%)	w_{Mn}/(%)	w_{Si}/(%)	w_{Cr}/(%)	淬火/℃	硬度/HRC	回火/℃	硬度/HRC	
冷作模具钢	Cr12	2.00～2.30	≤0.35	≤0.40	11.5～13.0	980 油	62～65	180～220	60～62	冷冲模、冲头、冷切剪刀
						1080 油	45～50	520(三次)	59～60	
	Cr12MoV	1.45～1.70	≤0.35	≤0.40	11.0～12.5	1030 油	62～63	180～200	61～62	冷切剪刀、冷丝模
						1120 油	41～50	510(三次)	60～61	
热作模具钢	5CrNiMo	0.50～0.60	0.50～0.80	≤0.35	0.50～0.80	830～860 油	≤47	530～550	364～402 HBW	大型锻模
	5CrMnMo	0.50～0.60	1.20～1.60	0.25～0.60	0.60～0.90	820～850 油	≥50	560～580	324～364 HBW	中型锻模
	6SiMnV	0.55～0.65	0.90～1.20	0.80～1.10		820～860 油	≥56	490～510	374～444 HBW	中小型锻模
	3Cr2W8V	0.30～0.40	0.20～0.40	≤0.35	2.20～2.70	1050～1100 油	＞50	560～580(三次)	44～48	螺钉或铆钉热轧模、热切剪刀

3. 量具钢(gauge steel)

1) 用途

量具钢用于制造各种测量工具，如卡尺、千分尺、螺旋测微仪、块规、塞规等。

2) 性能要求

对量具的基本要求是在长期存放与使用中要保证其尺寸精度，即形状尺寸不变。通常引起量具在使用或存放中发生尺寸精度降低的原因主要有磨损和时效效应。量具在多次使用中会与工件表面之间有摩擦作用，会使量具磨损并改变其尺寸精度。实践还表明，由于组织应力上的原因，也会引起量具在长期使用或存放中尺寸精度发生变化，这种现象称为时效效应。在淬火和低温回火状态下，钢中存在有以下三种导致尺寸变化的因素：残余奥氏体转变成马氏体，引起体积膨胀；马氏体分解，正方度下降，使体积收缩；残余应力的变化和重新分布，使弹性变形部分转变为塑性变形而引起尺寸变化。

所以对量具钢的性能要求是：高的硬度和耐磨性，高的尺寸稳定性，热处理变形要小。

3) 成分特点

量具钢的成分与低合金刃具钢相同，即在高碳(0.9%～1.5%)中加入提高淬透性的元素(Cr、W、Mn 等)。

4) 热处理特点

为保证量具的高硬度和耐磨性，应选择的热处理工艺为淬火和低温回火。为了使量具尺寸稳定并减少时效效应，通常需要有三个附加的热处理工序，即淬火之前的调质处理、常规淬火之后的冷处理、常规热处理后的时效处理。

调质处理的目的是获得回火索氏体组织。因为回火索氏体组织与马氏体的体积差别较小，能使淬火应力和变形减小，从而有利于降低量具的时效效应。

冷处理的目的是为了使残余奥氏体转变为马氏体，减少残余奥氏体量，从而增加量具的尺寸稳定性。冷处理应在淬火后立即进行。

时效处理通常在磨削后进行。量具磨削后在表面层有很薄的二次淬火层，为使这部分组织稳定，需在 110～150℃经过 6～36 小时的人工时效处理，以使组织稳定。

常用的量具用钢选用见表 2-12。

表 2-12 量具用钢的选用举例

量 具	钢 号
平样板或卡板	10、20 或 50、55、60、60Mn、65Mn
一般量规与块规	T10A、T12A、9CrSi
高精度量规与块规	Cr 钢、CrMn 钢、GCr15
高精度且形状复杂的量规与块规	CrWMn(低变形钢)
抗蚀量具	4Cr13、9Cr18(不锈钢)

2.1.5 特殊性能钢

用于制造在特殊工作条件或特殊环境(腐蚀介质、高温等)下具有特殊性能要求的构件和零件的钢材，称特殊性能钢。

特殊性能钢一般包括不锈钢、耐热钢、耐磨钢、磁钢等。这些钢在机械制造，特别是在化工、石油、电机、仪表和国防工业等部门都有广泛、重要的用途。

1. 不锈钢(non-rust steel)

在化工、石油等工业部门中，许多机件与酸、碱、盐及含腐蚀性气体和水蒸气直接接触，使机械产生腐蚀。因此，用于制造这些机件的钢除应有一定的力学性能及工艺性能外，还必须具有良好的抗腐蚀性能。所以，如何获得良好的抗腐蚀性能是这类钢合金化和热处理的基本出发点。

不锈钢是在大气和弱腐蚀介质中耐蚀的钢，而在各种强腐蚀介质(酸)中耐腐蚀的钢则称耐酸钢。

为了了解这类钢是如何通过合金化及热处理来实现钢的耐蚀性能的，首先要了解钢的腐蚀过程及失效形式。

1) 金属腐蚀的概念

腐蚀是由外部介质引起金属破坏的过程。自然界中金属腐蚀的形式很多，但就其本质而言，可分为两大类：化学腐蚀和电化学腐蚀。

化学腐蚀是指金属直接与介质发生化学反应。例如钢的高温氧化、脱碳，在石油、燃气中的腐蚀等。腐蚀过程是铁与氧、水蒸气等直接接触，发生氧化反应。

$$4Fe+3O_2\rightarrow 2Fe_2O_3$$

$$Fe+2H_2O\rightarrow Fe(OH)_2+H_2\uparrow$$

这些化学反应会使金属逐渐发生破坏，但是如果化学腐蚀的产物与基体结合得牢固且很致密，可以使腐蚀的介质与基体金属隔离，则会阻碍腐蚀的继续进行。因此，防止金属产生化学腐蚀主要措施之一是加入 Si、Cr、Al 等能形成保护膜的合金元素进行合金化。

电化学腐蚀是指金属在电解质溶液里因原电池作用产生电流而引起的腐蚀。根据原电池原理，产生电化学腐蚀的条件是必须有两个电位不同的电极、电解质溶液以及两电极构成的闭合电路。

那么工程上服役的构件及零件是怎样满足上述电化学腐蚀条件的呢?

一般钢的腐蚀就是由电化学腐蚀引起的，但又与一般化学书中介绍的原电池有所不同。在一般原电池中需要有两块电极电位不同的金属极板，而实际钢铁材料是在同一块材料上发生电化学腐蚀，称微电池现象。在碳钢的平衡组织中，除了有铁素体外，还有碳化物。这两个相的电极电位不同，铁素体的电位低(阳极)，渗碳体电位高(阴极)，这两者就构成了一对电极。加之钢材在大气中放置时表面会吸附水蒸气形成水溶液膜，于是就构成了一个完整的微电池，产生了电化学腐蚀。

根据电化学腐蚀产生的位置及条件，常常出现各种不同类型的腐蚀形式，如晶间腐蚀、应力腐蚀、疲劳腐蚀等。由上述电池过程可知，为了提高金属的耐腐蚀能力，可以采用以下三种方法。

(1) 减少原电池形成的可能性，使金属具有均匀的单相组织，并尽可能提高金属的电极电位。

(2) 形成原电池时，尽可能减小两极的电极电位差，并提高阳极的电极电位。

(3) 减小甚至阻断腐蚀电流，使金属“钝化”，即在表面形成致密的、稳定的保护膜，将介质与金属隔离。这是提高金属耐腐蚀性的非常有效的方法。

2) 用途及性能要求

不锈钢在石油、化工、原子能、宇航、海洋开发、国防工业和一些尖端科学技术及日常生活中都得到广泛应用。主要用来制造在各种腐蚀介质中工作，且具有较高抗腐蚀能力的零件或构件。例如化工装置中的各种管道、阀门和泵、热裂设备零件、医疗手术器械、防锈刃具和量具等等。

对不锈钢的性能要求最主要的是抗蚀性。此外，制作工具的不锈钢，还要求有高硬度、高耐磨性；制作重要结构零件时，要求有高强度；某些不锈钢则要求有较好的加工性能等等。

3) 合金化特点

(1) 碳质量分数。耐蚀性要求愈高，碳质量分数应愈低。因为它增加阴极相(碳化物)。特别是它与铬能形成的碳化物(多为$(Cr, Fe)_{23}C_6$)从晶界析出，使晶界周围基体严重贫铬。当铬贫化到耐蚀所必需的最低含量(约 12%)以下时，贫铬区迅速被腐蚀，造成沿晶界发展的晶间腐蚀，使金属产生沿晶脆断的危险。大多数不锈钢的碳质量分数为 0.1%～0.2%。但用于制造刃具和滚动轴承等的不锈钢，碳质量分数应较高(可达 0.15%～0.25%)，此时必须相应地提高铬含量。

(2) 加入最主要的合金元素铬。铬能提高基体的电极电位。铬加入后，铁素体的电极电位的变化随着含铬量的增加不是渐变的，而是突变式的，即含 Cr 量为 12.5%、25%和 37.5%(原子比)时，电极电位才能显著地提高。铬是缩小 γ 区的元素，当铬含量很高时能得到单一的铁素体组织。另外，铬在氧化性介质(如水蒸气、大气、海水、氧化性酸等)中极易钝化，生成致密的氧化膜，使钢的耐蚀性大大提高。

(3) 同时加入镍。可获得单相奥氏体组织，显著提高耐蚀性。但这时钢的强度不高，如果要获得适度的强度和高耐蚀性，必须把镍和铬同时加入钢中才能达到构件及零件的性能要求。

(4) 加入钼、铜等。Cr 在非氧化性酸(如盐酸、稀硫酸和碱溶液等)中的钝化能力较差。若加入 Mo、Cu 等元素，可提高钢在非氧化性酸中的耐蚀能力。

(5) 加入钛、铌等。Ti、Nb 能优先同碳形成稳定的碳化物，使 Cr 保留在基体中，避免晶界贫铬，从而减轻钢的晶界腐蚀倾向。

(6) 加入锰、氨等。部分锰以获得奥氏体组织，并能提高铬不锈钢在有机酸中的耐蚀性。

4) 常用不锈钢

根据成分与组织的特点，不锈钢可分为以下几种类型。

(1) 奥氏体型。这是应用最广泛的一类不锈钢。由于通常含有 18%左右的 Cr 和 8%以上的 Ni，因此也常被称为 18-8 型不锈钢。这类钢具有很高的耐蚀性，并具有优良的塑性、韧性和焊接性。虽然强度不高，但可通过冷变形强化。这类钢在 450～800℃加热时，晶界附近易出现贫铬区，往往会产生晶间腐蚀。为此常采取加入 Ti 或 Nb 以及发展超低碳不锈钢(碳质量分数<0.03%)等防止措施。此外，这类钢应进行固溶处理(950～1100℃加热，然后用水迅速冷却至室温)，以获得单相奥氏体。

(2) 铁素体型。这类钢含 Cr 17%～30%，含碳小于 0.15%，加热至高温也不发生相变，不能通过热处理来改变其组织和性能，通常是在退火或正火状态使用。这类钢具有较好的塑性，但强度不高，对硝酸、磷酸有较高的耐蚀性。

(3) 马氏体型。这类钢含 Cr 12%～14%，含碳 0.1%～0.4%，正火组织为马氏体。马氏体不锈钢具有较好的力学性能、很高的淬透性，直径不超过 100 mm 均可在空气中淬透。

(4) 沉淀硬化型。这类型的成分与 18-8 型不锈钢相近，但含 Ni 量略低，并加入少量 Al、Ti、Cu 等强化元素。从高温快冷至室温时，得到不稳定的奥氏体或马氏体。在 500℃左右时效，可析出大量细小弥散的碳化物，使钢在保持相当的耐蚀性的同时具有很高的强度。这类钢还具有优良的工艺性能。

各种类型不锈钢的牌号、性能、热处理特点分别见表 2-13。

表 2-13 各种类型不锈钢的牌号、性能、热处理特点

类别	牌号	主要成分			热处理温度	力学性能(不小于)			用途
		w_C /(%)	w_{Cr} /(%)	w_{Ni} /(%)	淬火/℃	σ_b /MPa ≥	σ_s /MPa ≥	δ /(%)≥	
奥氏体不锈钢	0Cr18Ni9	≤0.08	17～19	8～12	1050～1100 水	490	180	40	具有良好的耐蚀性，是化工行业良好的耐蚀材料
	1Cr18Ni9	≤0.12	17～19	8～12	1100～1150 水	550	200	45	制作耐硝酸、冷磷酸、有机酸及盐、碱溶液腐蚀的设备零件
	1Cr18Ni9Ti	≤0.12	17～19	8～11	1100～1150 水	550	200	40	耐酸容器及设备衬里，输送管道等设备和零件，抗磁仪表、医疗器械
马氏体不锈钢	1Cr13	0.08～0.15	12～14	—	1000～1050 水油 700～790 回火	600	420	20	制作能抗弱腐蚀性介质、承受冲击负荷的零件，如气轮机叶片、水压机阀、结构架、螺栓、螺帽等
	2Cr13	0.16～0.24	12～14	—	1000～1050 水油 700～790 回火	660	450	16	
	3Cr13	0.25～0.34	12～14	—	1000～1050 油 200～300 回火	—	—	—	制作具有高硬度和耐磨性的医疗工具、量具、滚珠轴承等
	4Cr13	0.35～0.45	12～14	—	1000～1050 油 200～300 回火	—	—	—	同上
铁素体不锈钢	1Cr17	≤0.12	16～18	—	750～800 空冷	400	250	20	制作硝酸工厂设备如吸收塔、热交换器、酸槽、输送管道及食品工厂设备等
	Cr25Ti	≤0.12	25～27	—	700～800 空冷	450	300	20	生产硝酸及磷酸的设备

2. 耐热钢(heat resisting steel)

耐热钢是具有高温抗氧化性和一定高温强度等优良性能的特殊钢。高温抗氧化性是金属材料在高温下对氧化作用的抗力，而高温强度是金属材料在高温下对机械负荷作用具有较高抗力的钢。

1) 耐热钢的抗氧化性(oxidation resistance)

金属的抗氧化性是保证零件在高温下能持久工作的重要条件，抗氧化能力的高低主要由材料的成分来决定。钢中加入足够的 Cr、Si、Al 等元素，使钢在高温下与氧接触时，表面能生成致密的高熔点氧化膜。它严密地覆盖住钢的表面，可以保护钢免于高温气体的继续腐蚀。例如钢中含有 15%Cr 时，其抗氧化度可达 900℃，若含 20%～25%Cr，则抗氧化度可达 1100℃。

2) 耐热钢的高温强度(high-temperature strength)

金属在高温下所表现的机械性能与室温下是大不相同的。当温度超过再结晶温度时，金属除受机械力的作用产生塑性变形和加工硬化外，同时还可发生再结晶和软化的过程。当工作温度高于金属的再结晶温度，工作应力超过金属在该温度下的弹性极限时，随着时间的延长，金属会发生极其缓慢的变形，这种现象称为“蠕变”。金属对蠕变抗力愈大，即表示金属高温强度愈高。通常加入能升高钢的再结晶温度的合金元素来提高钢的高温强度。

金属的蠕变过程是塑性变形引起金属的强化过程在高温下通过原子扩散使其迅速消除。因此，在蠕变过程中，两个相互矛盾的过程同时进行，即塑性变形使金属强化和由温度的作用而消除强化。蠕变现象产生的条件为材料的工作温度高于再结晶温度、工作应力高于弹性极限。

因此，要想完全消除蠕变现象，必须使金属的再结晶温度高于材料的工作温度，或者增加弹性极限使其在该温度下高于工作应力。

对高温工作的零件不允许产生过大的蠕变变形，应严格限制其在使用期间的变形量。如汽轮机叶片，由于蠕变而使叶片末端与汽缸之间的间隙逐渐消失，最终会导致叶片及汽缸碰坏，造成重大事故。因此，对这类在高温下工作，精度要求又高的零件用钢的热强性，通常用蠕变极限来评定。

蠕变极限，即在一定温度下引起一定变形速度的应力。通常用 $\delta^{T℃}_{\varepsilon\%/小时}$ 表示，如 $\delta^{580℃}_{1\times10^{-5}}$ =95 MPa，表示材料在 580℃下蠕变速度为 1×10^{-5}%/小时的蠕变极限为 95 MPa。

对一些在高温下工作时间较短，不允许构件发生断裂的工作，则不能用蠕变极限来评定，而应用持久强度来评定。持久强度是在一定温度下，经过一定时间引起断裂的应力，通常用 $\sigma^{T℃}_{\tau}$ 表示，其中 T ℃为试验温度，τ 为至断裂时间。如果时间等于 100 小时，则在这段时间内引起断裂的应力就是 100 小时的持久强度。若经 300 小时后引起断裂的应力显然比经 100 小时引起断裂的应力要小。

材料的蠕变极限和持久强度愈高，材料的热强性也愈高。不同类型的耐热钢使用于不同的温度。一般来说，马氏体耐热钢在 300～600℃范围内使用，铁素体、奥氏体耐热钢用于 600～800℃，在 800～1000℃则常用镍基高温合金。

2．常用耐热钢(conventional heat-resisting steel)

1) 抗氧化钢(oxidation resistant steel)

在高温下有较好的抗氧化性而且有一定强度的钢种称为抗氧化钢，又叫耐热不起皮钢。它多用来制造炉用零件和热交换器，如燃气轮机燃烧室、锅炉吊钩、加热炉底板和辊道以及炉管等。高温炉用零件的氧化剥落是零件损坏的主要原因。锅炉过热器等受力器件的氧化还会削弱零件的结构强度，因此在设计时要增加氧化余量。高温螺栓氧化会造成螺纹咬合，这些零件都要求有高的抗氧化性。

抗氧化性取决于表面氧化膜的稳定性、致密性及其与基体金属的粘附能力，其主要的影响因素是化学成分。

(1) 铬。铬是一种钝化元素，含铬钢能在表面形成一层致密的 Cr_2O_3 氧化膜，有效地阻挡外界的氧原子继续往里扩散。较高温度使用的合金钢，含铬量常大于 20%。如含铬 22% 在 1000℃以下是稳定的，可以形成连续而又致密的氧化膜。

(2) 硅。含硅钢在高温时其表面可以形成一层 SiO_2 薄膜，它能提高抗氧化性。但过量的硅会恶化钢的热加工工艺性能。

(3) 铝。铝和硅都是比较经济的提高抗氧化性的元素。含铝钢在表面形成 Al_2O_3 薄膜，与 Cr_2O_3 相似，它能起到很好的保护作用。含铝 6%的钢在 980℃具有较好的抗氧化性，含铝 5%的铁锰铝奥氏体钢可在 800℃长期使用。过高的铝量会使钢的冲击性能和焊接性能变坏。

(4) 稀土元素。近年来研究表明，稀土元素对 Cr28 钢抗氧化产生一定影响，且镧等稀土元素可进一步提高含铬钢的抗氧化性。稀土元素不仅会降低 Cr_2O_3 的挥发性，改善氧化膜组成，使其变为更加稳定的$(Cr, La)O_3$，还可促进铬扩散，有助于形成 Cr_2O_3。镧抑制在 1100～1200℃范围内形成容易分解的 NiO。实际上应用的抗氧化钢大多是铬钢。在铬镍钢或铬锰氮钢基础上添加硅或铝而配制成的。单纯的硅钢或铝钢因其机械性能和工艺性能欠佳而很少应用。

抗氧化性常用钢种有 3Cr18Mn12Si2N、2Cr20Mn9Ni2Si2N 等。它们的抗氧化性能很好，最高工作温度可约 1000℃，多用于制造加热炉的变热构件、锅炉中的吊钩等。它们常以铸件的形式使用，主要热处理是固溶处理，以获得均匀的奥氏体组织。

2) 热强钢(refractory steel)

高温下有一定抗氧化能力和较高强度以及良好组织稳定性的钢种称为热强钢。汽轮机、燃气轮机的转子和叶片、锅炉过热器、高温工作的螺栓和弹簧、内燃机进排气阀等用钢均属此类。

(1) 铁素体基耐热钢。这类钢的工作温度在 450～600℃之间，其合金化是：

① 低碳。碳质量分数一般为 0.1%～0.2%。碳质量分数愈高，组织愈不稳定，碳化物容易聚集长大，甚至石墨化，使热强度大大降低。

② 加入铬。可改善钢的抗氧化性，提高钢的再结晶温度以增高温强度。钢的耐蚀性和热强性要求愈高，铬含量也应愈高，可从 1%到 3%。

③ 加入钼、钒。可提高钢的再结晶温度，同时形成稳定的弥散碳化物来保持高的热强性。

(2) 奥氏体基耐热钢。工作温度可达 600～700℃，其合金化是：

① 低碳。碳质量分数多在 0.1%以上，可达 0.4%。要利用碳形成碳化物起第二相强化作用。

② 加入大量铬、镍。其总量一般在 25%以上。Cr 主要提高热化学稳定性和热强性，Ni 可保证获得稳定奥氏体。

③ 加入钨、相等。提高再结晶温度，并析出较稳定的碳化物以提高热强性。

④ 加入钒、钛、铝等。形成稳定的第二相提高热强性。第二相有碳化物(如 VC 等)和

金属间化合物[如 Ni(Ti，Al)等]两类，后者强化效果较好。

(3) 马氏体型热强钢。常用的钢种为 Cr12 型(1Cr11MoV、1Cr12WMoV)、铬硅钢(4Cr9Si2、4Cr10Si2M)等。

1Cr11MoV 和 1Cr12WMoV 钢具有较好的热强性、组织稳定性及工艺性。1Cr11MoV 钢适宜于制造 540℃以下汽轮机叶片、燃气轮机叶片、增压器叶片；1Cr12MoV 钢适宜于制造 580℃以下汽轮机叶片、燃气轮机叶片。这两种钢大多在调质状态下使用。1Cr11MoV 马氏体热强钢的调质热处理工艺为：1050～1000℃空冷，720～740℃高温回火(空冷)。

4Cr9Si2、4Cr10Si2Mo 等铬硅钢是另一类马氏体热强钢。它们属于中碳高合金钢。钢中碳质量分数提高到约 0.40%，主要是为了获得高的耐磨性；钢中加入了少量的钼，有利于减小钢的回火脆性并提高热强性。这两种钢经适当的调质处理后，具有高的热强性、组织稳定性和耐磨性。4Cr9Si2 钢主要用来制造工作温度在 650℃以下的内燃机排气阀，也可用来制造工作在 800℃以下受力较小的构件，如过热器吊架等。4Cr10Si2Mo 钢比 4Cr9Si2 钢含有较多的铬和钼，因此它的性能比较好，而且使回火脆性倾向减弱。该钢常用来制造某些航空发动机的排气阀，亦可用来制造加热炉构件。

(4) 奥氏体型热强钢。这类热强钢在 600～800℃温度范围内使用。它们含大量合金元素，尤其是含有较多的 Cr 和 Ni，其总量大大超过了 10%。这类钢用于制造汽轮机、燃气轮机、舰艇、火箭、电炉等的部件，广泛应用于航空、航海、石油及化工等工业部门。常用钢种有 4Cr14Ni14W2Mo、0Cr18Ni11Ti 等。这类钢一般进行固溶处理或固溶—时效处理。

4Cr14Ni14W2Mo 是 14-14-2 型奥氏体钢。由于钢中合金元素的综合影响，使它的热强性、组织稳定性及抗氧化性均比上述 4Cr9Si2 和 4Cr10Si2Mo 等马氏体热强钢为高。

3. 耐磨钢(wear-resistant steel)

某些机械零件，如挖掘机、拖拉机、坦克的履带板、球磨机的衬板等，在工作时受到严重磨损及强烈撞击，因而制造这些零件的钢除了应具有良好的韧性外，还应具有良好的耐磨性。

在生产中应用最普遍的耐磨钢是高锰钢。高锰钢铸件适用于承受冲击载荷和耐磨损的零件，但它几乎不能加工，且焊接性差，因而基本上都是铸造成型的，故其钢号即写成 ZGMn13-1、ZGMn13-2 等。

高锰钢铸件的性质硬而脆，耐磨性也差，不能直接使用。其原因是在铸态组织中存在着碳化物。实践证明，高锰钢只有在全部获得奥氏体组织时才呈现出最为良好的韧性和耐磨性。

为了使高锰钢全部获得奥氏体组织，则必须进行“水韧处理”。水韧处理是一种淬火处理的操作，其方法是将钢加热至临界点温度以上(约在 1060～1100℃)保温一段时间，使钢中碳化物能全部溶解到奥氏体中去，然后迅速浸淬于水中冷却。由于冷却速度非常快，碳化物来不及从奥氏体中析出，因而保持了均匀的奥氏体状态。水韧处理后，高锰钢组织全是单一的奥氏体，它的硬度并不高，约在 180～220 HB 范围内。当它在受到剧烈冲击或较大压力作用时，表面层奥氏体将迅速产生加工硬化，并有马氏体及ε碳化物沿滑移面形成，从而使表面层硬度提高到 450～550 HB，获得高的耐磨性，其心部则仍维持原来状态。

因此高锰钢制件在使用时必须伴随外来的压力和冲击作用，不然高锰钢是不能耐磨的，其耐磨性并不比硬度相同的其他钢种好。例如喷砂机的喷嘴，选用高锰钢或碳素钢来制造，它们的使用寿命几乎是相同的。这是由于喷砂机的喷嘴所通过的小砂粒不能引起高锰钢硬化所致。

高锰钢铸件水韧处理后一般不需回火。因为当加热超过300℃时，高锰钢在极短时间内即开始析出碳化物，从而使性能变坏。为了防止产生淬火裂纹，可考虑改进铸件设计。

高锰钢广泛应用于既耐磨损又耐冲击的一些零件。在铁路交通方面，高锰钢用于铁道上的辙岔、辙尖、转辙器、小半径转弯处的轨道等。高锰钢用于这些零件，不但由于它具有良好的耐磨性，而且由于它材质坚韧，不容易突然折断。即使有裂纹开始发生，由于加工硬化作用，也会抵抗裂纹的继续扩展，使裂纹扩展缓慢则易被发觉。另外，高锰钢在寒冷气候条件下仍有良好的机械性能，不会冷脆。高锰钢在受力变形时，能吸收大量的能量，受到弹丸射击时也不易穿透。因此高锰钢也用于制造防弹板及保险箱钢板等。高锰钢还大量用于挖掘机、拖拉机、坦克等的履带板、主动轮、从动轮和履带支承滚轮等。由于高锰钢是非磁性的，也可用于制造既耐磨损又抗磁化的零件，如吸料器的电磁铁罩。

2.2 铸 铁

铸铁是工业上应用最广泛的材料之一。它的使用价值与铸铁中碳的存在形式密切相关，而铸铁中的碳主要以石墨形式存在时才能被广泛地应用。

2.2.1 概述

由铁碳合金相图可知，铸铁是碳质量分数大于2.11%的铁碳合金。工业上常用铸铁的成分范围是：w_C为2.5%～4.0%，w_{Si}为1.0%～3.0%，w_{Mn}为0.5%～1.4%，w_P为0.01%～0.50%，w_S为0.02%～0.20%；除此之外，为了提高铸铁的机械性能，还加入一定量的合金元素，如Cr、Mo、V、Cu、Al等，以组成合金铸铁。可见，在成分上铸铁与钢的主要不同是：铸铁碳和硅质量分数较高，杂质元素硫、磷较多。

同钢相比，铸铁生产设备和工艺简单、成本低廉，虽然强度、塑性和韧性较差，不能进行锻造，但它却具有一系列优良的性能，如良好的铸造性、减摩性和耐磨性、良好的消振性和切削加工性以及缺口敏感性低等。因此，铸铁广泛应用于机械制造、冶金、石油化工、交通、建筑和国防等工业部门。特别是近年来由于稀土镁球墨铸铁的发展，更进一步打破了钢与铸铁的使用界限，不少过去使用碳钢和合金钢制造的重要零件，如曲轴、连杆、齿轮等，如今也可采用球墨铸铁来制造，“已铁代钢”、“已铸代锻”已成为机械制造业的一个发展趋势。这不仅为国家和企业节约了大量的优质钢材，而且还大大减少了机械加工的工时，降低了产品的成本。

铸铁之所以具有一系列优良的性能，除了因为它的碳质量分数较高，接近共晶合金成分，使得熔点低、流动性好以外，还因为它的硅质量分数较高，使得其中的碳大部分不再以化合状态(Fe_3C)而以游离得石墨状态存在。铸铁组织的一个特点就是其中含有石墨，而石墨本身具有润滑作用，因而使铸铁具有良好的减摩性和切削加工性。

1. 铸铁的石墨化过程

铸铁组织中石墨的结晶形成过程叫做“石墨化”。

在铁碳合金中，碳可能以两种形式存在，即化合状态的渗碳体(Fe_3C)和游离状态的石墨(常用 G 来表示)。渗碳体的晶体结构见图 1-27(b)。石墨是碳的一种结晶形态，具有简单六方晶格，原子呈层状排列(图 2-12)。同一层晶面上碳原子间距为 0.142 nm，相互呈共价键结合；层与层之间的距离为 0.34 nm，原子间呈分子键结合。因其面间距较大，结合力较弱，故其结晶形态常易发展成为片状，且石墨本身的强度、塑性和韧性非常低，接近于零。

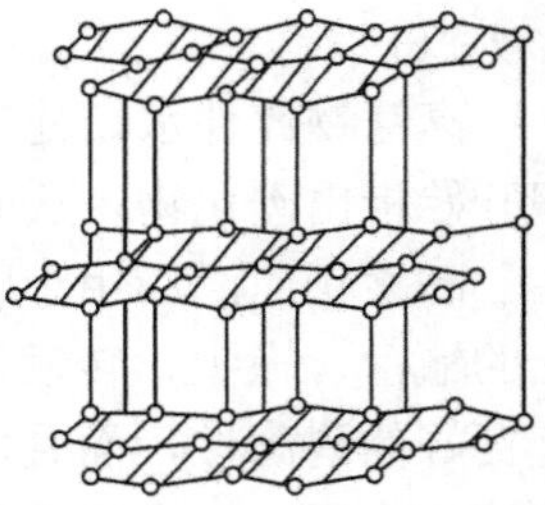

图 2-12　石墨的晶体结构

在铁碳合金中，已形成渗碳体的铸铁在高温下进行长时间退火，其中的渗碳体便会分解为铁和石墨即 $Fe_3C \rightarrow 3Fe + C$(石墨 G)。可见，碳呈化合状态存在的渗碳体并不是一种稳定的相，它不过是一种亚稳定的状态；而碳呈游离状态存在的石墨则是一种稳定的相。通常，在铁碳合金的结晶过程中，之所以自其液体或奥氏体中析出的是渗碳体而不是石墨(见第 4 章)，这主要是因为渗碳体的碳质量分数(6.69%)比石墨的碳质量分数(≈100%)更接近合金成分的碳质量分数(2.5%～4.0%)，析出渗碳体时所需的原子扩散量较小，渗碳体的晶核形成较容易。但在冷却极其缓慢(即提供足够的扩散时间)的条件下，或在合金中含有可促进石墨形成的元素(如 Si 等)时，那么在铁碳合金的结晶过程中，可直接自液体或奥氏体中析出稳定的石墨相，而不再析出渗碳体。因此，对铁碳合金的结晶过程和组织形成规律来说，根据冷却速度和成分的不同，实际上存在两种相图，可用 Fe-Fe_3C 相图和 Fe-G(石墨)相图叠合在一起形成的铁碳双重相图来描述(图 2-13)。图中实线部分即为前面所讨论的亚稳定的 Fe-Fe_3C 相图，虚线部分则是稳定的 Fe-G 相图。虚线与实线重合的线条用实线表示。由图可见，虚线在实线的上方或左上表明 Fe-G(石墨)系较 Fe-Fe_3C 系更为稳定。视具体合金的结晶条件不同，铁碳合金可全部或部分地按照其中的一种或另一种相图进行结晶。

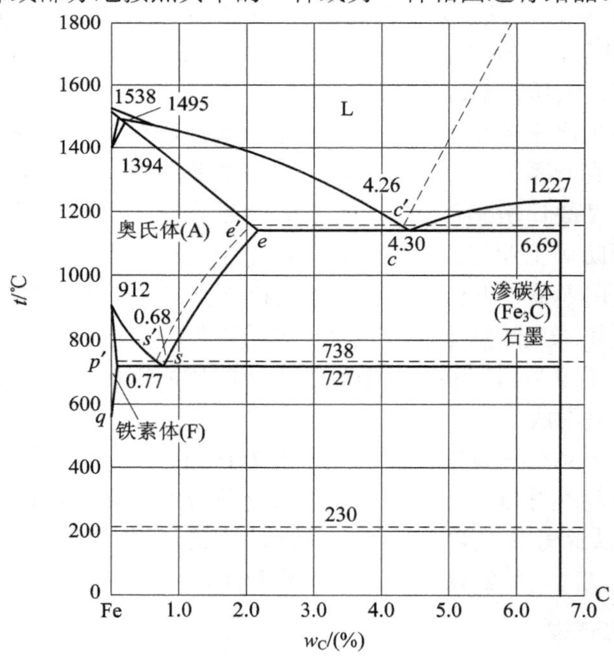

图 2-13　Fe-Fe_3C 与 Fe-G 双重相图

根据Fe-G(石墨)系相图，在极缓慢冷却的条件下，铸铁石墨化过程可分成三个阶段：

第一阶段，高温石墨化阶段，即由液体中直接结晶出初生相石墨，或在1154℃是通过共晶转变而形成石墨。即 $L_{c'} \rightarrow A_{e'} + G$。

第二阶段，石墨化过程阶段，即在1154～738℃之间的冷却过程中，自奥氏体中析出二次石墨。

第三阶段，低温石墨化阶段，即在738℃时通过共析转变而形成石墨。即 $A_{s'} \rightarrow F_{p'} + G$。

铸铁的组织与石墨化过程及其进行的程度密切相关。由于高温下具有较高的扩散能力，所以第一、二阶段的石墨化比较容易进行，即通常都按照Fe-G相图进行结晶；而第三阶段的石墨化温度较低，扩散能力低，且常因铸铁的成分和冷却速度等条件的不同，而被全部或部分抑制，从而得到三种不同的组织，即铁素体F＋石墨P、铁素体F＋珠光体P＋石墨G、珠光体P＋石墨G。铸铁的一次结晶过程决定了石墨的形态，而二次结晶过程决定了基体组织。下面以共晶成分的铸铁为例，简要描述其石墨化过程(图2-13和图2-14)。

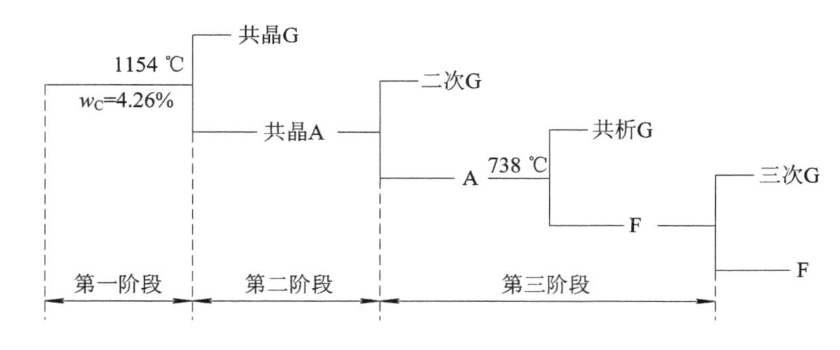

图2-14 共晶合金石墨化过程

共晶成分铁液从高温一直缓冷至1154℃开始凝固，形成奥氏体加石墨的共晶体。此时奥氏体的饱和碳质量分数为2.08%。随着温度下降，奥氏体的溶碳量下降，其溶解度按 $e's'$ 线变化，过饱和碳从奥氏体中析出二次石墨。当温度降至738℃时，奥氏体碳质量分数达到0.68%，发生共析转变，奥氏体形成铁素体加石墨共析体。此时碳在铁素体的固溶度为0.0206%。温度再继续下降，铁素体中固溶碳量减少，其溶解度沿 $p'q$ 线变化，冷至室温时，铁素体中碳质量分数远小于0.006%。因此，从铁素体中析出的三次石墨量很少。

2. 铸铁的分类及牌号

1) 铸铁的分类

根据铸铁在结晶过程中的石墨化程度的不同，也即根据碳在铸铁中的存在形式，可将其分为如下三类：

(1) 白口铸铁，即第一、第二和第三阶段的石墨化全部都被抑制、完全按照 $Fe-Fe_3C$ 相图进行结晶而得到的铸铁。这类铸铁组织中的碳全部呈化合碳(Fe_3C)的状态，形成渗碳体，并具有莱氏体的组织，其断裂时断口呈白亮颜色，故称白口铸铁。其性能硬脆，故在工业上很少应用，主要用作炼钢原料。

(2) 灰口铸铁，即在第一和第二阶段石墨化的过程中都得到了充分石墨化的铸铁，碳大部分或全部以游离态的石墨存在，因断裂时断口呈暗灰色，故称为灰铸铁。工业上所用的铸铁几乎全部都属于这类铸铁。这类铸铁根据第三阶段石墨化程度的不同，又可分为三种不同基体组织的灰口铸铁，即铁素体、铁素体加珠光体和珠光体灰口铸铁。

(3) 麻口铸铁，即在第一阶段的石墨化过程中未得到充分石墨化的铸铁。麻口铸铁中的碳同时以上述两种形式存在，一部分以渗碳体形式存在，另一部分以游离态石墨形式存在，断口上呈黑白相间的麻点。其组织介于白口与灰口之间，含有不同程度的莱氏体，也具有较大的硬脆性，工业上也很少应用。

灰口铸铁根据石墨形状的不同，又有片状石墨灰口铸铁、团絮状石墨可锻铸铁、球状石墨球墨铸铁和蠕虫状石墨蠕墨铸铁之分。

2) 铸铁的牌号

铸铁的牌号由铸铁代号、合金元素符号及质量分数、力学性能所组成。牌号中第一位是铸铁的代号，其后为合金元素的符号及其质量分数，最后为铸铁的力学性能。碳、硅、锰、硫等常规元素一般不标注。其他合金元素的质量分数大于或等于 1%时，用整数表示；小于 1%时，一般不标注，只有对该合金特性有较大影响时，才予以标注。当铸铁中有几种合金化元素时，按其质量分数递减的顺序排列，质量分数相同时分数按元素符号的字母顺序排列。力学性能标注部分为一组数据时表示其抗拉强度值；为两组数据时，第一组表示抗拉强度值，第二组表示伸长率，两组数字之间“-”隔开。常见铸铁名称、代号及牌号表示方法如表 2-14 所示。

表 2-14　常见铸铁名称、代号及牌号表示方法

铸 铁 名 称	代　号	牌号表示方法实例
灰铸铁	HT	HT100
蠕墨铸铁	RuT	RuT400
球墨铸铁	QT	QT400-17
黑心可锻铸铁	KTH	KTH300-06
白心可锻铸铁	KTB	KTB350-04
珠光体可锻铸铁	KTZ	KTZ450-06
耐磨铸铁	MT	MTCu1PTi-150
抗磨白口铁	KmTB	KmTBMn5Mo2Cu
抗磨球墨铸铁	KmTQ	KmTQMn6
冷硬铸铁	LT	LTCrMoR6 (R 表示稀土元素)
耐蚀铸铁	ST	STSi5R
耐蚀球墨铸铁	STQ	STQA15Si5
耐热铸铁	RT	RTCr2
耐热球墨铸铁	RTQ	RTQAl6

2.2.2 常用铸铁

1. 灰口铸铁(gray cast iron)

铸铁组织中的石墨形态呈片层状结晶，这类铸铁的机械性能不太高，但生产工艺简单，价格低廉，故在工业上应用最为广泛。

1) 灰口铸铁的化学成分、组织与性能

灰口铸铁的成分范围是 w_C 为 2.5%～4.0%，w_{Si} 为 1.0%～3.0%，w_{Mn} 为 0.5%～1.4%，w_P 为 0.01%～0.20%，w_S 为 0.02%～0.20%，其中 C、Si、Mn 是调节组织的元素，P 是控制使用的元素，S 是应该限制的元素。究竟选用何种成分，应根据铸件基体的组织及尺寸大小来决定。

灰口铸铁的第一、二阶段石墨化过程均能充分进行，其组织类型主要取决于第三阶段的石墨化程度。根据第三阶段石墨化程度的不同，可分别获得如下三种不同基体组织的灰口铸铁。

(1) 铁素体灰口铸铁。若第三阶段石墨化过程得到充分进行，最终得到的组织是铁素体基体上分布着片状石墨，如图 2-15(a)所示。

(2) 珠光体＋铁素体灰口铸铁。若第三阶段即共析阶段的石墨化过程仅部分进行，获得的组织是珠光体+铁素体基体上分布着片状石墨，如图 2-15(b)所示。

(3) 珠光体灰口铸铁。若第三阶段石墨化过程完全被抑制，则获得的组织是珠光体基体上分布片状石墨，如图 2-15(c)所示。

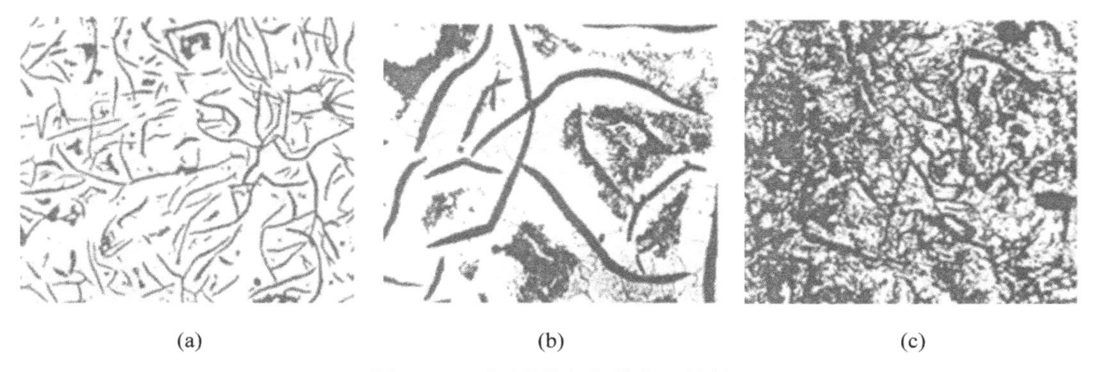

(a) (b) (c)

图 2-15 不同基体组织的灰口铸铁

(a) 铁素体基(200×)；(b) 铁素体基＋珠光体基(500×)；(c) 珠光体基(500×)

实际铸件能否得到灰口组织和得到何种基体组织，主要取决于其结晶过程中的石墨化程度。铸铁的石墨化程度受许多因素影响，实验表明，铸铁的化学成分和结晶过程中的冷却速度是影响石墨化的主要因素。

① 铸铁化学成分的影响。实践表明，铸铁中的 C 和 Si 是影响石墨化过程的主要元素，它们能有效地促进石墨化进程，铸铁中碳和硅的含量愈高，则石墨化愈充分。故生产中为了使铸件在浇铸后能够避免产生白口或麻口而得到灰口，且不至含有过多和粗大的片状石墨，通常在铸铁中加入足够的 C、Si 来促进石墨化，一般其成分控制在 w_C 为 2.5%～4.0% 及 w_{Si} 为 1.0%～2.5%；除了碳和硅以外，铸铁中的 Al、Ti、Ni、Cu、P、Co 等元素也是促进石墨化的元素，而 S、Mn、Mo、Cr、V、W、Mg、Ce 等碳化物形成元素则阻止石墨化。Cu 和 Ni 既能促进共晶时的石墨化，又能阻碍共析时的石墨化。S 不仅会强烈地阻止石墨化，还会降低铸铁的机械性能和流动性，并且容易产生裂纹等，故其含量应尽量低，一般应在 0.1%～0.15%以下。而锰可与硫形成 MnS，因而减弱了硫的有害作用。锰既可以溶解在基体中，也可溶解在渗碳体中形成$(Fe，Mn)_3C$，溶解在渗碳体中的锰可增强铁与碳的结合力，则阻碍石墨化过程，增加铸铁白口深度。所以铸铁中含锰质量分数控制在 0.5%～1.4%范围

内。P 是微弱促进石墨化的元素，但当磷的质量分数超过 0.3%，灰在铸铁中出现低熔点的二元或三元磷共晶存在于晶界，增加铸铁的冷脆倾向。所以碳质量分数一般小于 0.20%。

② 铸铁冷却速度的影响。对于同一成分的铁碳合金，在熔炼条件等完全相同的情况下，石墨化过程主要取决于冷却条件。铸件的冷却速度对石墨化的影响很大，即冷却愈慢，愈有利于扩散，对石墨化便愈有利，而快冷则阻止石墨化。当铁液或奥氏体以极缓慢速度冷却(过冷度很小)至图 2-13 中的 $s'e'c'$和 sec 之间温度范围时，通常按 Fe-G(石墨)系结晶，石墨化过程能较充分地进行。如果冷速较快，过冷度较大，通过 $s'e'c'$和 sec 范围共晶石墨或二次石墨来不及析出，而过冷到实线以下的温度时，则将析出 Fe_3C。在铸造时，除了造型材料和铸造工艺会影响冷却速度以外，铸件的壁厚不同也会因有不同的冷却速度，而得到不同的组织。图 2-16 所示为在一般砂型铸造条件下，铸件的壁厚和铸铁中碳和硅的含量对其组织(即石墨化程度)的影响。实际生产中，在其他条件一定的情况下，铸铁的冷却速度取决于铸件的壁厚。铸件越厚，冷却速度越小，铸铁的石墨化程度越充分。对于不同壁厚的铸件，也常根据这一关系调整铸铁中的碳和硅的含量，以保证得到所需要的灰口组织。这一点与铸钢件是截然不同的。

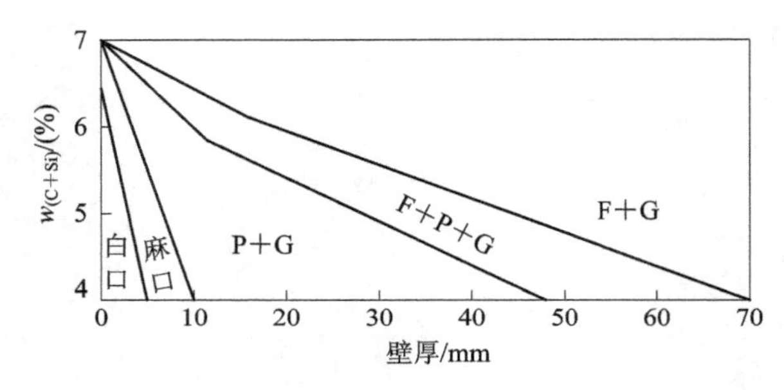

图 2-16 铸铁中铸件壁厚和碳硅含量对石墨化(组织)的影响

灰口铸铁的基体组织对性能有着很大的影响。铁素体灰口铸铁的强度、硬度和耐磨性都比较低，但塑性较高。铁素体灰口铸铁多用于制造负荷不太重的零件。珠光体特别是细小粒状珠光体灰口铸铁强度和硬度高、耐磨性好，但塑性比铁素体灰口铸铁低，多用于受力较大，耐磨性要求高的重要铸件，如汽缸套、活塞、轴承座等。在实际生产过程中，难以获得基体全部为珠光体的铸态组织，常见的是铁素体和珠光体组织，其性能也介于铁素体灰口铸铁和珠光体灰口铸铁之间。

灰口铸铁的抗拉强度、塑性及韧性均比同基体的钢低。这是由于石墨的强度、塑性、韧性极低，它的存在不但割裂了金属基体的连续性，缩小了承受载荷的有效面积，而且在石墨片的尖端处导致应力集中，使铸铁发生过早的断裂。随着石墨片的数量、尺寸、分布不均匀性的增加，灰口铸铁的抗拉强度、塑性、韧性则进一步降低。

灰口铸铁的硬度和抗压强度取决于基体组织，石墨对其影响不大。因此，灰口铸铁的硬度和抗压强度与同基体的钢相差不多。灰口铸铁的抗压强度约为其抗拉强度的 3～4 倍，因而广泛用作受压零构件如机座、轴承座等。此外，灰口铸铁还具有较好的铸造性能、切削加工性能、减摩性、减振性以及较低的缺口敏感性。

2) *灰口铸铁的牌号*

我国国家标准对灰口铸铁的牌号、机械性能及其他技术要求均有新的规定。“HT”为“灰铁”二字汉语拼音的字首，后续的三位数字表示直径为 30 mm 铸件试样的最低抗拉强度值 σ_b(MPa)。例如灰口铸铁 HT200，表示最低抗拉强度为 200 MPa。灰口铸铁的分类、牌号及显微组织如表 2-15 所示。

表 2-15 灰口铸铁的分类、牌号及显微组织

分 类	牌号	显微组织	
		基 体	石 墨
普通灰口铸铁	HT100	F＋少量 P	粗片
	HT150	F＋P	较粗片
	HT200	P	中等片
孕育铸铁	HT250	细 P	较细片
	HT300	S 或 T	细片
	HT350		

3) 灰口铸铁的热处理

虽然通过热处理只能改变铸铁的基体组织，而不能改变片状石墨的形状和分布状态，但可以消除铸件的内应力、消除白口组织和提高铸件表面的耐磨性。

(1) 去应力退火。在铸造过程中，由于各部分的收缩和组织转变的速度不同，使铸件内部产生不同程度的内应力。这样不仅降低铸件强度，而且使铸件产生翘曲、变形，甚至开裂。因此，铸件在切削加工前通常要进行去应力退火，又称为人工时效处理。铸件典型时效热处理工艺曲线如图 2-17 所示，即将铸件缓慢加热到 500～560℃适当保温(每 100 mm 截面保温 2 h)后，随炉缓冷至 150～200℃出炉空冷，此时内应力可被消除 90%。去应力退火加热温度一般不超过 560℃，以免共析渗碳体分解、球化，降低铸件强度、硬度和耐磨性。

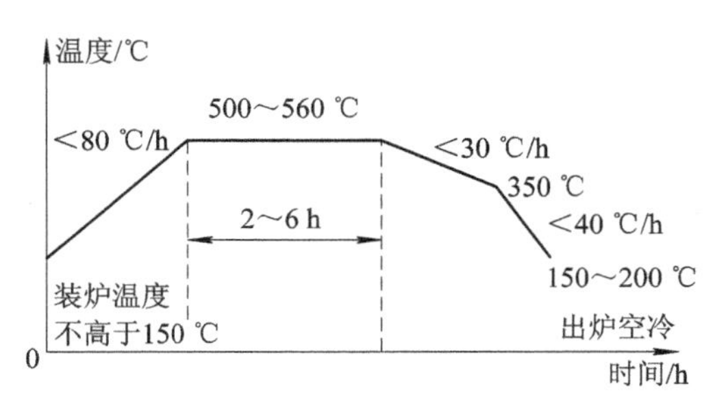

图 2-17 铸件典型时效热处理工艺曲线

(2) 消除白口，改善切削加工性能的高温退火。铸件冷却时，表层及截面较薄处由于冷却速度快，易出现白口组织使硬度升高，难以切削加工。为了消除自由渗碳体，降低硬度，改善铸件的切削加工性能和力学性能，可对铸件进行高温退火处理，使渗碳体在高温下分解成铁和石墨。图 2-18 是铸件高温石墨化退火热处理曲线，即将铸件加热至 850～950℃保温 1～4 h，使部分渗碳体分解为石墨，然后随炉缓冷至 400～500℃，再置于空气中冷却，最终得到铁素体基体或铁素体加珠光体基灰铸铁，从而消除白口，降低硬度，改善切削加工性。

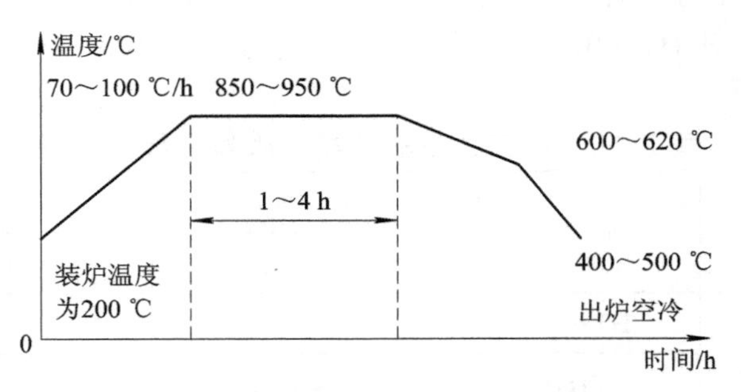

图 2-18　铸件高温石墨化热处理工艺曲线

(3) 表面淬火。某些大型铸件的工作表面需要有较高的硬度和耐磨性，如机床导轨的表面及内燃机汽缸套的内壁等，在机加工后可用快速加热的方法对铸铁表面进行淬火热处理。淬火后铸铁表面为马氏体+石墨的组织。珠光体基体铸铁淬火后的表面硬度的表面硬度可达到 50 HRC 左右。

2. 可锻铸铁(ductile cast iron)

可锻铸铁是由白口铸铁通过高温石墨化退火或氧化脱碳热处理，改变其金相组织或成分而获得的具有较高韧性的铸铁。由于铸铁中石墨呈团絮状分布，故大大削弱了石墨对基体的割裂作用。与普通灰口铸铁相比，可锻铸铁具有较高的强度和一定的塑性和韧性，但其生产工艺冗长，成本高，故只用来制造一些重要的小型铸件。可锻铸铁又称为展性铸铁或玛钢，但可锻铸铁实际上并不能锻造。

1) 可锻铸铁的类型

可锻铸铁按化学成分、石墨化退火条件和热处理工艺不同，可分为有黑心可锻铸铁(铁素体基体)、珠光体可锻铸铁和白心可锻铸铁三种。可锻铸铁的牌号中的后面两位数字表示其最低延伸率。黑心可锻铸铁和珠光体可锻铸铁用得较多，白心可锻铸铁在我国应用很少。可锻铸铁常用来制造形状复杂、承受冲击载荷的薄壁小件。

将白口铸件毛坯在中性介质中经高温石墨化退火而获得的铸铁件，若其金相组织为铁素体基体上分布着团絮状石墨，其断口由于石墨大量析出而使心部颜色为暗黑色，表层因部分脱碳而呈白亮色的，称为黑心可锻铸铁；若金相组织为珠光体基体上分布团絮状石墨，则称为珠光体可锻铸铁。

白心可锻铸铁是将白口铸件毛坯放在氧化介质中经石墨化退火及氧化脱碳得到的。表层由于完全脱碳形成单一的铁素体组织，其断口呈灰色，心部断口为灰白色，故称之为白心可锻铸铁。根据铸件断面大小不同，心部组织可以是珠光体+铁素体+退火碳(即退火过程中由渗碳体分解形成的石墨)或珠光体＋退火碳。

2) 可锻铸铁的化学成分特点及可锻化(石墨化)退火

(1) 成分范围。为使铸铁凝固获得全部白口组织，同时使随后的石墨化退火周期尽量短，并有利于提高铸铁的机械性能，可锻铸铁的化学成分应控制在 w_C＝2.4%～2.7%、w_{Si}＝1.4%～1.8%、w_{Mn}＝0.5%～0.7%、w_P＜0.8%、w_S＜0.25%、w_{Cr}＜0.06%的范围内。

(2) 黑心可锻铸铁石墨化退火工艺。黑心可锻铸铁的石墨化退火工艺如图 2-19 所示。将浇铸成的白口铸铁加热到 900～980℃保温约 15 h，使渗碳体分解为奥氏体加石墨。由于固态下石墨在各个方向上的长大速度相差不多，因此石墨至团絮状。在随后的缓慢冷却过程中，奥氏体将沿早已形成的团絮状石墨表面析出二次石墨，至共析转变温度范围(750～720℃)时，奥氏体分解为铁素体加石墨。结果得到铁素体可锻铸铁，其退火工艺曲线如图2-19 中①所示。如果在通过共析转变温度时的冷却速度较快，则将得到珠光体可锻铸铁，其退火工艺曲线如图2-19中②所示。按上述工艺获得的可锻铸铁的显微组织如图2-20所示。可锻铸铁的退火周期较长，约70 h左右。为了缩短退火周期，常采用如下方法：

① 孕育处理。用硼铋等复合孕育剂，在铁水凝固时阻止石墨化，在退火时促进石墨化过程，使石墨化退火周期缩短一半左右。

② 低温时效。退火前将白口铸铁在300～400℃进行3～6 h的时效，使碳原子在时效过程中发生偏析，从而使随后的高温石墨化阶段的石墨核心有所增加。实践证明，经时效处理后可显著缩短退火周期。

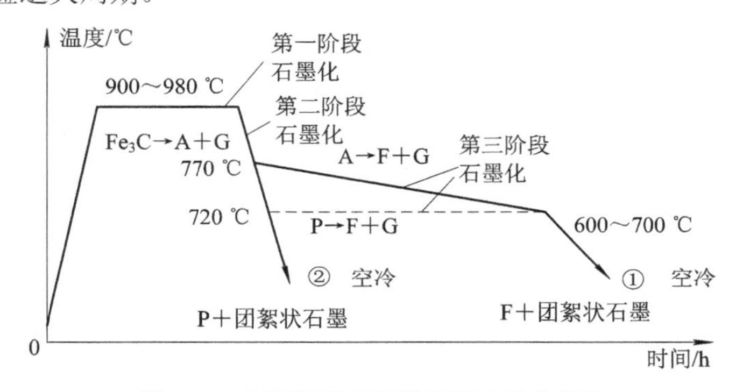

图2-19 可锻铸铁的石墨化退火工艺曲线

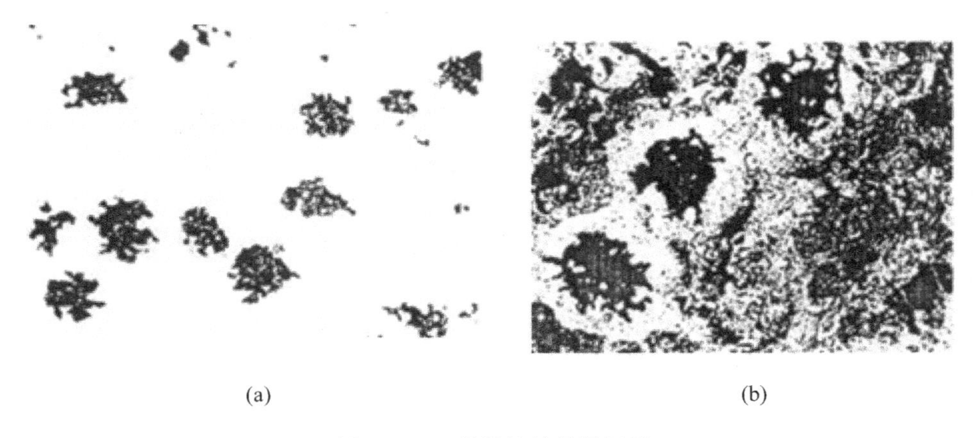

图2-20 可锻铸铁的显微组织

(a) 铁素体可锻铸铁(200×)；(b) 珠光体可锻铸铁(200×)

3) 可锻铸铁的牌号、性能、用途

可锻铸铁的牌号(表 2-16)中“KT”是“可铁”二字汉语拼音的第一个大写字母，表示可锻铸铁。其后加汉语拼音字母“H”则表示黑心可锻铸铁(如 KTH330-08)，加“Z”表示珠光体基可锻铸铁(如 KTZ550-04)，加“B”表示白心可锻铸铁(如 KTB380-12)。随后两组数字分别表示最低抗拉强度(MPa)和最低延伸率 δ(%)。

表 2-16 可锻铸铁的分类、牌号及机械性能

分类	牌号	壁厚/mm	机械性能		
			σ_b/MPa	δ_5/(%)	硬度/HBS
黑心可锻铸铁	KTH300-6	＞12	300	6	120～163
	KTH330-8	＞12	330	8	120～163
	KTH350-10	＞12	350	10	120～163
	KTH370-12	＞12	370	12	120～163
珠光体基可锻铸铁	KTZ450-5	—	450	5	152～219
	KTZ500-4	—	500	4	179～241
	KTZ600-3	—	600	3	210～269
	KTZ700-2	—	700	2	240～270
白心可锻铸铁	KTB350-4	—	350	4	230
	KTB380-12	—	380	12	200
	KTB400-5	—	400	5	220
	KTB450-7	—	450	7	220

注：试棒直径 16 mm。

普通黑心可锻铸铁具有一定的强度和较高的塑性与韧性，常用作汽车、拖拉机后桥外壳，低压阀门及各种承受冲击和振动的农机具。珠光体可锻铸铁具有优良的耐磨性、切削加工性和极好的表面硬化能力，常用作曲轴、凸轮轴、连杆、齿轮等承受较高载荷及耐磨损的重要零件。而白心可锻铸铁在机械工业中的应用较少。

3. 球墨铸铁(spheroidal graphite cast iron)

在浇铸前向铁水中加入少量的球化剂(镁或稀土镁)和孕育剂(75%Si 的硅铁)，所获得的具有球状石墨的铸铁称为球墨铸铁。这种铸铁不仅具有优良的机械性能、加工性能、铸造性能，其生产工艺简单，成本低廉，而且可通过热处理进一步显著提高强度。在一定条件下，球墨铸铁可代替某些碳钢和合金钢制造各种重要的铸件，如曲轴、齿轮。故其得到了越来越广泛的应用。

1) 球墨铸铁的成分、组织、性能

球墨铸铁的成分范围一般为 w_C=3.5%～3.9%，w_{Si}=2.0%～2.6%，w_{Mn}=0.6%～1.0%，w_S＜0.06%，w_P＜0.1%，w_{Mg}=0.03%～0.06%，w_{RE}=0.02%～0.06%。与灰口铸铁相比，球墨铸铁的碳、硅含量较高，含锰较低，对磷、硫限制较严。碳当量(C_E=4.5%～4.7%)高是为了获得共晶成分的铸铁(共晶点为 4.6%～4.7%)，使之具有良好的铸造性能。低硫是因为硫与镁、稀土具有很强的亲和力，从而消耗球化剂，造成球化不良。球墨铸铁对镁和稀土残留量有一定要求，是因为适量的球化剂才能使石墨完全呈球状析出。由于镁和稀土是阻止石墨化的元素，所以在球化处理的同时，必须加入适量的硅铁进行孕育处理，以防止白口出现。

球墨铸铁的组织特征为钢的基体加球状石墨。不同基体的球墨铸铁显微组织如图 2-21 所示。

球墨铸铁的性能与其组织特征有关。由于石墨呈球状分布时，这不仅造成的应力集中小，而且对基体的割裂作用也最小。因此，球墨铸铁的基体强度利用率可达 70%～90%，而

灰口铸铁的基体强度利用率仅为30%～50%。所以，球墨铸铁的抗拉强度、塑性、韧性不仅高于其他铸铁，而且可与相应组织的铸钢相当。特别是球墨铸铁的屈强比(σ_s/σ_b)为0.7～0.8时，几乎比钢高一倍。这一性能特点有很大的实际意义。因为在机械设计中，材料的许用应力是按屈服强度来确定的，因此，对于承受静载荷的零件，若用球墨铸铁代替铸钢则可以大大减轻机器重量。

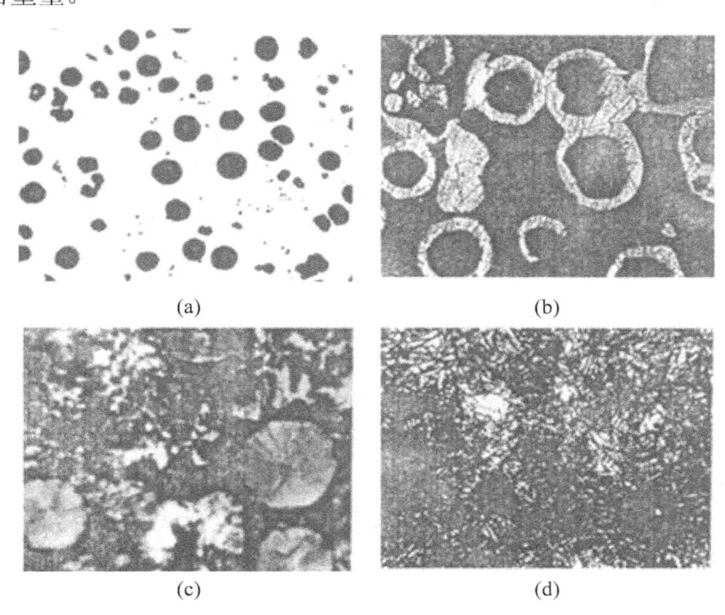

(a) (b) (c) (d)

图 2-21 不同基体的球墨铸铁显微组织

(a) 铁素体基(100×)；(b) 铁素体＋珠光体基(100×)；(c) 珠光体基(200×)；(d) 贝氏体基(500×)

球墨铸铁不仅具有良好的机械性能，同时也保留灰口铸铁具有的一系列优点，特别是通过热处理可使其机械性能达到更高水平，从而扩大了球墨铸铁的使用范围。

2) 球墨铸铁的牌号及用途

表2-17所示为球墨铸铁的牌号、基体组织和性能。牌号中"QT"是"球铁"二字汉语拼音的第一个大写字母，表示球墨铸铁的代号，后面两组数字分别表示最低抗拉强度和最小延伸率δ_5。

表 2-17 球墨铸铁的牌号、基体组织和性能

牌号	基体组织	机械性能≥				
		σ_b/MPa	$\sigma_{0.2}$/MPa	δ_5/(%)	a_k/ kJ/m^2	HBS
QT400-17	F	400	250	17	600	≤179
QT420-10	F	420	270	10	300	≤207
QT500-5	F+P	500	350	5	—	147～241
QT600-2	P	600	420	2	—	229～302
QT700-2	P	700	490	2	—	229～302
QT800-2	P	800	560	2	—	241～321
QT1200-1	下B	1200	840	1	300	≥38HRC

铁素体基体球墨铸铁具有较高的塑性和韧性，常用来制造阀门、汽车后桥壳、机器底座。珠光体基球墨铸铁具有中高强度和较高的耐磨性，常用作拖拉机或柴油机的曲轴、凸轮轴、部分机床上的主轴、轧辊等。贝氏体基球墨铸铁具有高的强度和耐磨性，常用于汽车上的齿轮、传动轴及内燃机曲轴、凸轮轴等。

3) 球墨铸铁的热处理

(1) 球墨铸铁热处理的特点。球墨铸铁的热处理工艺性较好，因此凡能改变和强化基体的各种热处理方法均适用于球墨铸铁。球墨铸铁在热处理过程中的转变机理与钢大致相同，但由于球墨铸铁中有石墨存在且含有较高的硅及其他元素，因而使得球墨铸铁热处理具有如下特点：

① 硅有提高共析转变温度且降低马氏体临界冷却速度的作用，所以铸铁淬火时它的加热温度比钢高，淬火冷却速度可以相应缓慢。

② 铸铁中由于石墨起着碳的“储备库”作用，因而通过控制加热温度和保温时间可调整奥氏体的碳质量分数，以改变铸铁热处理后的基体组织和性能。但由于石墨溶入奥氏体的速度十分缓慢，故保温时间要比钢长。

③ 成分相同的球墨铸铁，因结晶过程中的石墨化程度不同，可获得不同的原始组织，故其热处理方法也应各不相同。

(2) 球墨铸铁常用的热处理方法。

① 退火。球墨铸铁在浇铸后，其铸态组织常会出现不同程度的珠光体和自由渗碳体。这不仅使铸铁的机械性能降低，且难以切削加工。为提高铸态球铁的塑性和韧性，改善切削加工性能，以消除铸造内应力，就必须进行退火，使其中珠光体和渗碳体得以分解，获得铁素体基球墨铸铁。根据铸态组织不同，退火工艺有以下两种：

i. 高温退火。当铸态组织中不仅有珠光体而且有自由渗碳体时，应进行高温退火。其工艺曲线如图 2-22 所示。

ii. 低温退火。当铸态组织仅为铁素体＋珠光体基体，而没有自由渗碳体存在时，为获得铁素体基体，则只需进行低温退火，其工艺曲线如图 2-23 所示。

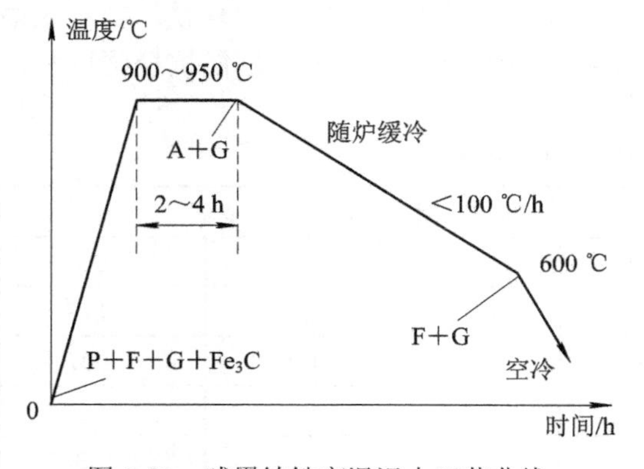

图 2-22 球墨铸铁高温退火工艺曲线

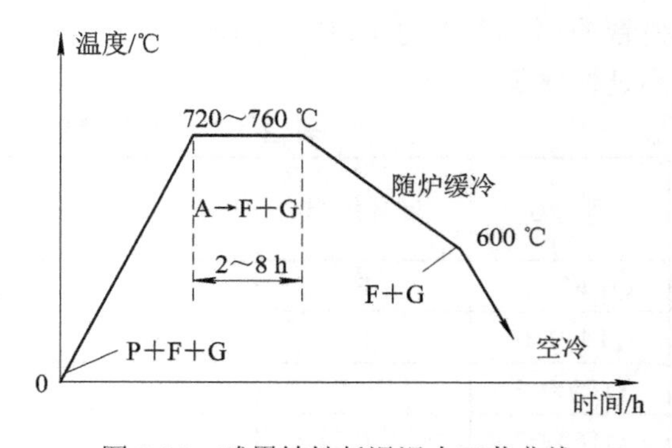

图 2-23 球墨铸铁低温退火工艺曲线

② 正火。球墨铸铁进行正火的目的，是使铸态下基体的混合组织全部或大部分变为珠光体，从而提高其强度和耐磨性。具体工艺有以下两种：

i. 高温正火。将铸件加热到共析温度以上时，使基体组织全部奥氏体化，然后空冷(含硅量高的厚壁件，可采用风冷、喷雾冷却)，使其获得珠光体球墨铸铁。正火后，为消除内应力，可增加一次消除内应力的退火(或回火)。球墨铸铁高温正火工艺曲线如图 2-24 所示。

ii. 低温正火。将铸件加热到共析温度范围内，使基体组织部分奥氏体化，然后出炉空冷，可获得珠光体加铁素体基的球墨铸铁，其塑性、韧性比高温正火高，但强度略低。球墨铸铁低温正火工艺曲线如图 2-25 所示。

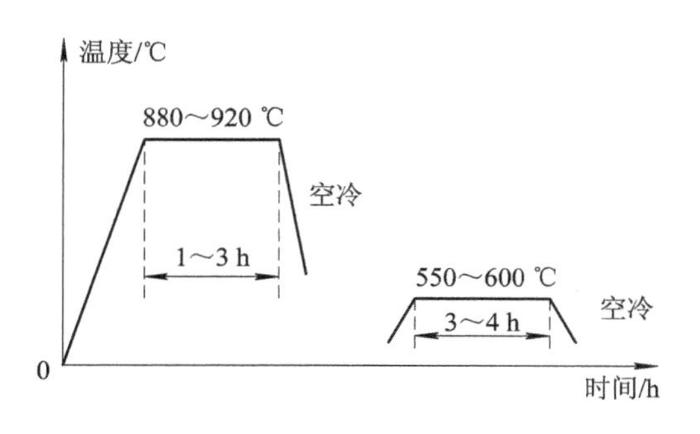

图 2-24　球墨铸铁高温正火工艺曲线

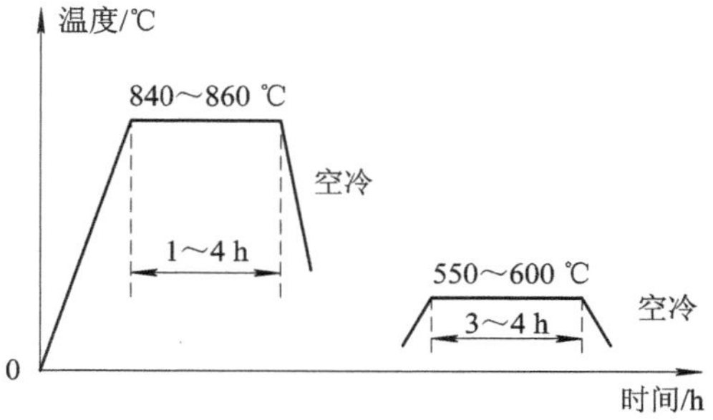

图 2-25　球墨铸铁低温正火工艺曲线

③ 调质处理。对于受力复杂、截面大、综合机械性能要求较高的重要铸件(如柴油机曲轴等)，可采用调质处理，其工艺曲线如图 2-26 所示。调质处理后得到回火索氏体＋球状石墨的硬度为 245～335 HB，具有良好的综合机械性能。

④ 等温淬火。对于一些形状复杂、要求综合机械性能较高、热处理易变形与开裂的零件，常采用等温淬火。将零件加热到 860～920℃，保温时间约比钢长 1 倍，保温后，迅速放入温度为 250～300℃的等温盐浴中，进行 0.5～1.5 h 的等温处理，然后取出空冷，获得下贝氏体加球状石墨为主的组织。其工艺曲线如图 2-27 所示。

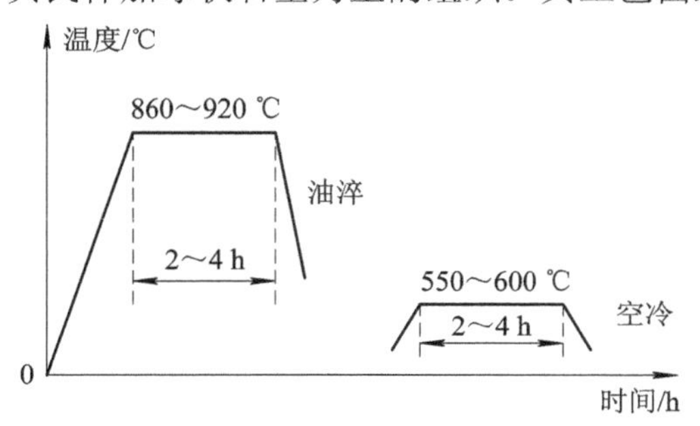

图 2-26　球墨铸铁调质处理工艺曲线

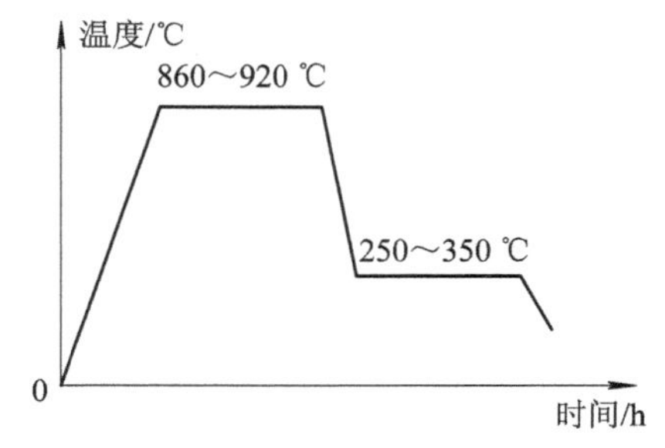

图 2-27　球墨铸铁等温淬火工艺曲线

4. 蠕墨铸铁(vermicular cast iron)

在钢的基体上分布着蠕虫状石墨的铸铁称为蠕墨铸铁。蠕虫状石墨的形状介于片状石墨和球状石墨之间，也称为厚片状石墨。

1) 蠕墨铸铁的获得及蠕化处理

在浇铸前用蠕化剂处理铁水，从而获得蠕虫状石墨的过程称为蠕化处理。常用的蠕化剂有稀土硅钙、稀土硅铁和镁钛稀土硅铁合金。这些蠕化剂除了能使石墨成为厚片状外，均容易使铸铁的白口倾向增加，因此在进行蠕化处理的同时，必须向铁水中加入一定量的硅铁或硅钙合金进行孕育处理，以防止白口倾向，并保证石墨细小均匀分布。

如果铸铁结晶时间过长，已加入的足够量的蠕化剂作用会消退，从而形成片状石墨，使蠕墨铸铁衰退为灰口铸铁。这种情况称为蠕化衰退。厚大的铸件由于冷速小而容易造成蠕化衰退。

铸铁金相组织中蠕虫状石墨在全部石墨中所占的比例称为蠕化率。厚大铸件由于蠕化衰退而易得到片状石墨，薄壁铸件则由于冷速快而易使球状石墨比例增加，二者都会导致蠕化率降低。合格的蠕墨铸铁的蠕化率不得低于50%。

2) 蠕墨铸铁的牌号、性能及用途

蠕墨铸铁的牌号以“蠕”、“铁”汉字拼音的大小写字母“RuT”为代号，后面的一组数字表示最低抗拉强度值(MPa)。表2-18所示是蠕墨铸铁的牌号、基体组织和机械性能。

表2-18　蠕墨铸铁的牌号、基体组织和机械性能

牌号	基体组织	机械性能≥			
		σ_b/MPa	$\sigma_{0.2}$/MPa	δ_5/(%)	硬度/HBS
RuT420	P	420	335	0.75	200～280
RuT380	P	380	300	0.75	193～274
RuT340	P+F	340	270	1.0	170～249
RuT300	F+P	300	240	1.5	140～217
RuT260	F	260	195	3	121～197

蠕墨铸铁的机械性能优于灰口铸铁，低于球墨铸铁。但其导热性、抗热疲劳性和铸造性能均比球墨铸铁好，易于得到致密的铸件。因此蠕墨铸铁也称为“紧密石墨铸铁”，应用于铸造内燃机缸盖、钢锭模、阀体、泵体等。

2.2.3　合金铸铁

随着工业的发展，对铸铁性能的要求愈来愈高，即不但要求它具有更高的机械性能，有时还要求它具有某些特殊的性能，如高耐磨性、耐热及耐蚀等。为此，向铸铁(灰口铸铁或球墨铸铁)铁液中加入一些合金元素，可获得具有某些特殊性能的合金铸铁。合金铸铁与相似条件下使用的合金钢相比，熔炼简便、成本低廉，其具有良好的使用性能。但它们大多具有较大的脆性，机械性能较差。

1. 耐磨铸铁(wear resistant cast iron)

耐磨铸铁按其工作条件可分为两种类型：一种是在无润滑的干摩擦条件下工作，如犁铧、轧辊及球磨机零件等；另一种是在润滑条件下工作，如机床导轨、汽缸套、活塞环和轴承等。

在干摩擦条件下工作的耐磨铸铁应具有均匀的高硬度组织，如白口铸铁、冷硬铸铁都是较好的耐磨材料。为进一步提高铸铁的耐磨性和其他机械性能，常加入Cr、Mn、Mo、V、Ti、P、B等合金元素，形成耐磨性更高的合金铸铁。

在润滑条件下工作的耐磨铸铁，也称为减摩铸铁，其组织应为软基体上分布有硬的组织组成物，以便在磨后使软基体有所磨损，形成沟槽，保持油膜。普通的珠光体基体的铸铁基本上符合这一要求，其中的铁素体为软基体，渗碳体层片为硬组分，而石墨同时也起储油和润滑作用。为了进一步改善珠光体灰口铸铁的耐磨性，通常将铸铁中的含磷量提高到0.4%～0.7%左右，即形成高磷铸铁。其中磷形成Fe_3P，并与铁素体或珠光体组成磷共晶，呈断续的网状分布在珠光体基体上，形成坚硬的骨架，使铸铁的耐磨性显著提高。在普通高磷铸铁的基础上，再加入Cr、Mn、Cu、M、V、Ti、W等合金元素，就构成了高磷合金铸铁。这样不仅细化和强化了基体组织，也进一步提高了铸铁的机械性能和耐磨性。

此外，我国还发展了钒钛铸铁、铬钼铜合金铸铁、锰硼铸铁及中锰球墨铸铁等耐磨铸铁，它们均具有优良的耐磨性。

2. 耐热铸铁(heat-resisting cast iron)

耐热铸铁具有良好的耐热性，可代替耐热钢用作加热炉炉底板、马弗罐、坩埚、燃气管道、换热器及钢锭模等。

普通灰口铸铁在高温下除了会发生表面氧化外，还会发生“热生长”现象。这是由于氧化性气体容易通过在高温下工作的铸件的微孔、裂纹或沿石墨边界渗入铸件的内部，生成密度小的氧化物，以及因渗碳体的分解而发生石墨化，最终引起体积增大。经过反复的受热，铸铁的体积会产生不可逆的膨胀的现象叫做铸铁的热生长。铸铁抗氧化与抗生长的性能称为耐热性。具备良好耐热性的铸铁叫做耐热铸铁。为了提高铸铁的耐热性，一种方法是在铸铁中加入硅、铝、铬等合金元素，使铸件表面形成一层致密的SiO_2、Al_2O_3、Cr_2O_3氧化膜，保护内层组织不被继续氧化。另一种方法是提高铸铁的相变点，使基体组织为单相铁素体，不发生石墨化过程，因而提高了铸铁的耐热性。常用耐热铸铁的化学成分和力学性能如表2-19所示。

表2-19 常用耐热铸铁的化学成分和力学性能

铸铁牌号	化学成分/(%)							抗拉强度/MPa	硬度/HBS
	w_C	w_{Si}	w_{Mn} ≥	w_P ≥	w_S ≥	w_{Cr} ≥	w_{Al}		
RTCr2	3.0～3.8	2.0～3.0	1.0	0.20	0.12	＞1.0～2.0	—	150	207～288
RTCr16	1.6～2.4	1.5～2.2	1.0	0.10	0. 05	15.0～18.0	—	340	400～450
RTSi5	2.4～3.2	4.5～5.5	0.8	0.20	0.12	0.5～1.0	—	140	160～270
RQTSi4Mo	2.7～3.5	3.5～4.5	0.5	0.10	0.03	w_{Mo} 0.3～0.7	—	540	197～280
RQTAl4Si4	2.5～3.0	3.5～4.5	0.5	0.10	0.02	—	4.0～5.0	250	285～341
RQTAl5Si5	2.3～2.8	4.5～5.2	0.5	0.10	0.02	—	＞5.0～5.8	200	302～363

3. 耐蚀铸铁(corrosion resistant cast iron)

耐蚀铸铁主要应用于化工部门，以制作管道、阀门、泵类等零件。为提高其耐蚀性，常加入Si、Al、Cr、Ni等元素，从而使铸件表面形成牢固、致密的保护膜；使铸铁组织成为单相基体上分布着数量较少且彼此孤立的球状石墨，并提高铸铁基体的电极电位。

耐蚀铸铁的种类很多，有高硅耐蚀铸铁、高铝耐蚀铸铁、高铬耐蚀铸铁等。其中应用最广泛的是高硅耐蚀铸铁，碳质量分数小于 12%，硅质量分数为 10%～18%。这种铸铁在含氧酸(如硝酸、硫酸)中的耐蚀性不亚于比 1Cr18Ni9Ti。但在碱性介质和盐酸、氢氟酸中，由于铸铁表面的 SiO_2 保护膜被破坏，而使耐蚀性下降。为改善铸铁在碱性介质中的耐蚀性，可向其中加入 6.5%～8.5%的 Cu；为改善铸铁在盐酸中的耐蚀性，可向其中加入 2.5%～4.0%的 Mn。为进一步提高耐蚀性，还可向铸铁中加入微量的硼和稀土镁合金进行球化处理。

2.3 有色金属及其合金

通常把除铁、铬、锰之外的金属称为有色金属。我国有色金属矿产资源十分丰富，钨、锡、钼、锑、汞、铅、锌的储量居世界前列，稀土金属以及钛、铜、铝的储量也很丰富。与黑色金属相比，有色金属具有许多优良的特性，从而决定了有色金属在国民经济中占有十分重要的地位。例如，铝、镁、钛等金属及其合金，具有相对密度小、比强度高的特点，在飞机制造、汽车制造、船舶制造等工业上应用十分广泛。又如，银、铜、铝等有色金属，导电性和导热性能优良，在电气工业和仪表工业上应用十分广泛。再如，钨、钼、钽、铌及其合金是制造在 1300℃以上使用的高温零件及电真空材料的理想材料。虽然有色金属的年消耗量目前仅占金属材料年消耗量的 5%，但任何工业部门都离不开有色金属材料，在空间技术、原子能、计算机、电子等新型工业部门，有色金属材料都占有极其重要和关键的地位。一般地，有色金属的分类如下：

(1) 有色纯金属分为重金属、轻金属、贵金属、半金属和稀有金属五类。

(2) 有色合金按合金系统分为重有色金属合金、轻有色金属合金、贵金属合金和稀有金属合金等。

(3) 按合金用途分为变形(压力加工)合金、铸造合金、轴承合金、硬质合金、焊料、中间合金和金属粉末等。

2.3.1 铝(aluminium)及铝合金

纯铝是元素周期表中的IIIA 族元素，其电子层结构为 $1s^2 2s^2 2p^6 3s^2 3p^1$。它是一种具有面心立方晶格的金属，无同素异构转变。由于铝的化学性质活泼，在大气中极易与氧作用生成一层牢固致密的氧化膜，防止了氧与内部金属基体的作用，所以纯铝在大气和淡水中具有良好的耐蚀性，但在碱和盐的水溶液中，表面的氧化膜易破坏，使铝很快被腐蚀。纯铝具有很好的低温性能，在 0～－253℃之间其塑性和冲击韧性不降低。纯铝具有一系列优良的工艺性能，易于铸造，易于切削，也易于通过压力加工制成各种规格的半成品。

工业纯铝是含有少量杂质的纯铝，主要杂质为铁和硅，此外还有铜、锌、镁、锰和钛等。杂质的性质和含量对铝的物理性能、化学性能、机械性能和工艺性能都有影响。一般来说，随着主要杂质含量的增高，纯铝的导电性能和耐蚀性能均降低，其机械性能表现为强度升高，塑性降低。

工业纯铝的强度很低，抗拉强度仅为 50 MPa，虽然可通过冷作硬化的方式强化，但也不能直接用于制作结构材料。通过合金化及时效强化的铝合金，当具有 400～700 MPa 的抗拉强度后，才能用作飞机的主要结构材料。

目前，用于制造铝合金的元素大致分为主要元素(硅、铜、镁、锰、锌、锂)和辅加元素(铬、钛、锆、稀土、钙、镍、硼等)两类。铝与主加元素的二元相图的近铝端一般都具有如图 2-28 所示的形式。根据该相图可以把铝合金分为变形铝合金和铸造铝合金。相图上最大饱和溶解度 *d*(*d* 点也代表合金元素在 S 相中脱溶的脱溶线起始点)是这两类合金的理论分界线。*d* 点左边的合金Ⅰ，加热时能形成单相固溶体组织，适用于形变加工，称为变形铝合金；*d* 点右边的合金Ⅳ，在常温下具有共晶组织，适用于铸造成型，称为铸造铝合金。

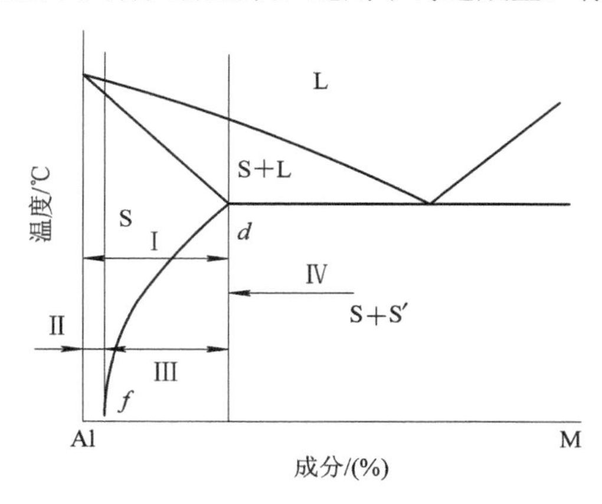

图 2-28　铝合金近铝端相图

1. 变形铝合金(wrought aluminium alloy)

变形铝合金通过熔炼铸成铝锭后，要经过加工制成板材、带材、管材、棒材、线材等半成品，故要求合金应有良好的塑性变形能力。合金成分小于 *d* 点的合金，其组织主要为固溶体，在加热至固溶线以上温度时，甚至可得到均匀的单相固溶体，其塑性变形能力很好，适于锻造、轧制和挤压。为了提高合金强度，合金中可包含有一定数量的第二相，很多合金中第二组元的含量超过了极限溶解度 D。但当第二相若是硬脆相时，第二组元的含量只允许少量超过 *d* 点。

变形铝合金分为两大类，一类是凡成分在 *f* 点以左的合金Ⅱ，其固溶体成分不随温度而变化，不能通过时效处理强化合金，故称为不能热处理强化的铝合金。另一类是成分在 *f*、*d* 之间的合金Ⅲ，其固溶体的成分将随温度而变化，可以进行时效处理强化，称为能热处理强化的铝合金。非热处理强化铝合金是防锈铝合金，耐腐蚀，易加工成型和易于焊接，强度较低，适宜制作耐腐蚀和受力不大的零部件及装饰材料，这类合金牌号用 LF 加序号表示，如 LF21、LF3 等。热处理强化铝合金通过固溶处理和时效处理，大体可分为三种：第一种是硬铝(duralumin)，以 Al-Cu-Mg 合金为主，应用广泛，有强烈的时效强化能力，可制作飞机受力构件，牌号用 LY 加序号表示，如 LY12、LY6 等；第二种是超硬铝(superduralumin)，以 Al-Zn-Mg-Cu 合金为主，是强度最高的铝合金，其牌号用 LC 加序号表示，如 LC4、LC6 等；第三种是锻铝(wrought aluminium)，以 A1-Mg-Si 合金为主，冷热加工性好，耐腐蚀，低温性能好，适合制作飞机上的锻件，其牌号用 LD＋序号表示。如 LD2、LD6 等。此外，还有新发展的铝合金，如铝锂合金、快速凝固铝合金等。表 2-20 常用变形铝合金的牌号、化学成分、性能及用途。

表 2-20 常用变形铝合金的牌号、化学成分、性能及用途

类别	牌号(代号)	化学成分/(%)						热处理状态	力学性能			用途
		Cu	Mg	Mn	Zn	其他	Al		σ_b/MPa	δ(%)	HB	
防锈铝合金	3A05(LF5)		4.0~5.5	0.3~0.6			余量	退火	280	20	70	焊接油箱、油管、焊条、铆钉及中载零件
防锈铝合金	3A21(LF21)			1.0~1.6			余量	退火	130	20	30	焊接油箱、油管、铆钉及轻载零件
硬铝合金	2A01(LY1)	2.2~3.0	0.2~0.5				余量	淬火+自然时效	300	24	70	工作温度不超过 100℃，常用作铆钉
硬铝合金	2A12(LY12)	3.8~4.9	1.2~1.8	0.3~0.9			余量	淬火+自然时效	470	17	105	高强度结构件、航空模锻件及 150℃以下工作零件
超硬铝合金	7A04(LC4)	1.4~2.0	1.8~2.8	0.2~0.6	5.0~7.0	Cr 0.1~0.25	余量	淬火+人工时效	600	12	150	主要受力构件，如飞机机架、桁架等
超硬铝合金	7A06(LC6)	2.2~2.8	2.5~3.2	0.2~0.5	7.6~8.6	Cr 0.1~0.25	余量	淬火+人工时效	680	7	190	主要受力构件，如飞机大梁、桁架、起落架等
锻造铝合金	2A05(LD5)	1.8~2.0	0.4~0.8	0.4~0.8		Si 0.7~1.2	余量	淬火+人工时效	420	13	105	形状复杂、中等强度的锻件
锻造铝合金	2A10(LD10)	3.9~4.8	0.4~0.8	0.4~1.0		Si 0.5~1.2	余量	淬火+人工时效	480	19	135	承受重载荷的锻件

2. 铸造铝合金(aluminium casting alloy)

铸造铝合金用于直接铸成各种形状复杂的甚至是薄壁的成型件。因其浇注后，只进行切削加工即可成为零件或成品，故要求该合金具有良好的流动性。凡成分大于 d 点的合金，由于有共晶组织存在，其流动性较好，且高温强度也比较高，可以防止热裂现象，故适于铸造。因此，大多数铸造铝合金中合金元素的含量均大于极限溶解度。当然，实际上当合金元素小于极限溶解度 D 时，也可以进行成型铸造。

铸造铝合金应具有较高的流动性，较小的收缩性、热裂、缩孔和疏松倾向小等良好的铸造性能。共晶合金或合金中因含有一定量的共晶组织，所以它具有优良的铸造性能。为了综合运用热处理强化和过剩相强化，铸造铝合金的成分都比较复杂，合金元素的种类和数量相对较多，以所含主要合金组元为标志，常用的铸造铝合金有铝硅系、铝铜系、铝镁系、铝稀土系和铝锌系合金，主要铸造铝合金的牌号和化学成分见表 2-21。

表 2-21　铸造铝合金的主要牌号和化学成分(w/(%))

合金系	牌号	Si	Cu	Mg	Mn	Zn	Ni	Ti	Zr
Al-Si	ZL102	10.0～13.0	<0.6	<0.05	<0.5	<0.3	—	—	—
	ZL104	8.0～10.5	<0.3	0.17～0.30	0.2～0.5	<0.3	—	—	—
	ZL105	4.5～5.5	1.0～1.5	0.35～0.60	<0.5	<0.2	—	—	—
	ZL111	8.0～10.0	1.3～1.8	0.4～0.6	0.1～0.35	<0.1	—	0.1～0.35	—
Al-Cu	ZL201	<0.3	4.5～5.3	<0.05	0.6～1.0	<0.1	<0.1	0.15～0.35	<0.2
	ZL203	<1.5	4.5～5.0	<0.03	<0.1	<0.1	—	<0.07	—
Al-Mg	ZL301	<0.3	<0.1	9.5～11.5	<0.1	<0.1	—	<0.07	—
	ZL303	0.8～1.3	<0.1	4.5～5.5	0.1～0.4	<0.2		<0.2	

2.3.2　铜及铜合金

1. 纯铜(pure copper)

纯铜呈紫红色，又称紫铜，比重为 8.9，熔点为 1083℃。它分为两大类，一类为含氧铜，另一类为无氧铜。由于铜有良好的导电性、导热性和塑性，并兼有耐蚀性和可焊接性，因此它是化工、船舶和机械工业中的重要材料。

工业纯铜的导电性和导热性在 64 种金属中仅次于银。冷变形后，纯铜的导电率变化小。形变 80%后导电率下降不到 3%，故可在冷加工状态用作导电材料。杂质元素都会降低其导电性和导热性，尤以磷、硅、铁、钛、铍、铝、锰、砷、锑等影响最强烈；形成非金属夹杂物的硫化物、氧化物、硅酸盐等影响小，不溶的铅、铋等金属夹杂物影响也不大。

铜的电极电位较正，在许多介质中都耐蚀，可在大气、淡水、水蒸气及低速海水等介质中工作，铜与共它金属接触时成为阴极，而其他金属及合金多为阳极，并发生阳极腐蚀，为此需要镀锌保护。

铜的另一个特性是无磁性，常用来制造不受磁场干扰的磁学仪器。铜有极高的塑性，能承受很大的变形量而不发生破裂。

含氧铜在还原性气氛中退火，氢渗入与氧作用生成水蒸气，这会造成很高的内压力，引起微裂纹，在加工或服役中发生破裂。故对无氧铜要求 $w_O<0.003\%$。

工业纯铜中，$w_O<0.01\%$的称为无氧铜，以 TU1 和 TU2 表示，用做电真空器件。TUP 为磷脱氧铜，用做焊接钢材，制作热交换器、排水管、冷凝管等。TUMn 为锰脱氧铜，用于电真空器件。T1～T4 为纯铜，含有一定氧。T1 和 T2 的氧含量较低，用于导电合金；T3 和 T4 含氧较高，$w_O<0.1\%$，一般用做铜材。

2. 铜合金(copper alloy)

按照化学成分不同，铜合金可分为黄铜、白铜及青铜三大类。

(1) 黄铜。以锌为主要元素的铜合金称为黄铜，按其余合金元素种类可分为普通黄铜和特殊黄铜；按生产方法可分为压力加工产品和铸造产品两类。压力加工黄铜的编号方法举例如下：H62 表示含 62%Cu 和 38%Zn 的普通黄铜；HMn58-2 表示含 58%Cu 和 2%Mn 的特殊黄铜，称为锰黄铜。铸造黄铜的编号方法举例如下：ZHSi80-3 表示含 80%Cu 和 3%Si 的铸造硅黄铜；ZHAl66-6-3-2 表示含 66%Cu、6%Al、3%Fe 和 2%Mn 的铸造铝黄铜。

(2) 白铜。以镍为主要元素的铜合金称为白铜。白铜分为结构白铜和电工白铜两类。其牌号表示方法举例如下：B30表示含30%Ni的简单白铜；BMn40-1.5表示含40%Ni和1.5%Mn的复杂白铜，又可称为锰白铜，俗称“康铜”。

(3) 青铜。除锌和镍以外的其他元素作为主要合金元素称为青铜。按所含主要元素的种类分为锡青铜、铝青铜、铅青铜、硅青铜、铍青铜、钛青铜、铬青铜等。青铜的牌号表示方法举例如下：QBe2 表示含 2%Be 的压力加工铍青铜；QAl9-2 表示含 9%Al 和 2%Mn 的压力加工铝青铜。ZQPb30 表示含 30%的 Pb 的铸造铅青铜；ZQSn6-6-3 表示含 6%Sn、6%Zn 和 3%Pb 的铸造锡青铜。

2.3.3 轴承合金

轴承可定义为一种在其中有另外一种元件(诸如轴颈或杆)旋转或滑动的机械零件。依据轴承工作时摩擦的型式，它们又分为滚动轴承与滑动轴承。滑动轴承之中自身具有自润滑性的轴承叫做含油轴承或自润滑轴承。滑动轴承是指支承轴颈和其他转动或摆动零件的支承件。它是由轴承体和轴瓦两部分构成的。轴瓦可以直接由耐磨合金制成，也可在钢背上浇铸(或轧制)一层耐磨合金内衬制成。用来制造轴瓦及其内衬的合金，称为轴承合金。

当机器不运转时，轴停放在轴承上，对轴承施以压力。当轴高速旋转运动时，轴对轴承施以周期性交变载荷，有时还伴有冲击。滑动轴承的基本作用，就是将轴准确定位，并在载荷作用下支撑轴颈而不破坏。

当滑动轴承工作时，轴和轴承不可避免地会产生摩擦。为此，在轴承上常注入润滑油，以便在轴颈和轴承之间有一层润滑油膜相隔，进行理想的液体摩擦。实际上，在低速和重荷的情况下，润滑并不那么起作用，这时处于边界润滑状态。边界润滑意味着金属和金属直接接触的可能性存在，它会使磨损增加。当机器在启动、停车、空转和载荷变动时，也常出现这种边界润滑或半干摩擦甚至干摩擦状态。只有在轴转动速度逐渐增加，当润滑油膜建立起来之后，摩擦系数才逐渐下降，最后达到最小值。如果轴转动速度进一步增加，摩擦系数又重新增大。

根据轴承的工作条件，轴承合金应具备如下一些性能：

(1) 在工作温度下，应具备足够的抗压强度和疲劳强度，以承受轴颈所施加的载荷。

(2) 应具有良好的减摩性和耐磨性。即轴承合金的摩擦系数要小，对轴颈的磨损要少，使用寿命要长。

(3) 应具有一定的塑性和韧性，以承受冲击。

(4) 应具有小的膨胀系数和良好的导热性，以便其在干摩擦或半干摩擦条件下工作时，若发生瞬间热接触，而不致咬合。

(5) 应具有良好的磨合性，即在轴承开始工作不太长的时间内，轴承上的突出点就会在滑动接触时被去除掉，而不致损坏配对表面。

(6) 应具有良好的嵌镶性。以便使润滑油中的杂质和金属碎片能够嵌入合金中而不致划伤轴颈的表面。

(7) 轴承的制造要容易，成本要低廉。因为轴是机器上的重要零件，价格较贵，所以在磨损不可避免时，应确保轴的长期使用。

此外，还要求轴承应具有良好的顺应性、抗蚀性以及能够与钢背牢固相结合的有关工艺性能。

显然，要同时满足上述多方面性能要求是很困难的。选材时，应具备各种机械的具体工作条件，以满足其性能要求为原则。

常用轴承合金，按其主要化学成份可分为铅基、锡基、铝基、铜基和铁基。下面着重介绍铅基、锡基、铝基和铜基四种轴承合金。

1. 铅基轴承合金(Termite)

铅基轴承合金是在铅锑合金的基础上加入锡、铜等元素形成的合金，又称为铅基巴氏合金。我国铅基轴承合金的牌号、成分和力学性能如表2-22所示。

表2-22　铅基轴承合金的牌号、成分和力学性能

代号	化学成分/(%)				力学性能		
	w_{Sn}	w_{Sb}	w_{Pb}	w_{Cu}	σ_b/MPa	δ/(%)	硬度/HBS
ZChPb16-16-2	15.0～17.0	15.0～17.0	余量	1.5～2.0	78	0.2	30
ZChPb15-5-3	5.0～6.0	14.0～16.0	余量	2.5～3.0	—	—	32

铅基轴承合金的突出优点是成本低、高温强度好、亲油性好、有自润滑性，适用于润滑较差的场合。但耐蚀性和导热性不如锡基轴承合金，对钢背的附着力也较差。

2. 锡基轴承合金(tin-base babbit)

锡基轴承合金以锡为主，并加入少量锑和铜的合金。我国锡基轴承合金的牌号、成分和力学性能如表2-23所示。合金牌号中的Ch表示“轴承”中“承”字的汉语拼音字头，Ch的后边为基本元素锡和主要添加元素锑的化学元素符号，最后为添加元素的含量。

表2-23　锡基轴承合金的牌号、成分和力学性能

代号	化学成分/(%)			力学性能		
	w_{Sn}	w_{Sb}	w_{Pb}	σ_b/MPa	δ/(%)	硬度/HBS
ZChSnSb11-6	余量	10～12	5.5～6.5	90	6	30
ZChSnSb8-4	余量	7.8～8.0	3.6～4.0	80	10.6	24

锡基轴承合金的主要特点是摩擦系数小，对轴颈的磨损少，基体是塑性好的锑在锡中的固溶体，硬度低、顺应性和嵌镶性好，抗腐蚀性高，对钢背的粘着性好。它的主要缺点是抗疲劳强度较差，且随着温度升高机械强度急剧下降，最高运转温度一般应小于110℃。

3. 铝基轴承合金(Palium)

铝基轴承合金密度小、导热性好、抗疲劳强度高、价格低廉，广泛用于高速、高负荷下工作的轴承。

铝基轴承合金按成分可分为铝锡系、铝锑系和铝石墨系三类。

1) 铝锡系铝基轴承合金

该合金是以铝(60%～95%)和锡(5%～40%)为主要成分的合金，其中以Al-20Sn-1Cu合金最为常用。这种合金的组织为在硬基体(Al)上分布着软质点(Sn)。硬的铝基体可承受较大的负荷，且表面易形成稳定的氧化膜，它既有利于防止腐蚀，又可起减摩耐磨作用。低熔点锡在摩擦过程中易熔化并覆盖在摩擦表面，起到减少摩擦与磨损的作用。铝锡系铝基轴承合金具有疲劳强度高，耐热性、耐磨性和耐蚀性均良好等优点，因此被世界各国广泛采用，尤其是适用于高速、重载条件下工作的轴承。

2) 铝锑系铝基轴承合金

该合金的化学成分为：w_{Sb}=4%，w_{Mg}=0.3%～0.7%，其余为 Al。组织为软基体(Al)上分布着硬质点 AlSb，加入镁可提高合金的疲劳强度和韧性，并可使针状 AlSb 变为片状。这种合金适用于载荷不超过 20 MPa，滑动线速度不大于 10 m/s 的工作条件下，与 08 钢板热轧成双金属轴承使用。

3) 铝石墨系铝基轴承合金

铝石墨减摩材料是近些年发展起来的一种新型材料。为了提高基体的机械性能，基体可选用铝硅合金(含硅量 6%～8%)。由于石墨在铝中的溶解度很小，且在铸造时易产生偏析，故需采用特殊铸造办法制造或以镍包石墨粉或铜包石墨粉的形式加入到合金中，合金中适宜的石墨含量为 3%～6%。铝石墨减摩材料的摩擦系数与铝锡系轴承合金相近，由于石墨具有优良的自润滑作用和减振作用以及耐高温性能，故该种减摩材料在干摩擦时，能具有自润滑的性能，特别是在高温恶劣条件下(工作温度达 250℃)，仍具有良好的性能。因此，铝石墨系减摩材料可用来制造活塞和机床主轴的轴瓦。

4. 铜基轴承合金(copper-base bearing alloy)

铜基轴承合金的牌号、成分及机械性能见表 2-24 所示。

表 2-24 铜基轴承合金的牌号、化学成分及机械性能

名称	代号	化学成分/(%)				机械性能		
		Pb	Sn	其他	Cu	σ_b/MPa	δ/(%)	硬度/HB
铅青铜	ZQPb30	27.0～33.0	—	—	余量	60	4	25
	ZQPb25-5	23.0～27.0	4.0～6.0	—	余量	140	6	50
	ZQPb12-8	11.0～13.0	7.0～9.0	—	余量	120～200	3～8	80～120
锡青铜	ZQSn10-1	—	9.0～1.0	P0.6～1.2	余量	250	5	90
	ZQSn6-6-3	2.0～4.0	5.0～7.0	Zn5.0～7.0	余量	200	10	65

铅青铜是硬基体软质点类型的轴承合金。同巴氏合金相比，它具有高的疲劳强度和承载能力，优良的耐磨性、导热性和低摩擦系数，能在较高温度(250℃)下正常工作。铅青铜适于制造大载荷、高速度的重要轴承，例如航空发动机、高速柴油机的轴承等。

锡基、铅基轴承合金及不含锡的铅青铜的强度比较低，承受不了大的压力，所以使用时必须将其镶铸在钢的轴瓦时，形成一层薄而均匀的内衬，做成双金属轴承。含锡的铅青铜由于锡溶于铜中使合金强化，获得高的强度，不必做成双金属，可直接做成轴承或轴套使用。由于高的强度，锡青铜也适于制造高速度、高载荷的柴油机轴承。

2.3.4 镁及镁合金

镁合金是实际应用中最轻的金属结构材料，它具有密度小，比强度和比模量高，阻尼性、导热性、切削加工性、铸造性好，电磁屏蔽能力强，尺寸稳定，资源丰富，容易回收等一系列优点，因此，在汽车工业、通信电子业和航空航天业等领域得到日益广泛的应用。近年来，镁合金产量在全球的年增长率高达 20%，显示出极大的应用前景。

与铝合金相比，镁合金的研究和应用还很不充分，目前，镁合金的产量只有铝合金的 1%。镁合金作为结构件应用最多的是铸件，其中 90%以上的是压铸件。限制镁合金广泛应用的主要问题是镁合金在熔炼加工过程中极易氧化燃烧，因此镁合金的生产难度很大；镁合金生产技术还不成熟和完善，特别是镁合金成型技术更待进一步发展；镁合金的耐蚀性较差；现有工业镁合金的高温强度蠕变性能较低，限制了镁合金在高温(150～350℃)场合的应用。

镁在地壳中的储量为 2.77%，仅次于铝和铁。我国具有丰富的镁资源，菱镁矿储量居世界首位。2001 年我国镁的生产能力为 25 万吨，产量为 18 万吨，产量占全球 40%，其中出口量为 16 万吨。但是，由于镁合金锭的质量问题，只能廉价出口。国内镁合金在汽车上已应用在上海大众桑塔纳轿车的手动变速壳体，一汽集团将在轿车上应用镁合金，东风集团也准备生产镁合金汽车铸件。镁合金在通信电子器材的应用中还处于起步阶段。因此如何将镁合金的资源优势转变为技术和经济优势，促进国民经济的发展，增强我国在镁行业的国际竞争力，是摆在我们面前的迫切任务。

镁合金可以分为变形镁合金和铸造镁合金两类。

1. 变形镁合金(deformation magnesium alloy)

按化学成分可将变形镁合金分为三类：

1) 镁—锰系合金

代表合金有 MB1。可进行各种压力加工而制成、棒、板、型材和锻件，主要用作航空、航天器的结构材料。

2) 镁—铝—锌系合金

代表合金有 MB2、MB3，均为高塑性锻造镁合金，MB3 为中等强度的板带材合金。

3) 镁—锌—锆系合金

属于高强镁合金，主要代表有 MB15 等。由于塑性较差，不易焊接，主要生产挤压制品和锻件。

2. 铸造镁合金(cast magnesium alloy)

与变形镁合金相比，铸造镁合金在应用方面占统治地位。主要分为无锆镁合金和含锆镁合金两类。

2.3.5 钛及钛合金

钛合金是近年来快速发展的材料。钛及钛合金密度小(4.5 g/cm^3)，比强度大大高于钢，比强度和比模量性能突出。波音 777 的起落架采用钛合金制造，大大减轻了重量，经济效益极为显著。钛的耐腐蚀性能优异，是目前耐海水腐蚀的最好材料。钛是制造工作温度在 500℃以下(如火箭低温液氮燃料箱、导弹燃料罐、核潜艇船壳、化工厂反应釜等)构件的重要材料。我国钛产量居世界第一，TO_2 储量约 8 亿吨，特别是在攀枝花、海南岛等地。

钛合金高温强度差，不宜在高温中使用。尽管钛的熔点为 1675℃，比镍等金属材料高好几百度，但其使用温度较低，最高的工作温度只有 600℃。如当前使用的飞机涡轮叶片材料是镍铝高温合金。若能采用耐高温钛合金，材料的比强度、耐蚀性和寿命将大大提高。为解决钛合金的高温强度，世界各国正积极研究采用中间化合物即金属和金属之间的化合物作为高温材料。中间化合物熔点较高、结合力强，特别是钛铝合金，密度又小，作为航空的高温材料有较大的优越性和发展前途。目前研制的有序化中间化合物使钛合金使用温度达到600℃以上；Ti_3Al 达到750℃；TiAl 达到800℃，有望提高到900℃以上。

思考题与习题

2-1 哪些合金元素可使钢在室温下获得铁素体组织？哪些合金元素可使钢在室温下获得奥氏体组织？并说明理由。

2-2 合金元素对钢的奥氏体等温转变图和 M_s 点有何影响？为什么高速钢加热得到奥氏体后经空冷就能得到马氏体，而且其室温组织中含有大量残余奥氏体？

2-3 何谓回火稳定性、回火脆性、热硬性？合金元素对回火转变有哪些影响？

2-4 为什么高速切削刀具要用高速钢制造？为什么尺寸大、要求变形小、耐磨性高的冷变形模具要用 Crl2MoV 钢制造？它们的锻造有何特殊要求？其淬火、回火温度应如何选择？

2-5 比较说明合金渗碳钢、合金调质钢、合金弹簧钢、轴承钢的成分、热处理、性能的区别及应用范围。

2-6 比较说明低合金工具钢和高合金工具钢的成分、热处理、性能的区别及应用范围，

2-7 下列零件和构件要求材料具有哪些主要性能？应选用何种材料(写出材料牌号)？应选择何种热处理？并制定各零件和构件的工艺路线。

① 汽轮机叶片；② 汽车齿轮；③ 镗床镗杆；④ 汽车板簧；⑤ 汽车、拖拉机连杆螺栓。

2-8 何谓石墨化？铸铁石墨化过程分哪三个阶段？对铸铁组织有何影响？

2-9 试述石墨形态对铸铁性能的影响。

2-10 灰铸铁中有哪几种基本相？可以组成哪几种组织形态？

2-11 简述铸铁的使用性能及各类铸铁的主要应用。

2-12 可锻铸铁如何获得？所谓黑心、白心可锻铸铁的含义是什么？可锻铸铁可以锻造吗？

2-13 下列铸件宜选择何种铸铁铸造：

① 机床床身；② 汽车、拖拉机曲轴；③ 1000～1100℃加热炉炉体；④汽车、拖拉机转向壳。

2-14 铝合金是如何分类的？

2-15 变形铝合金包括哪几类铝合金？用 2A01(原 LYl)作铆钉应在何状态下进行铆接？在何时得到强化？

2-16 铜合金分哪几类？不同铜合金的强化方法与特点是什么？

2-17 黄铜分为几类？分析含 Zn 量对黄铜的组织和性能的影响。

2-18 青铜如何分类？说明含 Zn 量对锡青铜组织与性能的影响，分析锡青铜的铸造性能特点。

2-19 白铜应如何分类？所谓“康铜”是什么铜合金，它的性能与应用特点是什么？

2-20 变形镁合金包括哪几类镁合金？它们各自的性能特点是什么？

2-21 钛合金分为几类？钛合金的性能特点与应用特点是什么？

2-22 轴承合金常用的合金类型有哪些？轴承合金对性能和组织有哪些要求？

第3章 铸　　造

将液态金属浇注到具有与零件形状、尺寸相适应的铸型型腔中，待其冷却凝固，以获得毛坯零件的生产方法称为铸造(cast)。

铸造是历史最为悠久的金属成型方法，直到今天，它仍然是毛坯生产的主要方法。在机器设备中铸件所占的比例很大。如在机床、内燃机中，铸件占总重量的70%～90%，压气机占60%～80%，拖拉机占50%～70%，农业机械占40%～70%。铸造之所以获得如此广泛的应用，是因为它有如下优越性：

(1) 可制成形状复杂，特别是具有复杂内腔的毛坯，如箱体、气缸体等。

(2) 适应范围广。如工业上常用的金属材料(碳素钢、合金钢、铸铁、铜合金、铝合金等)都可铸造，其中广泛应用的铸铁件只能用铸造方法获得。铸件的大小几乎不限，从数克到数百吨；铸件的壁厚可由1 mm到1 m左右；铸造的批量不限，从单件、小批，直到大量生产。

(3) 铸造材料可直接利用成本低廉的废机件或切屑，而且设备费用较低。同时，铸件加工余量小，节省金属，减少切削加工量，从而降低制造成本。

在铸造生产中，最基本的工艺方法是砂型铸造，用这种方法生产的铸件占总产量的90%以上。此外，还有多种特种铸造方法，如熔模铸造、金属型铸造、压力铸造、离心铸造等，它们在不同条件下各具优势。

3.1 铸造工艺基础

铸造生产过程复杂，影响铸件质量的因素颇多，废品率一般较高。铸造废品的产生不仅与铸型工艺有关，还与铸型材料、铸造合金、熔炼、浇注等密切相关。现先从与合金铸造性能相关的主要缺陷的形成与防止加以论述，为合理选择铸造合金和铸造方法打好基础。

3.1.1 液态合金的充型

液态合金填充铸型的过程简称充型。

液态合金充满铸型型腔，获得形状完整、轮廓清晰铸件的能力，称为液态合金的充型能力。在液态合金的充型过程中，有时伴随着结晶现象。若充型能力不足，在型腔被填满之前，形成的晶粒将充型的通道堵塞，金属液被迫停止流动，于是铸件将产生浇不足或冷隔等缺陷。

充型能力主要受金属液本身的流动性、铸型性质、浇注条件及铸件结构等因素的影响。

1. 合金的流动性

液态合金本身的流动能力称为合金的流动性，是合金主要铸造性能之一。合金的流动性愈好，充型能力愈强，愈便于浇铸出轮廓清晰、薄而复杂的铸件。同时，有利于非金属夹杂物和气体的上浮与排除，还有利于对合金冷凝过程所产生的收缩进行补缩。液态合金的流动性通常以“螺旋形试样”(图 3-1)长度来衡量。显然，在相同的浇注条件下，合金的流动性愈好，所浇出的试样愈长。表 3-1 列出了常用铸造合金的流动性，其中灰铸铁、硅黄铜的流动性最好，铸钢的流动性最差。

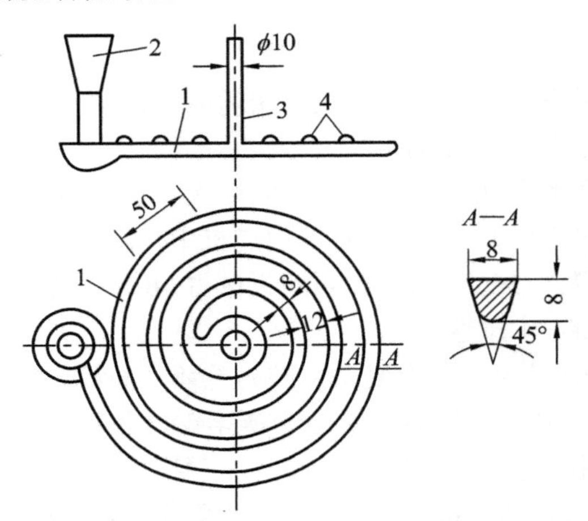

1—试样铸件；2—浇口；3—冒口；4—试样凸点

图 3-1 金属流动性试样

表 3-1 常用铸造合金的流动性

合 金	造型材料	浇注温度/℃	螺旋线长度 / mm
灰口铸铁 $w_C+w_{Si}=6.2\%$ $w_C+w_{Si}=5.2\%$ $w_C+w_{Si}=4.2\%$	砂型	1300	1800 1000 600
铸钢($w_C=0.4\%$)	砂型	1600 1640	100 200
锡青铜((9%～11%)Sn＋(2%～4%)Zn))	砂型	1040	420
硅黄铜(含 $w_{Si}=1.5\%\sim4.5\%$)	砂型	1100	1000
铝合金(硅铝明)	金属型(300℃)	680～720	700～800

影响合金流动性的因素很多，以化学成分的影响最为显著。共晶成分合金的结晶是在恒温下进行的，此时，液态合金从表层逐层向中心凝固，由于已结晶的固体层内表面比较光滑，对金属液的流动阻力小，故流动性最好。除纯金属外，其他成分合金是在一定温度范围内逐步凝固的，此时，结晶是在一定宽度的凝固区内同时进行的，由于初生的树枝状晶体使固体层内表面粗糙，所以合金的流动性变差。显然，合金成分愈远离共晶点，结晶温度范围愈宽，流动性愈差。图 3-2 所示为 Fe−C 含金的流动性与碳质量分数的关系。由图可见，随碳质量分数的增加，亚共晶铸铁结晶温度范围减小，流动性逐渐提高。

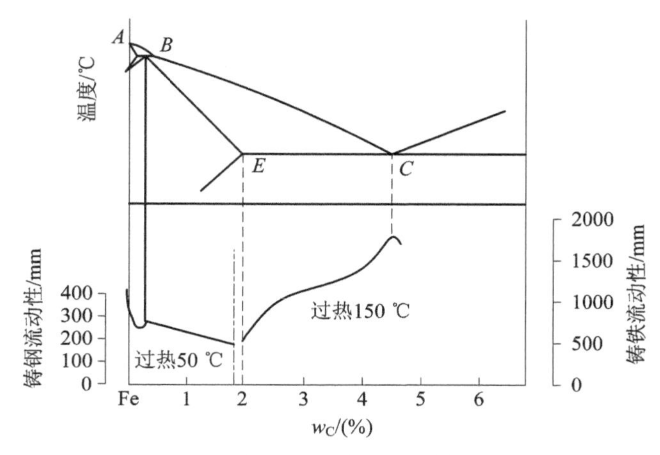

图 3-2 Fe-C 合金流动性与碳质量分数的关系

2. 浇注条件

1) 浇注温度

浇注温度对合金的充型能力起着决定性作用。提高浇注温度，合金的粘度下降，流速加快，还能使铸型温度升高，合金在铸型中保持流动的时间长，从而大大提高了合金的充型能力。但浇注温度过高，铸件容易产生缩孔、缩松、粘砂、气孔、粗晶等缺陷，故在保证充型能力足够的前提下，浇注温度应尽量降低。

2) 充型压力

液态合金所受的压力愈大，充型能力愈好。如压力铸造、低压铸造和离心铸造时，因充型压力较砂型铸造提高甚多，所以充型能力较强。

3. 铸型填充条件

液态合金充型时，铸型阻力将影响合金的流动速度，而铸型与合金间的热交换又将影响合金保持流动的时间。因此，如下因素对充型能力均有显著影响。

1) 铸型材料

铸型材料的导热系数和比热容愈大，对液态合金的激冷能力愈强，合金的充型能力就愈差。如金属型铸造较砂型铸造容易产生浇不足和冷隔缺陷。

2) 铸型温度

金属型铸造、压力铸造和熔模铸造时，铸型被预热到数百度，由于减缓了金属液的冷却速度，故使充型能力得到提高。

3) 铸型中气体

在金属液的热作用下，铸型(尤其是砂型)将产生大量气体，如果铸型排气能力差，型腔中气压将增大，以致阻碍液态合金的充型。为了减小气体的压力，除应设法减少气体的来源外，应使铸型具有良好的透气性，并在远离浇口的最高部位开设出气口。

3.1.2 铸件的收缩

铸件在冷却过程中，其体积或尺寸缩减的现象称为收缩，它是铸造合金的物理本性。收缩给铸造工艺带来许多困难，是多种铸造缺陷(缩孔、缩松、裂纹、变形等)产生的根源。

金属从液态冷却到室温要经历三个相互联系的收缩阶段，即

液态收缩：从浇注温度到凝固开始温度(液相线温度)间的收缩。

凝固收缩：从凝固开始温度到凝固终止温度(固相线温度)间的收缩。

固态收缩：从凝固终止温度到室温间的收缩。

合金的液态收缩和凝固收缩表现为合金体积缩小，使型腔内金属液面下降，通常用体积收缩率来表示，它们是铸件产生缩孔和缩松缺陷的基本原因；合金的固态收缩不仅引起合金体积上的缩减，同时，更明显地表现在铸件尺寸上的缩减，因此固态收缩常用单位长度上的收缩量(即线收缩率)来表示，它是铸件产生内应力以致引起变形和产生裂纹的主要原因。

1. 影响收缩的因素

不同合金的收缩率不同。表 3-2 所示为几种铁碳合金的体积收缩率。

表 3-2　几种铁碳合金的体积收缩率

合金种类	碳质量分数/(%)	浇注温度/℃	液态收缩/(%)	凝固收缩/(%)	固态收缩/(%)	总体积收缩/(%)
铸造碳钢	0.35	1610	1.6	3	7.8	12.4
白口铸铁	3.00	1400	2.4	4.2	5.4～6.3	12～12.9
灰铸铁	3.50	1400	3.5	0.1	3.3～4.2	6.9～7.8

铸件的实际收缩率与其化学成分、浇注温度、铸件结构和铸型条件等有关。

2. 收缩对铸件质量的影响

1) 铸件的缩孔与缩松

液态合金在冷凝过程中，若其液态收缩和凝固收缩所缩减的容积得不到补足，则在铸件最后凝固的部位形成一些孔洞。其中，容积较大而集中的称缩孔(shrinkage cavity)；细小而分散的称缩松(shrinkage porosity)，如图 3-3 所示。

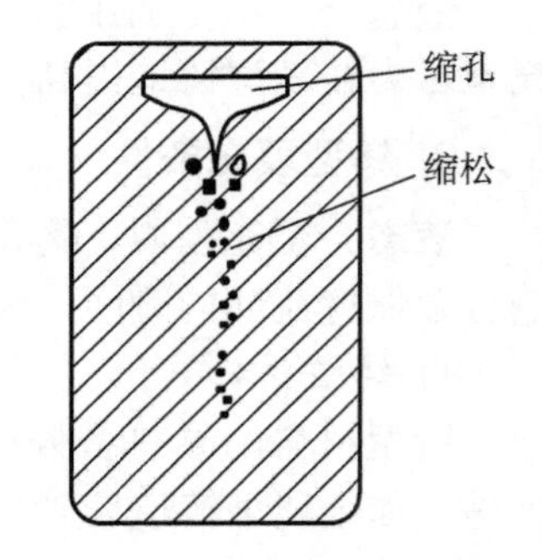

图 3-3　缩孔、缩松示意图

一般来讲，纯金属和共晶合金在恒温下结晶，铸件由表及里逐层凝固，容易形成缩孔。缩孔常集中在铸件的上部或厚大部位等最后凝固的区域。具有一定凝固温度范围的合金，凝固是在较大的区域内同时进行的，容易形成缩松。缩松常分布在铸件壁的轴线区域及厚大部位。

缩孔和缩松会减小铸件的有效面积，并在该处产生应力集中，降低其机械性能，缩松还可使铸件因渗漏而报废。因此，必须依据技术要求，采取适当的工艺措施予以防止。实践证明，只要能使铸件实现顺序凝固原则，尽管合金的收缩较大，也可获得没有缩孔的致密铸件。

所谓顺序凝固(progressive solidification)，就是在铸件上可能出现缩孔的厚大部位通过安放冒口等工艺措施，使铸件远离冒口的部位(图 3-4 中Ⅰ)先凝固；然后是靠近冒口的部位(图中Ⅱ、Ⅲ)凝固；最后才是冒口本身的凝固。按照这样的凝固顺序，先凝固部位的收缩，由后凝固部位的金属液来补充；后凝固部位的收缩，由冒口中的金属液来补充，从而使铸件

各个部位的收缩均能得到补充，而将缩孔转移到冒口之中。冒口是多余部分，在铸件清理时予以切除。

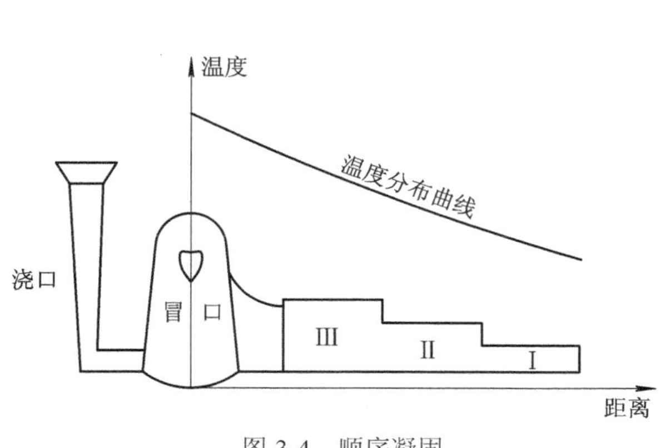

图 3-4　顺序凝固

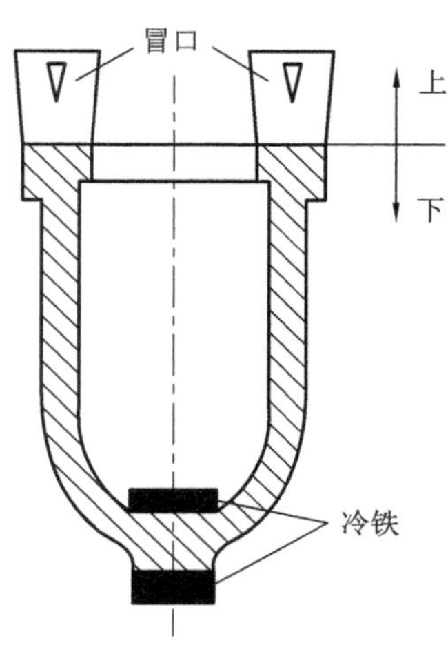

图 3-5　冷铁的应用

为了使铸件实现顺序凝固，在安放冒口的同时，还可在铸件上某些厚大部位增设冷铁。图 3-5 所示铸件的热节不止一个，若仅靠顶部冒口难以向底部凸台补缩，为此，在该凸台的型壁上安放了两个外冷铁。由于冷铁加快了该处的冷却速度，使厚度较大的凸台反而最先凝固。由于实现了自下而上的定向凝固，从而防止了凸台处缩孔、缩松的产生。可以看出，冷铁仅是加快某些部位的冷却速度，以控制铸件的凝固顺序，但本身并不起补缩作用。冷铁通常用钢或铸铁制成。

安放冒口和冷铁实现顺序凝固，虽可有效地防止缩孔和宏观缩松，但会耗费许多金属和工时，加大了铸件成本。同时，顺序凝固扩大了铸件各部分的温度差，促进了铸件的变形和裂纹倾向。因此，这种加工工艺主要用于必须补缩的场合，如铝青铜、铝硅合金和铸钢件等。

2) 铸造内应力、变形和裂纹

铸件在凝固之后的继续冷却过程中，其固态收缩若受到阻碍，铸件内部将产生内应力(innerstress)，这些内应力有时是在冷却过程中暂存的，有时则一直保留到室温，后者称为残余内应力。铸造内应力是铸件产生变形和裂纹的基本原因。

按照内应力产生原因，可分为热应力(heat stress)和机械应力(mechanical stress)两种。

热应力是由于铸件的壁厚不均匀、各部分的冷却速度不同，以致在同一时期内铸件各部分收缩不一致而引起的。

预防热应力的基本途径是尽量减少铸件各个部位间的温度差，使其均匀地冷却。为此，可将浇口开在薄壁处，使薄壁处铸型在浇注过程中的升温较厚壁处高，因而可补偿薄壁处的冷速快的现象。有时为增快厚壁处的冷速，还可在厚壁处安放冷铁(图 3-6)，这种采用同时凝固(simultaneous solidification)的工艺原则可减少铸造内应力，防止铸件的变形和裂纹缺陷，同时也可免设冒口而省工省料。其缺点是铸件心部容易出现缩孔或缩松。同时凝固原则主要用于灰铸铁、锡青铜等。这是由于灰铸铁的缩孔、缩松倾向小，而锡青铜倾向于糊状凝固，采用定向凝固也难以有效消除其显微缩松缺陷。

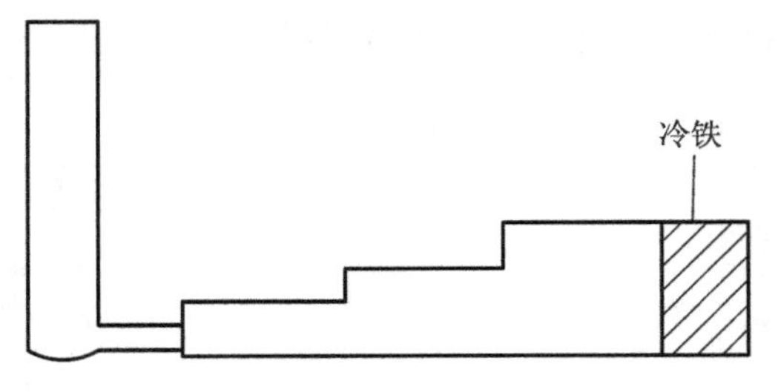

图 3-6 铸件的同时凝固原则示意

机械应力是合金的固态收缩受到铸型或型芯的机械阻碍而形成的内应力，如图 3-7 所示。机械应力使铸件产生暂时性的正应力或剪切应力，这种内应力在铸件落砂之后便可自行消除。但它在铸件冷却过程中可与热应力共同起作用，增大了某些部位的应力，促进了铸件的裂纹倾向。

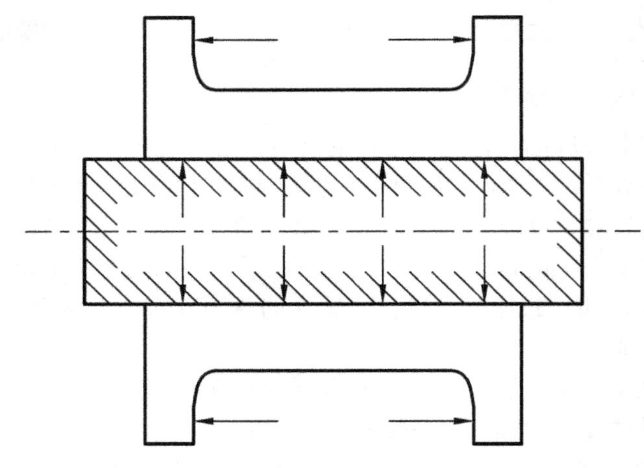

图 3-7 机械应力

具有残余内应力的铸件是不稳定的，它将自发地通过变形来减缓其内应力，以便趋于稳定状态。为防止铸件产生变形，除在铸件设计时尽可能使铸件的壁厚均匀、形状对称外，在铸造工艺上应采用同时凝固原则，以便冷却均匀。对于长而易变形的铸件，还可采用"反变形"工艺。反变形法是在统计铸件变形规律的基础上，在模样上预先作出相当于铸件变形量的反变形量，以抵消铸件的变形。

当铸造内应力超过金属的强度极限时，将产生裂纹。裂纹是铸件的严重缺陷，大多数会使铸件报废。裂纹(crack)可分成热裂和冷裂两种。

热裂是在高温下形成的裂纹。其形状特征是：缝隙宽、形状曲折、缝内呈氧化色。实验证明，热裂是在合金凝固末期的高温下形成的。因为合金的线收缩是在完全凝固之前便已开始，此时固态合金已形成完整的骨架，但晶粒之间还存有少量液体，故强度、塑性甚低，若机械应力超过了该温度下合金的强度，便发生热裂。另外，铸件的结构不好，型砂或芯砂的退让性差，合金的高温强度低等，都使铸件易产生热裂纹。

冷裂是在低温下形成的裂纹。其形状特征是：裂纹细小、呈连续直线状，有时缝内呈轻微氧化色。冷裂常出现在形状复杂工件的受拉伸部位，特别是应力集中处(如尖角、孔洞类缺陷附近)不同铸造合金的冷裂倾向不同。如塑性好的合金，可通过塑性变形使内应力自行缓解，故冷裂倾向小；反之，脆性大的合金较易产生冷裂。为防止铸件的冷裂，除应设法降低内应力外，还应控制钢铁中的含磷量，使其不能过高。

3.2 砂型铸造

砂型铸造(sand casting)就是将液态金属浇入砂型的铸造方法，型(芯)砂通常是由石英砂、粘土(或其他粘结材料)和水按一定比例混制而成的。型(芯)砂要具有“一强三性”，即一定的强度，透气性、耐火性和退让性。砂型既可用手工制造，也可用机器造型。

砂型铸造是目前最常用、最基本的铸造方法，其造型材料来源广、价格低廉、所用设备简单、操作方便灵活。砂型铸造不受铸造合金种类、铸件形状和尺寸的限制，并适合于各种生产规模。目前我国砂型铸件约占全部铸件产量的80%以上。

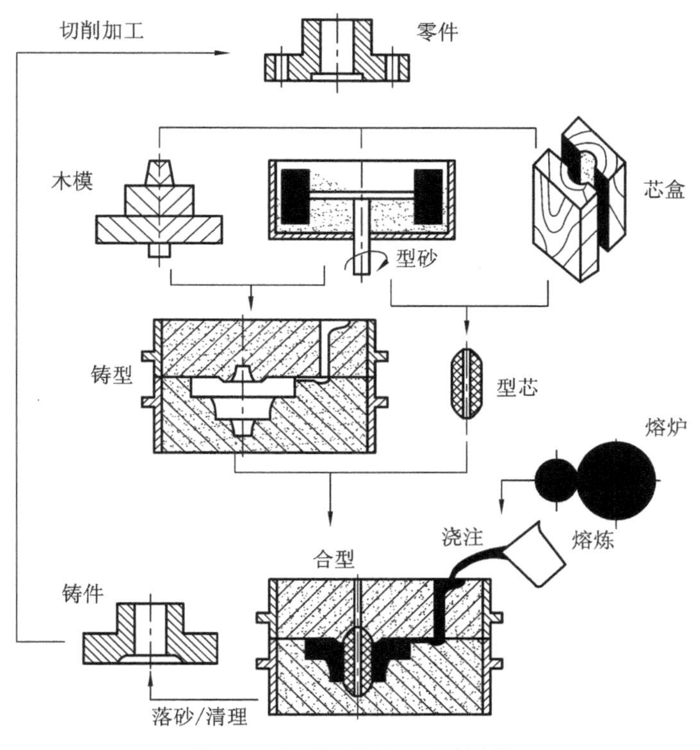

图3-8 砂型造型基本工艺过程

3.2.1 砂型铸造工艺

1. 砂型铸造工艺过程

砂型铸造工艺过程如图3-8所示。首先，根据零件的形状和尺寸设计并制造出模样和芯盒，配制好型砂和芯砂；用型砂和模样在砂箱中制造砂型，用芯砂在芯盒中制造型芯，并把砂芯装入砂型中，合箱即得完整的铸型；将金属液浇入铸型型腔，冷却凝固后落砂清理即得所需的铸件。

2. 砂型铸造工艺分析

砂型铸造工艺设计是生产铸件的第一步，需根据零件的结构、技术要求、批量大小及生产条件等确定适宜的铸造工艺方案，包括浇注位置和分型面的选择、工艺参数的确定等，并将这些内容表达在零件图上形成铸造工艺图。通常按以下步骤和原则进行。

1) 浇注位置的选择原则

浇注位置是指浇注时铸件在铸型中所处的空间位置。浇注位置确定的好坏对铸件质量有很大影响，确定时应遵循以下原则：

(1) 铸件上的重要加工面或质量要求高的面，尽可能置于铸型的下部或处于侧立位置。因为在浇注过程中金属液中的气体和熔渣往上浮，且由于静压力的作用导致铸件下部组织致密。图 3-9 为车床床身的浇注位置，其中导轨面是关键部分，不允许有任何铸造缺陷，因此采用导轨面朝下的浇注位置。

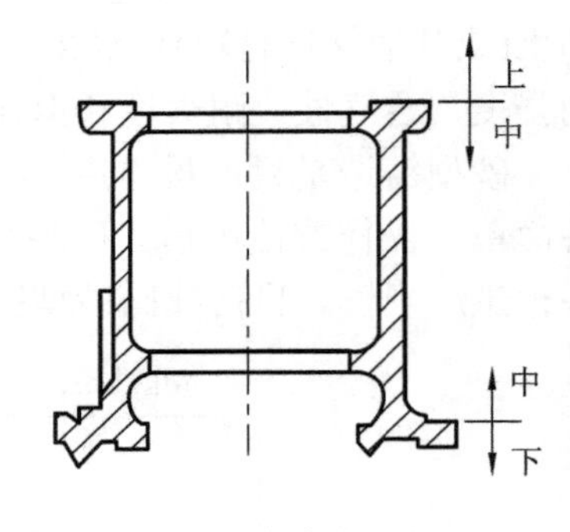

图 3-9 床身浇注位置

(2) 将铸件上的大平面朝下，以免在此面上出现气孔和夹砂缺陷。因为在金属液的充型过程中，灼热的金属液对砂型上表面产生的强烈热辐射会使其拱起或开裂，金属液钻进砂型的裂缝处，致使该表面产生夹砂缺陷，如图 3-10(a)所示。图 3-10(b)所示方案可以防止这种缺陷的产生。

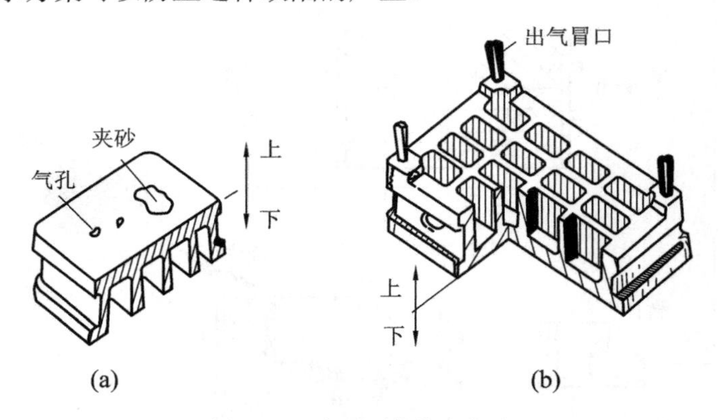

图 3-10 大平面的浇注位置

(3) 有大面积薄壁的铸件，应将其薄壁部分放在铸型的下部或处于侧立位置，以免产生浇注不足和冷隔缺陷，如图 3-11 所示。

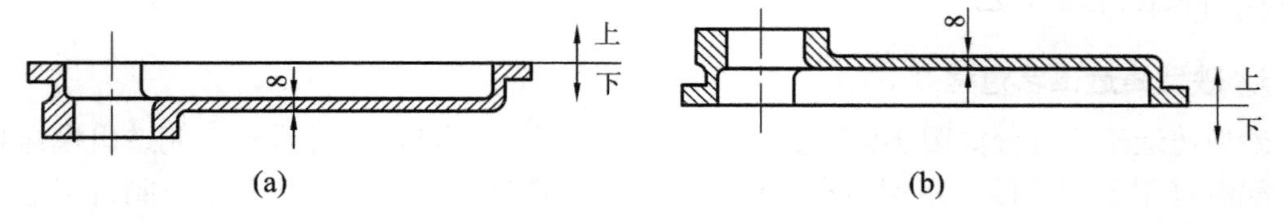

图 3-11 箱盖浇注位置的比较

(4) 为防止铸件产生缩孔，应把铸件上易产生缩孔的厚大部位置于铸型顶部或侧面，以便安放冒口补缩。如图3-12中的卷扬筒，其厚端位于顶部是合理的。

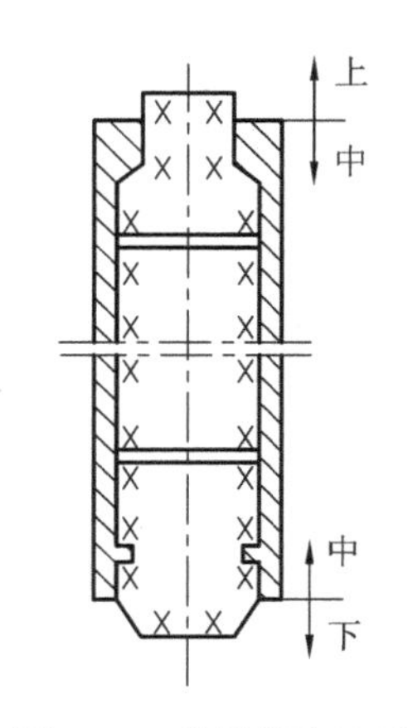

图3-12　卷扬筒浇注图

2) 分型面位置的确定原则

分型面是指上、下或左、右砂箱间的接触表面。分型面位置确定得合理与否是铸造工艺的关键，应遵循以下原则进行：

(1) 尽可能将铸件的重要加工面或大部分加工面与加工基准面放在同一砂箱内，以保证其精度。如图3-13(a)所示，床身铸件的顶部为加工基准面，导轨部分属于重要加工面。若采用图3-13(b)所示的分型方案，错箱则会影响铸件精度。方案(a)在凸台处增加一外型芯，可使加工面和基准面处于同一砂箱内，保证铸件的尺寸精度。

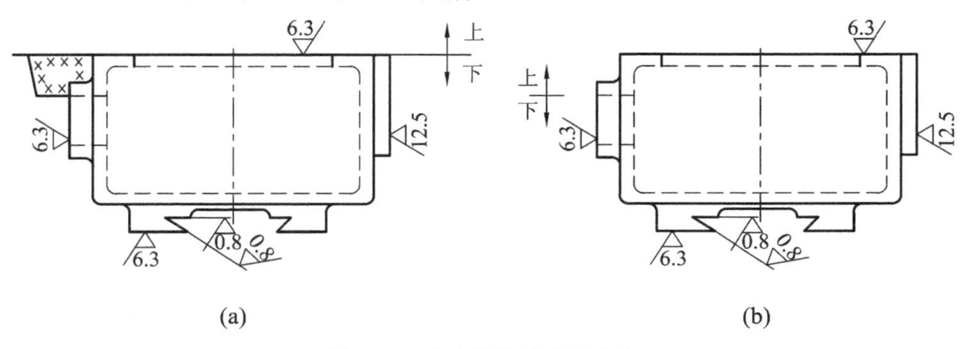

图3-13　床身铸件的分型方案

(2) 选择分型面应考虑方便起模和简化造型，尽可能减少分型面数目和活块数目，如图3-14(d)的分型方案比较合理。此外，分型面应尽可能平直，如图3-15(b)的分模方案，则避免了挖砂或假箱造型。

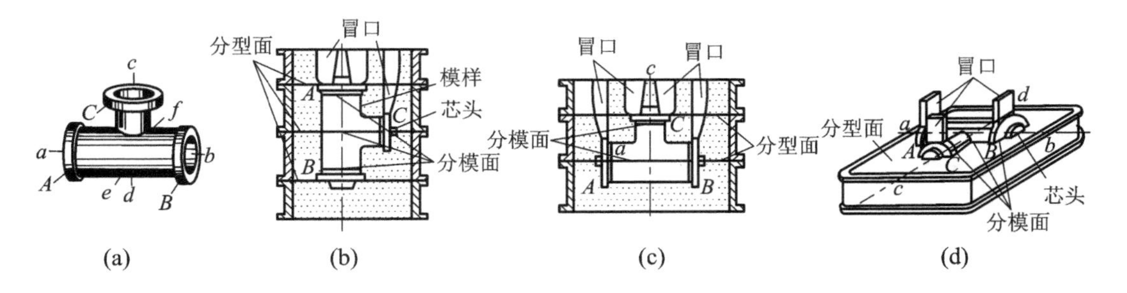

图3-14　三通的分型面方案

(a) 铸件；(b) 四箱造型；(c) 三箱造型；(d) 两箱造型

(3) 分型面的选择应尽可能减少型芯的数目，如图3-16(a)方案的接头内孔的形成需要型芯；方案(b)可通过自带型芯来形成，从而省去了造芯及芯盒费用。

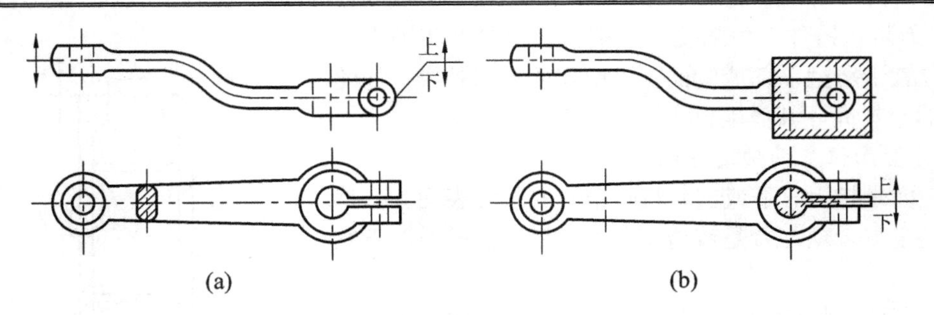

图 3-15 起重臂的分型面方案

(a) 不合理；(b) 合理

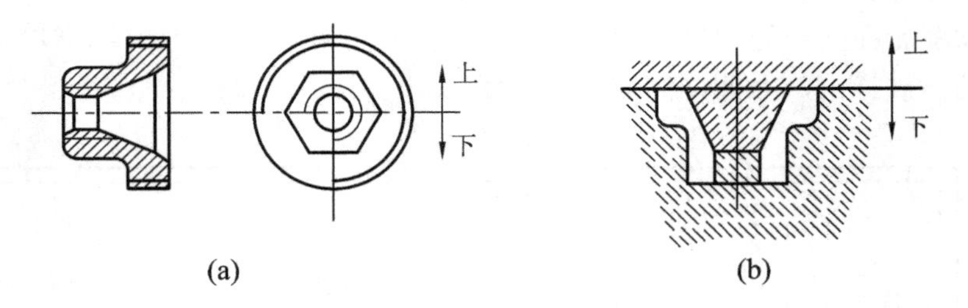

图 3-16 接头的分型面方案

(4) 分型面的选择，应便于下芯、扣箱(合型)及检查型腔尺寸等操作。如图 3-17(a)方案的分型无法检查铸件厚壁是否均匀；而(b)方案因增设一中箱，在扣箱前便于检查壁厚，可保证铸件壁厚均匀。

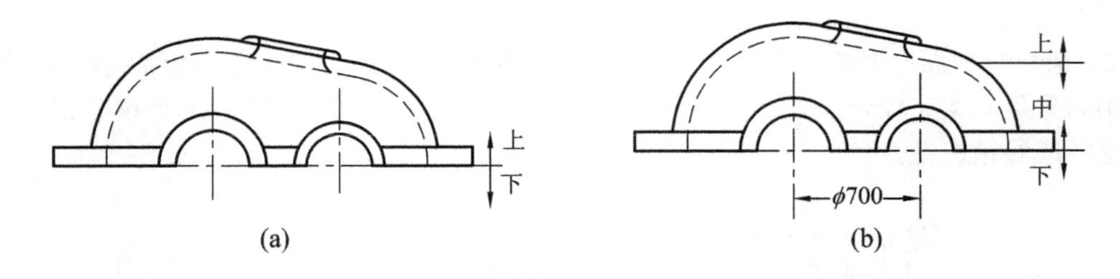

图 3-17 箱盖的分型面方案

3) 铸造工艺参数的确定

铸造工艺参数包括机加工余量、铸出孔、起模斜度、铸造圆角和铸造收缩率等。各参数的确定方法如下：

(1) 机加工余量和铸出孔的大小。铸件的机加工余量是指为了机械加工而增大的尺寸部分，凡是零件图上标注粗糙度符号的表面均需考虑机加工余量，其值的大小可随铸件的大小、材质、批量、结构的复杂程度及该加工面在铸型中的位置等不同而变化，如表 3-3 所示。

铸件上的孔和槽铸出与否，要根据铸造工艺的可行性和必要性而定。一般说来，较大的孔和槽应铸出，以减少切削工时和节约金属材料。表 3-4 是铸件的最小铸出孔的尺寸。

表 3-3 灰铸铁件的机械加工余量值(摘自 JB2854)

铸件最大尺寸/mm	加工面在型内的位置	公称尺寸/mm					
		≤120	120～26	260～500	500～800	800～1250	1250～2000
≤120	顶面	4.5(4.0)					
	底面、侧面	3.5(3.0)					
120～26	顶面	5.0(4.5)	5.5(5.0)				
	底面、侧面	4.0(3.0)	4.5(4.0)				
260～500	顶面	6.0(5.0)	7.0(6.0)	7.0(6.5)			
	底面、侧面	4.5(4.0)	5.0(4.5)	6.0(5.0)			
500～800	顶面	7.0(6.0)	7.0(6.5)	8.0(7.0)	9.0(7.5)		
	底面、侧面	5.0(4.5)	5.0(4.5)	6.0(5.0)	7.0(5.5)		
800～1250	顶面	7.0(7.0)	8.0(7.0)	8.0(7.5)	9.0(8.0)	10.0(8.5)	
	底面、侧面	5.5(5.0)	6.0(5.0)	6.0(5.5)	7.0(5.5)	7.5(6.5)	
1250～2000	顶面	8.0(7.5)	8.0(8.0)	9.0(8.0)	9.0(9.0)	10.0(9.0)	12.0(10.0)
	底面、侧面	6.0(5.0)	6.0(5.5)	7.0(6.0)	7.0(6.5)	8.0(6.5)	9.0(7.5)

注：公称尺寸是指两个相对加工面之间的最大距离，或是指从基准面或中心线到加工面的距离。机加工余量的值不带括号者用于手工造型，带括号者用于机器造型。机械造型的铸件比手工造型精度高，故机加工余量要小些；铸件尺寸愈大或加工面与基准面间的距离愈大，铸件尺寸误差会增大，所以机加工余量也随之加大；铸件的上表面比底面和侧面更易产生缺陷，故机加工余量比底面和侧面的大。

表 3-4 铸件的最小铸出孔尺寸

生 产 批 量	最小铸出孔直径/mm	
	灰铸铁件	铸钢件
大量	12～15	—
成批	15～30	30～50
单件、小批	30～50	50

(2) 起模斜度(或拔模斜度)。起模斜度是指在造型和制芯时，为便于把模型从传型中或把芯子从芯盒中取出，而在模型或芯盒的起模方向上做出一定的斜度。拔模斜度一般用角度α或宽度a表示，其标注方法如图 3-18 所示。

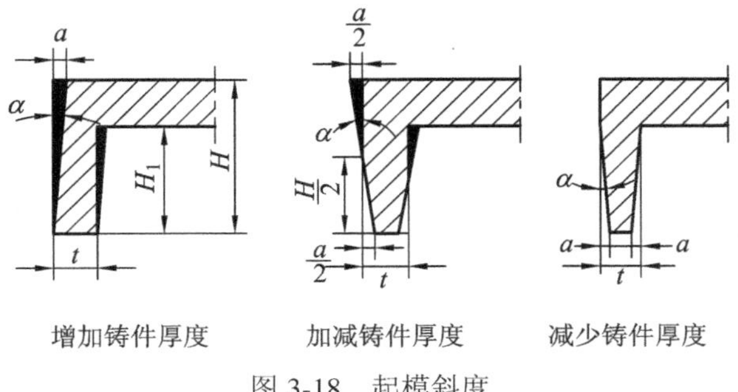

图 3-18 起模斜度

起模斜度的大小取决于该垂直壁的高度和造型方法。通常随垂直壁高度的增加，拔模斜度减小；机器造型的拔模斜度较手工造型的小；外壁的拔模斜度也小于内壁。一般拔模斜度在 0.5°～5°之间。

(3) 铸造圆角。铸造圆角是指铸件上壁和壁的交角应做成圆弧过渡。以防止在该处产生缩孔和裂纹。铸造圆角的半径值一般为两交壁平均厚度的 1/3～1/2。

(4) 铸造收缩率。铸造收缩是指金属液浇注到铸型后，随温度的下降将发生凝固所引起的尺寸缩减。这种缩减的百分率为该金属的铸造收缩率。制造模型或芯盒时，应根据铸造合金收缩率将模型或芯盒放大，以保证该合金铸件冷却至室温时的尺寸能符合要求。合金铸造收缩率的大小，随铸造合金的种类、成分及铸件的结构和尺寸等的不同而改变。通常灰铸铁收缩率为 0.7%～1.0%，铸钢为 1.5%～2.0%，有色金属合金为 1.0%～1.5%。

4) 砂型铸造工艺分析实例

下面以拖拉机轮毂为例分析其铸造工艺，如图 3-19 所示。

(1) 浇注位置的选择。拖拉机轮毂的浇注位置有以下两种方案：

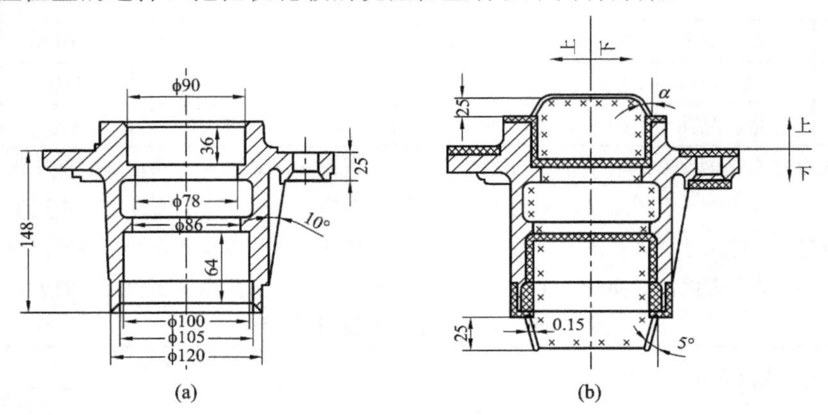

图 3-19　拖拉机轮毂

(a) 零件图；(b) 铸造工艺图

① 垂直浇注。由图 3-19(a)可以看出，轮毂上直径为 100 和直径为 90 的孔的表面粗糙度 R_a 为 3.2 μm；因其内部要装轴承，对孔的尺寸精度要求也高；此外，法兰处还需要补缩。所以应采用垂直浇注以保证其质量。

② 水平浇注。水平浇注难以保证上箱即上半轮毂的质量，易产生气孔、夹渣和砂眼等。

(2) 分型面的选择。若从法兰的上侧面分型，轮毂的绝大部分将位于下砂箱，易保证其尺寸精度，且下芯后也便于检查壁厚均匀与否。若从过中心线的平面处分型，虽易造型、下芯和合箱，但难免产生错箱缺陷，使轮毂的尺寸和形状精度难以保证。

经分析比较得出，选择垂直浇注、沿法兰上侧面处分型易保证轮毂质量。

3.2.2 砂型铸造方法

1. 手工造型

1) 手工造型工具

手工造型(hand moulding)常用工具如图 3-20 所示。其中，墁刀用于修平面及挖沟槽，秋叶用于修凹的曲面，砂勾用于修深的底部或侧面及钩出砂型中散砂。

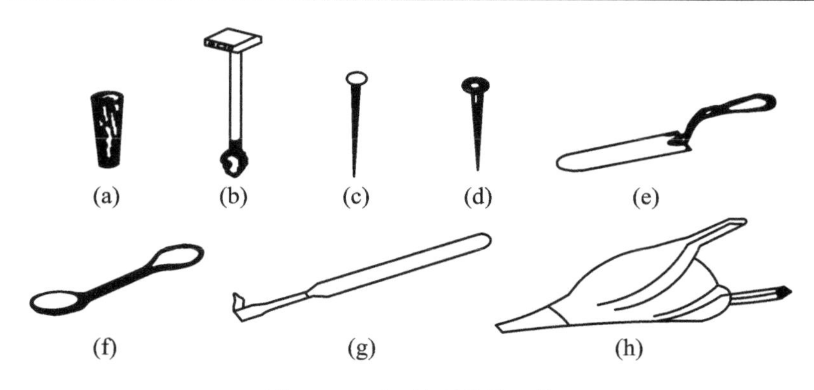

图 3-20　手工造型常用工具

(a) 捣砂锤；(b) 直浇道棒；(c) 通气针；(d) 起模针；(e) 墁刀；(f) 秋叶；(g) 砂勾；(h) 皮老虎

2) 手工造型方法

手工造型的方法很多，按模样特征可分为：整模造型、分模造型、活块造型、刮板造型、假箱造型和挖砂造型等；按砂箱特征可分为：两箱造型、三箱造型、地坑造型、脱箱造型等。

造型方法的选择具有较大的灵活性，一个铸件往往可用多种方法造型，应根据铸件结构特点、形状和尺寸、生产批量及车间具体条件等进行分析比较，以确定最佳方案。表 3-5 为各种手工造型方法的特点和适用范围。

表 3-5　各种手工造型方法的特点和适用范围

造型方法名称		特　点	适用范围	简　图
按模样特征区分	整模造型	模样是整体的，分型面是平面，铸型型腔全部在半个铸型内，其造型简单，铸件不会产生错箱缺陷	适用于铸件最大截面靠一端，且为平面的铸件	
	挖砂造型	模样虽是整体的，但铸件的分型面为曲面，为了能起出模样，造型时用手工挖去阻碍起模的型砂，其造型费工，生产率低	用于单件、小批生产分型面不是平面的铸件	最大截面　分型面
	假箱造型	为了克服上述挖砂造型的挖砂缺点，在造型前预先作个底胎(即假箱)，之后，再在底胎上制下箱。由于底胎并不参加浇注，故称假箱。假箱造型比挖砂造型操作简便，且分型整齐	用于成批生产需要挖砂的铸件	
	分模造型	将模样沿截面最大处分为两半，型腔位于上、下两个半型内，其造型简单，节省工时	常用于铸件最大截面在中部(或圆形)的铸件	

续表

造型方法名称		特　　点	适用范围	简　　图
按模样特征区分	活块造型	铸件上有妨碍起模的小凸台、筋条等。制模时将这些作成活动部分，造型起模时，先起出主体模样，然后再从侧面取出活块。其造型费时，要求工人技术水平高	主要用于单件、小批生产带有突出部分难以起模的铸件	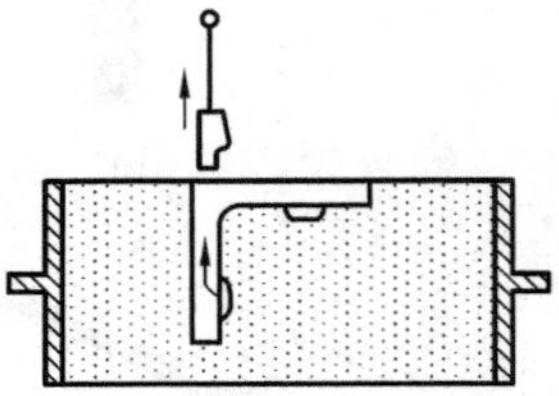
	刮板造型	用刮板代替木模造样。它可大大降低模型成本，节约木材，缩短生产周期，但造型生产率低，要求工人的技术水平高	主要用于有等截面的或回转体大、中型铸件的单件、小批生产，如皮带轮、飞轮、齿轮、铸管、弯头等	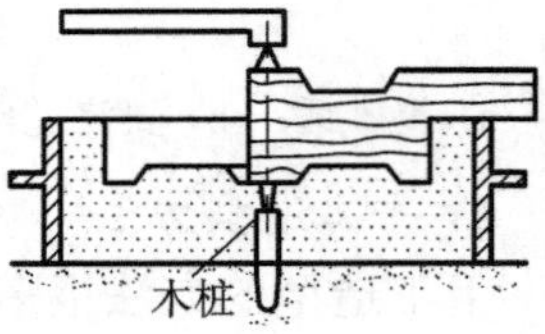 木桩
按砂箱特征区分	两箱造型	铸样由成对的上箱和下箱构成，操作方便	为造型最基本方法，适用于各种生产批量，各种大、小铸件	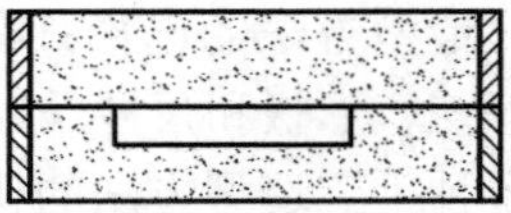
	三箱造型	铸型由上、中、下三箱构成。中箱的高度须与铸件两个分型面的间距相适应。三箱造型操作费工，且需有适合的砂箱	主要用于手工造型中，单件、小批生产具有两个分型面的铸件	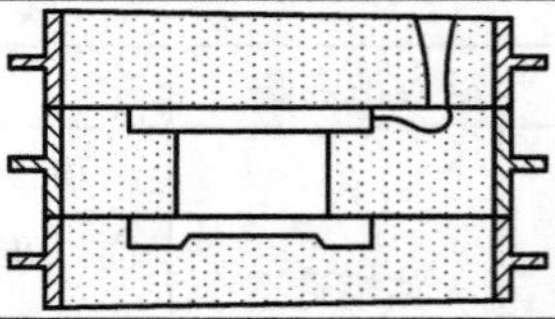
	地坑造型	造型是利用车间地面砂床作为铸型的下箱。大铸件需在砂床下面铺以焦碳，埋上出气管，以便浇注时引气。地坑造型仅用上箱便可造型，减少了制造专用下箱的生产准备时间，减少砂箱的投资，但造型费工，且要求技术较高	常用于砂箱不足的生产条件，制造批量不大的大、中型铸件	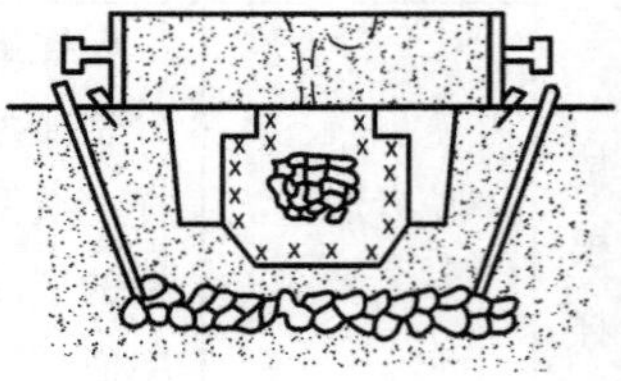
	脱箱造型	采用活动砂箱来造型，在铸型合箱后，将砂箱脱出，重新用于造型。所以一个砂箱可制许多铸型。金属浇注时，为防止错箱，需用型砂将铸型周围填紧，也可在铸型上加套箱	常用于生产小铸件，因砂箱无箱带，所以砂箱多小于 400 mm	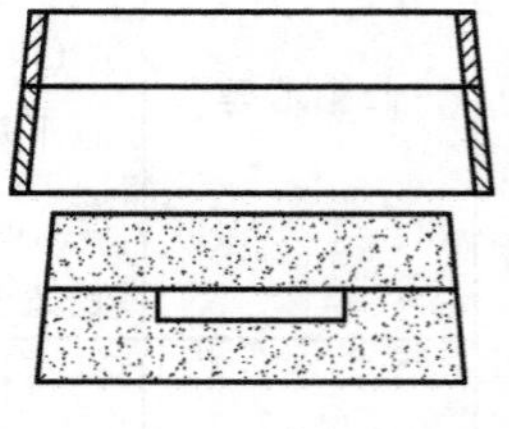

2. 机器造型

机器造型(machine moulding)是用机器来完成填砂、紧实和起模等造型的操作过程，是现代化铸造车间的基本造型方法。与手工造型相比，机器造型可以提高生产率和铸型质量，减轻劳动强度，但设备及工装模具投资较大，生产准备周期较长，主要用于成批、大量生产。

机器造型按紧实方式的不同分压实造型、震击造型、抛砂造型和射砂造型四种。

1) 压实造型

压实造型利用压头的压力将砂箱内的型砂紧实，图3-21为其示意图。

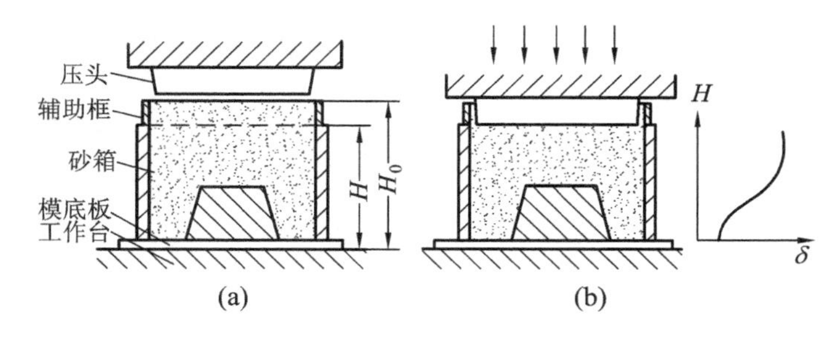

图 3-21 压实造型示意图

(a) 压实前；(b) 压实后

先将型砂填入砂箱和辅助框中，然后压头向下将型砂紧实。辅助框是用来补偿紧实过程中砂柱被压缩的高度。压实造型生产率较高，但砂型沿砂箱高度 H 方向的紧实度 δ 不够均匀，一般越接近模底板，紧实度越差。因此，这种方式只适于高度不大的砂箱。

2) 振击造型

振击造型利用振动和撞击力对型砂进行紧实，如图3-22所示。砂箱填砂后，振击活塞将工作台连同砂箱举起一定高度，然后下落，与缸体撞击，依靠型砂下落时的冲击力产生紧实作用，砂型紧实度 δ 分布规律与压实造型相反，愈接近模底板紧实度 δ 愈高。因此，振击造型常与压实造型联合使用，以便型砂紧实度分布更加均匀。

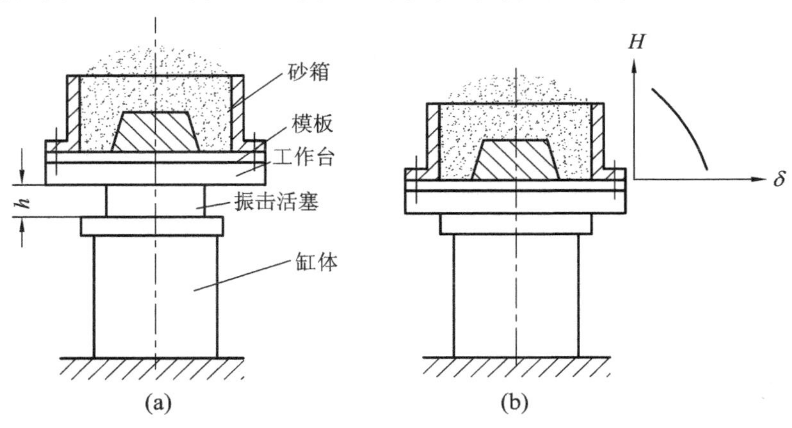

图 3-22 振击造型示意图

(a) 振击前；(b) 振击后

3) 抛砂造型

图 3-23 所示为抛砂机的工作原理。抛砂头转子上装有叶片，型砂由皮带输送机连续地送入，高速旋转的叶片接住型砂，并分成一个个砂团，当砂团随叶片转到出口处时，由于离心力的作用，以高速抛入砂箱，同时完成填砂和紧实。

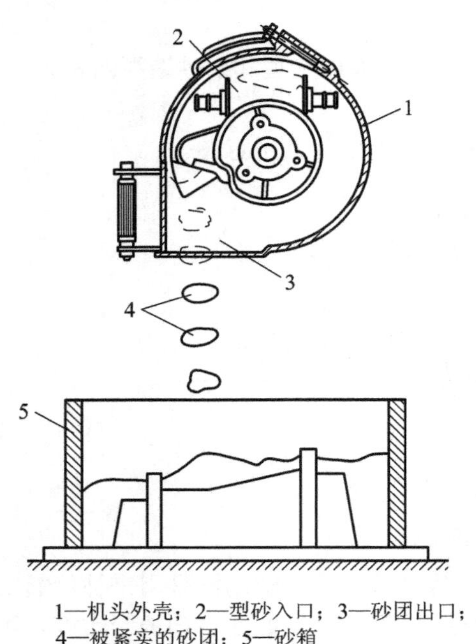

1—机头外壳；2—型砂入口；3—砂团出口；
4—被紧实的砂团；5—砂箱

图 3-23 抛砂紧实原理图

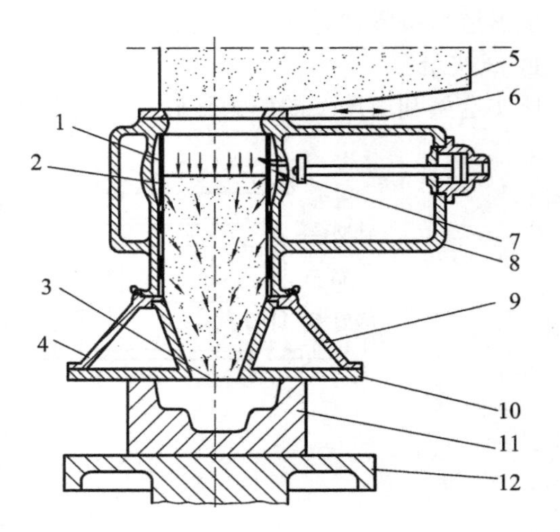

1—射砂筒；2—射膛；3—射砂孔；4—排气孔；
5—砂斗；6—砂闸板；7—进气阀；8—储气筒；
9—射砂头；10—射砂板；11—芯盒；12—工作台

图 3-24 射砂机工作原理图

4) 射砂造型

射砂紧实多用于制芯。图 3-24 为射芯机工作原理，由储气筒中迅速进入到射膛的压缩空气，将型芯砂由射砂孔射入芯盒的空腔中，而压缩空气经射砂板上的排气孔排出，射砂过程是在较短的时间内同时完成填砂和紧实，故生产率极高。

3.3 特种铸造

砂型铸造虽然是生产中最基本的方法，并且有许多优点，但也存在一些难以克服的缺点，如一型一件，生产率低，铸件表面粗糙，加工余量较大，废品率较高，工艺过程复杂，劳动条件差等。为了克服上述缺点，在生产实践中发展出一些区别于砂型铸造的其他铸造方法，我们统称为特种铸造(special cast)。特种铸造方法很多，往往在某种特定条件下，适应不同铸件生产的特殊要求，以获得更好的质量或更高的经济效益。以下介绍几种常用的特种铸造方法。

3.3.1 熔模铸造

熔模铸造(lost wax casting)是用易熔材料制成模样，造型之后将模样熔化，排出型外，从而获得无分型面的型腔。由于熔模广泛采用蜡质材料制成，又常称“失蜡铸造”。这种铸造方法能够获得具有较高精度和表面质量的铸件，故有“精密铸造”之称。

1. 基本工艺过程

熔模铸造的工艺过程如图 3-25 所示。主要包括蜡模制造、结壳、脱蜡、焙烧和浇注等过程。

1) 蜡模制造

通常根据零件图制造出与零件形状尺寸相符合的模具(称压型)，把熔化成糊状的蜡质材料压入压型，等冷却凝固后取出，就得到蜡模。在铸造小型零件时，常把若干个蜡模粘合在一个浇注系统上，构成蜡模组，以便一次浇出多个铸件。

2) 结壳

把蜡模组放入粘结剂和石英粉配制的涂料中浸渍，使涂料均匀地覆盖在蜡模表层，然后在上面均匀地撒一层石英砂，再放入硬化剂中硬化。如此反复 4～6 次，最后在蜡模组外表形成由多层耐火材料组成的坚硬的型壳。

3) 脱腊

通常将附有型壳的蜡模组浸入 85～95℃的热水中，使蜡料熔化并从型壳中脱除，以形成型腔。

4) 焙烧和浇注

型壳在浇注前，必须在 800～950℃下进行焙烧，以彻底去除残蜡和水分。为了防止型壳在浇注时变形或破裂，可将型壳排列于砂箱中，周围用干砂填紧。焙烧后通常趁热(600～700℃)进行浇注，以提高充型能力。

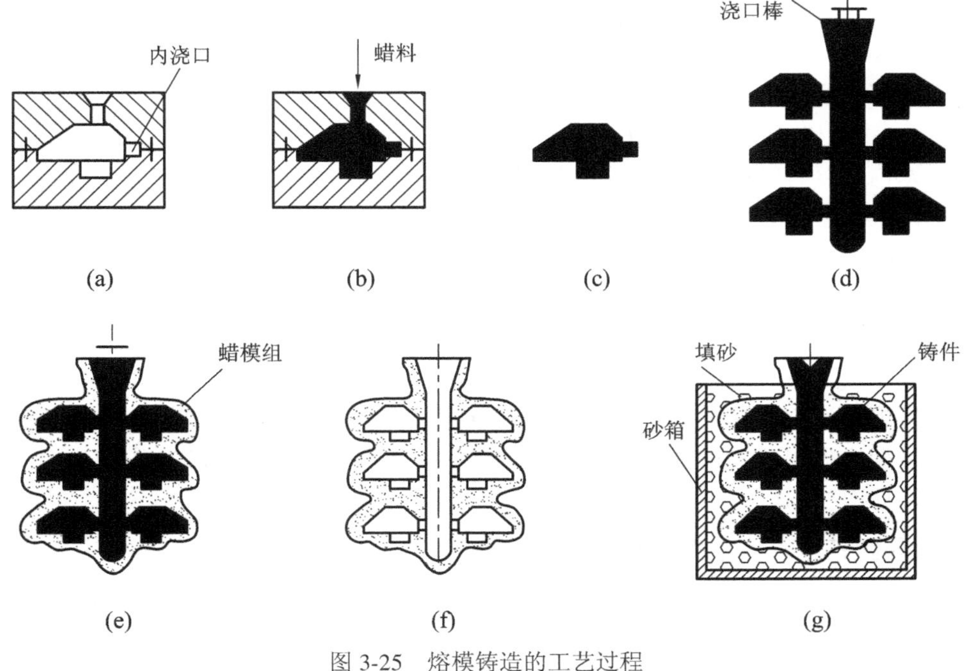

图 3-25　熔模铸造的工艺过程

(a) 压型；(b) 注蜡；(c) 单个蜡模；(d) 蜡模组；(e) 结壳；(f) 脱蜡、焙烧；(g) 填砂、浇注

2．熔模铸造的特点和应用

熔模铸件精度高，表面质量好，可铸出形状复杂的薄壁铸件，大大减少机械加工工时，显著提高金属材料的利用率。

熔模铸造的型壳耐火性强，适用于各种合金材料，尤其适用于那些高熔点合金及难切削加工合金的铸造。并且生产批量不受限制，单件、小批、大量生产均可。

但熔模铸造工序繁杂，生产周期长，铸件的尺寸和重量受到限制(一般不超过 25 kg)。主要用于成批生产形状复杂、精度要求高或难以进行切削加工的小型零件，如汽轮机叶片和叶轮、大模数滚刀等。

3.3.2 金属型铸造

金属型铸造(metal-impression casting)是将液态金属浇入金属铸型，以获得铸件的铸造方法。由于金属型可重复使用，所以又称永久型铸造(permanent-impression casting)。

1．金属型的结构及其铸造工艺

根据铸件的结构特点，金属型铸造有多种。金属型一般用铸铁制成，也可采用铸钢。铸件的内腔可用金属型芯或砂型来形成，其中金属型芯用于非铁金属件。为使金属型芯能在铸件凝固后迅速从内腔中抽出，金属型还常设有抽芯机构。对于有侧凹的内腔，为使型芯得以取出，金属型芯可由几块组合而成。图 3-26 为铸造铝活塞金属型典型结构简图。由图3-26可见，它是垂直分型和水平分型相结合的复合结构，其左、右两半型用铰链相联接，以开、合铸型。由于铝活塞内腔存有销孔内凸台，整体型芯无法抽出，故采用组合金属型芯。浇注之后，先抽出 5，然后在取 4 和 6。

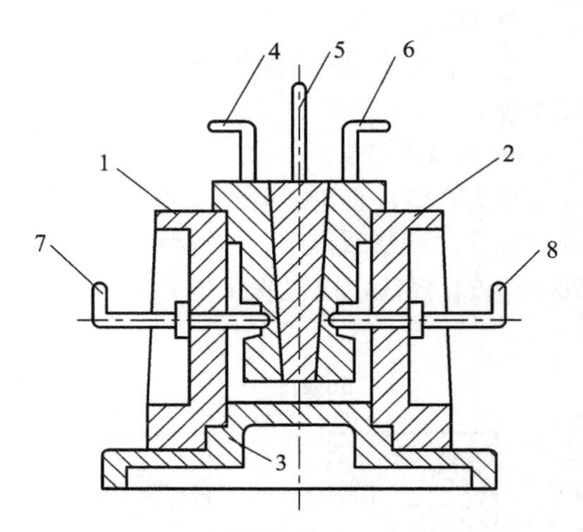

1、2—左右半型；3—底型；
4、5、6—分块金属型芯；
7、8—销孔金属型芯

图 3-26 金属型铸造

金属型导热快，无退让性和透气性，铸件容易产生浇不足、冷隔、裂纹、气孔等缺陷。此外，在高温金属液的冲刷下，型腔易损坏。为此，需要采取如下工艺措施：通过浇注前预热，浇注过程中适当冷却等措施，使金属型在一定的温度范围内工作，型腔内涂以耐火涂料，以减慢铸型的冷却速度，并延长铸型寿命；在分型面上做出通气槽、出气口等，以利于气体的排出；掌握好开型时间以利于取件和防止铸铁件产生白口。

2．金属型铸造的特点及应用

金属型“一型多铸”，工序简单，生产率高，劳动条件好。金属型内腔表面光洁，刚度大，因此，铸件精度高，表面质量好。金属型导热快，铸件冷却速度快，凝固后铸件晶粒细小，从而提高了铸件的机械性能。但是金属型的成本高，制造周期长，铸造工艺规程要求严格，铸铁件还容易产生白口组织。因此，金属型铸造主要适用于大批量生产形状简单的有色合金铸件，如铝活塞、汽缸体、缸盖、油泵壳体，以及铜合金轴瓦、轴套等。

3.3.3 压力铸造

压力铸造(pressure casting)是将熔融的金属在高压下，快速压入金属型，并在压力下凝固，以获得铸件的方法。压力铸造通常在压铸机上完成。

1. 压力铸造的工艺过程

图 3-27 为立式压铸机工作过程示意图。合型后，用定量勺将金属液注入压室中，如图 3-27(a)所示，压射活塞向下推进，将金属液压入铸型，如图 3-27(b)所示；金属凝固后，压射活塞退回，下活塞上移顶出余料，动型移开，顶杆顶出铸件，如图 3-27(c)、(d)所示。

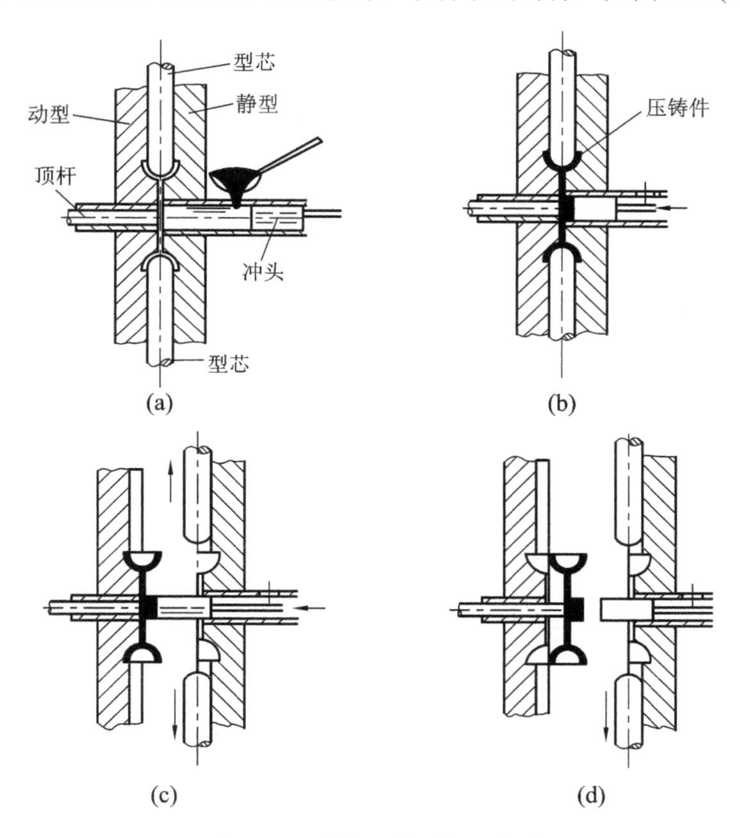

图 3-27　压铸机工作过程示意图

2. 压力铸造的特点及应用

压力铸造在高速、高压下成型，可铸出形状复杂、轮廓清晰的薄壁铸件。铸件的尺寸精度高，表面质量好，一般不需机加工可直接使用，而且组织细密，机械性能高。在压铸机上生产，生产率高，劳动条件好。但是，压铸设备投资大，压型制造费用高，周期长，压型工作条件恶劣，易损坏。因此，压力铸造主要用于大量生产低熔点合金的中小型铸件，在汽车、拖拉机、航空、仪表、电器、纺织、医疗器械、日用五金及国防等生产领域获得广泛的应用。

3.3.4 低压铸造

低压铸造(low pressure casting)是介于金属型铸造和压力铸造之间的一种铸造方法。该方法是在较低的压力下，将金属液注入型腔，并在压力下凝固，以获得铸件。如图 3-28 所示，在一个密闭的保温坩埚中，通入压缩空气，使坩埚内的金属液在气体压力下，从升液管内平稳上升充满铸型，并使金属在压力下结晶。当铸件凝固后，撤消压力，于是，升液管和浇口中尚未凝固的金属液在重力作用下流回坩埚。最后开启铸型，取出铸件。

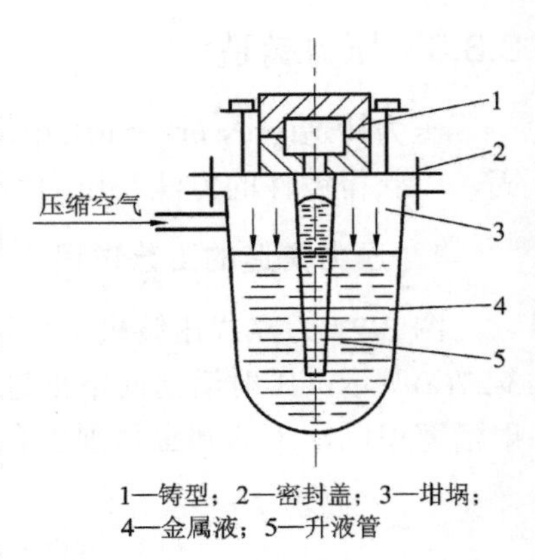

1—铸型；2—密封盖；3—坩埚；4—金属液；5—升液管

图 3-28 低压铸造

低压铸造充型时的压力和速度容易控制，充型平稳，对铸型的冲刷力小，故可适用于各种不同的铸型；金属在压力下结晶，而且浇口有一定补缩作用，故铸件组织致密，机械性能高。另外，低压铸造设备投资较少，便于操作，易于实现机械化和自动化。因此，低压铸造广泛用于大批量生产铝合金和镁合金铸件，如发动机的缸体和缸盖、内燃机活塞、带轮、粗纱绽翼等、也可用于球墨铸铁、铜合金等较大铸件的生产。

3.3.5 离心铸造

离心铸造(centrifugal casting)是将熔融金属浇入高速旋转的铸型中，使其在离心力作用下填充铸型和结晶从而获得铸件的方法，如图 3-29 所示。

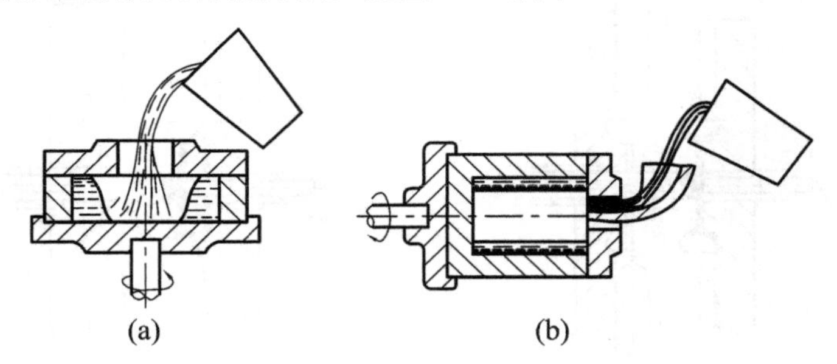

图 3-29 离心铸造示意图

(a) 立式；(b) 卧式

离心铸造不用型芯，不需要浇冒口，工艺简单，生产率和金属的利用率高，成本低，在离心力作用下，金属液中的气体和夹杂物因比重小而集中在铸件内表面，金属液自外表面向内表面顺序凝固，因此铸件组织致密，无缩孔、气孔、夹渣等缺陷，机械性能高，而且提高了金属液的充型能力。但是，利用自由表面所形成的内孔，尺寸误差大，内表面质量差，且不适于比重偏析大的合金。目前主要用于生产空心回转体铸件，如铸铁管、气缸套、活塞环及滑动轴承等，也可用于生产双金属铸件。

3.3.6 铸造方法的选择

每种铸造方法均有其优缺点，选用哪种铸造方法，必须依据生产的具体特点来定，既要保证产品质量，又要考虑产品的成本和现场设备、原材料供应情况等，要进行全面分析比较，以选定最适当的铸造方法。表3-6列出了几种常用的铸造方法，供选择时参考。

表3-6 几种常用铸造方法的比较

比较项目＼铸造方法	砂型铸造	熔模铸造	金属型铸造	压力铸造	低压铸造
铸件尺寸精度	IT14～16	IT11～14	IT12～14	IT11～13	IT12～14
铸件表面粗糙度值 R_a/μm	粗糙	25～3.2	25～12.5	6.3～1.6	26～6.3
适用金属	任意	不限制，以铸钢为主	不限制，以非铁合金为主	铝、锌、镁低熔点合金	以非铁合金为主，也可用于黑色金属
适用铸件大小	不限制	小于45 kg，以小铸件为主	中、小铸件	一般小于10 kg，也可用于中型铸件	以中、小铸件为主
生产批量	不限制	不限制，以成批、大量生产为主	大批、大量	大批、大量	成批、大量
铸件内部质量	结晶粗	结晶粗	结晶细	表层结晶细 内部多有孔洞	结晶细
铸件加工余量	大	小或不加工	小	小或不加工	较小
铸件最大壁厚/mm	3.0	0.7	铝合金2～3，灰铸件4.0	0.5～0.7	2.0
生产率(一般机械化程度)	低、中	低、中	中、高	最高	中

3.4 铸件结构工艺性

铸件结构工艺性通常指零件的本身结构应符合铸造生产的要求，既便于整个工艺过程的进行，又利于保证产品质量。铸件结构是否合理，对简化铸造生产过程，减少铸件缺陷，节省金属材料，提高生产率和降低成本等具有重要意义，并与铸造合金、生产批量、铸造方法和生产条件有关。

1. 从简化铸造工艺过程分析

为简化造型、制芯及工装制造工作量，便于下芯和清理，对铸件结构有如下要求：

1) *铸件外形*

铸件外形虽然可以很复杂，但在满足零件使用要求的前提下，应尽量简化外形，减少分型面，以便于造型，获得优质铸件。图3-30为端盖铸件的两种结构，其中(a)由于上面为凸缘法兰，因此要设两个分型面，必须采用三箱造型，使造型工艺复杂。若改为图(b)的设计，即取消了法兰凸缘，使铸件有一个分型面，简化了造型工艺。

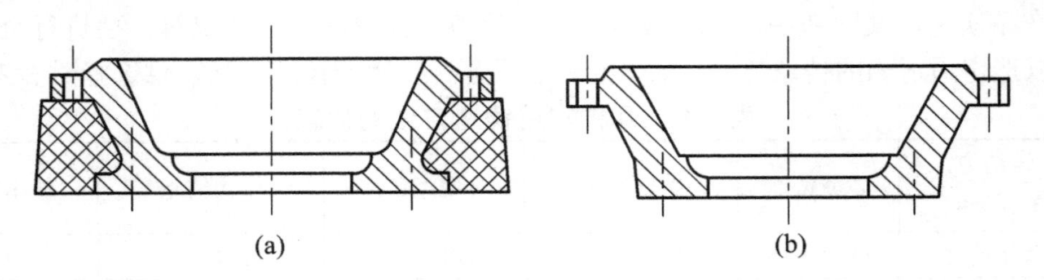

图 3-30 端盖铸件结构

铸件上的凸台，加强筋等要方便造型，尽量避免使用活块。图 3-31(a)所示的凸台通常采用活块(或外壁型芯才能起模)，如改为图中 3-31(b)的结构可避免活块。

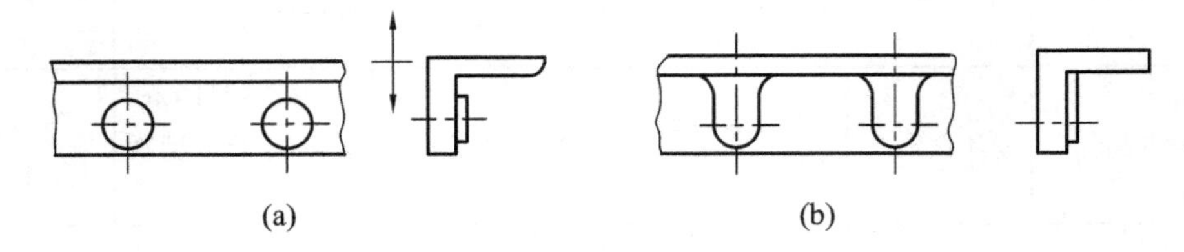

图 3-31 凸台的设计

分型面尽量平直，去除不必要的圆角。图 3-32(a)所示的托架给分型面上加了圆角，结果只得采用挖砂(或假箱)造型，若改为图 3-32(b)所示结构，可采用整模造型，简化造型过程。

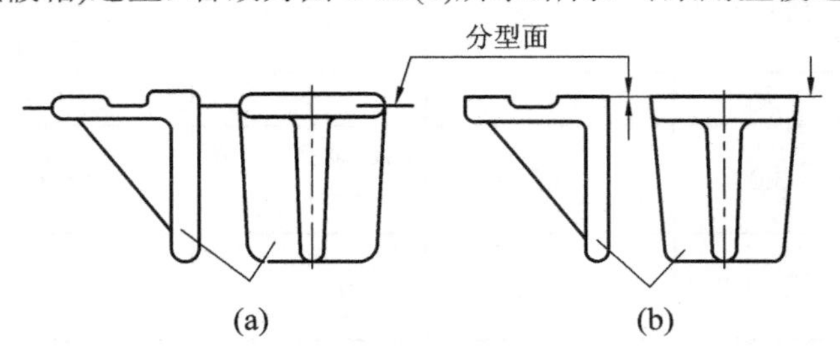

图 3-32 托架铸件

2) 铸件内腔结构

铸件的内腔结构应符合铸造工艺要求，通常采用型芯来形成，这将延长生产周期，增加成本。因此，设计铸件结构时，应尽量不用或少用型芯。图 3-33 为悬臂支架的两种设计方案，图(a)采用方形空心截面，需用型芯，而图(b)改为工字形截面，可省掉型芯。

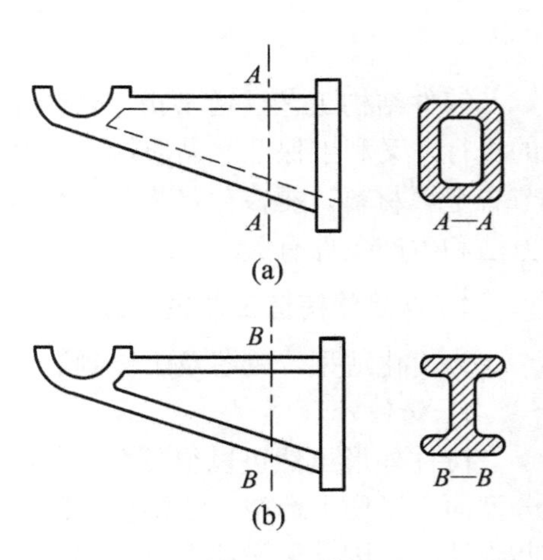

图 3-33 悬臂支架

在必须采用型芯的情况下，应尽量做到便于下芯、安装、固定以及排气和清理。如图 3-34 所示的轴承架铸件，图(a)的结构需要两个型芯，其中大的型芯呈悬臂状态，装配时必须用型芯撑辅助支撑，若改为图(b)结构，成为一个整体型芯，其稳定性大大提高，并便于安装，易于排气和清理。

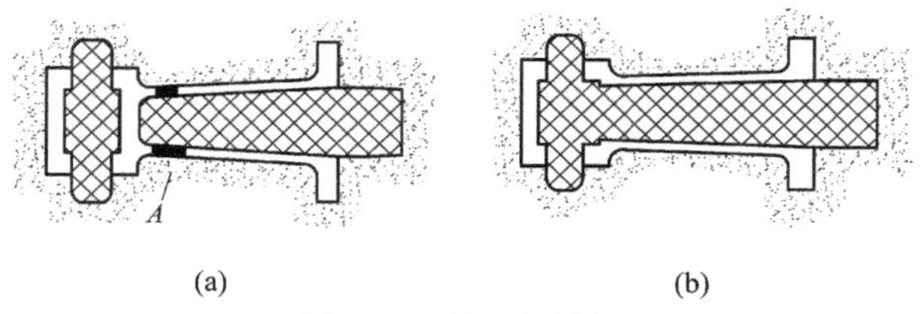

(a)　(b)

图 3-34　轴承架铸件

3) 铸件的结构斜度

铸件上垂直于分型面的不加工面最好具有一定的结构斜度，以利于起模，同时便于用砂垛代替型芯(称为自带型芯)，以减少型芯数量。图 3-35 中，(a)、(b)、(c)、(d)各件不带结构斜度，不便起模，应相应改为(e)、(f)、(g)、(h)所示的带一定斜度的结构。对不允许有结构斜度的铸件，应在模样上留出拔模斜度。

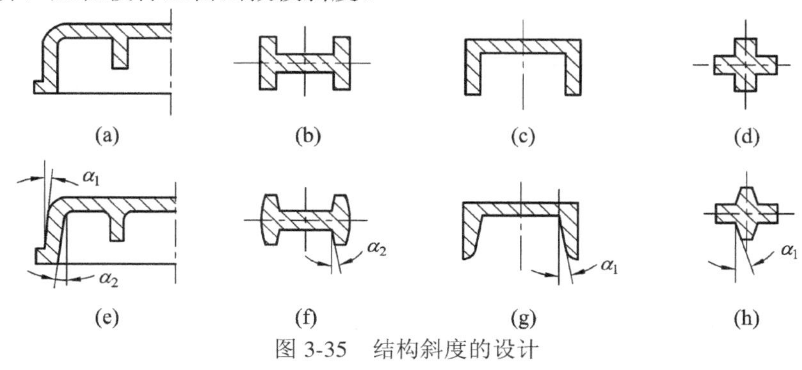

(a)　(b)　(c)　(d)

(e)　(f)　(g)　(h)

图 3-35　结构斜度的设计

2. 从避免产生铸造缺陷分析

铸件的许多缺陷，如缩孔、缩松、裂纹、变形、浇注不足、冷隔等，有时是由于铸件结构不合理而引起的。因此，设计铸件结构应考虑如下几个方面。

1) 壁厚应合理

为了防止产生冷隔、浇注不足或白口等缺陷，各种不同的合金铸件大小、铸造方法不同，其最小壁厚应受到限制。

从细化结晶组织和节省金属材料考虑，应在保证不产生其他缺陷的前提下，尽量减小铸件壁厚。为了保证铸件的强度，可采用加强筋等结构。图 3-36 为台钻底板设计中采用加强筋的例子，采用加强筋后可避免铸件厚大截面，防止某些铸造缺陷的产生。

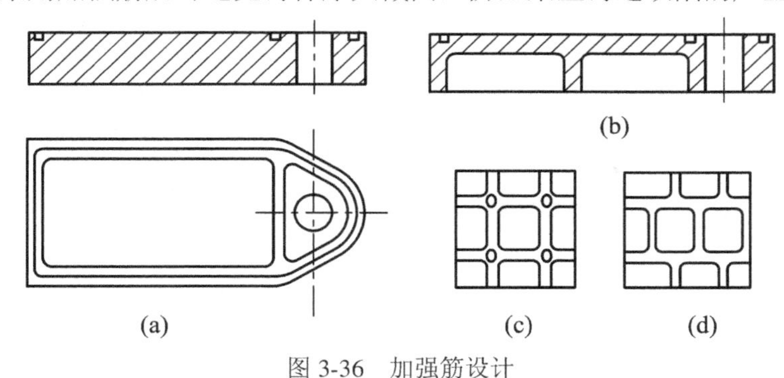

(b)

(a)　(c)　(d)

图 3-36　加强筋设计

(a) 原板结构；(b) 筋板结构；(c) 直方格形；(d) 交错方格形

2) 铸件壁厚应力求均匀

铸件壁厚应力求均匀，减少厚大部分，可防止形成热节而产生缩孔、缩松、晶粒粗大等缺陷，并能减少铸造热应力，以及因此而产生的变形和裂纹等缺陷。图 3-37 所示为顶盖铸件的两种壁厚设计，图(a)在厚壁处产生缩孔、在过渡处易产生裂纹，若改为图(b)，则可防止上述缺陷的产生。铸件上的筋条分布应尽量减少交叉，以防形成较大的热节。如图 3-38 所示，若将图(a)交叉接头改为图(b)交错接头结构，或采用图(c)的环形接头，则可以减少金属的积聚，避免缩孔、缩松缺陷的产生。

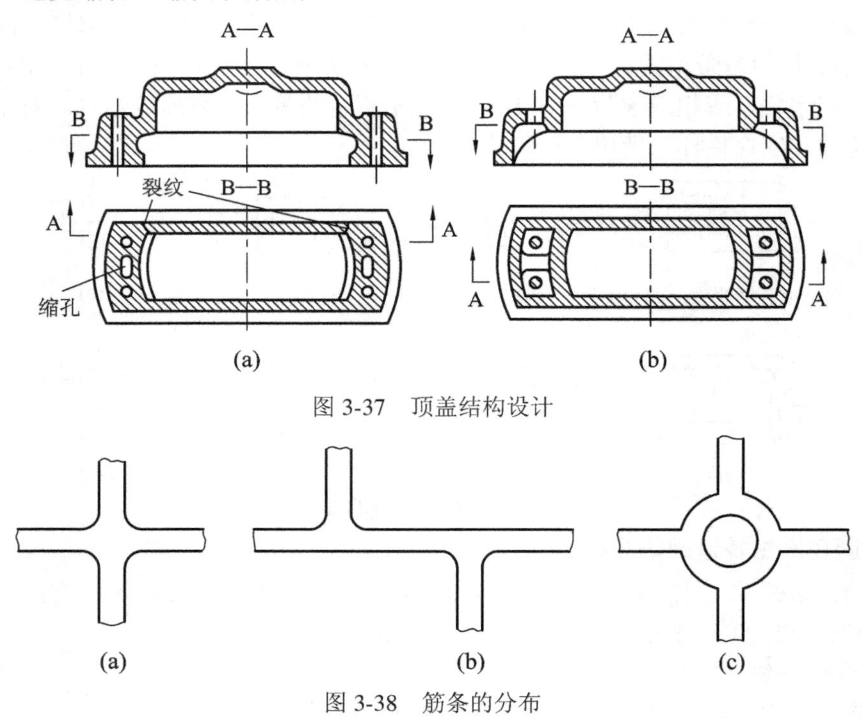

图 3-37 顶盖结构设计

图 3-38 筋条的分布

(a) 交叉接头；(b) 交错接头；(c) 环状接头

3) 铸件壁的连接应合理

铸件不同壁厚的连接应逐渐过渡和转变(图 3-39)，拐弯和交接处应采用较大的圆角连接(图 3-40)，避免锐角连接(图 3-41)，以避免因应力集中而产生开裂。

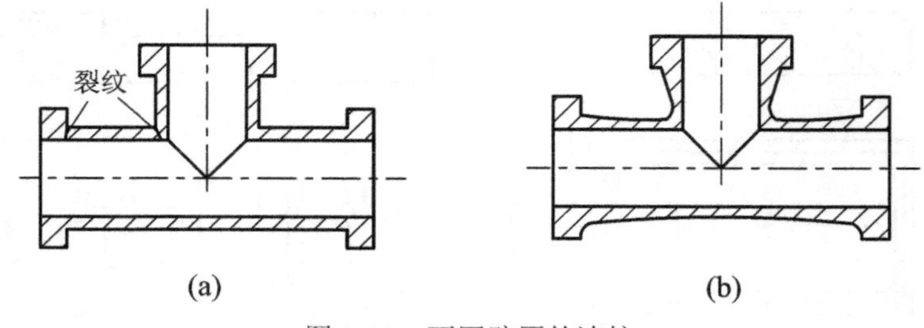

图 3-39 不同壁厚的连接

(a) 不合理；(b) 合理

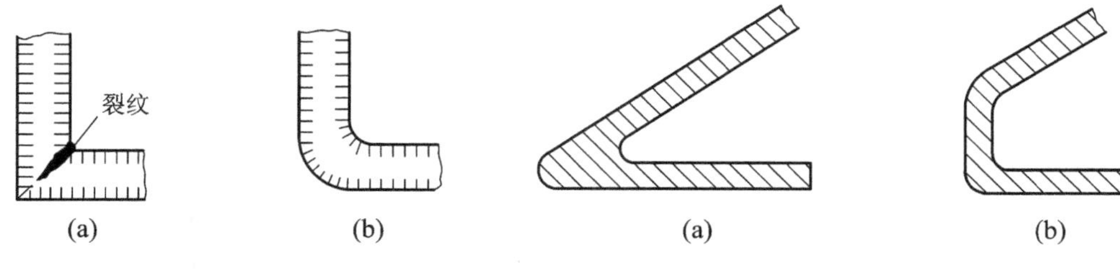

图 3-40 圆角连接

(a) 尖角连接；(b) 圆角连接

图 3-41 避免锐角连接

(a) 锐角连接；(b) 锐、直角过渡连接

4) 应避免较大水平面

铸件上水平方向的较大平面在浇注时，金属液面上升较慢，长时间烘烤铸型表面，容易使铸件产生夹砂、浇注不足等缺陷，也不利于夹渣、气体的排除，因此，应尽量用倾斜结构代替过大水平面，如图 3-42 所示。

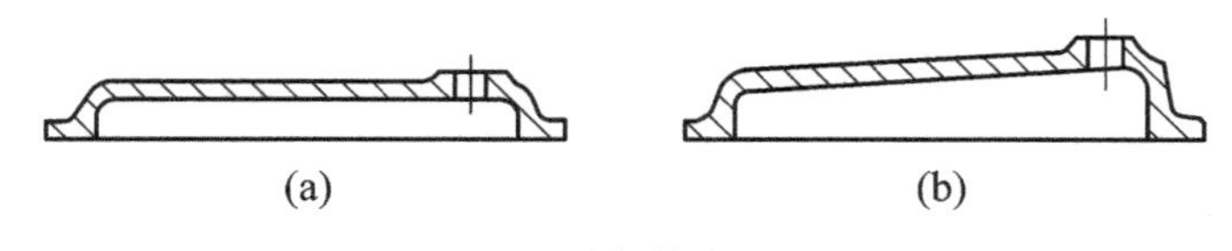

图 3-42 避免较大水平面

(a) 不合理；(b) 合理

3. 铸件结构要便于后续加工

图 3-43 所示为电机端盖铸件，原设计图 3-43(a)不便于装夹，改为图 3-43(b)所示带工艺搭子的结构，能在一次装夹中完成轴孔 d 和定位环 D 的加工，并能较好地保证其同轴度要求。

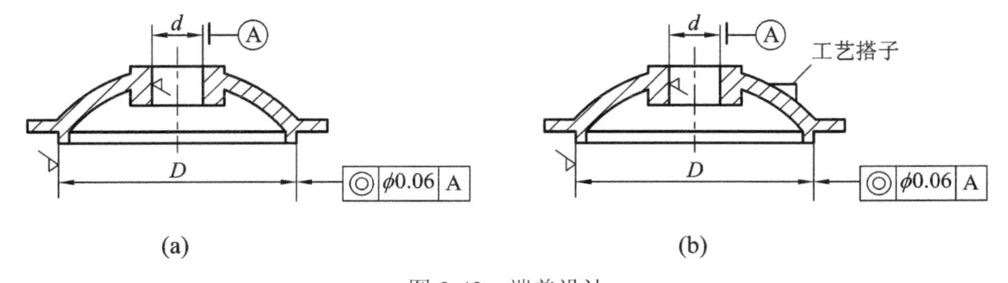

图 3-43 端盖设计

(a) 原设计；(b) 加工艺搭子后

4. 组合铸件的应用

对于大型或形状复杂的铸件，可采用组合结构，即先设计成若干个小铸件进行生产，切削加工后，用螺栓联接或焊接成整体。可简化铸造工艺，便于保证铸件质量。图 3-44 为组合结构铸件示意图。

铸件结构工艺性内容丰富，以上原则都离不开具体的生产条件，在设计铸件结构时，应善于从生产实际出发，具体分析，灵活运用这些原则。

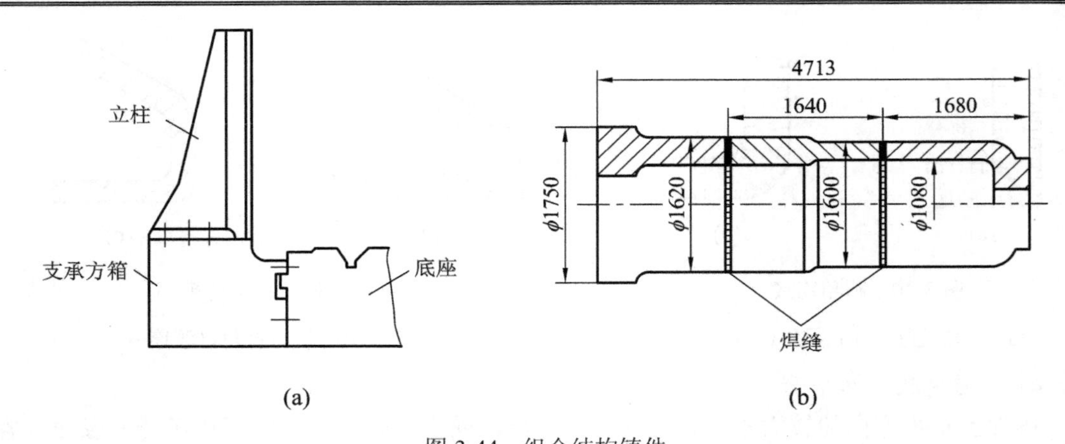

图 3-44　组合结构铸件

(a) 坐标镗床床身；(b) 水压机工作缸

3.5　常用合金铸件的铸造

常用铸造合金有铸铁、铸钢和一些有色金属或合金。其中铸铁件的应用最为广泛，而铜及其合金和铝及其合金铸件是最常用的有色金属或合金铸件，各种合金铸件的制造均有其铸造工艺特点。

3.5.1　铸铁件的铸造

铸铁之所以被广泛用来生产铸件，与其铸造性能良好，而且易于切削是分不开的。它适宜于制造形状复杂的铸件，产量约占铸件总产量的 80%。

铸铁因其中碳的存在形式不同而分为不同类型的铸铁。白口铸铁中的碳以化合态(Fe_3C)存在，灰口铸铁中的碳以游离态(石墨)存在，而麻口铸铁中的碳同时以上述两种形式存在。其中，灰口铸铁根据石墨形状的不同又有片状石墨灰铸铁、球状石墨球墨铸铁、团絮状石墨可锻铸铁和蠕虫状石墨蠕墨铸铁之分。

1．灰铸铁

按照铁水的处理方法不同，灰铸铁件可分为普通灰铸铁件和孕育灰铸铁件两类。铁水不经任何处理、直接进行浇注获得的灰铸铁件是普通灰铸铁件；在浇注前，铁水需要孕育处理再进行浇注获得的灰铸铁件是孕育铸铁件或变质铸铁件。

(1) 普通灰铸铁件，又称低强度灰铸铁件。普通灰铸铁件的铁水不经任何处理，出炉后直接进行浇注。如 HT100 和 HT150 就属于这类。它们的碳、硅含量较高，碳质量分数为 3.0%～3.7%、含硅量为 1.8%～2.4%；壁厚敏感性(指随铸件壁厚的增大，因石墨片粗大使强度降低的现象)大，如表 3-7 所示。普通灰铸铁材质只适合制造受力较小、形状较复杂的中、小铸件，如机座、泵壳、箱体等，不宜用来制造厚壁铸件。

(2) 孕育铸铁件，又称高强度灰铸铁件。为改善铸铁中石墨片的形状、数量、大小和分布情况，生产上常进行孕育处理。与普通灰铸铁件相比，孕育铸铁件的壁厚敏感性小，如

表 3-7 所示，只是浇注前铁水需要孕育处理。牌号为 HT200～HT350 的灰铸铁件均是孕育铸铁件，其组织特点是细小珠光体基体上分布着均匀、细小的石墨片，使铸铁件的强度和硬度明显提高，但塑性和韧性仍然很差。

表 3-7 孕育铸铁和普通灰铸铁壁厚敏感性比较

试样直径/mm	20	30	50	75	100	150
孕育铸铁 σ_b/MPa	—	383	389	380	364	340
普通灰铸铁 σ_b/MPa	197	186	131	104	—	—

孕育铸铁件的组织和性能均匀性好，如图 3-45 所示，即灰铸铁件牌号愈高，其截面组织、性能的齐一性愈好。所以高牌号铸铁材质更适宜于生产厚壁铸件。由于其强度、塑性、韧性比普通灰铸铁高，因此常用作汽缸、曲轴、凸轮轴等较重要的零件。此外，孕育铸铁材质还适合于制造承受较小的动载荷、较大的静载荷、耐磨性好和有一定减振性的铸件，如机床的床身。

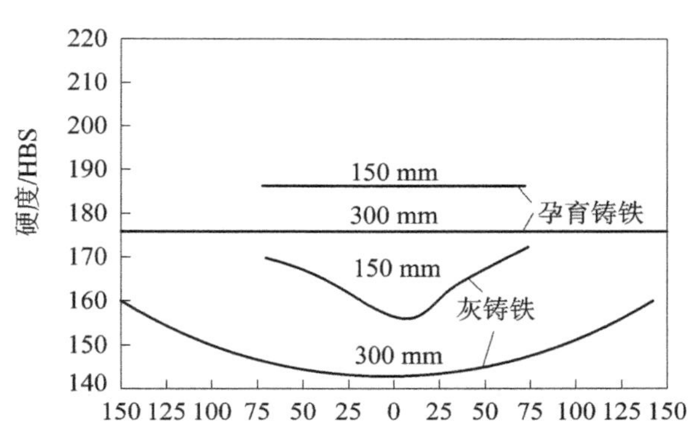

图 3-45 孕育铸铁和灰铸铁截面上硬度的分布

孕育处理(inoculation)是指铸铁件在浇注前，往铁水中加入少量(铁水总重量的 4%左右)颗粒状或粉末状的孕育剂(如硅铁、硅钙合金)进行孕育(变质)处理，使铸铁在凝固过程中产生大量的人工晶核，以促进石墨的形核和结晶，以达增加铸铁的结晶晶核数目和细化共晶团或石墨的目的，从而获得细小珠光体基体上分布有少量细小、均匀分布的石墨片组织。孕育处理时应注意以下几方面，即原铁水中的碳、硅含量要低一些(碳含量为 2.8%～3.2%，硅含量为 1.0%～2.0%)，厚壁铸件取下限，薄壁铸件取上限；铁水的出炉温度较高，为 1420～1450℃，这是因为低碳铁水的流动性差，且进行孕育处理也会降低铁水温度；一般选用含硅 75%的硅铁作孕育剂；孕育方法是采用出铁槽内冲入法，即将硅铁孕育剂均匀地加入到冲天炉的出铁槽，当铁水出炉时将其冲入铁水包，经搅拌、扒渣后便可进行浇注。该方法的缺点是孕育剂的加入量大、且在处理完的 15～20 min 内要尽快浇注，否则会出现孕育衰退现象，即随孕育处理后时间的延续孕育效果逐渐衰减。

2. 可锻铸铁

可锻铸铁实际上并不可以接受锻造，它只是具有一定塑性和韧性而已。可锻铸铁是白口铸铁毛坯在长时间石墨化退火处理后获得的石墨呈团絮状的铸铁。在球墨铸铁出现以前，它是机械性能最好的一种铸铁。

(1) 可锻铸铁的生产特点。可锻铸铁的生产分两步进行：第一步是先铸出白口铸铁毛坯，即采用碳、硅含量都低的铁水，以保证获得全白口的毛坯，所以可锻铸铁的成分为 w_C＝2.4%～2.8%、w_{Si}＜1.4%、w_{Mn}＞0.5%～0.7%、w_S＜0.2%、w_P＜0.1%；第二步是进行石墨化退火，这是制造可锻铸铁最主要的过程。通常，黑心可锻铸铁要进行两个阶段的石墨化退火，即先将白口毛坯加热到 950℃以上保温约 30 h，获得奥氏体加团絮状石墨；当冷却至

710～730℃时保温 20 h，使共析渗碳体全部分解成石墨；随炉冷至 500～600℃时出炉空冷。它的整个退火周期为 40～70 h，珠光体可锻铸铁件的退火只需进行第一阶段的石墨化，即将白口铸铁毛坯加热到 950℃以上保温 30 h 后，随炉冷至 820～840℃时出炉空冷。

(2) 可锻铸铁的铸造性能。可锻铸铁的流动性较差，应适当提高铁水的出炉温度以防止产生冷隔和浇不足缺陷。此外，可锻铸铁的体收缩和线收缩都较大，因为其铸态组织为白口，没有石墨化膨胀，极易形成缩孔和缩松缺陷。因此，应设置冒口和冷铁使之实现顺序凝固。

3. 球墨铸铁

球墨铸铁是在 20 世纪 40 年代发展起来的一种铸铁，它的石墨呈球状。

1) 球墨铸铁件的生产特点

球墨铸铁件有如下生产特点：

(1) 严格控制铁水化学成分。球墨铸铁的铁水中，碳、硅含量比灰铸铁的高。因为球墨铸铁中的石墨呈球状，其数量的多少对铸铁机械性能的影响已不明显。确定高碳及硅的含量主要是从改善铸造性能和球化效果出发的。碳含量控制在共晶点附近。为提高塑性和韧性，球墨铸铁对锰、磷和硫的含量限制更低，锰不超过 0.4%～0.6%；磷应小于 0.1%；硫限制在 0.06%以下。

(2) 铁水出炉温度较高。球墨铸铁要进行球化处理和孕育处理，铁水温度因此会下降 50～100℃，所以铁水出炉温度应高于 1400～1420℃。

(3) 需要进行球化和孕育处理。

① 球化剂和孕育剂。球化剂是指能使石墨呈球状析出的添加剂。我国常用稀土镁合金作球化剂。球化后应进行孕育处理，其目的是消除球化元素所造成的白口倾向，促进石墨化，增加共晶团数目并使石墨球圆整和细小，最终使球铁的机械性能提高。球墨铸铁常用的孕育剂也是 75%的硅铁。

② 球化及孕育方法。最常用的球化方法是冲入法，如图 3-46 所示，即先将球化剂放入铁水包的堤坝内，并在上面覆盖硅铁粉和稻草灰，以防球化剂在冲入铁水时上浮。此外，还有型内球化法，如图 3-47 所示，即把球化剂置于铸型的反应室，浇注时铁水流经反应室时先与球化剂作用，再进入型腔。这种方法的优点是可防止球化衰退、球化剂用量少且获得的石墨球细小，只是反应室的设计和浇注系统的挡渣措施较复杂。

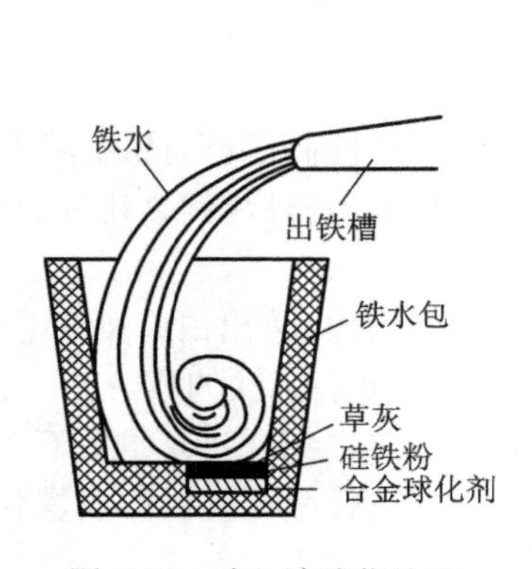

图 3-46 冲入法球化处理

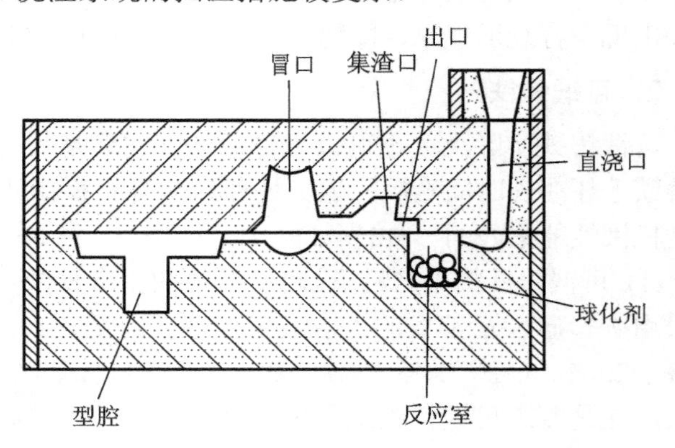

图 3-47 型内球化法

(4) 球墨铸铁的热处理。一般在球墨铸铁进行热处理时，不同牌号的球墨铸铁需要进行不同的热处理。退火能使珠光体中的渗碳体分解成为铁素体，主要用于牌号为 QT400-18 和 QT450-10 球墨铸铁的生产；正火可增加珠光体量、提高球墨铸铁的强度、硬度及耐磨性，用于生产 QT600-3、QT700-2 和 QT800-2 球墨铸铁正火后应马上进行回火以减小应力；调质可提高球铁的综合机械性能。用于制造性能要求较高或截面较大的铸件如大型曲轴和连杆；等温淬火可以获得高强度、有一定塑性及韧性的贝氏体球墨铸铁，用于生产牌号为 QT900-2 的球墨铸铁。

2) 球墨铸铁的铸造工艺特点

球墨铸铁的铸造性能介于灰铸铁与铸钢之间，其铸造工艺有如下特点：

(1) 球墨铸铁的流动性较差。由于球墨铸铁的球化和孕育处理使铁水的温度下降较多，易产生浇注不足和冷隔缺陷，因此球墨铸铁应提高浇注温度或采用较大截面浇注系统以提高浇注速度。

(2) 球墨铸铁的收缩与铸型刚度有关。因为球墨铸铁的结晶温度范围宽，在浇入铸型后的一段时间内不能形成坚固的外壳，球状石墨析出引起的膨胀力却很大，所以铸型的刚度不足以使铸件外壳向外胀大，造成铸件最后凝固的部位产生缩孔和缩松，如图 3-48 所示。因此，可采取如下措施来防止缩孔和缩松：采用冒口和冷铁使球铁铸件实现顺序凝固；增加砂型紧实度，或采用干型、水玻璃快干型，以防止铸件外形胀大；采用半封闭式浇注系统、过滤球墨铸铁件产生夹渣(MgS、MgO)和皮下气孔缺陷集渣包等挡渣措施，防止球墨铸铁件产生夹渣和皮下气孔缺陷。

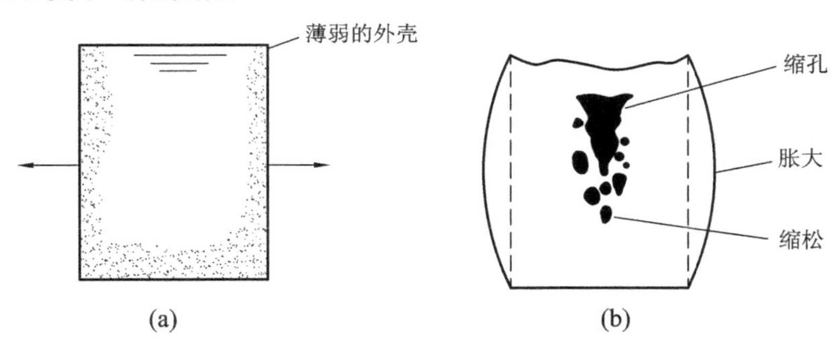

图 3-48　球墨铸铁件缩孔和缩松的形成

4．蠕墨铸铁

蠕墨铸铁是在球墨铸铁之后发展起来的铸铁，其石墨形态介于片状和球状之间，呈蠕虫状。所以蠕墨铸铁在性能上同时具有灰铸铁和球墨铸铁的一系列优点，可用来代替高强度灰铸铁、铁素体球墨铸铁生产一些大型复杂件，如大型柴油机的机体和大型机床的立柱等。蠕墨铸铁件的制造与球墨铸铁件类似：浇注前铁水应进行蠕化和孕育处理。蠕化处理是采用冲入法把蠕化剂加进铁水。我国多用稀土合金，如稀土硅铁合金和稀土硅钙合金等；国外则多用镁合金作蠕化剂。需指出的是，蠕墨铸铁的研究和应用时间不长，还存在蠕化剂加入量不易把握，造成铸件报废的问题。

5．铸铁的熔炼

铸铁的熔炼是为获得成分和温度合格的铁水。熔炼设备有很多，如冲天炉、反射炉、电弧炉和感应炉等，但以冲天炉应用最多。冲天炉熔炼时以焦炭作燃料，石灰石等作熔剂，以生铁、废钢、铁合金等为金属炉料。金属炉料从加料口进入冲天炉，在迎着上升的高温炉气下落的过程中，逐渐被加热。当被加热到 1100～1200℃时，金属炉料开始熔化变成铁水。铁水经炉内过热区进一步加热，最后进入炉缸或前炉待用。

3.5.2 铸钢件的铸造

对于强度、塑性和韧性等性能要求高的零件应采用铸钢制造。铸钢件的产量仅次于铸铁，约占铸件总产量的 15%。按照成分铸钢可分为碳素钢和合金钢两类，而且碳素钢用得最多，约占铸钢产量的 80%以上。

1. 碳素铸钢

由于含碳量的不同，各种碳素铸钢的铸造性能及力学性能有很大差异，适用于不同的零件。

(1) 低碳铸钢。低碳铸钢(如 ZG15)的熔点较高、铸造性能差，仅用于制造电机或渗碳零件。

(2) 中碳铸钢。中碳铸钢(如 ZG25～ZG45)的综合性能高于各类铸铁，如强度高、塑性和韧性优良，因此适用于制造形状复杂、强度和韧性要求高的零件如火车车轮、锻锤机架和砧座等，是应用最多的一类碳素铸钢。

(3) 高碳铸钢。高碳铸钢(如 ZG55)的熔点低、塑性和韧性较差，仅用于制造少量的耐磨件。

2. 合金铸钢

根据合金元素的多少，合金铸钢分为低合金铸钢和高合金铸钢两大类：

(1) 低合金铸钢。低合金铸钢在我国应用最多的是锰系、锰硅系及铬系等，如 ZG40Mn、ZG30MnSi1、ZG30CrlMnSi1 等。这类合金铸钢主要用来制造齿轮、水压机工作缸和水轮机转子等零件。而 ZG40Cr1 常用来制造高强度齿轮和高强度轴等重要受力零件。

(2) 高合金铸钢。高合金铸钢具有耐磨、耐热或耐腐蚀等特殊性能。如高锰钢 ZGMn13，是一种抗磨钢，主要用于制造在干摩擦工作条件下使用的零件，如挖掘机的抓斗前壁和抓斗齿、拖拉机和坦克的履带等；铬镍不锈钢 ZG1Crl8Ni9 和铬不锈钢 ZG1Cr13、ZGCr28 等，对硝酸的耐腐蚀性很高，主要用于制造化工、石油、化纤和食品等设备上的零件。

3. 铸钢的铸造工艺特点

铸钢的熔点较高，钢液易氧化，钢水的流动性差，收缩大：体收缩率为 10%～14%，线收缩为 1.8%～2.5%。所以铸钢的铸造性能比铸铁差，必须采取如下一些工艺措施。

(1) 铸钢件的壁厚不能小于 8 mm，以防止产生冷隔和浇注不足等缺陷；浇注系统的结构应力求简单，且截面尺寸比铸铁的大；应采用干铸型或热铸型，并适当提高浇注温度(1520～1600℃)，以改善流动性。

(2) 由于铸钢的收缩大大超过铸铁，在铸造工艺上应采用冒口、冷铁和补贴等工艺措施，以实现顺序凝固，如图 3-49 所示的大型钢齿轮。

(3) 对薄壁或易产生裂纹的铸钢件，一般采用同时凝固原则。如图 3-50 所示，开设足够多的内浇口可使钢液迅速、均匀地充满铸型。此外，在设计铸钢件的结构时，还应使其壁厚均匀，避免尖角和直角结构，以防产生缩孔、缩松和裂纹缺陷。也可在型砂中加锯末，在芯砂中加焦炭，采用空心型芯和油砂芯来改善砂型或型芯的退让性和透气性，减少裂纹。

(4) 由于铸钢的熔点高，铸钢件极易产生粘砂缺陷。因此应采用耐火度高的人造石英砂制作铸型，并在铸型表面涂刷石英粉或锆砂制得的涂料。

(5) 为减少气体来源或提高钢水流动性和铸型强度，铸型多用干型或快干型，如用 CO_2 硬化的水玻璃砂型。

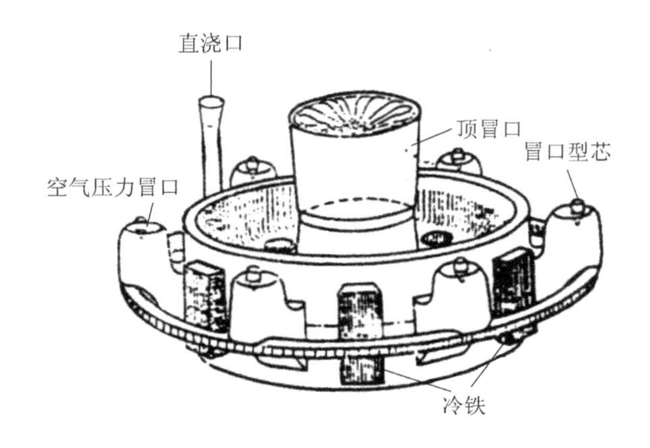

图 3-49 铸钢齿轮铸造工艺

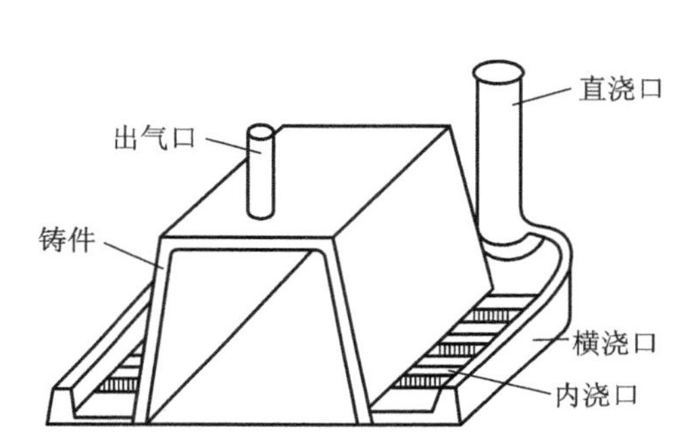

图 3-50 薄壁铸钢件的浇注系统

4．铸钢件的热处理

铸钢件均需经过热处理后才能使用。因为在铸态下的铸钢件内部存在气孔、裂纹、缩孔和缩松。晶粒粗大、组织不均及残余内应力等缺陷大大降低了其力学性能，尤其是塑性和韧性。因此铸钢件必须进行正火或退火。由于正火处理会引起较大应力，所以只适用于碳质量分数小于 0.35% 的铸钢件。因其塑性好，冷却时不易开裂。正火后的铸钢件应进行高温回火以降低内应力；对于碳质量分数大于或等于 0.35%的以及结构较复杂或易产生裂纹的铸钢件，只能进行退火处理。注意，铸钢件不宜淬火，否则会开裂。

5．铸钢的熔炼

铸钢常用平炉、电弧炉和感应炉等熔炼。平炉的特点是容量大、可用废钢作原料、可准确控制钢的成分，多用于熔炼质量要求高的、大型铸钢件用钢液。电弧炉指三相电弧炉，其优点是开炉和停炉操作方便，能保证钢液成分和质量，对炉料的要求不甚严格和容易升温，故可用作炼优质钢、高合金钢和特殊钢等。工频或中频感应炉适宜熔炼各种高级合金钢和碳质量分数极低的钢，其熔炼速度快、合金元素烧损小、能源消耗低且钢液质量高，适用于小型铸钢车间使用。

3.5.3 有色金属及其合金铸件的铸造

有色金属铸件指用铝、镁、铜、锌、锡、钛等金属及其合金制造的铸件。其中，以铝及其合金、铜及其合金的铸件应用最多。

1．铝合金铸件的铸造

1) 铝合金的熔炼特点

液态铝合金容易氧化和吸气，即铝在液态下极易氧化成熔点高(2050℃)、密度大和稳定性好的 Al_2O_3，并悬浮在液态铝合金中很难去除，且液态铝合金液极易吸收氢气，在随后冷却过程中过饱和的氢以气泡形式析出，就可能在铸件上形成气孔。为此，铝合金在熔炼时应进行精炼，如通过加 KCl、NaCl 等熔剂将铝合金液面覆盖，使之与炉气隔绝，以减少氧化和吸气的机会。为排除已经吸入的气体，常用通气法、氯化物法或真空法精炼。

(1) 通气法。通气法分两种：一种是通入不与铝合金发生化学反应的惰性气体，如氮气进行精炼。当它们以气泡的形式在液态铝合金中上浮时，可将液态铝合金中的氢气一起带出液面，同时气泡在上升过程中，会吸附一些固态夹杂物，使其浮至液面炉渣中被清除。另一种是通入一种能与铝合金发生化学作用的气体如氯气，方程式如下：

$$3Cl_2 + 2Al = 2AlCl_3\uparrow$$

$$Cl_2 + H_2 = 2HCl\uparrow$$

在气态 $AlCl_3$ 和 HCl 的上浮过程中，可将铝合金液中的气体和夹杂物带出。氯气的精炼效果好、成本低，但是有毒，应在安全防护的条件下采用。

(2) 氯化物法。常采用六氯乙烷(C_2Cl_6)进行精炼，即用钟罩将 C_2Cl_6 加入铝合金液，其反应如下：

$$3C_2Cl_6 + 2Al = 3C_2Cl_4\uparrow + 2AlCl_3\uparrow$$

反应产物 C_2Cl_4 和 $AlCl_3$ 在上浮过程中，可以将铝合金液中的气体(H_2)和夹杂物(Al_2O_3)带出液面。C_2Cl_6 不吸水、便于保存，且精炼效果好。只是它遇热分解出的 Cl_2 与 C_2Cl_4 气体对人有刺激。为此，常用刺激性小但效果较差的 $ZnCl_2$ 来精炼。

(3) 真空法。在真空室内熔炼和浇注铝合金铸件，铝合金液就不会发生氧化和吸气。如将熔炼好的铝合金液置于真空室内数分钟，铝合金液内的气体在真空负压作用下会自动逸出，也可以达到精炼的目的。

2) 铝合金的铸造工艺特点

液态铝合金极易氧化和吸气，所以铝合金铸件的生产具有如下工艺特点：

(1) 铝合金的铸造性能与成分密切相关。如 Al-Si 合金的成分在共晶点附近，为层状凝固所以有优良的铸造性能，应用最多；而 Al-Cu 合金的结晶温度范围较宽、铸造性能最差，极易产生缩松缺陷。一般在实际生产中，铝合金铸件均采用冒口进行补缩。

(2) 由于铝合金液易氧化和吸气，其浇注系统的设计原则是尽快将铝合金液平稳地导入铸型，并要求有好的挡渣效果，如缝隙式、牛角式及雨淋式的开放式浇注系统，且在浇注铝合金铸件时，应保证金属流连续不断，防止飞溅和氧化。

2．铜及其合金铸件的铸造

1) 铜及其合金的熔炼

铜及其合金熔炼时极易氧化和吸气，因此常用柑涡炉熔炼，并在熔炼过程中用木炭、碎玻璃、苏打和硼砂等覆盖液面，使之与空气隔离。由于铜氧化生成的 Cu_2O 会降低金属的塑性，在熔炼普通黄铜和铝青铜以外的铜合金时，需用含磷 8%～14%的磷铜脱氧；对普通黄铜和铝青铜而言，锌和铝本身就是脱氧剂，不需加磷铜脱氧。除气主要是除去铜合金中的氢，锡青铜常用吹氮除气，即氮气泡在上浮过程中，可将锡青铜液中的氢气带出液面。此外，铝青铜中的氢气还可用氯盐($ZnCl_2$)和氯化物(CCl_4)法去除；黄铜可采用沸腾法除气，因为锌的沸点为907℃，在高于907℃的温度下熔炼，锌蒸气的逸出能将黄铜液中的气体带出。由于铝青铜中的固态夹杂物和Al_2O_3的熔点高、稳定性好，不能用脱氧化法进行还原，因此只能用加碱性熔剂如萤石和水晶石的方法，将形成熔点低、密度小的熔渣加以去除。

2) 铜及其合金的铸造工艺特点

由于液态铜及其合金极易氧化和吸气，所以铜及其合金铸件的生产具有如下工艺特点：

(1) 采用细砂造型以降低表面粗糙度，同时也能防止产生粘砂缺陷。因为铜合金液的密度大、流动性好，易渗入粗砂粒间产生粘砂。

(2) 由于铜及其合金的收缩率较大，需采用冒口、冷铁等使铸件顺序凝固。而锡青铜的结晶温度范围宽，产生显微缩松的倾向大，应采用同时凝固原则。

(3) 对含铝的铜合金如铝青铜和铝黄铜等，为减少浇注时的氧化和吸气，其浇注系统应有好的挡渣能力，如带过滤网和集渣包的底注式浇注系统。

3.6 铸造技术的发展

近些年来，铸造新工艺、新技术和新设备发展迅速。如在型砂和芯砂方面，不仅推广了快速硬化的水玻璃砂及各类自硬砂，并成功地运用了树脂砂来快速制造高强度砂芯。在铸造合金方面，发展了高强度、高韧性的球墨铸铁和各类合金铸铁。在铸造设备方面，建立起先进的机械化和自动化的高压造型生产线。此外，计算机技术在铸造方面的应用也有很大发展，如利用计算机的模拟技术研究凝固理论；用计算机数值模拟技术模拟生产条件，以确定适宜的工艺参数；利用计算机三维图形技术来辅助实现铸造模具的快速成型。

1. 计算机数值模拟技术

随着计算机技术的飞速发展，各种铸造工艺过程的计算机数值模拟技术已发展到成熟阶段，可以对铸件的成型过程进行仿真设计。就铸铁而言，铸造上用的计算机数值模拟技术，已从对铸件的传热研究向充型过程、传热与流动耦合、凝固组织及应力等方向发展，使对铸造工艺参数的确定和铸件质量的控制成为可能。目前，计算机模拟技术正朝着对铸件进行设计和开发的短周期、低成本、低风险、少缺陷或无缺陷的方向发展。

2. 计算机三维图形技术

目前，由于计算机三维图形构造技术的成熟化，使得快速成型技术(Rapid Prototyping Technology)已由实验室阶段进入实际应用，其造型材料不仅有光敏树脂，还有纸质原料，它们的粘结性和力学性能都达到了实用阶段。如用在熔模铸造中蜡模制造的一种快速成型技术——立体平版成型工艺(Stereo Lithography Process，SLA)，其工艺原理如图3-51所示，即先在计算机上设计出铸件的三维图形；再将计算机图像数据转换成一系列很薄的模样截面数据；然后采用紫外线激光束，在快速成型机上按照每层薄片的二维图形轮廓轨迹，对液态光敏树脂进行扫描固化。开始时，先从零件底部第一薄层截面开始扫描，然后每次扫描一层，直到铸件的三维模样全部完成。每次扫描层厚度约为0.076～0.381 mm。最后将模样从树脂液中取出，经过硬化、打光、电镀、喷涂或着色等过程即可投入使用。利用 SLA 还可快速制成立体树脂模，以代替蜡模进行结壳。其缺点是树脂模在焙烧时会由于膨胀而引起型壳开裂，所以不适合制造厚大的铸件，而且光敏树脂的价格昂贵，也限制其大规模地推广应用。

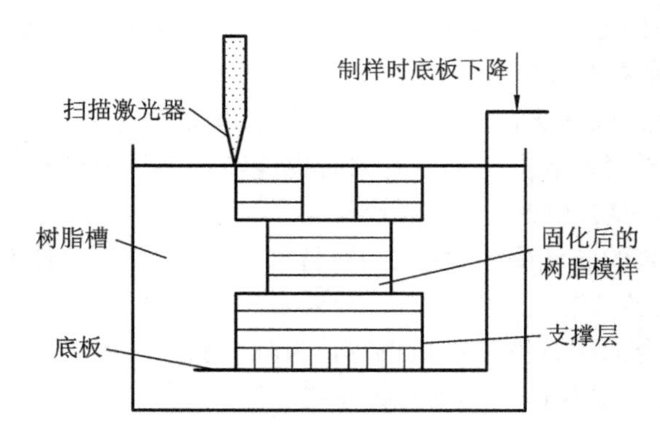

图 3-51 SLA 工艺原理图

思考题与习题

3-1 什么是液态金属的充型能力？它主要受哪些因素影响？充型能力差易可产生哪些铸造缺陷？

3-2 浇注温度过高或过低，易产生哪些铸造缺陷？

3-3 什么是顺序凝固原则？需采取什么措施来实现？哪些合金需采用顺序凝固原则？

3-4 何谓合金的收缩？其影响因素有哪些？铸造内应力、变形和裂纹是怎样形成的？怎样防止它们的产生？

3-5 砂型铸造常见缺陷有哪些？应如何防止？

3-6 为什么铸铁的铸造性能比铸钢好？

3-7 什么是特种铸造？常见的特种铸造方法有哪几种？

3-8 什么是熔模铸造？试述其大致工艺过程。在不同批量下，其压型的制造方法有何不同？为什么说熔模铸造是重要的精密铸造方法？其适应范围如何？

3-9 金属型铸造有何优越性？为什么金属型铸造未能完全取代砂型铸造？为何用它浇注铸铁件时，常出现白口组织？应采取哪些措施避免？

3-10 压力铸造有何缺点？它与熔模铸造的适用范围有何显著不同？

3-11 什么是离心铸造？它在铸造圆筒件时有哪些优越性？用离心铸造法铸造成型铸件的目的是什么？

3-12 在大批量生产的条件下，下列铸件宜选用哪种铸造方法生产？

机床床身 铝活塞 铸铁污水管 汽轮机叶片

3-13 为便于生产和保证铸件质量，通常对铸件结构有哪些要求？

第4章 锻 压

锻压(forging)又称为塑性加工(plastic working)，是对坯料施加外力，使其产生塑性变形，从而既改变尺寸、形状，又改善性能的一种用以制造机器零件、工件或毛坯的成型加工方法。锻压是锻造(smithing)与冲压(stamping)的总称。塑性加工和其他加工相比，具有以下优点：

(1) 力学性能高。金属坯料经锻造后，可弥合或消除金属铸锭内部的气孔、缩孔和粗大的树枝状晶粒等缺陷，并能细化金属的铸态组织。因此，与同种材质的铸件相比，它具有较高的力学性能。对于承受冲击或交变应力的重要零件(如机床主轴、齿轮、曲轴和连杆等)，应优先采用锻件毛坯。

(2) 节约金属。锻造生产与切削加工方法相比，减少了零件在制造过程中金属的消耗，使得材料的利用率较高。另外，金属坯料经锻造后，由于力学性能(如强度)的提高，在同等受力和工作条件下可以缩小零件的截面面积，减轻重量，从而节约金属材料。

(3) 生产率高。锻造与切削加工相比，其生产率大大提高，使得生产成本降低。例如，用模锻成型内六角螺钉，其生产率比用切削加工方法约提高50倍。特别是对于大批量生产，锻造具有显著的经济效益。

(4) 适应性广。用锻造能生产出小至几克的仪表零件，大至上吨重的巨型锻件。

但是锻造也受到以下几个方面的制约，如：锻件的结构工艺性要求较高，对形状复杂，特别是内腔形状复杂的零件或毛坯难以甚至不能锻压成型；通常锻压件(主要指锻造毛坯)的尺寸精度不高，还需配合切削加工等方法来满足精度要求；锻造需要重型的机器设备和较复杂的模具，模具的设计制造周期长，初期投资费用高等。

总之，锻造以其独特的优越性获得了广泛的应用，凡承受重载荷、对强度和韧性要求高的机器零件，如机器的主轴、曲轴、连杆、重要齿轮、凸轮、叶轮及炮筒、枪管、起重吊钩等，通常均采用锻件作毛坯。

在机械制造生产过程中，常用的锻压分为六类，即自由锻(open die forging)、模锻(drop forging)、挤压(extrusion)、拉拔(drawing)、轧制(rolling)、板料冲压(punching)。它们的成型方式、所用工具(或模具)的形状和塑性变形区的特点如图4-1所示。

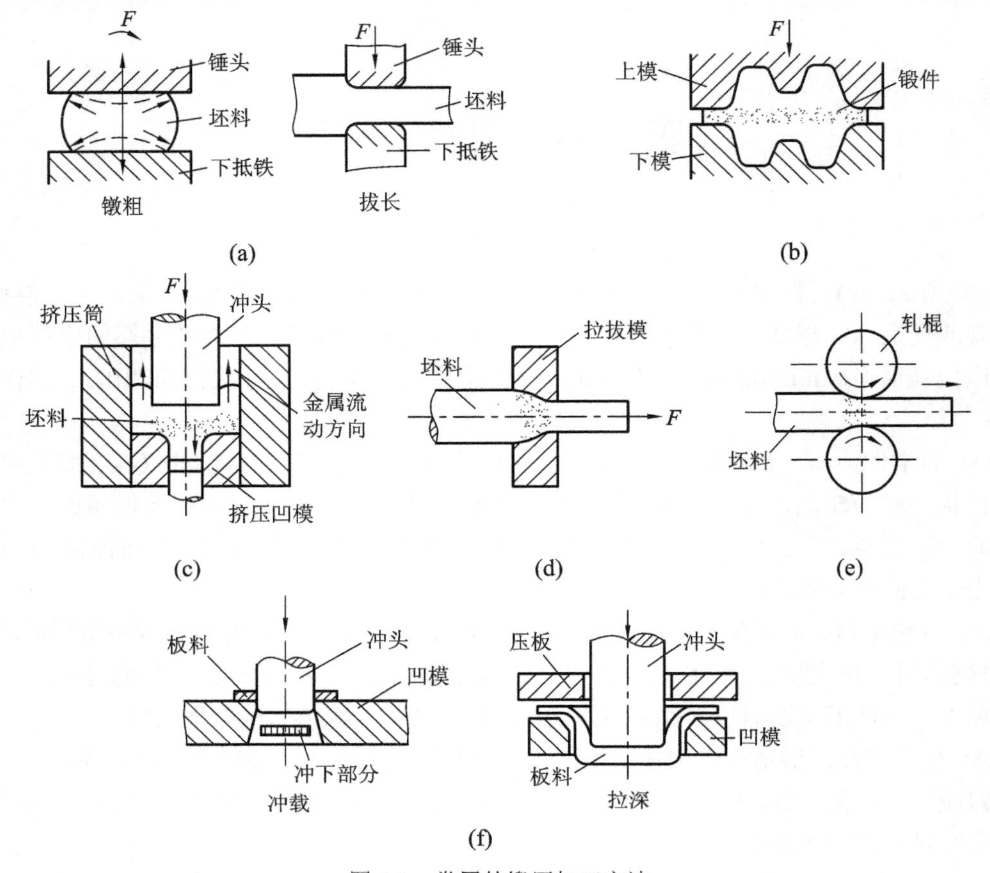

图 4-1　常用的锻压加工方法

(a) 自由锻；(b) 模锻；(c) 挤压；(d) 拉拔；(e) 轧制；(f) 冲压

4.1　金属的塑性变形

4.1.1　金属塑性变形的实质

工业上常用的金属材料都是由许多晶粒组成的多晶体。为了便于了解金属塑性变形的实质，首先讨论单晶体的塑性变形。

1. 单晶体的塑性变形

单晶体是指原子排列方式完全一致的晶体。单晶体塑性变形有滑移和孪生两种方式，其中滑移是主要变形方式。

1) *滑移*(glide)

滑移是晶体内一部分相对于另一部分，沿原子排列紧密的晶面作相对滑动。

图 4-2 是单晶体塑性变形过程示意图。

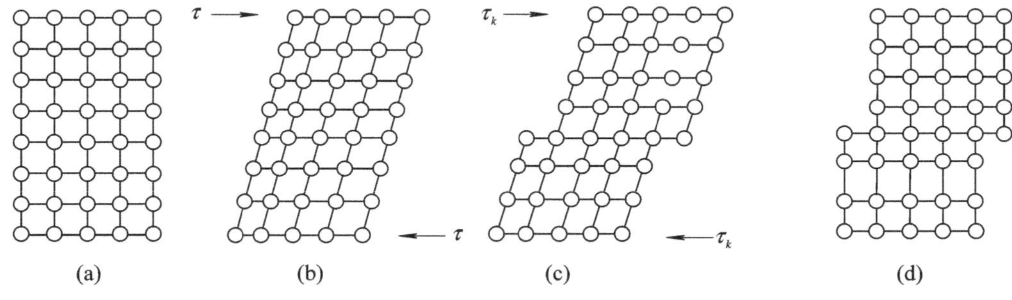

图 4-2　单晶体塑性变形的过程

图 4-2(a)是晶体未受到外界作用时，晶格内的原子处于平衡位置的状态；图 4-2(b)是当晶体受到外力作用时，晶格内的原子离开原平衡位置，晶格发生弹性的变形，此时若将外力除去，则晶格将回复到原始状态，此为弹性变形阶段；图 4-2(c)是当外力继续增加，晶体内滑移面上的切应力达到一定值后，晶体的一部分相对于另一部分发生滑动，此现象称为滑移，此时为弹塑性变形；图 4-2(d)是晶体发生滑移后，除去外力，晶体也不能全部回复到原始状态，这就产生了塑性变形。

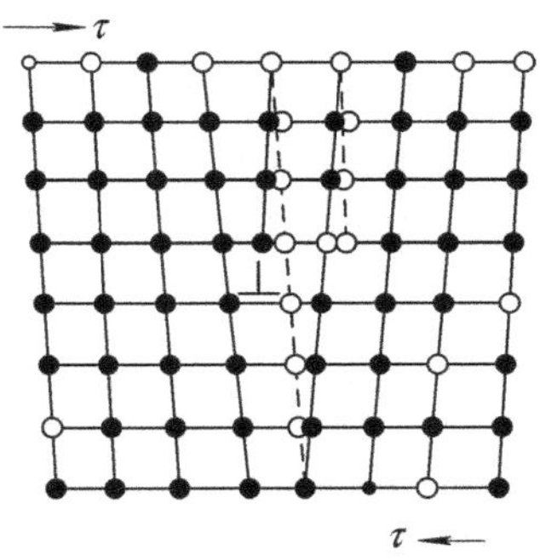

图 4-3　位错的运动

晶体在滑移面(glide plane)上发生滑移，实际上并不是整个滑移面上的所有原子同时一起移动(即刚性滑移)，而是由晶体内的位错运动来实现的。位错的类型很多，最简单的是刃型位错。在切应力作用下，刃型位错线上面的两列原子向右作微量移动，就可使位错向右移动一个原子间距，如图 4-3 所示。当位错不断运动滑移到晶体表面时，就实现了整个晶体的塑性变形，如图 4-4 所示。由于滑移是通过晶体内部的位错运动来实现的，因此它所需要的切应力比刚性滑移时小得多。

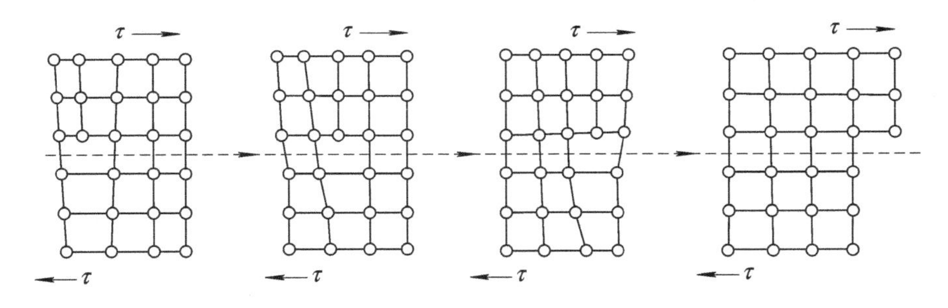

图 4-4　刃型位错移动产生滑移示意图

2) 孪生(twin)

在切应力作用下，晶体的一部分相对于另一部分以一定的晶面(孪生面)产生一定角度的切变叫孪生，如图 4-5 所示。晶体中未变形部分和变形部分的交界面称为孪生面。金属孪生变形所需要的切应力一般高于产生滑移变形所需要的切应力，故只有在滑移较困难的情况下才会发生孪生。如六方晶格由于滑移系(指滑移面与滑移方向的组合)少，因此比较容易发生孪生。

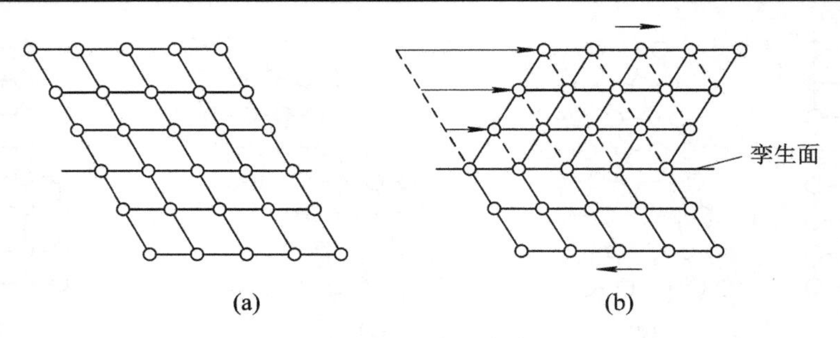

图 4-5　晶体的孪生

(a) 切变前；(b) 切变后

2. 多晶体的塑性变形

多晶体是由很多形状、大小和位向不同的晶粒组成的，在多晶体内存在着大量晶界。多晶体塑性变形是各个晶粒塑性变形的综合结果。由于每个晶粒变形时都要受到周围晶粒及晶界的影响和阻碍，故多晶体塑性滑移时的变形抗力要比单晶体高。

在多晶体内，单就某一个晶粒来分析，其塑性变形方式与单晶体是一样的，此外，在多晶体晶粒之间还有少量的相互移动和转动，这部分塑性变形为晶间变形，如图 4-6 所示。

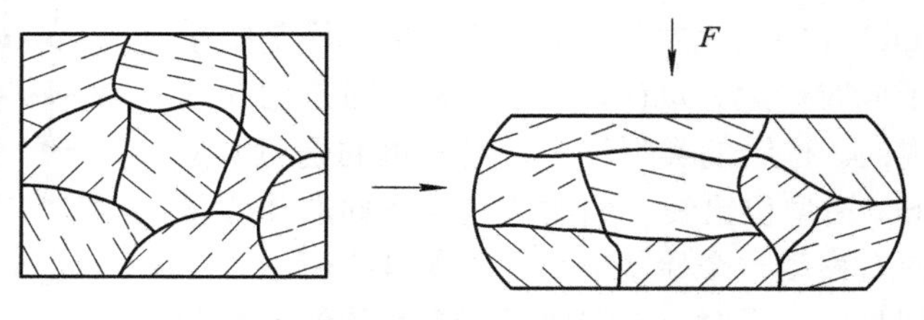

图 4-6　多晶体的晶间变形示意图

(a) 变形前；(b) 变形后

在晶界上的原子由于排列不规则，晶格畸变严重，所以也是各种缺陷和杂质原子富集的地方。在常温下晶界对滑移起阻碍作用。晶粒越细，晶界越多，对塑性变形的抗力就越大，金属的强度也就越高。同时，由于晶粒越细，在一定体积的晶体内晶粒数目就越多，变形就可以分散到更多的晶粒内进行，使各晶粒的变形比较均匀，不致产生太大的应力集中，所以细晶粒金属的塑性和韧性均较好。

要指出的一点是，在塑性变形过程中一定有弹性变形存在，当外力去除后，弹性变形部分将恢复，称“弹复”现象。这种现象对锻件的变形和质量有很大影响，必须采取工艺措施以保证产品质量。

4.1.2　塑性变形对金属组织及性能的影响

金属的塑性变形可在不同的温度下产生，由于变形时温度不同，塑性变形将对金属组织和性能产生不同的影响，主要表现在以下两个方面。

1. 加工硬化(或冷变形强化)

金属在塑性变形中随变形程度增大，金属的强度、硬度升高，而塑性和韧性下降(图 4-7)。其原因是由于滑移面上的碎晶块和附近晶格的强烈扭曲，增大了滑移阻力，使继续滑移难以进行。这种随变形程度增加，强度、硬度升高而塑性、韧性下降的现象称加工硬化(work hardening)。在生产中，可以利用加工硬化来强化金属性能；但加工硬化也使进一步的变形困难，给生产带来一定麻烦。在实际生产中，常采用加热的方法使金属发生再结晶，从而再次获得良好塑性。这种工艺操作叫再结晶退火(recrystallization annealing)。

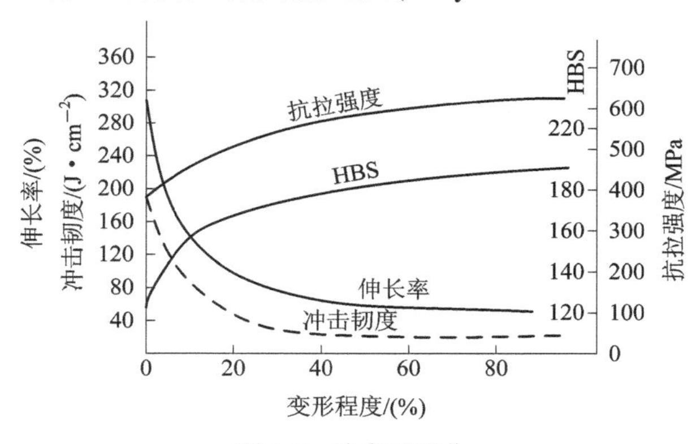

图 4-7　冷变形强化

2. 回复(recovery)及再结晶(recrystallization)

冷变形强化是一种不稳定现象，具有自发地回复到稳定状态的倾向，但在室温下，这种回复不易实现。当将金属加热至其熔化温度的0.2～0.3倍时，晶粒内扭曲的晶格将恢复正常，内应力减少，冷变形强化部分消除，这一过程称为回复，如图4-8(b)所示。回复温度为

$$T_{回}=(0.2\sim0.3)T_{熔}$$

式中，$T_{回}$为金属的回复温度(K)；$T_{熔}$为金属的熔点(K)。

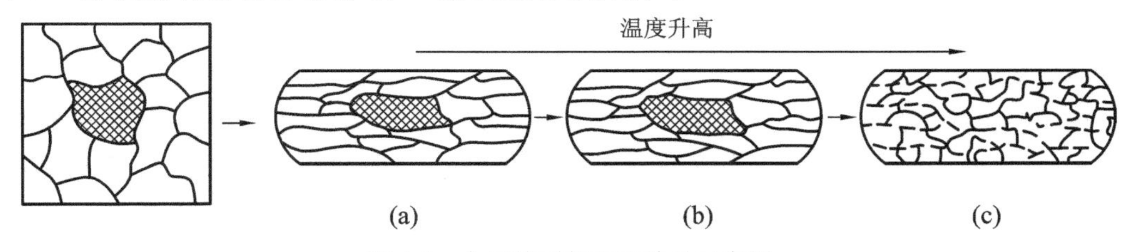

图 4-8　金属的回复和再结晶示意图

(a) 塑性变形后的组织；(b) 金属回复后的组织；(c) 再结晶组织

当温度继续升高至其熔化温度的0.4倍时，金属原子获得更多的热能，开始以某些碎晶或杂质为核心结晶成新的晶粒，从而消除全部冷变形强化现象。这一过程称为再结晶，如图4-8(c)所示。再结晶温度为

$$T_{再}=0.4T_{熔}$$

式中，$T_{再}$为金属的再结晶温度(K)。

3. 冷变形(cold deformation)和热变形(hot deformation)

金属的塑性变形一般分为冷变形和热变形两种。在再结晶温度以下的变形叫冷变形。变形过程中无再结晶现象，变形后的金属只具有冷变形强化现象。所以在变形过程中变形程度不宜过大，以避免产生破裂。冷变形能使金属获得较高的硬度和低的表面粗糙度，生产中常用冷变形来提高产品的表面质量和性能。

在再结晶温度以上的变形叫热变形。其间，再结晶速度大于变形强化速度，则变形产生的强化会随时因再结晶软化而消除，变形后金属具有再结晶组织，从而消除冷变形强化痕迹。因此，在热变形过程中，金属始终保持低的塑性变形抗力和良好的塑性，塑性加工生产多采用热变形来进行。

4. 纤维组织(fibrous tissue)

金属压力加工最原始的坯料是铸锭，铸锭经热变形后，其内部的气孔、缩松等被锻合，使组织致密，晶粒细化，机械性能提高。同时，存在于铸锭中的非金属化合物夹杂，随着晶粒的变形被拉长，在再结晶时，金属晶粒形状改变，而夹杂沿着被拉长的方向保留下来，形成了纤维组织。变形程度愈大，形成纤维组织愈明显。

纤维组织使金属在性能上具有方向性，对金属变形后的质量也有影响。纤维组织的稳定性很高不能用热处理方法加以消除，只能在热变形过程中改变其分布方向和形状。因此，在设计和制造零件时，应使零件工作时的最大正应力与纤维方向重合，最大切应力与纤维方向垂直，并使纤维沿零件轮廓分布而不被切断，以获得最好的机械性能。

4.1.3 金属的锻造性能

金属的锻造性能(forging performance)是指金属经受塑性加工时成型的难易程度。金属的锻造性能好，表明该金属适于采用塑性加工方法成型。

金属的锻造性能常用金属的塑性和变形抗力来综合衡量，塑性越好，变形抗力越小，则金属的锻造性能越好；反之，则金属的锻造性能较差。金属的锻造性能取决于金属的本质和变形条件。

1. 金属的本质

1) 化学成分

一般纯金属的锻造性能好于合金。碳钢随碳量分数的增加，锻造性能变差。合金元素的加入会劣化锻造性，合金元素的种类越多，含量越高，锻造性越差。因此，碳钢的锻造性好于合金钢；低合金钢的锻造性好于高合金钢。另外，钢中硫、磷含量较多也会使锻造性能变差。

2) 金属组织

金属内部组织结构不同，其锻造性能也有很大差别。纯金属与固溶体具有良好的锻造性能，而碳化物的锻造性能差。铸态柱状组织和粗晶结构不如细小而又均匀的晶粒结构的锻造性能好。

2. 变形条件

1) 变形温度

随着温度升高，金属原子的动能升高，易于产生滑移变形，从而改善了金属的锻造性能。故加热是塑性加工成型中很重要的变形条件。

对于钢而言，当加热温度超过 A_{Cm} 或 A 线时，其组织转变为单一的奥氏体，锻造性能大大提高。因此，适当提高变形温度对改善金属的锻造性能有利。但温度过高，会使金属产生氧化、脱碳、过热等缺陷，甚至使锻件产生过烧而报废，所以应该严格控制锻造温度范围。

锻造温度范围是指始锻温度(开始锻造的温度)与终锻温度(停止锻造的温度)间的温度范围。它的确定以合金状态图为依据。例如，碳钢的锻造温度范围如图 4-9 所示，始锻温度比 *ae* 线低 200℃左右，终锻温度约为 800℃。终锻温度过低，金属的冷变形强化严重，变形抗力急剧增加，使加工难以进行，若强行锻造，将导致锻件破裂并报废。而当始锻温度过高时，则会造成过热、过烧等缺陷。

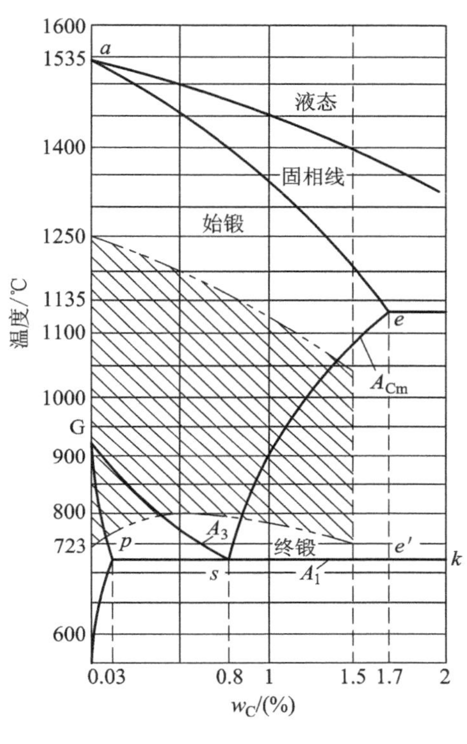

图 4-9　锻造温度

2) 变形速度

变形速度即单位时间内的变形程度，它对金属锻造性能的影响是复杂的。正由于变形程度增大，回复和再结晶不能及时克服冷变形强化现象，因此金属表现出塑性下降、变形抗力增大，锻造性能变坏。另一方面，金属在变形过程中，消耗于塑性变形的能量有一部分转化为热能，使金属温度升高，这是金属在变形过程中产生的热效应现象。变形速度越大，热效应现象越明显，这使得金属的塑性提高，变形抗力下降，锻造性能也越好。如图 4-10 所示，当变形速度在 b 和 c 附近时，变形抗力较小，塑性较高，锻造性能较好。

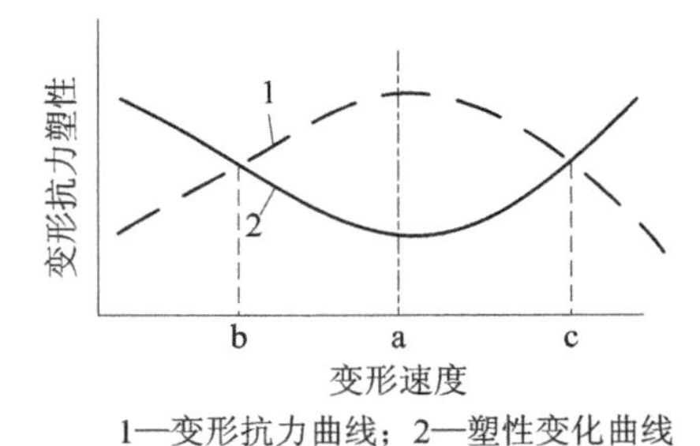

1—变形抗力曲线；2—塑性变化曲线

图 4-10　变形速度对塑性及变形抗力的影响

在一般塑性加工方法中，由于变形速度较低，热效应不显著。目前采用高速锤锻造、爆炸成型等工艺来加工低塑性材料，可利用热效应现象来提高金属的锻造性能，此时对应变形速度为图 4-10 的 c 点附近。

3) *应力状态*

金属在经受不同的方法进行变形时，所产生的应力大小和性质是不同的。例如，挤压变形时(图 4-11)金属为三向受压状态；而拉拔时(图 4-12)金属为两向受压、一向受拉的状态。

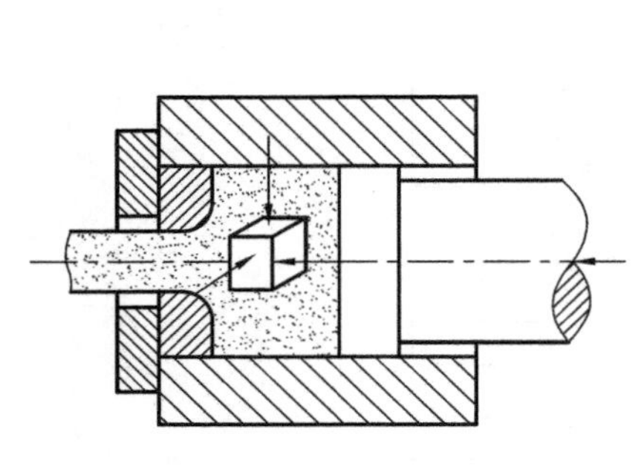

图 4-11　三向受压

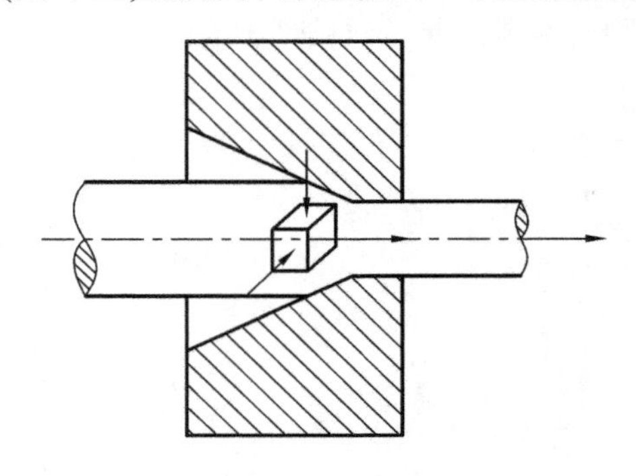

图 4-12　两向受压

实践证明，在三个方向中压应力的数目越多，金属的塑性越好；拉应力的数目越多，金属的塑性越差；而同号应力状态下引起的变形抗力大于异号应力状态下的变形抗力。当金属内部存在气孔、小裂纹等缺陷时，在拉应力作用下缺陷处易产生应力集中，缺陷必将扩展，甚至达到破坏而使金属失去塑性。压应力使金属内部摩擦增大，变形抗力亦随之增大，但压应力使金属内部原子间距减小，使缺陷不易扩展，故金属的塑性会增高。

综上所述，金属的锻造性能既取决于金属的本质，又取决于变形条件。在塑性加工过程中，要力求创造最有利的变形条件，充分发挥金属的塑性，降低变形抗力，使功耗最少，变形进行得充分，从而达到加工目的。

4.2 锻　造

锻造是利用工(模)具，在冲击力或静压力的作用下，使金属材料产生塑性变形，从而获得一定尺寸、形状和质量的锻件的加工方法。根据所用设备和工具的不同，锻造分为自由锻造(简称自由锻)和模型锻造(简称模锻)两类。

4.2.1 自由锻

利用简单工具和开放式模具(砧块)直接使金属坯料变形而获得锻件的工艺方法，称自由锻造。自由锻造时，金属仅有部分表面与工具或砧块接触，其余部分为自由变形表面，锻件的形状尺寸主要由人工操作来控制。适应性强，适用于各种大小的锻件生产，而且是大型锻件的唯一锻造方法。由于采用通用设备和工具，故费用低，生产准备周期短。但自由锻造的生产率低，工人劳动强度大，锻件的精度差，加工余量大，因此自由锻件在锻件总量中所占的比重随着生产技术的进步而日趋减少。自由锻造也是大型锻件的主要生产方法，在重型的冶金机械、动力机械、矿山机械、粉碎机械、锻压机械、船舶和机车制造工业中占有重要的地位。

自由锻造分为手工锻和机器自由锻两种。手工锻是靠手抡铁锤锻打金属使之成形，是最简单的自由锻。它是一种古老的锻造工艺，在某些零星修理或农具配件行业中仍然存在，但正逐渐被淘汰。机器自由锻是在锻锤或水压机上进行。锤上自由锻时金属变形速度快，可以较长时间保持金属的锻造温度，有利于锻出所需要的形状。锤上自由锻主要用轧制或锻压过的钢材作为坯料，用于生产小批量的中小型锻件。水压机上自由锻的锻压速度较慢，金属变形深入锻坯内部，主要用于钢锭开坯和大锻件(几吨以上)制造，如冷、热轧辊，低速大功率柴油机曲轴，汽轮发电机和汽轮机转子，核电站压力壳筒体和法兰等，锻件质量可达 250 吨。

1．自由锻设备及工具

自由锻最常用的设备有空气锤、蒸汽—空气锤和水压机。通常几十千克的小锻件采用空气锤，两吨以下的中小型锻件采用蒸汽一空气锤，大锻件则应在水压机上锻造。自由锻工具主要有夹持工具(图 4-13(a))、衬垫工具(图 4-13(b))、支持工具(铁砧)等。

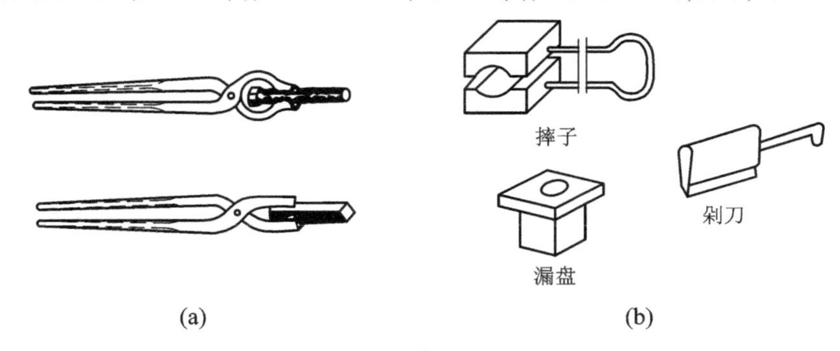

图 4-13　自由锻工具

(a) 夹持工具；(b) 衬垫工具

2．自由锻基本工序

自由锻的工序可分为三类：基本工序(使金属产生一定程度的变形，以达到所需形状和尺寸的工艺过程)、辅助工序(为使基本工序操作便利而进行的预先变形工序，如压钳口、压棱边等)、精整工序(用以减少锻件表面缺陷，提高锻件表面质量的工序，如整形等)。

自由锻造的基本工序有镦粗、拔长、冲孔、切割、扭转、弯曲等。实际生产中最常用的是镦粗、拔长和冲孔三种。

1) 镦粗(heading)

镦粗是在外力作用方向垂直于变形方向，使坯料高度减小而截面积增大的工序，如图 4-14(a)。若使坯料的部分截面积增大，叫做局部镦粗，如图 4-14(b)、(c)、(d)所示。镦粗主要用于制造高度小、截面大的工件(如齿轮、圆盘、法兰等盘形锻件)的毛坯或作为冲孔前的准备工序以及增加金属变形量，提高内部质量的预备工序，也是提高锻造比为下一步拔长的预备工序。

完全镦粗时，坯料应尽量用圆柱形，且长径比不能太大，端面应平整并垂直于轴线，镦粗时的打击力要足，否则容易产生弯曲、凹腰、歪斜等缺陷。

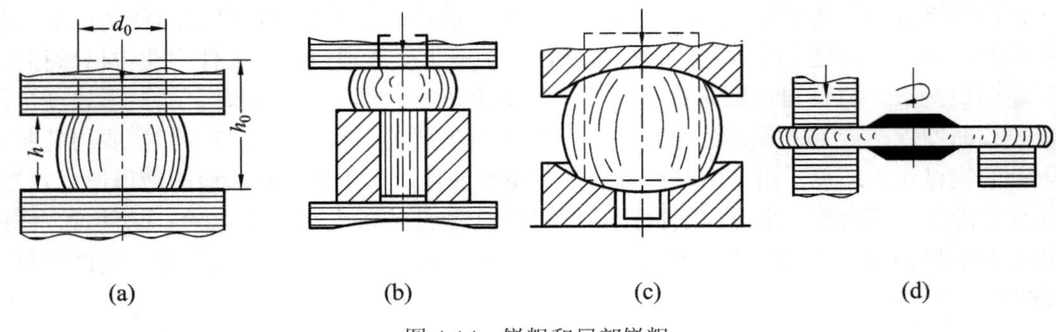

图 4-14 镦粗和局部镦粗

2) 拔长(pulling)

拔长是缩小坯料截面积增加其长度的工序。拔长是通过反复转动和送进坯料进行压缩来实现的，是自由锻生产中最常用的工序。拔长包括平砧拔长(图 4-15)、带芯轴拔长(图 4-16(a))、芯轴上扩孔(图 4-16(b))。平砧拔长主要用于制造各类方、圆截面的轴、杆等锻件。带芯轴拔长及芯轴上扩孔主要用于制造空芯件，如炮筒、圆环、套筒等。

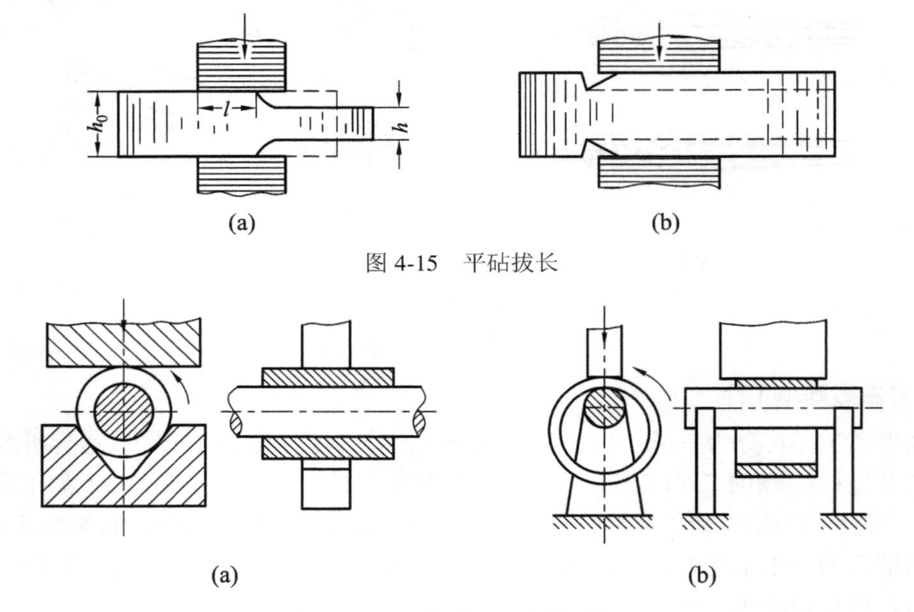

图 4-15 平砧拔长

(a)

(b)

图 4-16 带芯轴拔长及芯轴上扩孔

(a) 芯轴上拔长；(b) 芯轴上扩孔

拔长时要不断送进和翻转坯料，以使变形均匀，每次送进的长度不能太大，避免坯料横向流动增大，影响拔长效率。

3) 冲孔(punching)

冲孔是利用冲头在坯料上冲出通孔或不通孔的工序。一般锻件通孔采用实心冲头双面冲孔(图 4-17)，先将孔冲到坯料厚度的 2/3～3/4 深，取出冲子，然后翻转坯料，从反面将孔冲透。主要用于制造空心工件，如齿轮坯、圆环和套筒等。冲孔前坯料须镦粗至扁平形状，并使端面平整，冲孔时坯料应经常转动，冲头要注意冷却。冲孔偏心时，可局部冷却薄壁处，再冲孔校正。

对于厚度较小的坯料或板料，可采用单面冲孔，如图 4-18 所示。

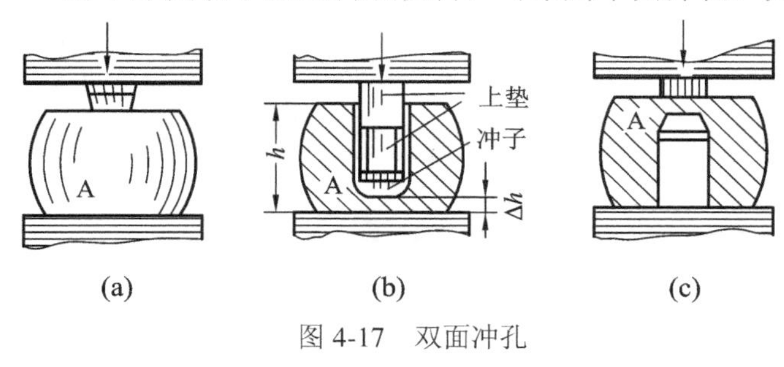

图 4-17　双面冲孔

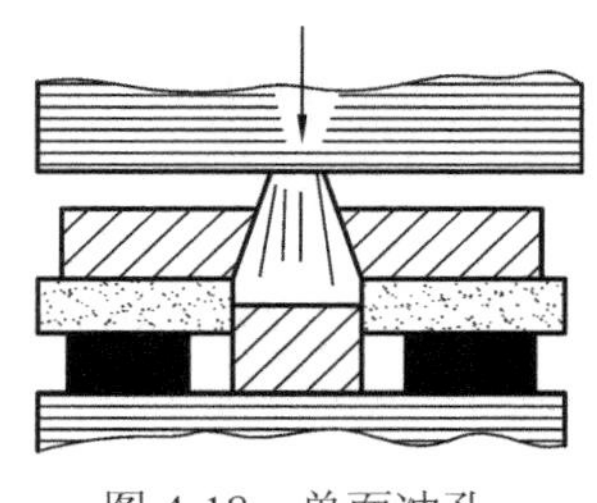

图 4-18　单面冲孔

4.2.2 模锻

模锻(drop forging)是利用模具使毛坯变形而获得锻件的锻造方法。模锻时坯料在模具模膛中被迫塑性流动变形，从而获得比自由锻质量更高的锻件。

与自由锻相比，模锻具有锻件精度高，流线组织合理，力学性能高等优点，而且生产率高，金属消耗少，并能锻出自由锻难以成型的复杂锻件。因此，在现代化大批量生产中广泛采用模锻。但模锻需用锻造能力大的设备和价格昂贵的锻模，而且每种锻模只能加工一种锻件，所以不适合于单件、小批量生产。另外，受设备吨位限制，模锻件不能太大，一般质量不超过 150 kg。

根据模锻设备不同，模锻可分为锤上模锻、胎模锻、压力机上模锻等。

1. 锤上模锻

锤上模锻是指在蒸气/空气锤、高速锤等模锻锤上进行的模锻，其锻模由开有模镗的上下模两部分组成，如图 4-19 所示。模锻时把加热好的金属坯料放进下模 1 的模膛中，开启模锻锤，锤头 4 带动上模 2 锤击坯料，使其充满模膛而形成锻件。

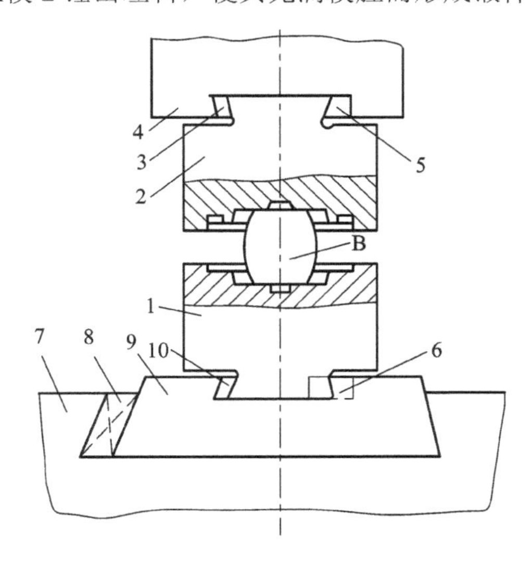

1—下模；2—上模；3、8、10—紧固楔铁；4—上模座；
5、6—键块；7—石坫座；9—下模座

图 4-19　锤上固定模锻造坫

形状较复杂的锻件往往需要用几个模膛使坯料逐步变形，最后在终锻模膛中得到锻件的最终形状。图 4-20 所示为锻造连杆用多膛锻模示意图。坯料经拔长、滚压、弯曲三个模膛制坯，然后经预锻和终锻模膛制成带有飞边的锻件，再在切边模上切除飞边即得合格锻件。

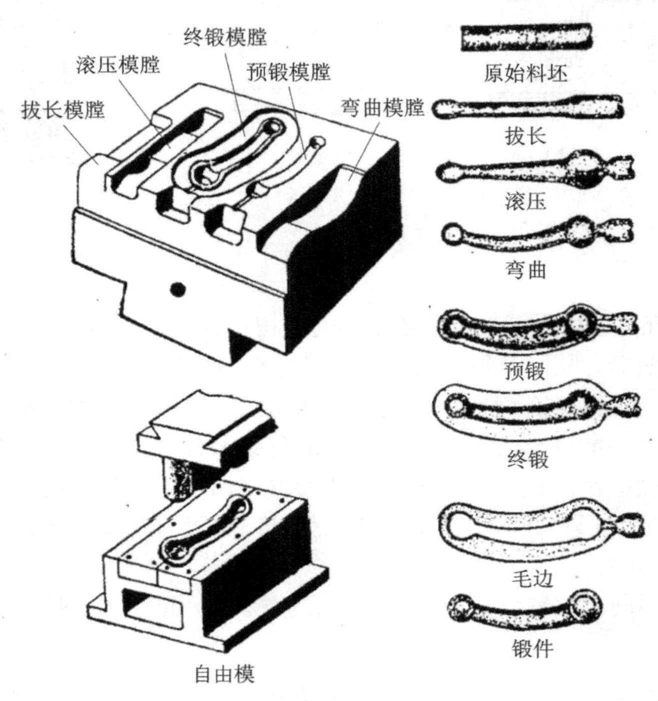

图 4-20　多膛模锻示意图

2．胎模锻

胎模锻(blocker-type forging)是在自由锻设备上使用胎模生产模锻件的工艺方法。通常用自由锻方法使坯料初步成型，然后将坯料放在胎模模腔中终锻成型。胎模一般不固定在锤头和砧座上，而是用工具夹持，平放在锻锤的下砧上。

胎模锻虽然不及锤上模锻生产率高，精度也较低，但它灵活，适应性强，不需昂贵的模锻设备，所用模具也较简单。因此，一些生产批量不大的中小型锻件，尤其在没有模锻设备的中小型工厂中，广泛采用自由锻设备进行胎模锻造。

胎模按其结构分为扣模、套筒模(简称筒模)及合模三种类型。

(1) 扣模。如图 4-21 所示，用于非回转体锻件的扣形或制坯。

(2) 筒模。为圆筒形锻模，主要用于锻造齿轮、法兰盘等回转体盘类锻件。形状简单的锻件，只用一个筒模就可进行生产(图 4-22)。对于形状复杂的锻件，则需要组合筒模，以保证从模内取出锻件(图 4-23)。

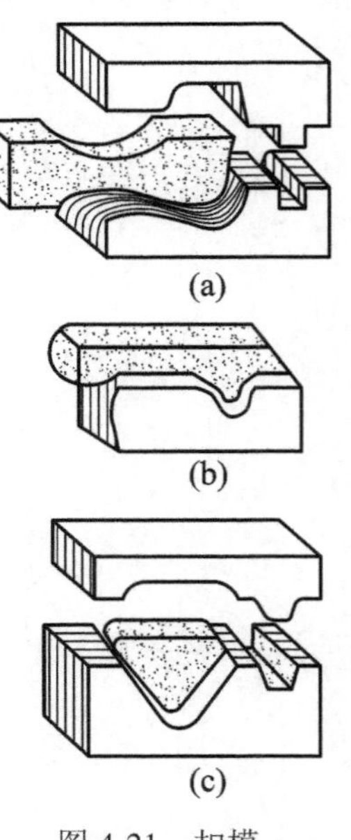

图 4-21　扣模

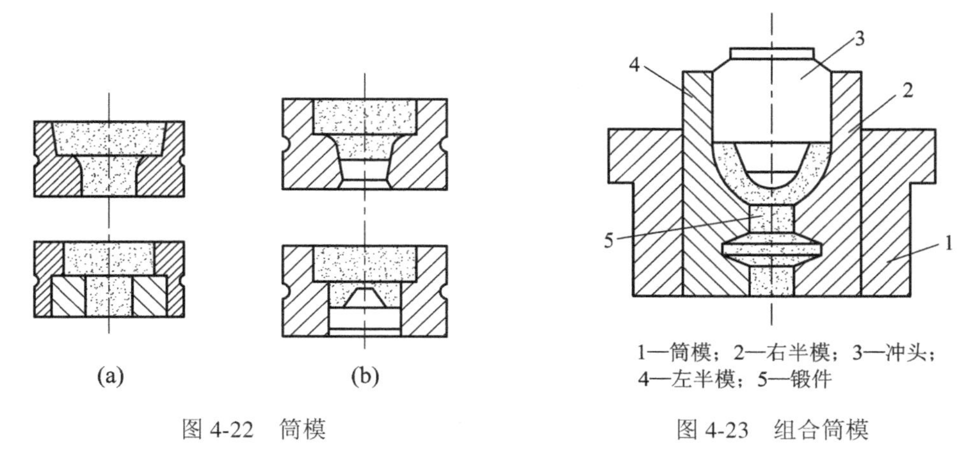

图 4-22 筒模

图 4-23 组合筒模

(3) 合模。合模通常由上模、下模组成，依靠导柱、导锁定位，使上、下模对中，如图4-24 所示。合模主要用于生产形状较复杂的非回转体锻件，如连杆、叉形锻件等。

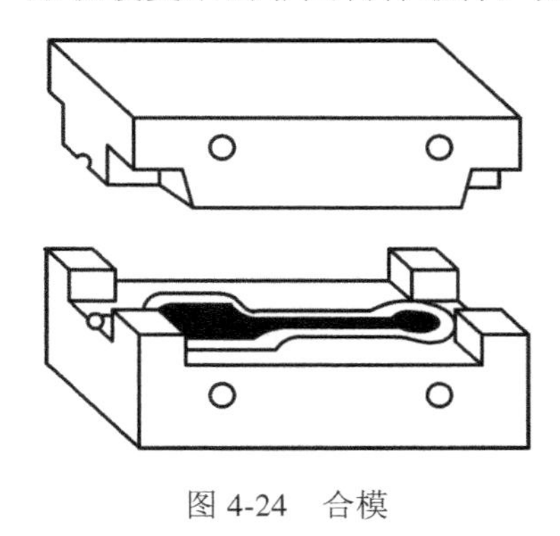

图 4-24 合模

4.3 板料冲压

利用冲模使板料产生分离或变形，以获得零件的加工方法称为板料冲压。板料冲压通常在室温下进行，故称冷冲压；只有当板料厚度超过 8～10 mm 时才采用热冲压。板料冲压具有下列特点：

(1) 可以冲压出形状复杂的零件，废料较少。

(2) 产品具有足够高的精度和较低的表面粗糙度，互换性能好。

(3) 能获得质量轻、材料消耗少、强度和刚度较高的零件。

(4) 冲压操作简单，工艺过程便于实现机械化自动化，生产率高，故零件成本低。

但冲模制造过程复杂，模具材料及制作成本高，只有大批量生产才能充分显示其优越性。冲压工艺广泛应用于汽车、飞机、农业机械、仪表电器、轻工和日用品等工业部门。

板料冲压所用的原材料要求在室温下具有良好的塑性和较低的变形抗力。常用的金属材料有低碳钢、高塑性低合金钢、铜、铝、钛及其合金的金属板料、带料等。还可以加工非金属板料，如纸板、绝缘板、纤维板、塑料板、石棉板、硅橡胶板等。

4.3.1 板料冲压基本工序

冲压生产中常用的设备有剪床和冲床等。剪床用来把板料剪切成一定宽度的条料，以供下一步的冲压工序用。冲床用来实现冲压工序，制成所需形状和尺寸的成品零件。冲压生产的基本工序有分离工序和变形工序两大类。

1. 分离工序

分离工序是使坯料的一部分与另一部分相互分离的工序，如切断、落料、冲孔和修整等。

1) 冲裁

冲裁是使坯料按封闭轮廓分离的工序，主要用于落料和冲孔。落料时，冲下的部分为成品，剩下部为废料；冲孔则相反，冲下的部分为废料，剩下部分为成品，如图 4-25 所示。

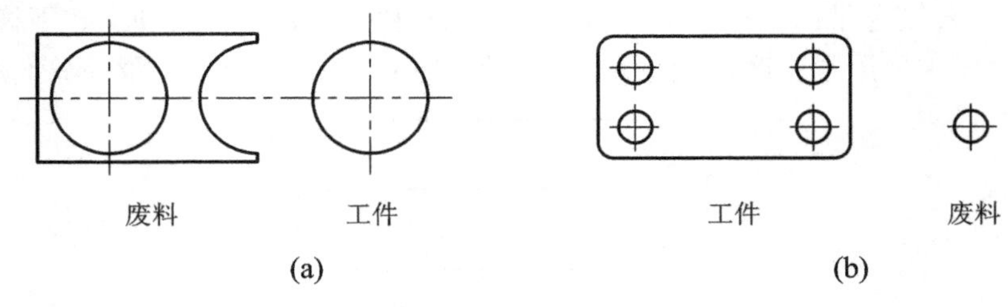

图 4-25 冲裁示意图

(a) 落料；(b) 冲孔

2) 切断

切断是用剪刃或冲模将板料沿不封闭轮廓进行分离的工序。剪刃安装在剪床(或称剪板机)上；而冲模是安装在冲床上，多用于加工形状简单、精度要求不高的平板零件或下料。

3) 修整

当零件精度和表面质量要求较高时，在冲裁之后，常需进行修整。修整是利用修整模沿冲裁件外缘或内孔去除一薄层金属，以消除冲裁件断面上的毛刺和斜度，使之成为光洁平整的切面。如图 4-26 所示。

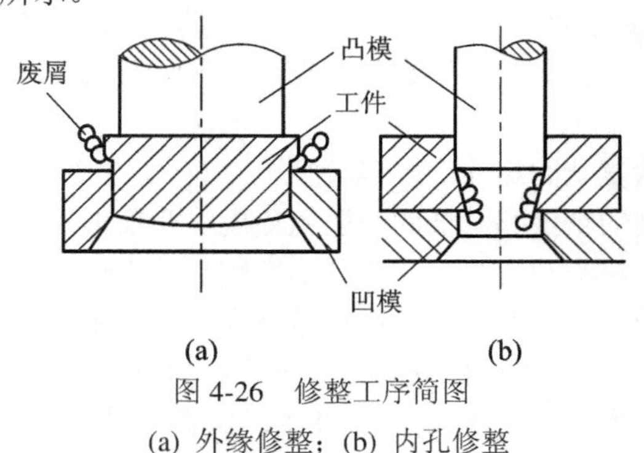

图 4-26 修整工序简图

(a) 外缘修整；(b) 内孔修整

2. 变形工序

变形工序是使板料的一部分相对其另一部分在不破裂的情况下产生位移的工序，如弯曲、拉深、成型和翻边等。

1) 弯曲

弯曲是使坯料的一部分相对于另一部分弯成一定角度的工序。可利用相应的模具把金属板料弯成各种所需的形状，如图4-27所示。

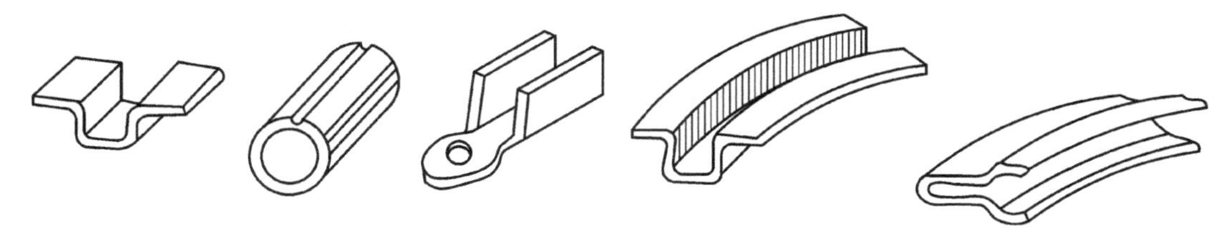

图4-27 弯曲件示意图

2) 拉深

拉深是使平板坯料变形成为空心零件的工序。用拉深方法可以制成筒形、阶梯形、锥形、球形、方盒形及其他不规则形状的零件。图4-28为几种拉深件示意图。

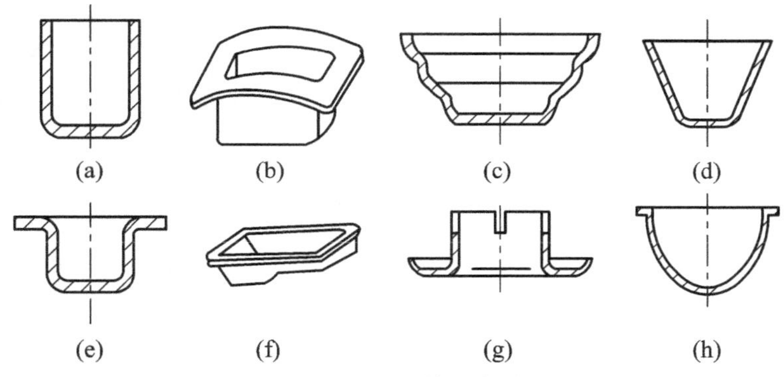

图4-28 拉深件示意图

拉深过程如图4-29所示，把直径为 D 的平板坯料放在凹模上，在凸模作用下，板料被拉入凸、凹模的间隙中，形成空心件。当工件直径 d 与坯料直径 D 相差较大时，往往需多次拉深完成。d 与 D 的比值($m=d/D$)称为拉伸系数。

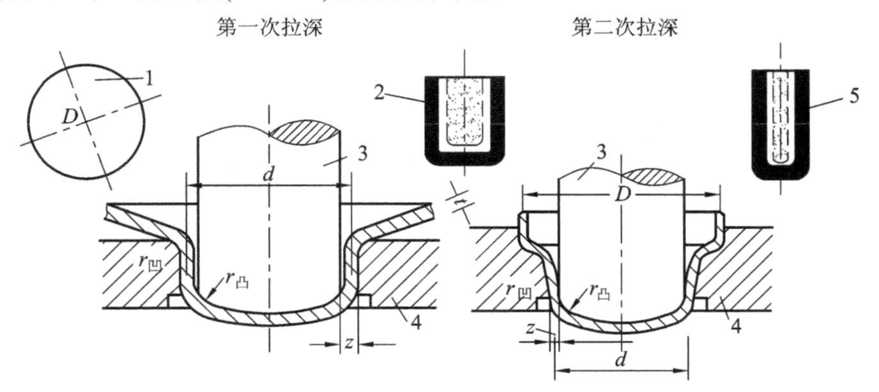

1—平板坯料；2—第一次拉伸后的工件示意图；3—凸模；
4—凹模；5—第二次拉伸后的工件示意图

图4-29 拉深过程

板料冲压还可完成翻边、胀形等其他工序。

3．冲压件工艺过程举例

在利用板料制造各种零件时，各种工序的选择、工序顺序的安排以及各工序应用次数的确定，都以产品零件的形状和尺寸，每道工序中材料所允许的变形程度为依据。图 4-30 所示为汽车消音器零件的冲压工序。由于消音器筒口直径与坯料直径相差较大。根据坯料所允许的变形程度需三次拉深成型；零件底部的翻边孔径较大，只能在拉深后再冲孔，若先冲孔则拉深难以进行。筒底和外缘都可一次翻边成型。

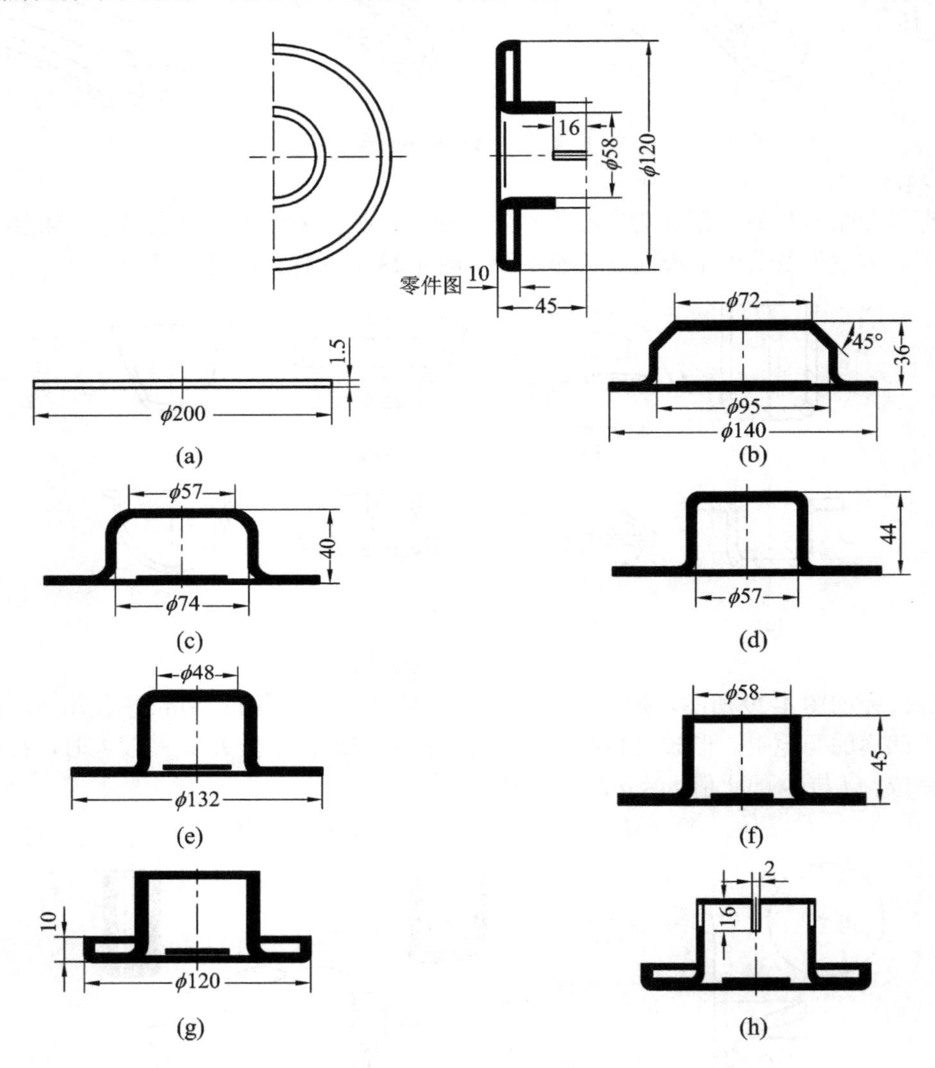

图 4-30 冲压过程举例

4.3.2 冲压模具

冲压模具简称冲模(punch die)，是冲压生产中必不可少的模具。冲模结构合理与否对冲压件质量、冲压生产的效率及模具寿命等都有很大的影响。冲模基本上可分为简单冲模、连续冲模和复合冲模三种。

1. 简单冲模

在冲床的一次行程中只完成一道工序的冲模为简单冲模。图 4-31 所示为落料用的简单冲模。凹模 2 用压板 7 固定在下模板 4 上，下模板用螺栓固定在冲床的工作台上，凸模 1 用压板 6 固定在上模板 3 上，上模板则通过模柄 5 与冲床的滑块连接。因此，凸模可随滑块作上下运动。为了使凸模向下运动能对准凹模孔，并在凸凹模之间保持均匀间隙，通常采用导柱 12 和套筒 11 的结构。条料在凹模上沿两个导板 9 之间送进，碰到定位销 10 为止。凸模向下冲压时，冲下的零件(或废料)进入凹模孔，而条料则夹住凸模并随凸模一起回程向上运动。条料碰到卸料板 8 时(固定在凹模上)被推下，这样，条料继续在导板间送进。重复上述动作，冲下第二个零件。

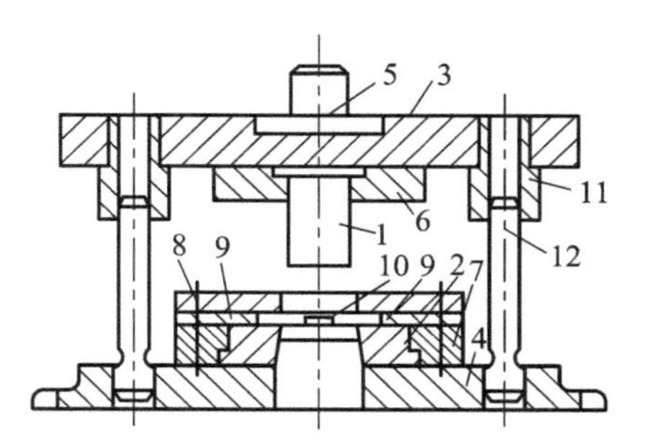

1—凸模；2—凹模；3—上模板 ；4—下模板；
5—模柄；6、7—压板；8—卸料板；9—导板；
10—定位销；11—套筒；12—导柱

图 4-31　简单冲模

2. 连续冲模

冲床的一次行程中，在模具不同部位上同时完成数道冲压工序的模具，称为连续冲模(图 4-32)。工作时，定位销 2 对准预先冲出的定位孔，上模向下运动，凸模 1 进行落料，凸模 4 进行冲孔。当上模回程时，卸料板 6 从凸模上推下残料。这时再将坯料 7 向前送进，执行第二次冲裁。如此循环进行，每次送进距离由挡料销控制。

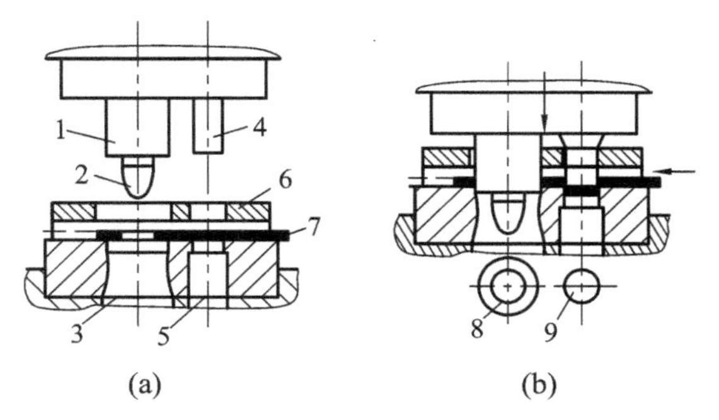

1—落料凸模；2—定位销；3—落料凹模；
4—冲孔凸模；5—冲孔凹模；6—卸料板；
7—坯料；8—成品；9—废料

图 4-32　连续冲模

3. 复合冲模

冲床的一次行程中，在模具同一部位上同时完成数道冲压工序的模具，称为复合模(图4-33)。复合模的最大特点是模具中有一个凸凹模1。凸凹模的外圆是落料凸模刃口，内孔则成为拉深凹模。当滑块带着凸凹模向下运动时，条料首先在凸凹模1和落料凹模4中落料。落料件被下模当中的拉深凸模2顶住，滑块继续向下运动时，凹模随之向下运动进行拉深。顶出器5和卸料器3在滑块的回程中将拉深件9推出模具。复合模适用于产量大、精度高的冲压件。

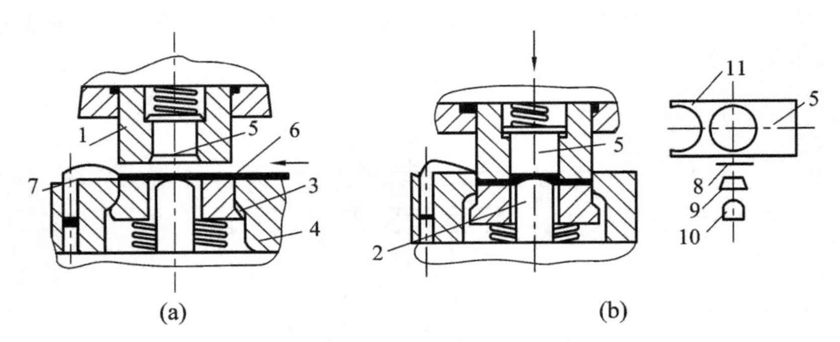

1—凸凹模；2—拉深凸模；3—压板(卸料器)；4—落料凹模；5—顶出器；
6—条料；7—挡料销；8—坯料；9—拉深件；10—零件；11—切余材料

图 4-33 落料及拉深复合模

4.4 挤压、轧制、拉拔

4.4.1 挤压

挤压(extrusion)是使坯料在挤压筒中受强大的压力作用而变形的加工方法。具有如下特点：

(1) 挤压时金属坯料在三向压应力状态下变形，因此可提高金属坯料的塑性。挤压材料不但有铝、铜等塑性较好的有色金属，而且碳钢、合金结构钢、不锈钢及工业纯铁等也可以用挤压工艺成型。在一定的变形量下某些高碳钢，甚至高速钢等也可进行挤压。

(2) 可以挤压出各种形状复杂、深孔、薄壁、异型断面的零件。

(3) 零件精度高，表面粗糙度低。一般加工后的尺寸精度为IT6～IT7，表面粗糙度为R_a 3.2～0.4，从而可达到少屑、无屑加工的目的。

(4) 零件的力学性能好。挤压变形后零件内部的纤维组织是连续的，基本沿零件外形分布而不被切断，从而提高了零件的力学性能。

(5) 节约原材料，材料利用率可达70%，生产率也很高，可比其他锻造方法高几倍。

挤压按挤压模出口处的金属流动方向和凸模运动方向的不同，可分为以下四种。

(1) 正挤压：挤压模出口处的金属流动方向与凸模运动方向相同(图4-34)。

(2) 反挤压：挤压模出口处的金属流动方向与凸模运动方向相反(图4-35)。

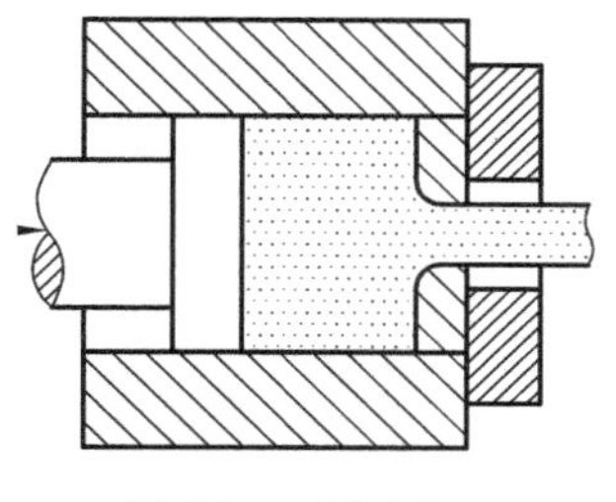

图 4-34　正挤压

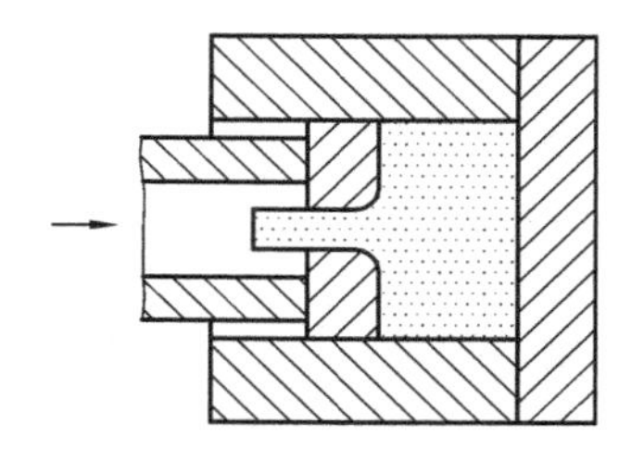

图 4-35　反挤压

(3) 复合挤压：挤压过程中，在挤压模的不同出口处。一部分金属的流动方向与凸模运动方向相同，而另一部分金属流动方向与凸模方向相反(图 4-36)。

(4) 径向挤压：挤压模出口处的金属流动方向与凸模运动方向成 90°(图 4-37)。

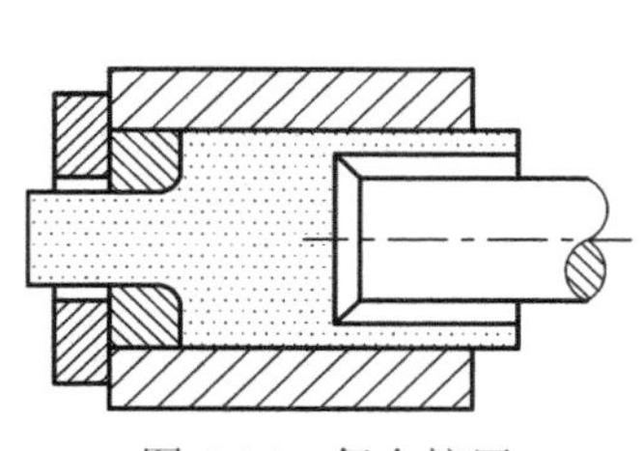

图 4-36　复合挤压

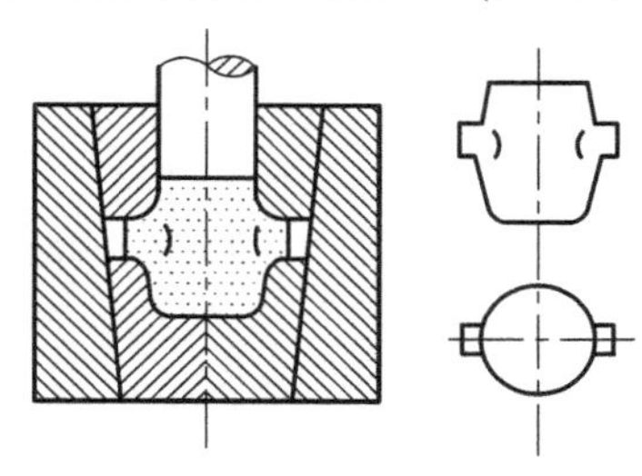

图 4-37　径向挤压

除了上述挤压方法外，还有一种静液挤压方法(图 4-38)。静液挤压时凸模与坯料不直接接触，而是给液体施加压力(压力可达 3000 个大气压以上)，再经液体传给坯料，使金属通过凹模而成型。静液挤压由于在坯料侧面无一般挤压产生的摩擦，因此变形较均匀，可提高一次挤压的变形量。挤压力也较其他挤压方法小 10%～50%。

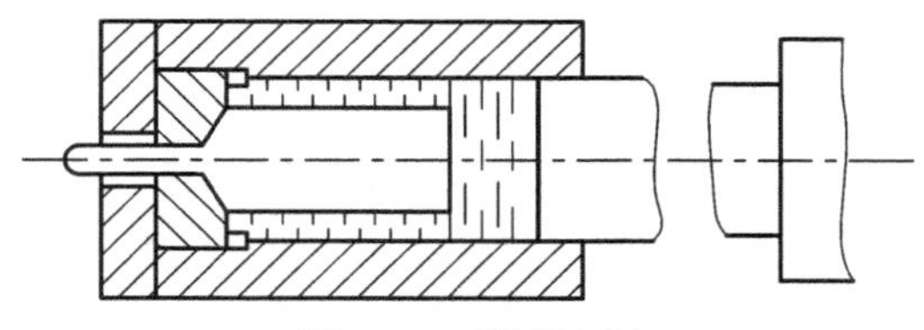

图 4-38　静液挤压

静液挤压可用于低塑性材料，如铍、钽、铬、钼、钨等金属及其合金的成型。对常用材料可采用大变形量(不经中间退火)一次挤成线材和型材。静液挤压法已用于挤制螺旋齿轮(圆柱斜齿轮)及麻花钻等形状复杂的零件。

挤压是在专用挤压机上进行的(有液压式、曲轴式、肘杆式等)，也可在经适当改进后的通用曲柄压力机或摩擦压力机上进行。

4.4.2　轧制

轧制(rolling)方法除了生产型材、板材和管材外，近年来也用于生产各种零件，所以在机械制造业中得到了越来越广泛的应用。零件的轧制具有生产率高、质量好、成本低，并可大量减少金属材料消耗等优点。

根据轧辊轴线与坯料轴线方向的不同，轧制分为纵轧、横轧、斜轧等几种。

1．纵轧

纵轧是轧辊轴线与坯料轴线互相垂直的轧制方法，包括各种型材轧制、辊锻轧制、辗环轧制等。

1) 辊锻轧制

辊锻轧制是把轧制工艺应用到锻造生产中的一种新工艺。辊锻是使坯料通过装有圆弧形模块的一对相对旋转的轧辊时受压而变形的生产方法(图 4-39)。它既可作为模锻前的制坯工序，也可直接辊锻锻件。目前，成型辊锻适用于生产以下三种类型的锻件：

(1) 扁断面的长杆件，如扳手、活动扳手、链环等。

(2) 带有不变形头部而沿长度方向横截面面积递减的锻件，如叶片等。叶片辊锻工艺和铁削旧工艺相比，材料利用率可提高 4 倍，生产率要提高 2.5 倍，而且叶片质量大为提高。

(3) 连杆成型辊锻。国内已有不少工厂采用辊锻方法锻制连杆，生产率高，简化了工艺过程，但锻件还需用其他锻压设备进行精整。

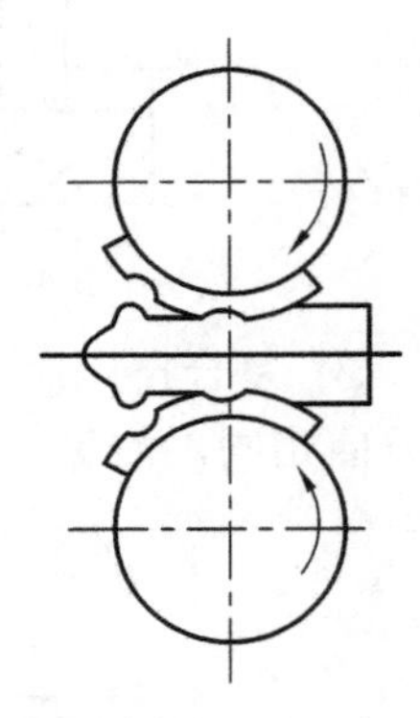

图 4-39 辊锻示意图

2) 辗环轧制

辗环轧制是用来扩大环形坯料的外径和内径，从而获得各种环状零件的轧制方法(图 4-40)。图中驱动辊 1 由电动机带动旋转，利用摩擦力使坯料 5 在驱动辊 1 和芯辊 2 之间受压变形。驱动辊还可由油缸推动作上下移动，改变 1、2 两辊间的距离，使坯料厚度逐渐变小、直径增大。导向辊 3 用以保持坯料正确运送。信号辊 4 用来控制环件直径。当环坯直径达到需要值与辊 4 接触时，信号辊旋转传出信号，使辊 1 停止工作。

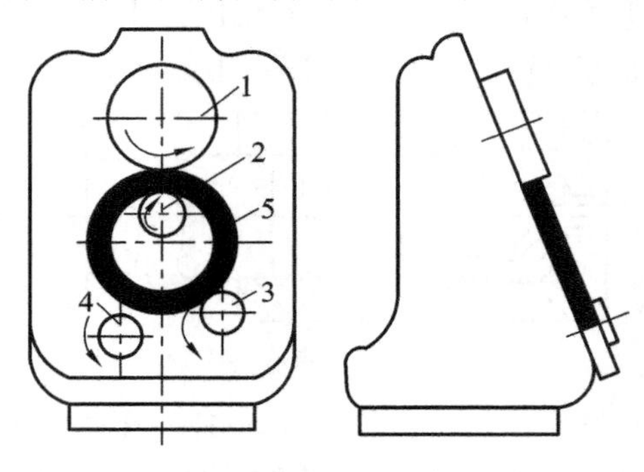

图 4-40 辗环轧制示意图

用这种方法生产的环类件，其横截面可以是各种形状，如火车轮箍、轴承座圈、齿轮及法兰等。

2．横轧

横轧是轧辊轴线与坯料轴线互相平行的轧制方法，如齿轮轧制等。

齿轮轧制是一种无屑或少屑加工齿轮的新工艺。直齿轮和斜齿轮均可用热轧法制造(图 4-41)。在轧制前将毛坯外缘加热，然后将带齿形的轧轮 1 做径向进给，迫使轧轮与毛坯 2 对辗。在对辗过程中，毛坯上一部分金属受压形成齿谷，相邻部分的金属被轧轮齿部“反挤”而上升，形成齿顶。

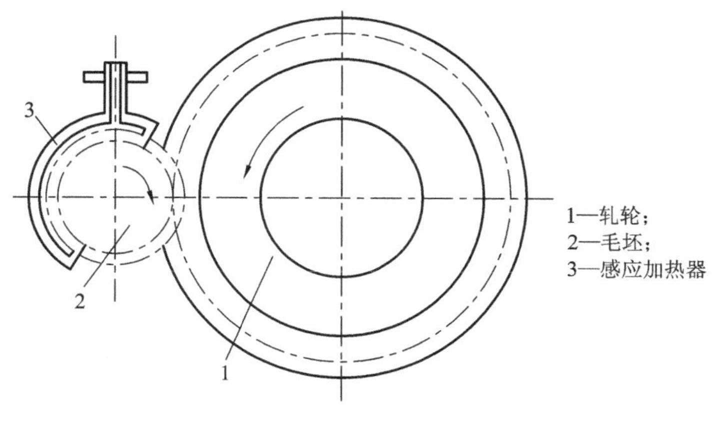

图 4-41　热轧齿轮示意图

3．斜轧

斜轧亦称螺旋斜轧。它是轧辊轴线与坯料轴线相交一定角度的轧制方法，如钢球轧制(图 4-42(a))、周期轧制(图 4-42(b))、冷轧丝杠等。

螺旋斜轧采用两个带有螺旋型槽的轧辊，它们互相交叉成一定角度，并做同方向旋转，使坯料在轧辊间既绕自身轴线转动，又向前进，同时受压变形获得所需产品。

螺旋斜轧钢球(图 4-42(a))使棒料在轧辊间螺旋型槽里受到轧制，并被分离成单球。轧辊每转一周即可轧制出一个钢球。轧制过程是连续的。

螺旋斜轧可以直接热轧带螺旋线的滚刀及冷轧丝杠等。

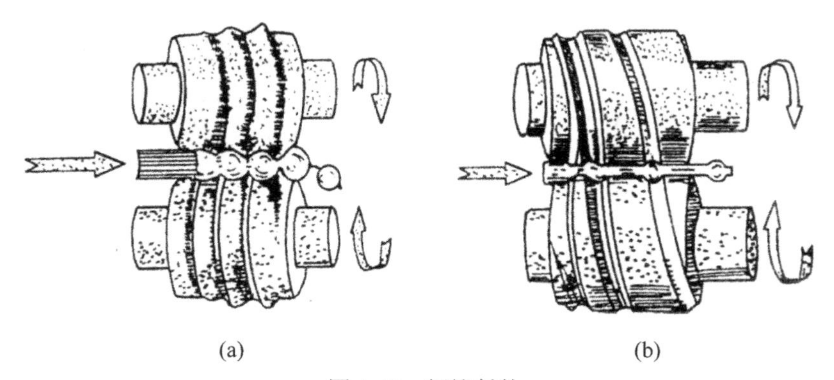

(a)　(b)

图 4-42　螺旋斜轧

4.4.3　拉拔

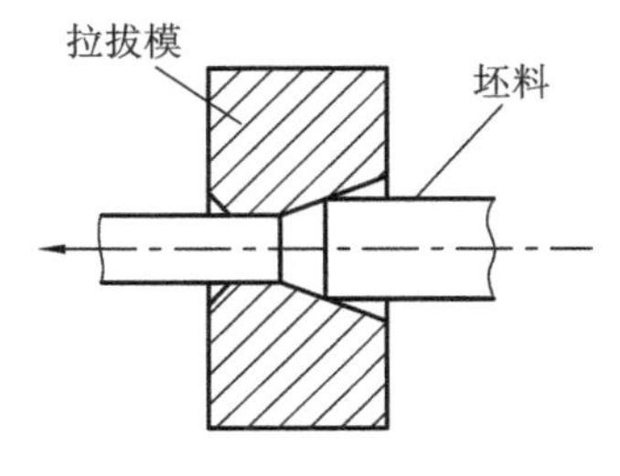

图 4-43　拉拔示意图

拉拔(drawing)是将金属坯料通过拉拔模的模孔使其变形的塑性加工方法(图 4-43)。

拉拔过程中坯料在拉拔模内产生塑性变形，通过拉拔模后，坯料的截面形状和尺寸与拉拔模模孔出口相同。因此，改变拉拔模模孔的形状和尺寸，即可得到相应的拉拔成型的产品。

目前的拉拔形式主要有线材拉拔、棒料拉拔、型材拉拔和管材拉拔。

线材拉拔主要用于各种金属导线，工业用金属线以及电器中常用的漆包线的拉制成型。此时的拉拔也称为“拉丝”。拉拔生产的最细的金属丝直径可达 0.01 mm 以下。线材拉拔一般要经过多次成型，且每次拉拔的变形程度不能过大，必要时要进行中间退火，否则将使线材拉断。

拉拔生产的棒料可有多种截面形状，如圆形、方形、矩形、六角形等。

型材拉拔多用于特殊截面或复杂截面形状的异形型材(图 4-44)生产。

图 4-44　拉拔型材截面形状

异形型材拉拔时，坯料的截面形状与最终型材的截面形状差别不宜过大。差别过大时，会在型材中产生较大的残余应力，导致裂纹以及沿型材长度方向上的形状畸变。

管材拉拔以圆管为主，也可拉制椭圆形管、矩形管和其他截面形状的管材。管材拉拔后管壁将增厚。当不希望管壁厚度变化时，拉拔过程中要加芯棒。需要管壁厚度变薄时，也必须加芯棒来控制壁管的厚度(图 4-45)。

拉拔模在拉拔过程中会受到强烈的摩擦，生产中常采用耐磨的硬质合金(有时甚至用金刚石)来制做，以确保其精度和使用寿命。

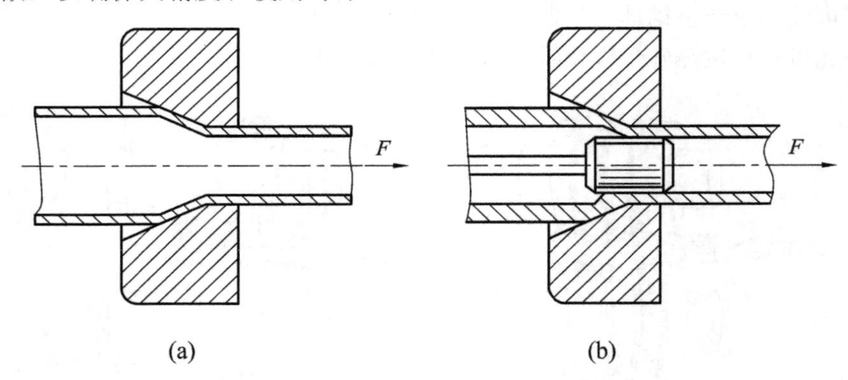

图 4-45　管材拉拔

(a) 不加芯棒；(b) 加芯棒

4.5　特种塑性加工方法

4.5.1　超塑性成型

超塑性(superplasticity)是指金属或合金在特定条件下，极低的形变速率($\varepsilon=10^{-2}\sim10^{-4}$ l/S)、一定的变形温度和均匀的细晶粒度(晶粒平均直径为 0.2～5 μm)条件下，其相对延伸率 δ 超过 100%的特性，如钢超过 500%、钛超过 300%、锌铝合金超过 1000%。

超塑性状态下的金属在拉伸变形过程中不产生缩颈现象，变形应力可比常态下金属的变形力低百分之几十。因此该金属极易成型，可采用多种工艺方法制出复杂零件。

目前常用的超塑性成型材料主要是锌铝合金、铝基合金、钛合金及高温合金。

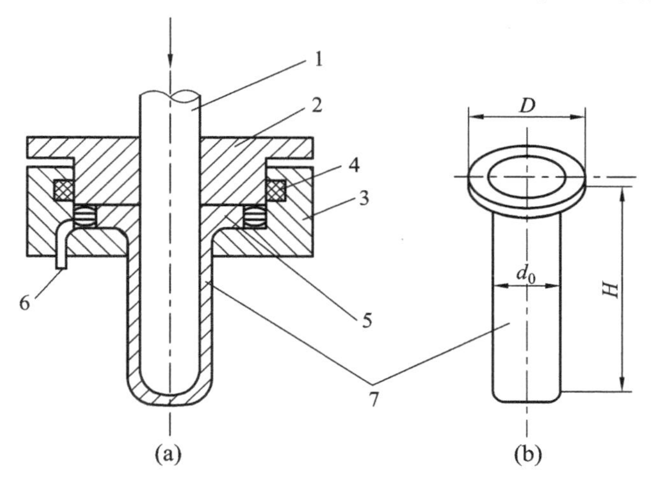

1—冲头(凸模)；2—压板；3—凹模；4—电热元件；
5—坯料；6—高压油孔；7—工件

图 4-46 超塑性板料拉深

(a) 拉深过程；(b) 工件

1. 超塑性成型工艺的应用

(1) 板料冲压。如图 4-46 所示，零件直径 d_0 较小，但高度 H 很高。选用超塑性材料可以一次拉深成型，质量很好，零件性能无方向性。图 4-46(a)为拉深成型示意图。

(2) 板料气压成型。如图 4-47 所示，超塑性金属板料放于模具内，把板料与模具一起加热到规定温度，向模具内充入压缩空气或抽出模具内的空气形成负压，板料将贴紧在凹模或凸模上，获得所需形状的工件。该方法可加工的板料厚度为 0.4～4 mm。

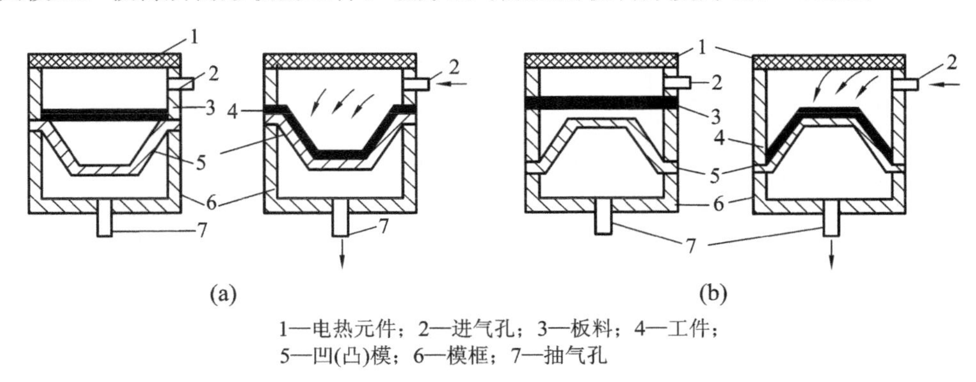

1—电热元件；2—进气孔；3—板料；4—工件；
5—凹(凸)模；6—模框；7—抽气孔

图 4-47 板料气压成型

(a) 凹模内成型；(b) 凸模上成型

(3) 挤压和模锻。高温合金及钛合金在常态下塑性很差，变形抗力大，不均匀变形引起各向异性的敏感性强，用通常的成型方法较难成型，材料损耗极大，致使产品成本很高。如果在超塑性状态下进行模锻，就可完全克服上述缺点，节约材料，降低成本。

2．超塑性模锻工艺特点

超塑性模锻工艺具有以下特点：

(1) 扩大了可锻金属材料种类。如过去只能采用铸造成型的镍基合金，现在则可以进行超塑性模锻成型。

(2) 金属填充模膛的性能好，可锻出尺寸精度高、机械加工余量小甚至不用加工的零件。

(3) 能获得均匀细小的晶粒组织，零件力学性能均匀一致。

(4) 金属的变形抗力小，可充分发挥中、小设备的作用。

4.5.2 高能率成型

高能率成型(high-energy rate forming)是一种在极短时间内释放高能量而使得金属变形的成型方法，主要包括爆炸成型、电液成型和电磁成型等几种形式。

1．爆炸成型

爆炸成型(explosion forming)是利用爆炸物质在爆炸瞬间释放出巨大的化学能对金属坯料进行加工的高能率成型方法。

爆炸成型时，爆炸物质的化学能在极短时向内转化为周围介质(空气或水)中的高压冲击波，并以脉冲波的形式作用于坯料，使其产生塑性变形并以一定速度贴模，从而完成整个成型过程。冲击波对坯料的作用时间为微秒级，仅占坯料变形时间的一小部分。这种高速变形条件，使爆炸成型的变形机理及过程与常规冲压加工有着根本性的差别。爆炸成型装置如图 4-48 所示。

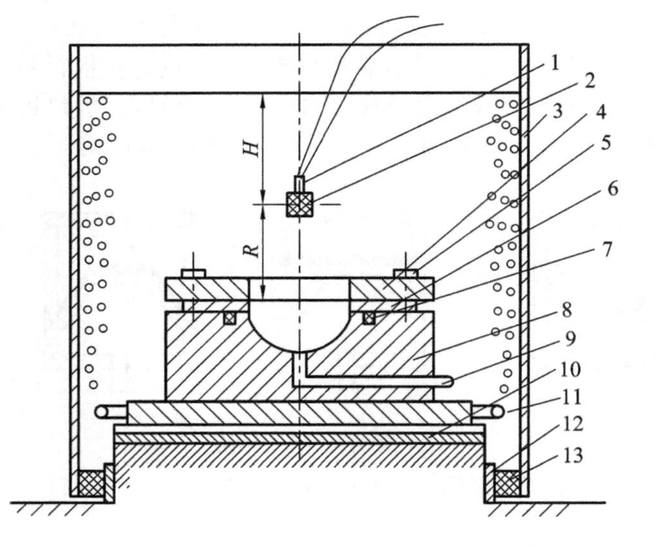

1—电雷管；
2—炸药；
3—水筒；
4—压迫圈；
5—螺栓；
6—毛坯；
7—密封；
8—凹模；
9—真空管道；
10—缓冲装置；
11—压缩空气管路；
12—垫环；
13—密封

图 4-48 爆炸拉深装置

爆炸成型的主要特点如下：

(1) 模具简单，仅用凹模即可，节省模具材料，降低成本。

(2) 简化设备。一般情况下，爆炸成型无需使用冲压设备，生产条件简化。

(3) 能提高材料的塑性变形能力，适用于塑性差的难成型材料。

(4) 适于大型零件成型。用常规方法加工大型零件，往往受到模具尺寸和设备厂作台面的限制，而爆炸成型不需专用设备，且模具及工装制造简单，周期短，成本低。

爆炸成型目前主要用于板材的拉深、胀形、校形等成型工艺。此外还常用于爆炸焊接、表面强化、管件结构的装配、粉末压制等方面。

2. 电液成型

电液成型(electro-hydraulic forming)是利用液体中强电流脉冲放电所产生的强大冲击波对金属进行加工的高能率成型方法。

电液成型装置的基本原理如图 4-49 所示。该装置由两部分组成，即充电回路和放电回路。充电回路主要由升压变压器 1、整流器 2 及充电电阻 3 组成。放电回路主要由电容器 4、辅助间隙 5 及电极 9 组成。来自网路的交流电经升压变压器及整流器后变为高压直流电并向电容器 4 充电。当充电电压达到所需值后，点燃辅助间隙，高压电瞬时加到两放电电极所形成的主放电间隙上，并使主间隙击穿，产生高压放电，在放电回路中形成非常强大的冲击电流，结果在电极周围介质中形成冲击波及液流冲击而使金属坯料成型。

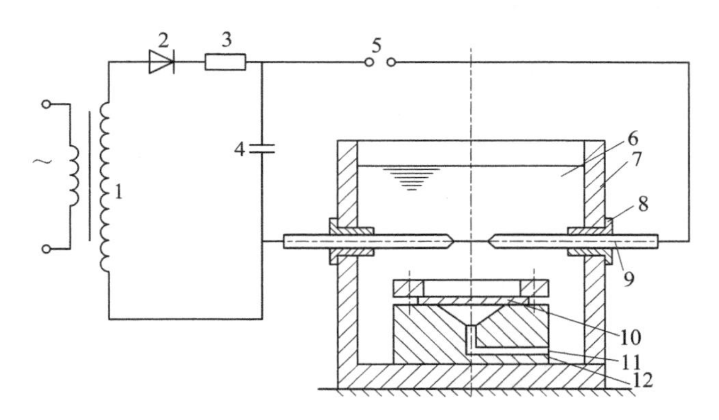

1—升压变压器；2—整流器；3—充电电阻；4—电容器；
5—辅助间隙；6—水；7—水箱；8—绝缘；9—电极；
10—毛坯；11—抽气孔；12—凹模

图 4-49 电液成型原理图

电液成型除了具有模具简单、零件精度高、能提高材料塑性变形能力等特点外，与爆炸成型相比，电液成型时能量易于控制，成型过程稳定，操作方便，生产率高，便于组织生产。

电液成型主要用于板材的拉深、胀形、翻边、冲裁等。

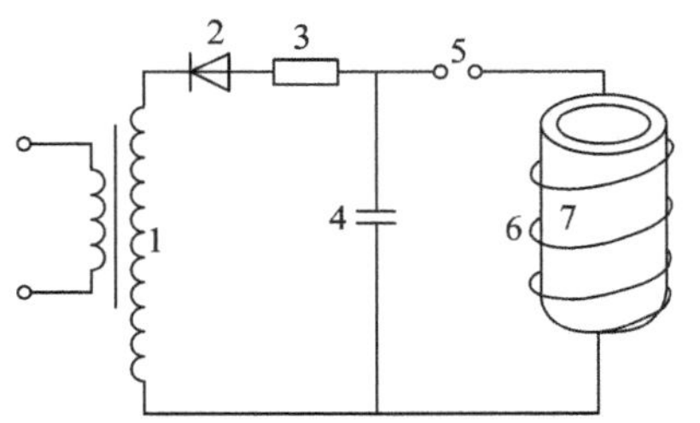

1—升压变压器；2—整流器；3—限流电阻；
4—电容器；5—辅助间隙；6—工作线圈；7—毛坯

图 4-50 电磁成型装置原理图

3. 电磁成型

电磁成型(electromagnetic forming)是利用脉冲磁场对金属坯料进行塑性加工的高能率成型方法。电磁成型装置原理如图 4-50 所示。通过放电磁场与感应磁场的相互叠加，产生强大的磁场力，使金属坯料变形。与电液成型装置原理比较可见，除放电元件不同外，其他都是相同的。电液成型的放电元件为水介质中的电极，而电磁成型的放电元件为空气中的线圈。

电磁成型除具有一般的高能成型特点外，还无需传压介质，可以在真空或高温条件下成型，能量易于控制，成型过程稳定，再现性强，生产效率高，易于实现机械化和自动化。

电磁成型典型工艺主要有管坯胀形(图 4-51(a))、管坯缩颈(图 4-51(b))及平板坯料成型(图 4-51(c))。此外，在管材的缩口、翻边、压印、剪切及装配、联接等方面也有较多应用。

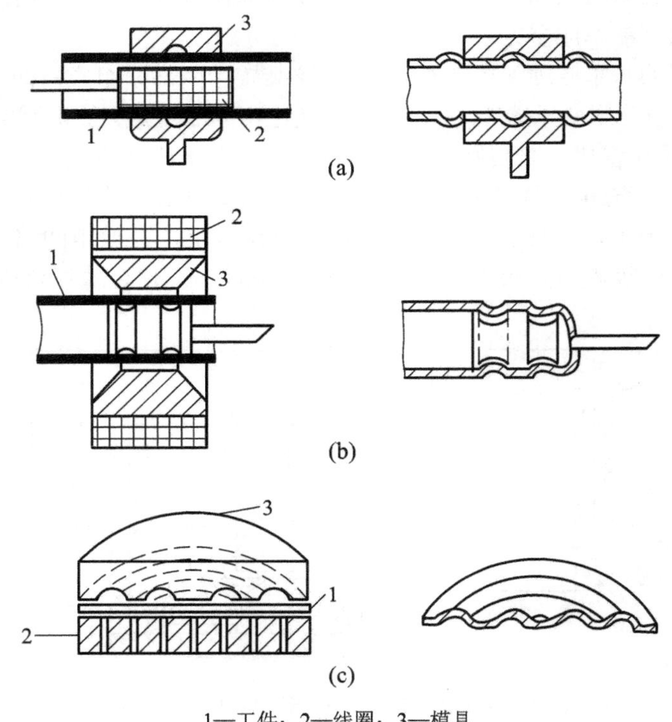

1—工件；2—线圈；3—模具

图 4-51 电磁成型典型加工方法

(a) 管坯胀形；(b) 管坯缩颈；(c) 平板坯料成型

4.5.3 液态模锻

液态模锻是将一定量的液态金属直接注入金属模膛，随后在压力的作用下，使处于熔融或半熔融状态的金属液发生流动并凝固成型，同时伴有少量塑性变形，从而获得毛坯或零件的加工方法。

液态模锻典型工艺流程如图 4-52 所示。一般分为金属液和模具准备、浇注、合模施压以及开模取件四个步骤。

液态模锻工艺的主要特点如下：

(1) 成型过程中，液态金属自始至终承受等静压，在压力下完成结晶凝固。

(2) 已凝固金属在压力作用下产生塑性变形，使制件外表面紧贴模膛，保证尺寸精度。

(3) 液态金属在压力作用下，凝固过程中能得到强制补缩，比压铸件组织致密。

(4) 成型能力高于固态金属热模锻，可成型形状复杂的锻件。

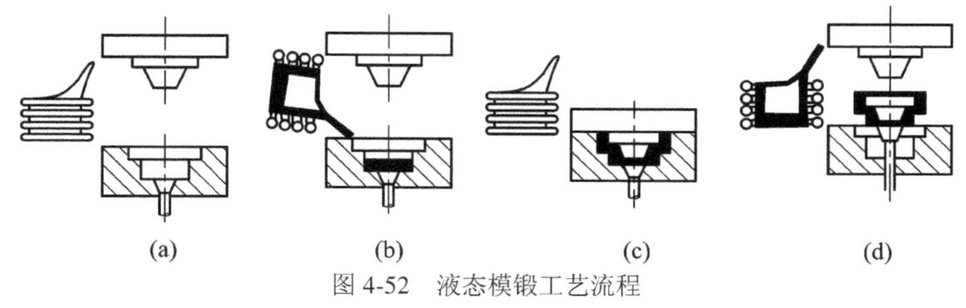

图 4-52 液态模锻工艺流程

(a) 熔化；(b) 浇注；(c) 加压；(d) 顶出

适用于液态模锻的材料非常多，不仅有铸造合金，而且变形合金，有色金属及黑色金属的液态模锻也已大量应用。

液态模锻适用于各种形状复杂、尺寸精确的零件制造，在工业生产中应用广泛。如活塞、炮弹引信体、压力表壳体、波导弯头、汽车油泵壳体、摩托车零件等铝合金零件；齿轮、蜗轮、高压阀体等铜合金零件；钢法兰、钢弹头、凿岩机缸体等碳钢、合金钢零件。

4.5.4 粉末锻造

粉末锻造通常是指将粉末烧结的预成型坯经加热后，在闭式模中锻造成零件的成型工艺方法。它是将传统的粉末冶金和精密锻造结合起来的一种新工艺，并兼有两者的优点。可以制取密度接近材料理论密度的粉末锻件，克服了普通粉末冶金零件密度低的缺点。使粉末锻件的某些物理和力学性能达到甚至超过普通锻件的水平。同时，又保持了普通粉末冶金少屑、无切屑工艺的优点。通过合理设计预成型坯和实行少、无飞边锻造，具有成型精确，材料利用率高，锻造能量消耗少等特点。

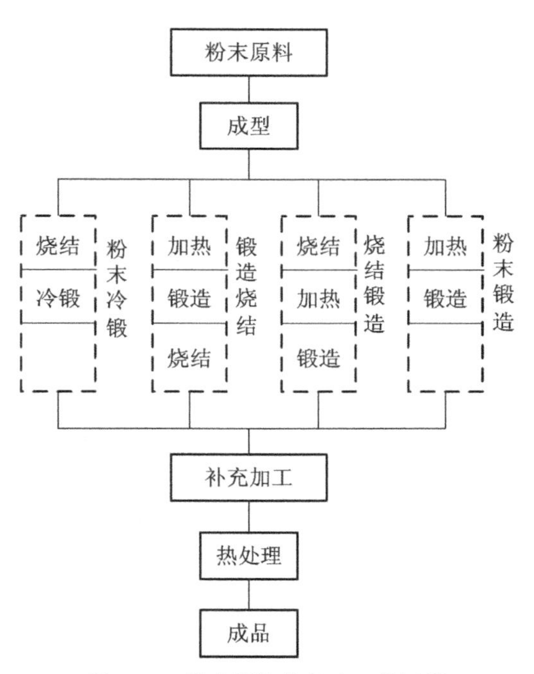

图 4-53 粉末锻造的基本工艺过程

粉末锻造的目的是把粉末预成型坯锻造成致密的零件。目前，常用的粉末锻造方法有粉末锻造、烧结锻造、锻造烧结和粉末冷锻几种，其基本工艺过程如图 4-53 所示。粉末锻造在许多领域都得到了应用，特别是在汽车制造业中的应用更为突出。表 4-1 给出了适于粉末锻造工艺生产的汽车零件。

表 4-1 适用于粉末锻造工艺生产的汽车零件

部 件	零 件
发动机	连杆、齿轮、气门挺杆、交流电机转子、阀门、气缸衬套、环形齿轮
变速器(手动)	毂套、回动空转齿轮、离合器、轴承座圈同步器、各种齿轮
变速器(自动)	内座圈、压板、外座圈、制动装置、离合器凸轮、各种齿轮
底盘	后轴壳体端盖、扇形齿轮、万向轴、侧齿轮、轮箍、伞齿轮、环齿轮

4.6 塑性加工零件的结构工艺性

4.6.1 自由锻件的结构工艺性

设计自由锻零件时，除满足使用性能要求外，还必须考虑自由锻设备和工具的特点，使锻件的结构符合自由锻的工艺性，以达到便于锻造、节约金属，保证质量、提高生产率的目的。

(1) 锻件上具有锥体或斜面结构，必须使用专用工具，锻造成型也比较困难，应尽量避免，如图 4-54 所示。

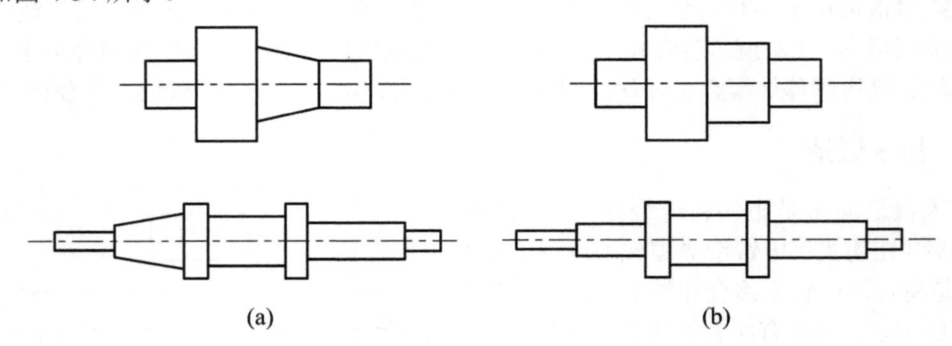

图 4-54 锥体或斜面的结构

(a) 工艺性差的结构；(b) 工艺性好的结构

(2) 锻件由几个简单几何体构成时，几何体的交接处不应形成空间曲线，如图 4-55(a)所示结构。这种结构锻造成型极为困难，应改成平面与圆柱、平面与平面相接(图 4-55(b))。

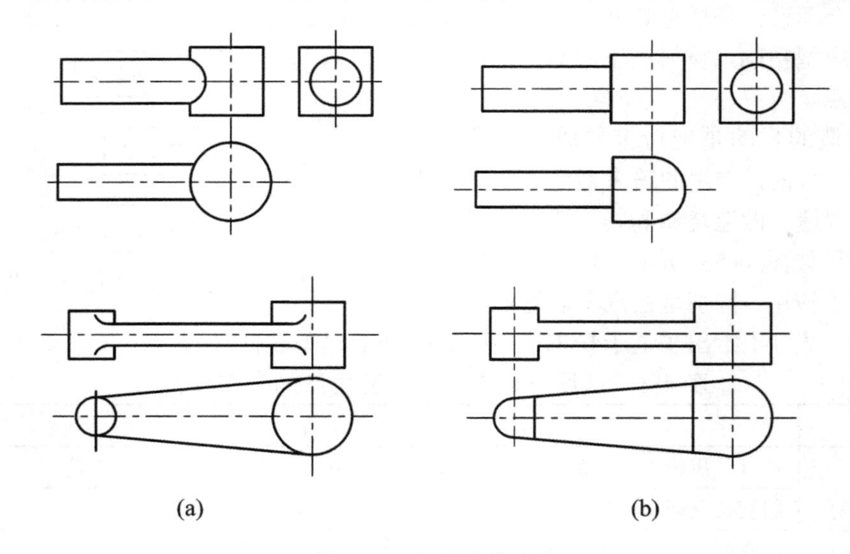

图 4-55 杆类锻件结构

(a) 工艺性差的结构；(b) 工艺性好的结构

(3) 自由锻件上不应设计加强筋、凸台、工字型截面或空间曲线形表面(图 4-56(a))，这种结构难以用自由锻方法获得，可改成图 4-56(b)所示结构。

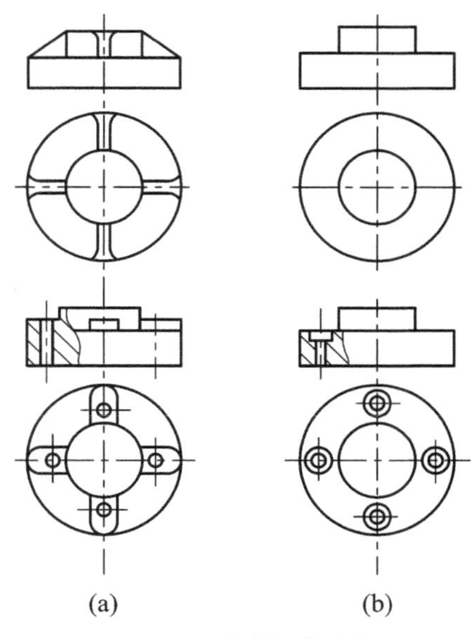

图 4-56 盘类锻件结构

(a) 工艺性差的结构；(b) 工艺性好的结构

(4) 锻件的横截面积有急剧变化或形状较复杂时(图 4-57(a))，应设计成由几个简单件构成的组合体。每个简单件锻制成型后，再用焊接或机械连接方式构成整个零件(图 4-57(b))。

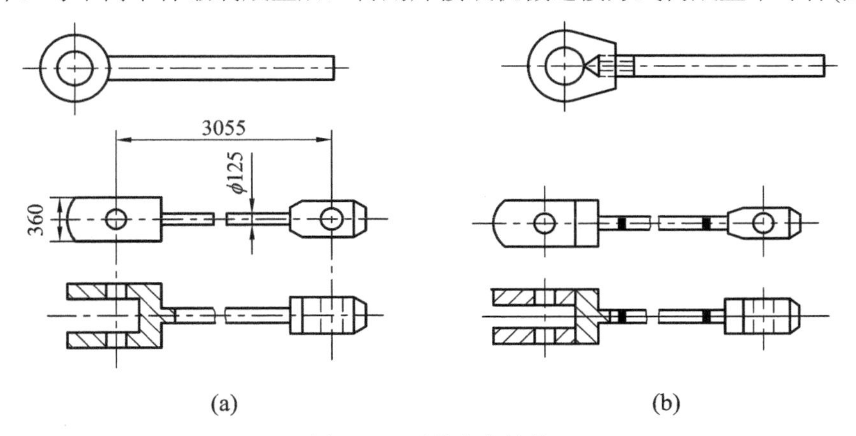

图 4-57 形状复杂锻件

(a) 工艺性差的结构；(b) 工艺性好的结构

4.6.2 冲压件的结构工艺性

冲压件结构应具有良好的工艺性能，以减少材料消耗和工序数目，延长模具寿命，提高生产率，降低成本，并保证冲压质量。所以，冲压件设计时，要考虑以下原则。

1．对冲裁件的要求

(1) 落料件的外形和冲孔件的孔形应力求简单、规则、对称，排样力求废料最少。如图4-58所示，图(b)较图(a)合理，材料利用率较高。

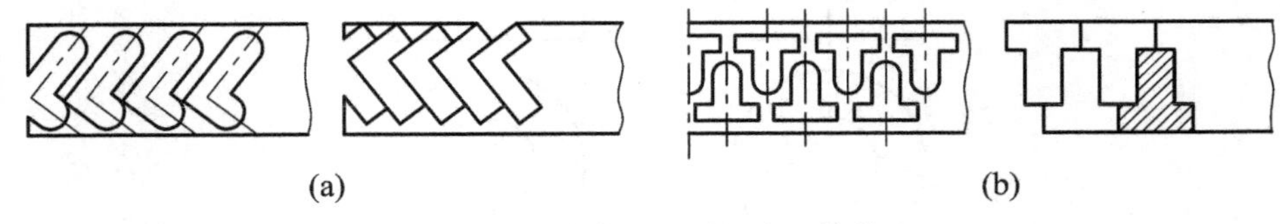

图4-58 零件形状便于合理排样

(a) 形状不对称，浪费材料；(b) 形状对称，材料利用率高

(2) 应避免长槽与细长悬臂结构。图4-59所示的落料件结构工艺性差，模具制造困难，寿命低。

(3) 冲孔及外缘凸凹部分尺寸不能太小，孔与孔以及孔与零件边缘距离不宜过近，如图4-60所示。

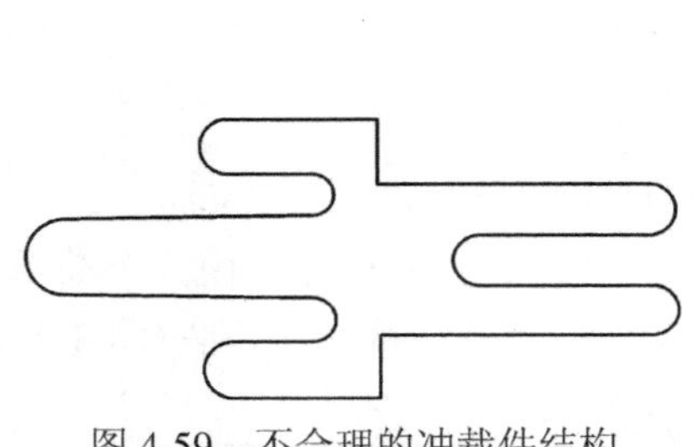

图4-59 不合理的冲裁件结构

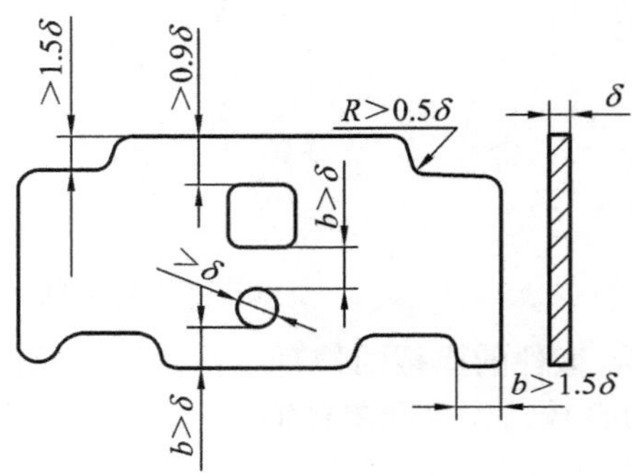

图4-60 冲孔件尺寸与板料厚的关系

2．对弯曲件的要求

(1) 弯曲件形状应尽量对称，弯曲半径不能太小，弯曲边不宜过短，拐弯处离孔不宜太近。如图4-61所示，弯曲时，应使零件的垂直壁与孔中心线的距离 $k>r+d/2$，以防孔变形；弯曲边高 H 应大于板厚的2倍($H>2t$)，过短不易弯成。

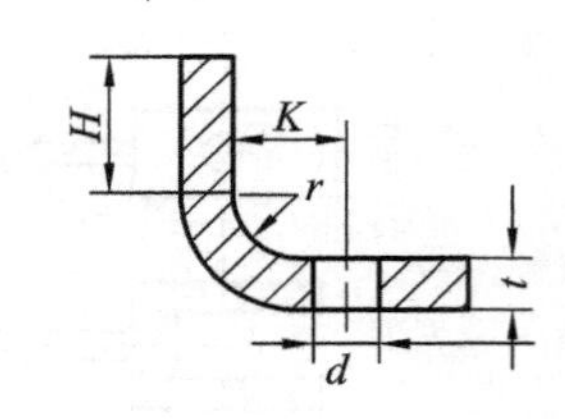

图4-61 弯曲件上孔的位置和边高

(2) 应注意材料的纤维方向，尽量使坯料纤维方向与弯曲线方向垂直，以免弯裂，如图4-62所示。

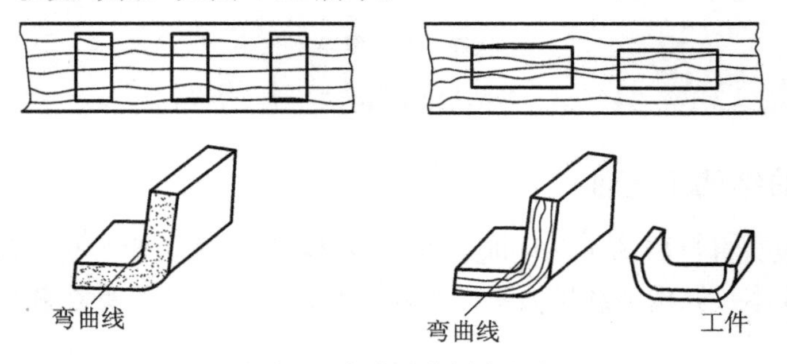

图4-62 弯曲时的纤维方向

3．对拉深件的要求

(1) 拉深件外形应简单、对称，且不宜太高，以减少拉伸次数并易于成型。

(2) 拉深件转角处圆角半径不宜太小，最小许可半径 r_{min} 与材料的塑性和厚度等因素有关，如图 4-63 所示。

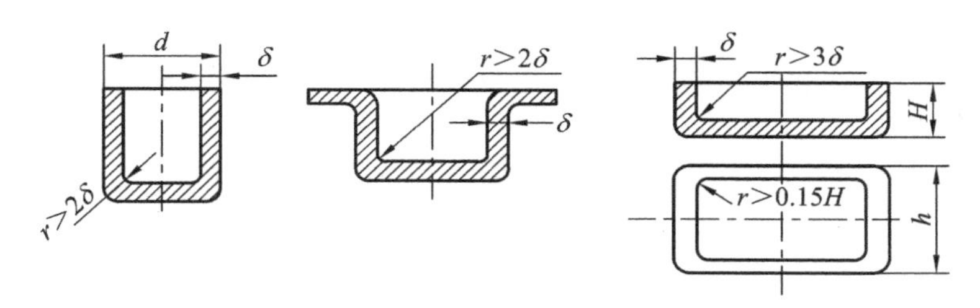

图 4-63　拉深件最小许可半径

4．改进结构，简化工艺，节省材料

(1) 对于形状复杂的冲压件，可先分别冲出若干个简单件，再焊成整体件，如图 4-64 所示。

(2) 采用冲口工艺减少组合件，如图 4-65 所示。

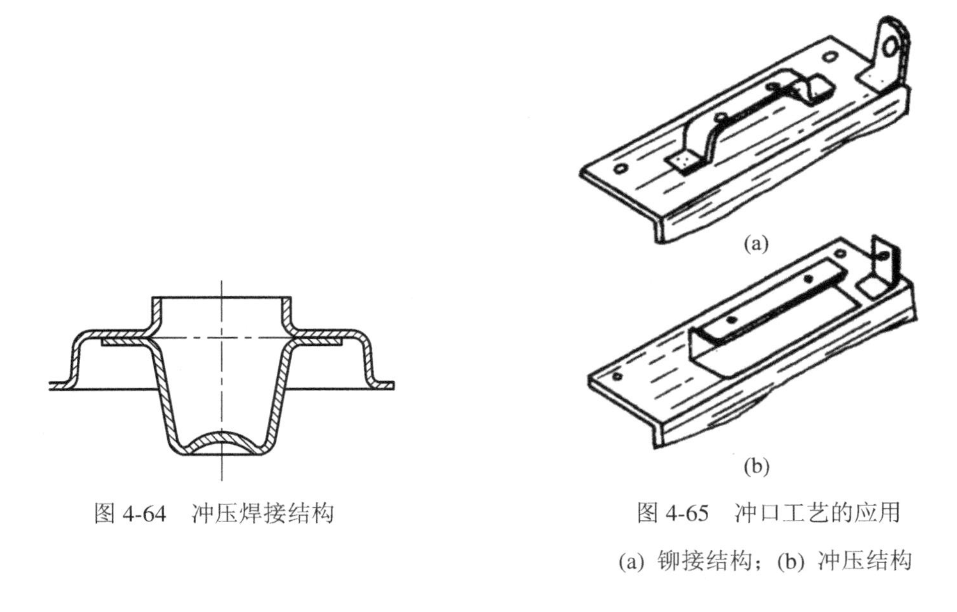

图 4-64　冲压焊接结构

图 4-65　冲口工艺的应用

(a) 铆接结构；(b) 冲压结构

4.7　塑性加工技术新进展

1．发展省力成型工艺

塑性加工工艺相对于铸造、焊接工艺有产品内部组织致密、力学性能好且稳定的优点。但是传统的塑性加工工艺往往需要大吨位的压力机，重型锻压设备的吨位已达万吨级，相应的设备重量及初期投资非常大。实际上，塑性加工也并不是沿着大工件—大变形力—大

设备—大投资这样的逻辑发展下去的。

省力的主要途径有以下三种：

(1) 改变应力状态。根据塑性加工力学中塑性变形的条件，受力物体处于异号应力状态时，材料容易产生塑性变形，即变形力较小。

(2) 降低流动应力。属于这一类的成型方法有超塑成型及液态模锻(实际上是半固态成型或近熔点成型)，前者属于较低应变速率的成型，后者属于特高温度下成型。

(3) 减少接触面积。减少接触面积不仅使总压力减少，也使变形区单位面积上的作用力减少，原因是减少了摩擦对变形的拘束。属于这类的成型工艺有旋压、辊锻、楔横轧、摆动辗压等。

2. 增强成型柔度

柔性加工是指应变能力很强的加工方法，它适用于产品多变的场合。在当前市场经济的条件下，柔度高的加工方法显然也有较强的竞争力。

塑性加工通常是借助模具或其他工具使工件成型的。模具或工具的运动方式及速度受设备的控制，所以提高塑性加工柔度的方法有两种：一是从机器的运动功能上着手，例如多向多动压力机、快速换模系统及数控系统；二是从成型方法上着手，可以归结为无模成型、单模成型、点模成型等多种成型方法。

无模成型是一种基本上不使用模具且柔度很高的成型方法。如管材无模弯曲、变截面坯料无模成型、无模胀球等工艺近年来得到了非常广泛的应用。

单模成型是指仅用凸模或凹模成型，当产品形状尺寸变化时不需要同时制造凸、凹模。属于这类成型方法的有爆炸成型、电液或电磁成型、聚氨酯成型及液压胀形等。

点模成型也是一种柔性很高的成型方法。对于像船板一类的曲面，其截面总可以用函数 $z=f(x, y)$来描述。当曲面参数变化时，仅需调整上、下冲头的位置即可。

利用单点模成型近来有较大的发展，历史上的钣金工就是用锤逐点敲打制成很多复杂零件的。近年来由于数控技术的发展，单点成型数控化成为一项有相当应用前景的技术。

3. 提高成型精度

近年来，近无余量成型(Near Net Shape Forming)很受重视，其主要优点是减少了材料消耗，节约后续加工的能源，当然成本也就会降低。提高产品精度一方面要使金属能充填模腔中很精细的部位，另一方面又要有很小的模具变形。等温锻造由于模具与工件的温度一致，因此工件流动性好，变形力少，模具弹性变形小，是实现精锻的好方法。由于粉末锻造容易得到最终成型所需要的精确的预制坯，所以它既节省材料又节省能源。

4. 推广 CAD/CAE/CAM 技术

随着计算机技术的迅速发展，CAD/CAE/CAM 技术在塑性加工领域的应用日趋广泛，这为推动塑性加工的自动化、智能化、现代化进程发挥了重要作用。

在锻造生产中，利用 CAD/CAM 技术可进行锻件、锻模设计，材料选择，坯料计算，制坯工序，模锻工序及辅助工序设计，确定锻造设备及锻模加工等一系列工作。

在板料冲压成型中，随着数控冲压设备的出现，CAD/CAM 技术得到了充分的应用。尤其是冲裁件 CAD/CAM 系统应用已经比较成熟。它不仅使冲模设计、冲裁件加工实现了自动化，大幅度提高了生产率，而且对于大型复杂冲裁件，还省去了大型、复杂的模具，从而大大降低了产品成本。目前，CAD/CAE/CAM 技术也已在板料冲压成型工序(如弯曲、胀形、拉深等)中得到了应用，尤其是应用在汽车覆盖件的成型中，给整个汽车工业带来了极为深刻的变革。利用 CAE(其核心内容是有限元分析、模拟)技术，对 CAD 系统设计的覆盖件及其成型模具进行覆盖件冲压成型过程模拟，将模拟计算得到的数据再反馈给 CAD 系统进行模具参数优化，最后送交 CAM 系统完成模具制造。这样就省去了传统工艺中反复多次的繁杂的试模、修模过程，从而大大缩短了汽车覆盖件的生产乃至整个汽车改型换代的时间。

CAD/CAE 技术尤其在板料冲压成型领域中有巨大的应用前景。利用这一技术，只要输入造型设计师设计的冲压件形状数学模型，计算机就会输出我们所需要的模具形状、板料尺寸、拉深筋及其方位和形状。

5．实现产品—工艺—材料一体化

以前的塑性成型往往是“来料加工”，近年来由于机械合金化的出现，可以不通过熔炼得到各种性能的粉末。塑性加工时可以自配材料经热等静压(HIP)再经等温锻得到产品。

复合材料包括颗粒增强及纤维增强的复合材料的成型。材料工艺一体化正给塑性加工界带来更多的机会和更大的活动范围。

思考题与习题

4-1　什么是热变形？什么是冷变形？各有何特点？生产中应如何选用？

4-2　什么叫加工硬化？加工硬化对工件性能及加工过程有何影响？

4-3　什么是可锻性？其影响因素有哪些？

4-4　金属在规定的合理锻造温度范围以外进行锻造，可能会出现什么问题？

4-5　自由锻有哪些主要工序？试比较自由锻造与模锻的特点及应用范围。

4-6　设计自由锻件结构时，应注意哪些工艺性问题？

4-7　板料冲压生产有何特点？应用范围如何？

4-8　冲压有哪些基本工序？各工序的工艺特点是什么？

4-9　设计冲压件结构时应考虑哪些原则？

第5章 焊　接

将金属、陶瓷和塑料等材质的构件组合成一个整体时，需要用到一定的连接技术(joining technology)。常用的连接有焊接、胶接、铆钉连接、螺纹连接、键连接、销连接、过盈配合连接及型面连接等。这些连接可分为可拆连接和永久连接两大类。

可拆连接可经多次拆装，拆装时无需损伤连接中的任何零件，且其工作能力不遭破坏。属这类连接的有螺纹连接、键连接、销连接及型面连接等。

永久连接是在拆开连接时，至少会损坏连接中的一个零件，所以是不可拆连接。焊接、铆钉连接、胶接等均属这类连接。

至于过盈配合连接，它是利用零件间的过盈配合来达到连接的目的，靠配合面之间的摩擦来传递载荷，其配合面大多为圆柱面，如轴类零件和轮毂之间的连接等。过盈配合连接一般采用压入法或温差法将其装配在一起。这种连接可做成永久性连接，也可做成可拆连接，它视配合表面之间的过盈量大小及装配方法而定。

在选择连接类型时，多以使用要求及经济要求为依据。一般，采用永久连接多是由于制造及经济上的原因；采用可拆连接多是结构、安装、运输、维修上的原因。永久连接的制造成本通常较可拆连接低廉。另外，在具体选择连接类型时，还需考虑连接的加工条件和被连接零件的材料、形状及尺寸等因素。

5.1 焊接基础知识

焊接是主要的连接技术之一。焊接的定义可以概括为：同种或异种材质的工件，通过加热、加压或二者并用，用或者不用填充材料，使工件达到原子水平的结合而形成永久性连接的工艺。

焊接过程中一般需要对焊接区域进行加热，使其达到或超过材料的熔点(熔焊)，或者接近熔点的温度(固相焊接)，随后在冷却过程中形成焊接接头(welding joint)。这种加热和冷却过程称为焊接热过程。它贯穿于材料焊接过程的始终，对后续涉及到的焊接冶金、焊缝凝固结晶、母材热影响区的组织和性能、焊接应力变形以及焊接缺陷(如气孔、裂纹等)的产生都有着重要的影响。

典型焊条电弧焊的焊接过程如图5-1(a)所示。焊条与被焊工件之间燃烧产生的电弧热使工件(基本金属)和焊条同时熔化成为熔池(molten pool)。药皮燃烧产生的CO_2气流围绕电弧周围，连同熔池中浮起的熔渣可阻挡空气中的氧、氮等侵入，从而保护了熔池金属。电弧焊的冶金过程如同在小型电弧炼钢炉中进行炼钢，焊接熔池中进行着熔化、氧化还原、造渣、精炼和渗合金等一系列物理、化学过程。电弧焊过程中，电弧沿着工件逐渐向前移动，并对工件局部进行加热，使工件和焊条金属不断熔化成为新的熔池，原先的熔池则不断地冷却凝固，形成连续焊缝。焊缝连同熔合区和热影响区组成焊接接头，图 5-1(b)是焊接接头横截面示意图。

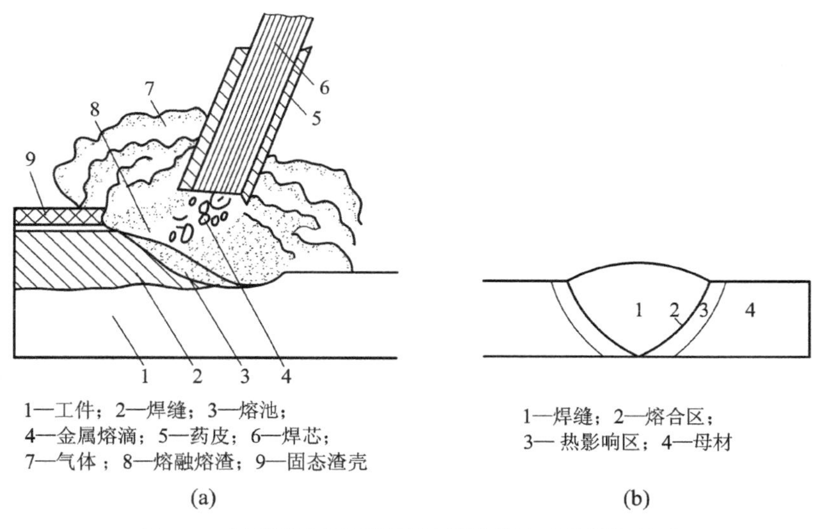

图 5-1 低碳钢电弧焊焊接过程及其形成的焊接接头

(a) 电弧焊焊接过程；(b) 焊接接头示意图

1. 焊接热过程的特点

焊接热过程包括焊件的加热、焊件中的热传递及冷却三个阶段。焊接热过程具有如下特点：

(1) 加热的局部性。熔焊过程中，高度集中的热源仅作用在焊件上的焊接接头部位，焊件上受到热源直接作用的范围很小。由于焊接加热的局部性，焊件的温度分布很不均匀，特别是焊缝附近的温差很大，由此产生了热应力和变形等问题。

(2) 焊接热源是移动的。焊接时，热源沿着一定方向移动而形成焊缝，焊缝处的金属被连续加热熔化的同时又不断冷却凝固，因此，焊接熔池的冶金过程和结晶过程均不同于炼钢和铸造时的金属熔炼和结晶过程。同时，移动热源在焊件上所形成的是一种准稳定温度场，对它作理论计算也比较困难。

(3) 具有极高的加热速度和冷却速度。

2. 焊接热源

焊接热源是进行焊接所必须具备的条件。事实上，现代焊接技术的发展过程也是与焊接热源的发展密切相关的。一种新的热源的应用，往往意味着一种新的焊接方法的出现。

现代焊接生产对于焊接热源的要求主要是：

(1) 能量密度高，并能产生足够高的温度。高能量密度和高温可以使焊接加热区域尽可能小，热量集中，并实现高速焊接，提高生产率。

(2) 热源性能稳定，易于调节和控制。热源性能稳定是保证焊接质量的基本条件。

(3) 高的热效率，降低能源消耗。尽可能提高焊接热效率，以节约能源消耗。

主要焊接热源有电弧热、化学热、电阻热、等离子焰、电子束和激光束等，其主要特性见表 5-1。

表 5-1 各种焊接热源的主要特性

热　源	最小加热面积/cm^2	最大功率密度/(W/cm^2)	正常焊接工艺参数下的温度
乙炔火焰	10^{-2}	2×10^3	3200℃
金属极电弧	10^{-3}	10^4	6000℃
钨极氩弧(TIG)	10^{-3}	1.5×10^4	8000℃
熔化极氩弧(MIG)	10^{-4}	$10^4\sim10^5$	—
CO_2气体保护焊	10^{-4}	$10^4\sim10^5$	—
埋弧焊	10^{-3}	2×10^4	6400℃
电渣焊	10^{-2}	10^4	2000℃
等离子焰	10^{-5}	1.5×10^5	18 000～24 000℃
电子束	10^{-7}	$10^7\sim10^9$	—
激光束	10^{-8}	$10^7\sim10^9$	—

3. 焊接温度场

根据热力学第二定律，只要有温度差存在，热量总是由高温处流向低温处。在焊接时，由于局部加热的特点，工件上存在着极大的温度差，因此在工件内部必然要发生热量的传输过程。此外，焊件与周围介质间也存在着很大温差，热交换也在进行。在焊接过程中，传导、对流和辐射三种传热方式都存在。但是，对焊接过程影响最大的是热能在焊件内部的传导过程，以及由此而形成的焊接温度场(welding temperature field)。焊接温度场对焊接应力、变形，焊接化学冶金过程，焊缝及热影响区的金属组织变化，以及焊接缺陷(如气孔、裂纹等)的产生均有重要影响。

温度场指的是一个温度分布的空间。焊接时，焊件上存在着不均匀的温度分布，同时，由于热源不断移动，焊件上各点的温度也随时在变化，因此，焊接温度场是不断随时间变化的。焊接温度场可以用等温线来表示，如图 5-2 所示。

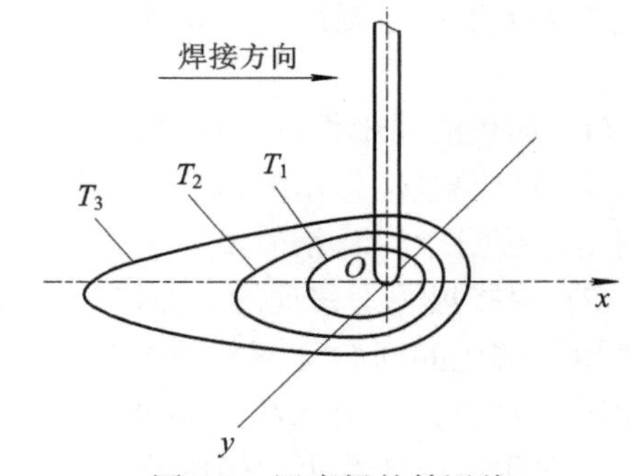

图 5-2 温度场的等温线

4. 焊接热循环

焊接过程中，当热源移近时，焊缝附近母材上各点将急剧升温；当热源离去后，它们将迅速冷却。母材上某一点所经受的这种升温和降温的过程叫做焊接热循环(weld thermal cycle)。焊接热循环具有加热速度快、温度高、高温停留时间短和冷却速度快等特点。焊接热循环可以用图 5-3 所示的温度—时间曲线来表示。反映焊接热循环的主要特征，并对焊接接头性能影响较大的四个

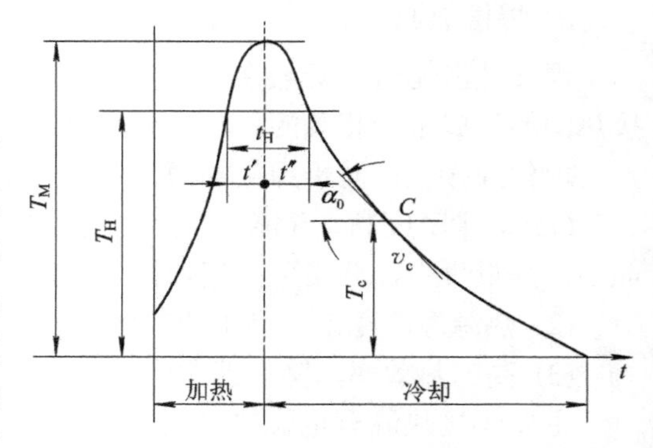

图 5-3 焊接热循环曲线及主要参数

参数是：加热速度 ω_H、加热的最高温度 T_M、相变点以上停留时间 t_H和冷却速度 v_c。焊接过程中加热速度极高，在一般电弧焊时，可以达到 200～300℃/s 左右，远高于一般热处理时的加热速度。最高温度 T_M 相当于焊接热循环曲线的极大值，它是对金属组织变化产生决定性影响的参数之一。

在实际焊接生产中，应用较多的是多层、多道焊，特别是对于厚度较大的焊件，有时焊接层数可以多达几十。多层焊接时，后面施焊的焊缝对前层焊缝起着热处理的作用，而前面施焊的焊缝在焊件上形成一定的温度分布，又对后面施焊的焊缝起着焊前预热的作用。因此，多层焊时近缝区中的热循环要比单层焊时复杂得多，但是多层焊层间焊缝相互的热处理作用对于提高接头性能是有利的。多层焊时的热循环与其施焊方法有关。在实际生产中，多层焊的方法有“长段多层焊”和“短段多层焊”两种，它们的热循环也有很大差别。

一般说来，焊接易淬火硬化的钢种时，长段多层焊各层均有产生裂纹的可能。为此，在各层施焊前需采取与所焊钢种相应的工艺措施，如焊前预热、焊后缓冷等。短段多层焊虽然对于防止焊接裂纹有一定作用，但其操作工艺较繁琐，焊缝接头较多，生产率也较低，一般较少采用。

5. 焊接化学冶金

熔焊时，随着母材的加热熔化，其液态金属的周围充满了大量的气体，甚至表面还覆盖着熔渣。这些气体及熔渣在焊接的高温条件下与液态金属不断地进行着一系列复杂的物理和化学反应，将这种焊接区内各种物质之间在高温下相互作用的过程称为焊接化学冶金过程。该过程对焊缝金属的成分、性能、焊接质量以及焊接工艺性能都有很大的影响。

1) *焊接化学冶金反应区*

焊接化学冶金反应从焊接材料(焊条或焊丝)被加热、熔化开始，经熔滴过渡，最后到达熔池的整个过程是分区域(或阶段)连续进行的。不同焊接方法有不同的反应区，现以焊条电弧焊为例，可将其划分为三个冶金反应区：药皮反应区、熔滴反应区和熔池反应区(图 5-4)。

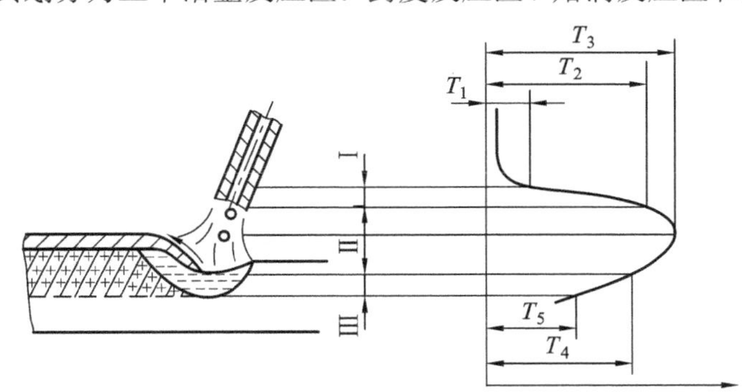

Ⅰ—药皮反应区；Ⅱ—熔滴反应区；Ⅲ—熔池反应区；T_1—药皮起始反应温度；
T_2—焊条端熔滴温度；T_3—弧柱间熔滴温度；T_4—熔池表面温度；T_5—熔池凝固温度

图 5-4 焊条电弧焊的冶金反应区

(1) 药皮反应区。焊条药皮在加热时，固态下其组成物之间也会发生物理和化学反应。其反应温度范围从 100℃至药皮的熔点，主要反应是水分的蒸发、某些物质的分解和铁合金的氧化等。

当加热温度超过 100℃时，药皮中的水分开始蒸发。再升高到一定温度时，其中的有机物、碳酸盐和高价氧化物等逐步发生分解，析出 H_2、CO_2 和 O_2 等气体。这些气体一方面机械地将周围空气排开，对熔化金属进行保护；另一方面也对被焊金属和药皮中的铁合金产生了很强的氧化作用。

(2) 熔滴反应区。熔滴反应区包括熔滴形成、长大到过渡至熔池中的整个阶段。在熔滴反应区中，反应时间虽短，但因温度高、液态金属与气体及熔渣的接触面积大，并有强烈的混合作用，所以冶金反应最激烈，从而对焊缝成分的影响也最大。在此区进行的主要物理化学反应有：气体的分解和溶解、金属的蒸发、金属及其合金的氧化与还原以及焊缝金属的合金化等。

(3) 熔池反应区。熔滴金属和熔渣以很高的速度落入熔池，并与熔化后的母材金属相混合或接触，同时各相间的物理和化学反应继续进行，直至金属凝固，形成焊缝。这个阶段属熔池反应区，它对焊缝金属成分和性能具有决定性作用。与熔滴反应区相比，熔池的平均温度较低，约为 1600～1900℃；比表面积较小，约为 3～130 cm^2/kg；反应时间较长。熔池反应区的显著特点之一是温度分布极不均匀。由于在熔池的前部和后部存在着温度差，因此化学冶金反应可以同时向相反的方向进行。此外，熔池中的强烈运动有助于加快反应速度，并为气体和非金属夹杂物的外逸创造了有利条件。

2) 气相对焊缝金属的影响

焊接过程中，在熔化金属的周围存在着大量的气体，它们会不断地与金属产生各种冶金反应，从而影响着焊缝金属的成分和性能。

焊接区内的气体主要来源于焊接材料。例如，焊条药皮、焊剂和焊芯中的造气剂、高价氧化物和水分都是气体的重要来源。热源周围的空气也是一种难以避免的气源。此外，还有一些冶金反应也会产生气态产物。

气体的状态(分子、原子和离子状态)对其在金属中的溶解以及与金属的作用有很大的影响。主要有简单气体的分解和复杂气体的分解，焊接区气相中常见的简单气体有 N_2、H_2、O_2 等双原子气体，CO_2 和 H_2O 是焊接冶金中常见的复杂气体。

焊接时，焊接区内气相的成分和数量与焊接方法、焊接规范、焊条药皮或焊剂的种类有关。用低氢型焊条焊接时，气相中 H_2 和 H_2O 的含量很少，故有“低氢型”之称。埋弧焊和中性火焰气焊时，气相中 CO_2 和 H_2O 的含量很少，因而气相的氧化性也很小，而焊条电弧焊时气相的氧化性则较强。

氮、氢、氧在金属中的溶解及扩散都会对焊接质量产生一定的影响，当然也有相应的控制措施。在此不一一介绍。

3) 熔渣及其对金属的作用

熔渣在焊接过程中的作用有保护熔池、改善工艺性能和冶金处理三个方面。根据焊接熔渣的成分和性能，可将其分为三大类，即盐型熔渣、盐—氧化物型熔渣和氧化物型熔渣。熔渣的性质与其碱度、粘度、表面张力、熔点和导电性都有密切的关系。

焊接时的氧化还原问题是焊接化学冶金涉及的重要内容之一，主要包括焊接条件下金属及合金元素的氧化与烧损、金属氧化物的还原等。

氧对焊接质量有严重的危害性，对已进入焊缝的氧，必须通过脱氧将其去除。脱氧是一种冶金处理措施，它是通过在焊丝、焊剂或焊条药皮中加入某种对氧亲和力较大的元素，使其在焊接过程中夺取气相或氧化物中的氧，从而减少被焊金属的氧化及焊缝的含氧量。

钢的焊接常用 Mn、Si、Ti、Al 等元素的铁合金或金属粉(如锰铁、硅铁、钛铁和铝粉等)作脱氧剂。

当焊缝中硫和磷的含量超过 0.04%时，则极易产生裂纹。硫、磷主要来自焊接材料，一般应选择含硫、磷低的原材料，并通过药皮(或焊剂)进行脱硫脱磷，以保证焊缝质量。

6. 焊接接头的金属组织和性能

熔焊是在局部进行短时高温的冶炼、凝固的过程。这种冶炼和凝固过程是连续进行的，与此同时，周围未熔化的基本金属也受短时的热处理。因此，焊接过程会引起焊接接头组织和性能的变化，这直接影响焊接接头的质量。熔焊的焊接接头由焊缝区(weld metal area)、熔合区(bond)和热影响区(heat-affected zone)组成。

1) 焊缝的组织和性能

焊缝是由熔池金属结晶形成的焊件结合部分。焊缝金属的结晶是从熔池底壁开始的，由于结晶时各个方向冷却速度不同，因而形成的晶粒是柱状晶，柱状晶粒的生长方向与最大冷却方向相反，垂直于熔池底壁。由于熔池金属受电弧吹力和保护气体的吹动，熔池壁的柱状晶生长受到干扰，使柱状晶呈倾斜状，晶粒有所细化。熔池结晶过程中，由于冷却速度很快，已凝固的焊缝金属中的化学成分来不及扩散，易造成合金元素分布的不均匀，如硫、磷等有害元素易集中到焊缝中心区，将影响焊缝的力学性能。所以焊条芯必须采用优质钢材，其中疏、磷的含量应很低。此外由于焊接材料的渗合金作用，焊缝金属中锰、硅等合金元素的含量可能比基本金属高。所以焊缝金属的力学性能可高于基本金属。

2) 热影响区的组织和性能

在电弧热的作用下，焊缝两侧处于固态的母材发生组织和性能变化的区域称为焊接热影响区。由于焊缝附近各点受热情况不同，其组织变化也不同，因此不同类型的母材金属的热影响区各部位也会产生不同的组织变化。图 5-5 为低碳钢焊接时焊接接头的组织变化示意图。

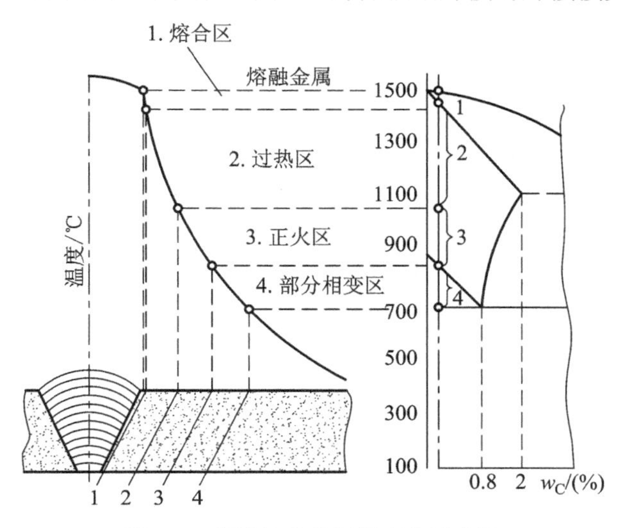

图 5-5　焊接接头的组织变化示意图

按组织的变化特征，其热影响区可分为过热区、正火区和部分相变区。

过热区紧靠熔合区，低碳钢过热区的最高加热温度在 1100℃至固相线之间，母材金属加热到这个温度，结晶组织全部转变成为奥氏体，奥氏体急剧长大，冷却后得到过热粗晶组织，因而，过热区的塑性和冲击韧性很低。焊接刚度大的结构和碳质量分数较高的易淬火钢材时，易在此区产生裂纹。

正火区紧靠过热区，是焊接热影响区内相当于受到正火热处理的区域。一般情况下，焊接热影响区内的正火区的力学性能高于未经热处理的母材金属。部分相变区紧靠正火区，是母材金属处于 Ac_1～Ac_3 之间的区域，加热和冷却时，该区结晶组织中只有珠光体和部分铁素体发生重结晶转变，而另一部分铁素体仍为原来的组织形态。因此，已相变组织和未相变组织在冷却后晶粒大小不均匀对力学性能有不利影响。熔合区是焊接接头中焊缝与母材交接的过渡区，这个区域的焊接加热温度在液相线和固相线之间，又称为半熔化区。

3) 改善焊接接头组织性能的方法

焊接热影响区在焊接过程中是不可避免的。低碳钢焊接时因其热影响区较窄，危害性较小，焊后不进行热处理就能保证使用。对于焊后不能进行热处理的金属材料或构件，正确选择焊接方法可减少焊接接头内不利区域的影响，以达到提高焊接接头性能的目的。

5.2 常用焊接工艺方法

焊接方法的种类很多，而且新的方法仍在不断涌现，目前应用的已不下数十种，按焊接工艺特征可将其分为熔化焊、压力焊、钎焊三大类。图 5-6 所示为其中部分焊接方法。

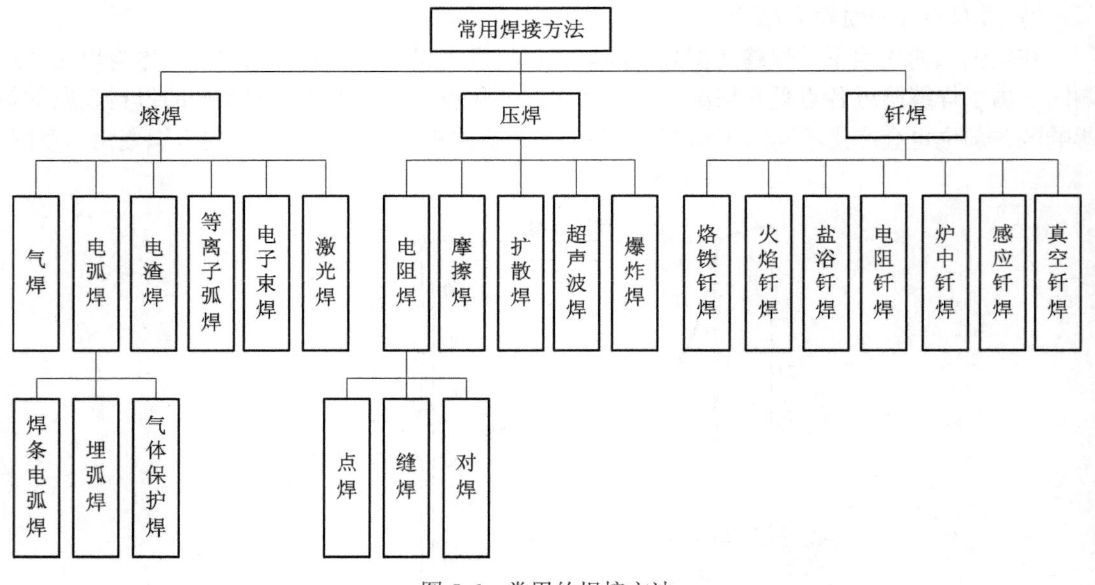

图 5-6 常用的焊接方法

5.2.1 手工电弧焊

手工电弧焊(manual labour arc welding)又称焊条电弧焊(electrode arc welding)，简称手弧焊。手弧焊是利用电弧产生的热量来局部熔化被焊工件及填充金属，冷却凝固后形成牢固接头。焊接过程依靠手工操作完成。手弧焊设备简单、操作灵活方便、适应性强，并且配有相应的焊条，可适用于碳钢、不锈钢、铸铁、铜、铝及其合金等材料的焊接。但其生产率低，劳动条件较差，所以随着埋弧自动焊、气体保护焊等先进电弧焊方法的出现，手弧焊的应用逐渐有所减少，但在目前焊接生产中仍占很重要的地位。

手弧焊的焊接过程如图 5-7 所示。弧焊机(电源)供给电弧所必需的能量。焊接前将焊件和焊条分别接到焊机的两极。焊接时首先将焊条与工件接触，使焊接回路短路，接着将焊条提起 2～4 mm，电弧即被引燃。电弧热使焊件局部及焊条末端熔化，熔化的焊件和焊条熔滴共同形成金属熔池。焊条外层的涂层(药皮)受热熔化并发生分解反应，产生液态熔渣和大量气体包围在电弧和熔池周围，防止周围气体对熔化金属的侵蚀。为确保焊接过程的进行，在焊条不断熔化缩短的同时，焊条要连续向熔池方向送进，同时还要沿焊接方向前进。

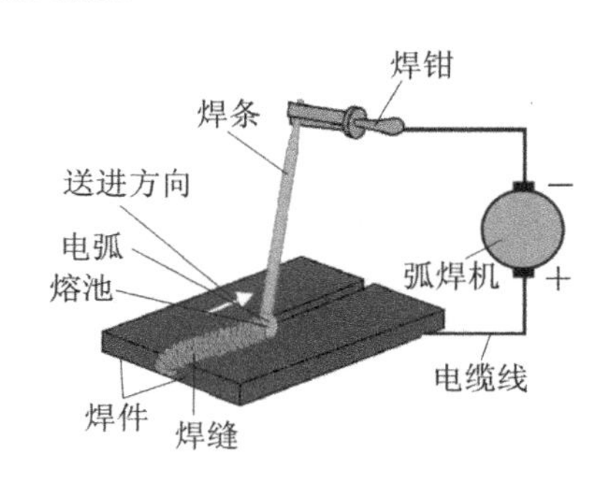

图 5-7 手工电弧焊焊缝的形成过程

当电弧离开熔池后，被熔渣覆盖的液态金属就冷却凝固成焊缝；熔渣也凝固成渣壳。在电弧移达的下方，又形成新的熔池，随后又凝固成新的焊缝和渣壳。上述过程连续不断进行直至完成整个焊缝。

1. 手弧焊设备

为焊接电弧提供电能的设备叫电弧焊机。手工电弧焊机有交流、直流和整流三类。

交流弧焊机又称弧焊变压器，它是一个特殊的变压器。图 5-8 所示为 BX1-300 型交流弧焊机(又称动铁芯式弧焊变压器)。这种焊机的初级电压力 220 V 或 380 V，次级空载电压为 78 V，额定工作电压为 22.5～32 V，焊接电流调整范围为 62.5～300 A。使用时，可按要求调节电流。粗调电流是用改变次级线圈抽头的接法，即改变次级线圈匝数来达到。细调电流是通过摇动调节手柄改变可动铁芯位置来实现的。由于交流弧焊机具有结构简单、维修方便、体积小、重量轻、噪音小等优点，所以应用较广。

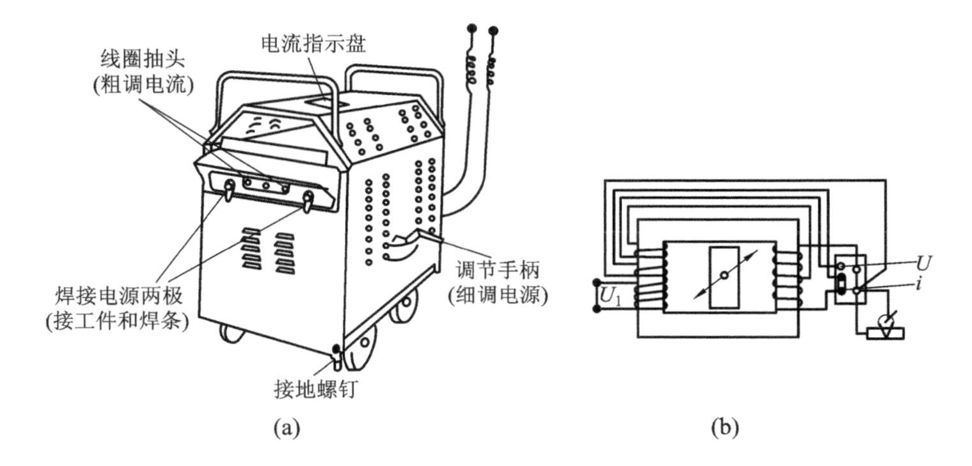

图 5-8 BX1-300 型交流弧焊机示意图

(a) 外形图；(b) 结构示意图

直流弧焊机又称直流弧焊发电机，如图 5-9 所示。它是由直流发电机和原动机(如电动机、内燃机等)两部分组成的。直流弧焊机的焊接电流也可通过粗调和细调在较大范围内调节。

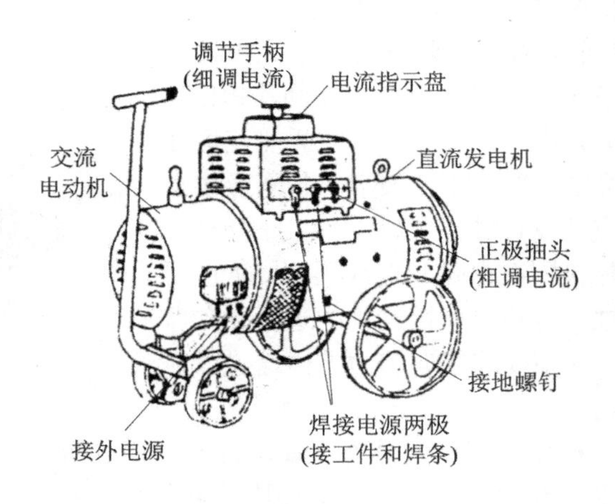

图 5-9 AX-250 型直流弧焊发电机示意图

直流弧焊发电机的优点是电流稳定、故障较少。但由于其结构复杂、维修困难、噪音大、效率低，因此应用较少，一般只用在对焊接电源有特殊要求的场合或无交流电源的地方。

焊接整流器弥补了交流弧焊机的电弧稳定性较差和弧焊发电机效率低、噪音大、难于维修等缺点，所以近年来得到了迅速发展，它在很大程度上取代了直流弧焊发电机。

直流焊机有正负极之分。在焊接时，如把工件接正极，焊条接负极，这种接法称为直流正接；反之，称为直流反接。直流反接常用于薄板、有色金属及使用碱性焊条时的焊接。

2. 焊条

1) 焊条的组成及其作用

焊条由焊芯和涂层(药皮)组成。常用的焊芯直径(即焊条直径)有 1.6 mm、2.0 mm、2.5 mm、3.2 mm、4 mm、5 mm 等，长度常在 200～450 mm 之间。

手弧焊时，焊芯的作用一是作为电极，起导电作用，产生电弧提供焊接热源；二是作为填充金属，与熔化的母材共同形成焊缝。因此，可通过焊芯调整焊缝金属的化学成分。焊芯采用焊接专用的金属丝(称焊丝)，碳钢焊条用焊丝 H08A 等做焊芯。不锈钢焊条用不锈钢焊丝做焊芯。

焊条药皮对保证手弧焊的焊缝质量极为重要。药皮的组成物按其作用可分为稳弧剂、造气剂、造渣剂、脱氧剂、合金剂、粘结剂等。在焊接过程中，它们能稳定电弧燃烧、防止熔滴和熔池金属与空气接触、防止高温的焊缝金属被氧化，进行焊接冶金反应，去除有害元素，增添有用元素等，以保证焊缝具有良好的成型和合适的化学成分。

2) 焊条的种类、型号和牌号

焊条的种类按用途分，可分为碳钢焊条、低合金焊条、不锈钢焊条、铸铁焊条、堆焊焊条、镍和镍合金焊条、铜和铜合金焊条、铝和铝合金焊条等。

焊条按熔渣性质分为两大类：熔渣以酸性氧化物为主的焊条称为酸性焊条；熔渣以碱性氧化物和氟化钙为主的焊条称为碱性焊条。碱性焊条和酸性焊条的性能有很大差别，使用时要注意，不能随便地用酸性焊条代替碱性焊条。碱性焊条与强度级别相同的酸性焊条相比，其焊缝金属的塑性和韧性高、含氧量低、抗裂性强。但碱性焊条的焊接工艺性能(包括稳弧性、脱渣性、飞溅等)较差，对锈、油、水的敏感性大，易出气孔，并且产生的有毒气体和烟尘多。因此，碱性焊条适用于对焊缝塑性、韧性要求高的重要结构。

焊条型号是国家标准中的焊条代号。碳钢焊条型号见GB5117-85，如E4303、E5015、E5016等。“E”表示焊条；前两位数字表示熔敷金属抗拉强度的最小值，单位为kgf/mm^2；第三位数字表示焊条的焊接位置，如“0”及“1”表示焊条适用于全位置焊接；第三和第四位数字组合时表示焊接电流种类及药皮类型，如“03”为钛钙型药皮，交流或直流正、反接；“15”为低氢钠型药皮，直流反接。

焊条牌号是焊条行业统一的焊条代号。焊条牌号一般用一个大写拼音字母和三个数字表示，如J422、J507等。拼音字母表示焊条的大类，如“J”表示结构钢焊条，“Z”表示铸铁焊条等。结构钢焊条牌号的前两位数字表示焊缝金属抗拉强度等级，单位为kgf/mm^2；最后一个数字表示药皮类型和电流种类，如“2”为钛钙型药皮，交流或直流；“7”为低氢钠型药皮，直流反接。其他焊条牌号表示方法见国家机械工业委员会编《焊接材料产品样本》。J422符合国标E4303。J507符合国标E5015。

3) 焊条的选用

焊条的选用原则是要求焊缝和母材具有相同水平的使用性能。

选用结构钢焊条时，一般是根据母材的抗拉强度，按“等强度”原则选用焊条。例如，16Mn的抗拉强度为520 MPa，故应选用J502或J507等。对于焊缝性能要求较高的重要结构或易产生裂纹的钢材和结构(厚度大、刚性大、施焊环境温度低等)焊接时，应选用碱性焊条。

选用不锈钢焊条和耐热钢焊条时，应根据母材化学成分类型选择相同成分类型的焊条。

3. 手弧焊工艺

1) 接头和坡口型式

由于焊件的结构形状、厚度及使用条件不同，所以其接头和坡口型式也不同。常用接头型式有对接、角接、T字接和搭接等。当焊件厚度在6 mm以下时，对接接头可不开坡口；当焊件较厚时，为保证焊缝根部焊透，则要开坡口。焊接接头型式和坡口型式如图5-10所示。

2) 焊缝的空间位置

根据焊缝所处空间位置的不同，可将其分为平焊缝、立焊缝、横焊缝和仰焊缝，如图5-11所示。

不同位置的焊缝施焊难易不同。平焊时，最有利于金属熔滴进入熔池，且熔渣和金属液不易流焊，同时应适当减小焊条直径和焊接电流并采用短弧焊等措施以保证焊接质量。

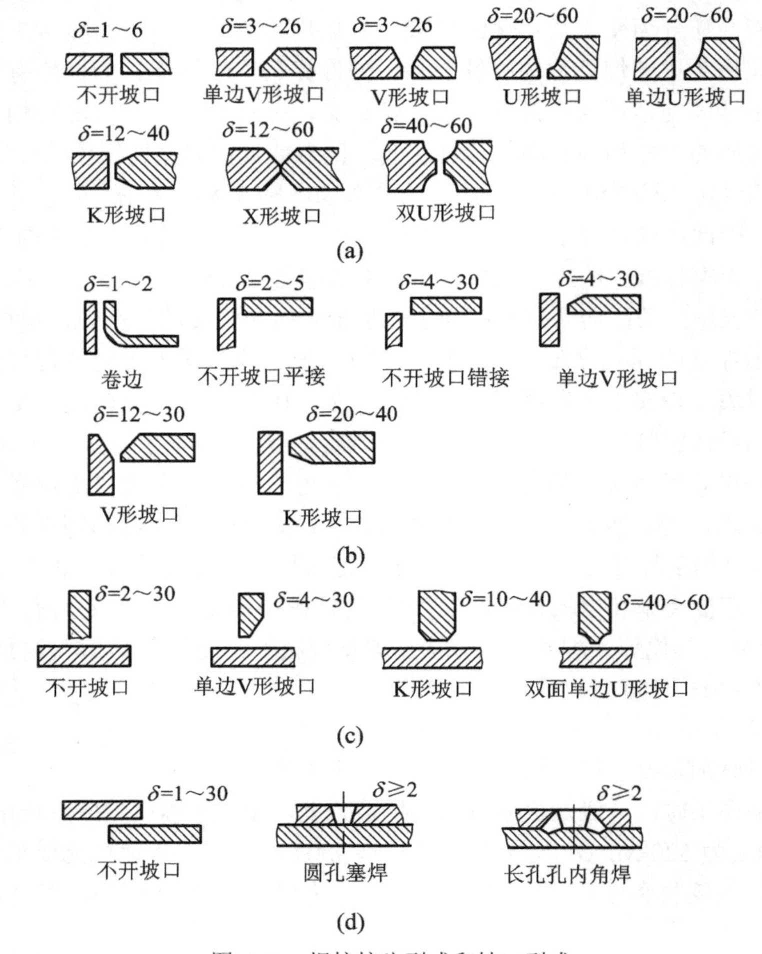

图 5-10　焊接接头型式和坡口型式

(a) 对接接头；(b) 角接接头；(c) T 字接头；(d) 搭接接头

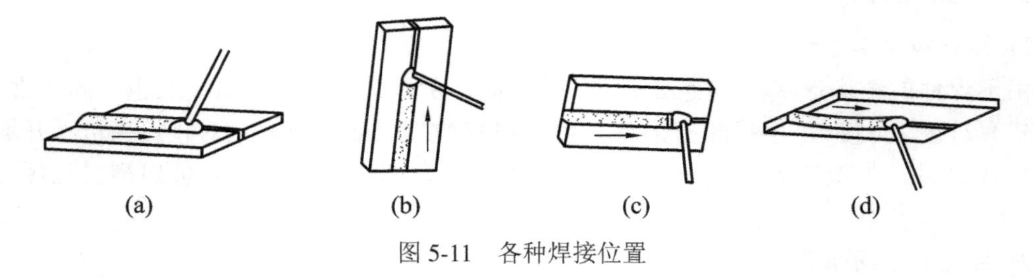

图 5-11　各种焊接位置

(a) 平焊；(b) 立焊；(c) 横焊；(d) 仰焊

3) 焊接工艺参数

手弧焊的焊接工艺参数通常为焊条直径、焊接电流、焊缝层数、电弧电压和焊接速度。其中最主要的是焊条直径和焊接电流。

(1) 焊条直径。为了提高生产率，应尽量选用直径较大的焊条。但焊条直径过大，易造成烧穿或焊缝成形不良等缺陷，因此应合理选择焊条直径。焊条直径一般根据工件厚度选择，可参考表 5-2。对于多层焊的第一层及非平焊位置焊，接应采用较小的焊条直径。

表 5-2　焊条直径的选择

焊件厚度/mm	≤4	4～12	＞12
焊条直径/mm	不超过工件厚度	3.2～4	≥4

(2) 焊接电流。焊接电流的大小对焊接质量和生产率影响较大。电流过小、电弧不稳，会造成未焊透、夹渣等焊接缺陷，且生产率低。电流过大则易使焊条涂层发红失效并产生咬边、烧穿等焊接缺陷。因此焊接电流要适当。

焊接电流一般可根据焊条直径初步选择。焊接碳钢和低合金钢时，焊接电流 I(A)与焊条直径 d(mm)的经验关系式为 $I=(35\sim55)d$。依据该式计算出的焊接电流值在实际使用时，还应根据具体情况灵活调整。如焊接平焊缝时，可选用较大的焊接电流。在其他位置焊接时，焊接电流应比平焊时适当减小。

总之，焊接电流的选择应在保证焊接质量的前提下尽量采用较大的电流，以提高生产率。

4) 操作方法

手弧焊的操作包括引弧、运条和收尾。

(1) 引弧。焊接开始首先要引燃电弧。引弧时须将焊条末端与焊件表面接触形成短路，然后迅速将焊条提起 2～4 mm 的距离，电弧即可引燃。引弧方法有敲击法和摩擦法，如图 5-12 所示。焊接过程中要保持弧长相对稳定，并尽量使用短电弧(弧长不超过焊条直径)，以利于焊接过程的稳定和保证焊接质量。

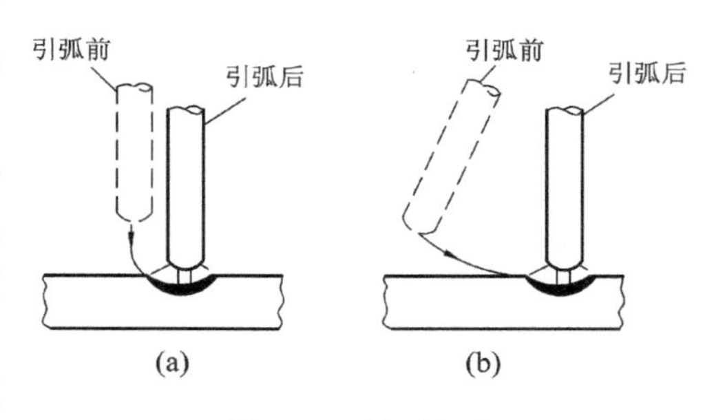

图 5-12　引弧方法

(a) 敲击法；(b) 摩擦法

(2) 运条。电弧引燃后，就进入正常的焊接过程，此时焊条除了沿其轴线向熔池送进和沿焊接方向均匀移动外，为了使焊缝宽度达到要求，有时焊条还应作适当横向摆动，如图 5-13 所示。

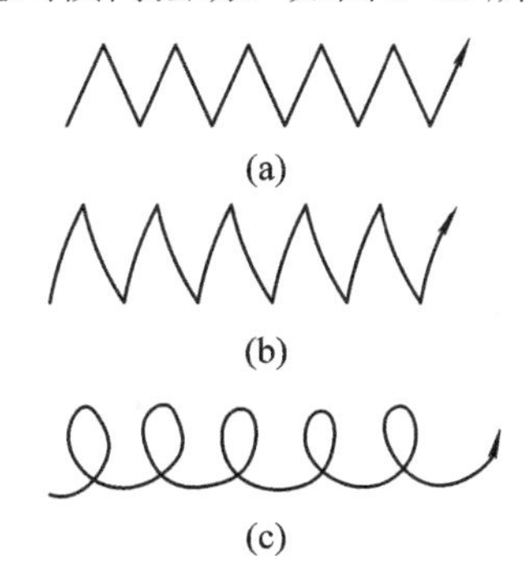

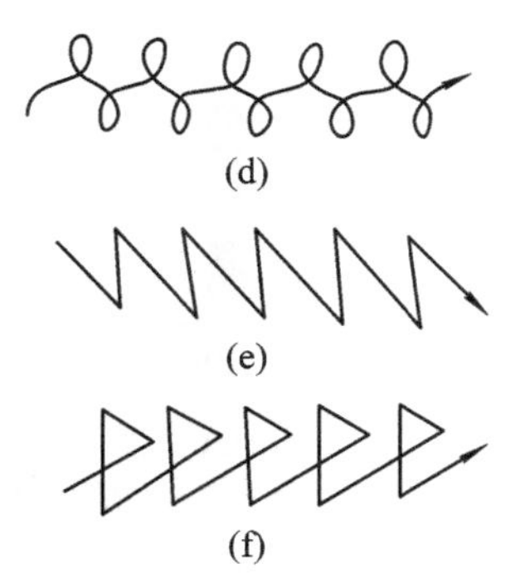

图 5-13　焊条横向摆动形式

(3) 收尾。当焊缝焊完时，应有一个收尾动作。否则，立即拉断电弧会形成低于焊件表面的弧坑，如图 5-14 所示。一般常采用反复断弧收尾法和划圈收尾法，如图 5-15 所示。

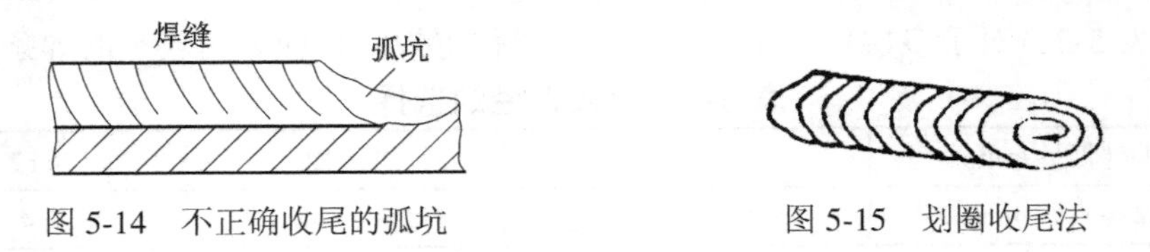

图 5-14　不正确收尾的弧坑　　图 5-15　划圈收尾法

5.2.2　其他焊接方法

1．埋弧自动焊

埋弧自动焊(automatic submerged-arc welding)如图 5-16 所示。它是通过电弧在焊剂层下燃烧，将手工电弧焊的填充金属送进和电弧移动两个动作都采用机械来完成的。

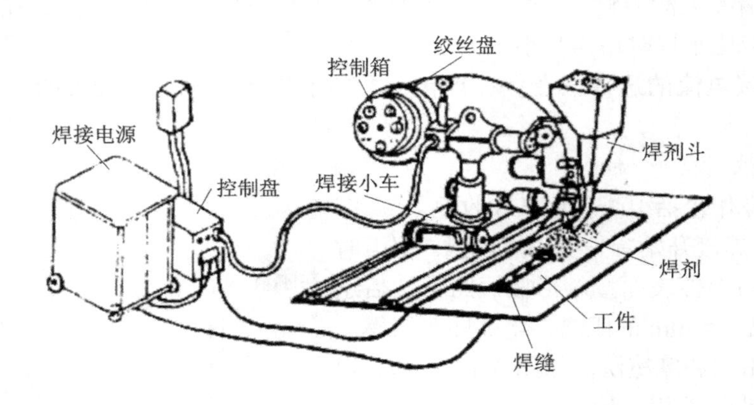

图 5-16　埋弧自动焊示意图

焊接时，在被焊工件上先覆盖一层 30～50 mm 厚的由漏斗中落下的颗粒状焊剂。在焊剂层下，电弧在焊丝端部与焊件之间燃烧，使焊丝、焊件及焊剂熔化，形成熔池，如图 5-17 所示。由于焊接小车沿着焊件的待焊缝等速地向前移动，带动电弧匀速移动，熔池金属被电弧气体排挤向后堆积，从而覆盖于其上的焊剂一部分熔化后形成熔渣。电弧和熔池则受熔渣和焊剂蒸汽所包围，因此有害气体不能侵入熔池和焊缝。随着电弧移动，焊丝与焊剂不断地向焊接区送进，直至完成整个焊缝。

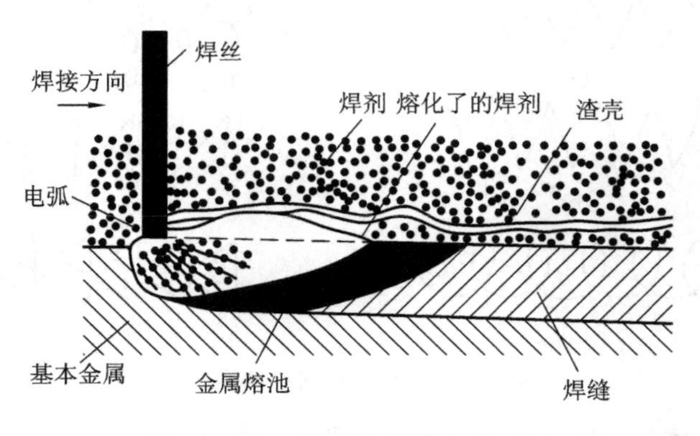

图 5-17　埋弧焊时焊缝的纵截面图

埋弧焊时，因焊丝与焊剂直接参与焊接过程的冶金反应，所以焊前应对其正确选用，并使之相匹配。埋弧自动焊的设备主要由三部分组成：

(1) 焊接电源。多采用功率较大的交流或直流电源。

(2) 控制箱。主要保证焊接过程稳定进行，可以调节电流、电压和送丝速度，并能完成引弧和熄弧的动作。

(3) 焊接小车。主要作用是等速移动电弧和自动送进焊丝与焊剂。

与手弧焊相比，埋弧自动焊具有如下优点：

(1) 生产率高。由于焊丝上没有涂层以及导电嘴距离电弧较近，因此允许焊接电流最高可达 1000 A，所以厚度在 20 mm 以下的焊件可以不开坡口一次熔透；同时，焊丝盘上可以挂带 5 kg 以上焊丝，这样，焊接时焊丝可以不间断地连续送进。这就省去许多在手弧焊时因开坡口、更换焊条而花费的时间和浪费掉的金属材料。因此，埋弧自动焊的生产率比手工电弧焊可提高 5～10 倍。

(2) 焊接质量好且稳定。由于埋弧自动焊电弧在焊剂层下燃烧，焊接区得到较好的 保护，施焊后焊缝仍处在焊剂层和渣壳的保护下缓慢冷却，因此冶金反应比较充分，焊缝中的气体和杂质易于析出，也就减少了焊缝中产生气孔、裂纹等缺陷的可能性。另外，埋弧自动焊的焊接参数在焊接过程中可自动调节，电弧燃烧稳定，因而与手弧焊相比，焊接质量对焊工技艺水平的依赖程度可大大降低。

(3) 劳动条件好。埋弧自动焊无弧光、少烟尘，焊接操作机械化，劳动条件也得以改善。

埋弧自动焊的不足之处是：由于采用颗粒状焊剂，其一般只适于平焊位置。对其他位置焊接需采用特殊措施，以保证焊剂能覆盖焊接区；埋弧自动焊因不能直接观察电弧和坡口的位置，易焊偏，因此对工件接头的加工和装配要求非常严格；它不适于焊接厚度小于 1 mm 的薄板和焊缝短而数量多的焊件。

由于埋弧自动焊具有上述特点，因而适于焊接中厚板结构的长直焊缝和较大直径的环形焊缝，当工件厚度增大和批量生产时，其优点显著。它在造船、桥梁、锅炉与压力容器、重型机械等部门有着广泛的应用。

2. 气体保护焊

气体保护焊(gas shielded arc welding)是利用外加气体作为保护介质的一种电弧焊方法。在焊接时，可用以下气体作保护气体：氩气、氦气、氮气、二氧化碳气体及某些混合气体。本节主要介绍常用的氩气保护焊(简称氩弧焊)和二氧化碳气体保护焊。

1) 氩弧焊

氩弧焊(argon-arc welding)是以惰性气体氩气(Ar)作为保护介质的电弧焊方法。氩弧焊时，电弧发生在电极和工件之间，在电弧周围通以氩气，形成气体保护层隔绝空气，防止其对电极、熔池及邻近热影响区的有害影响，如图 5-18 所示。在焊接高温下，氩气不与金属发生化学反应，也不溶于液态金属，因此对焊接区的保护效果很好，可用于焊接化学性质活泼的金属并能获得高质量的焊缝。

氩弧焊按电极不同分为非熔化极氩弧焊(图 5-18(a))和熔化极氩弧焊(图 5-18(b))。

(1) 非熔化极氩弧焊。因采用熔点很高的钨棒作电极，所以非熔化极氩弧焊又称为钨极氩弧焊。焊接时，电极只起发射电子、产生电弧的作用，本身不熔化，不起填充金属的作用，因而一般要另加焊丝。焊接过程可采用手工或自动方式进行。焊接低合金钢、不锈钢和紫铜时，为减少电极损耗，应采用直流正接，同时焊接电流不能过大，所以钨极氩弧焊通常适于焊接 3 mm 以下的薄板或超薄材料。若用于焊接铝、镁及合金时，一般采用交流电源，这既有利于保证焊接质量，又可延长钨极的使用寿命。

(2) 熔化极氩弧焊。以连续送进的金属焊丝作电极和填充金属，所以熔化极氩弧焊通常采用直流反接。因为可用较大的焊接电流，所以适于焊接厚度在 3～25 mm 的焊件。焊接过程可采用自动或半自动方式。自动熔化极氩弧焊在操作上与埋弧自动焊类似，所不同的是它不用焊剂。焊接过程中氩气只起保护作用，不参与冶金反应。

氩弧焊的主要优点是：氩气保护效果好，焊接质量优良，焊缝成型美观，气体保护无熔渣，明弧可见，可进行全位置焊接。氩弧焊可用于几乎所有金属和合金的焊接，但由于氩气较贵、焊接成本高，通常多用于焊接易氧化的、化学活泼性强的有色金属(如铝、镁、钛、铜)以及不锈钢、耐热钢等。

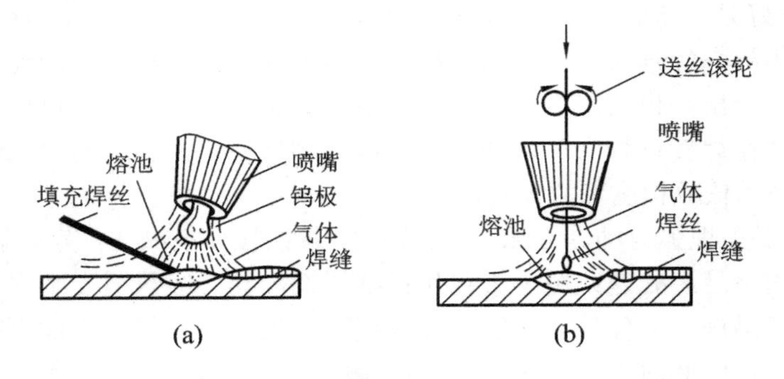

图 5-18　氩弧焊示意图

(a) 非熔化极氩弧焊；(b) 熔化极氩弧焊

2) CO_2 气体保护焊

CO_2 气体保护焊是以 CO_2 作为保护介质的电弧焊方法。它以焊丝作电极和填充金属，有半自动式和自动式两种，如图 5-19 所示。

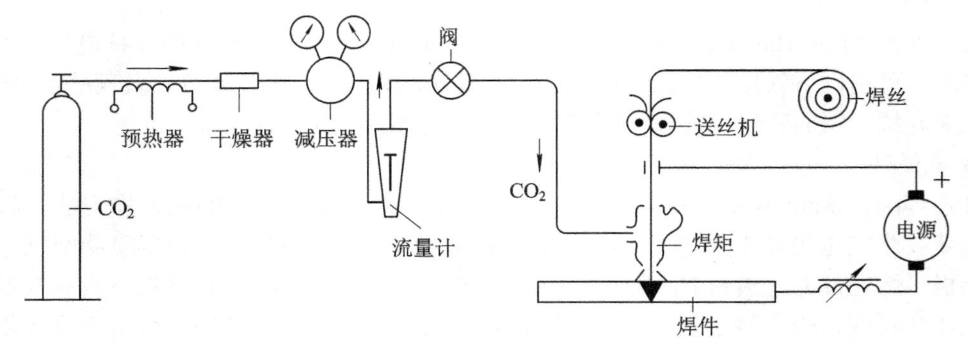

图 5-19　CO_2 气体保护焊示意图

CO_2 是氧化性气体，在高温下具有较强的氧化性。其作用主要是使焊接区与空气隔离，防止空气中氮气对熔化金属的有害作用。在焊接过程中，由于 CO_2 气体会使焊缝金属氧化，并使合金元素烧损，从而使焊缝机械性能降低，同时氧化作用导致产生气孔和飞溅等。因此需在焊丝中加入适量的脱氧元素，如硅、锰等。常用的焊丝牌号是H08Mn2SiA。

目前常用的CO_2气体保护焊分为以下两类：

细丝CO_2气体保护焊：焊丝直径为0.5～1.2 mm，主要用于0.8～4 mm的薄板焊接。

粗丝CO_2气体保护焊：焊丝直径为1.6～5 mm，主要用于3～25 mm的中厚板焊接。

CO_2气体保护焊的主要优点是：CO_2气体便宜，焊接成本低；CO_2保护焊电流密度大、焊速快、焊后不需清渣，生产率比手弧焊提高了1～3倍；CO_2保护焊采用气体保护，明弧操作，可进行全位置焊接；采用含锰焊丝，焊缝裂纹倾向小。

CO_2气体保护焊的不足之处是：飞溅较大，焊缝表面成型较差；弧光强烈，烟雾较大；不宜焊接易氧化的有色金属。

CO_2气体保护焊主要用于焊接低碳钢和低合金钢。在汽车、机车车辆、机械、造船、石油化工等行业中得到广泛的应用。

3. 电阻焊

电阻焊(electric resistance welding)是利用电流通过焊件及接触处产生的电阻热作为热源，将焊件局部加热到塑性或熔化状态，然后在压力下形成接头的焊接方法。

与其他焊接方法相比较，电阻焊具有生产率高、焊接应力变形小、不需要另加焊接材料、操作简便、劳动条件好、易于实现机械化等优点；但设备功率大，耗电量高，适用的接头型式与可焊工件厚度(或断面)受到限制。

电阻焊方法主要有点焊、缝焊和对焊，如图5-20所示。

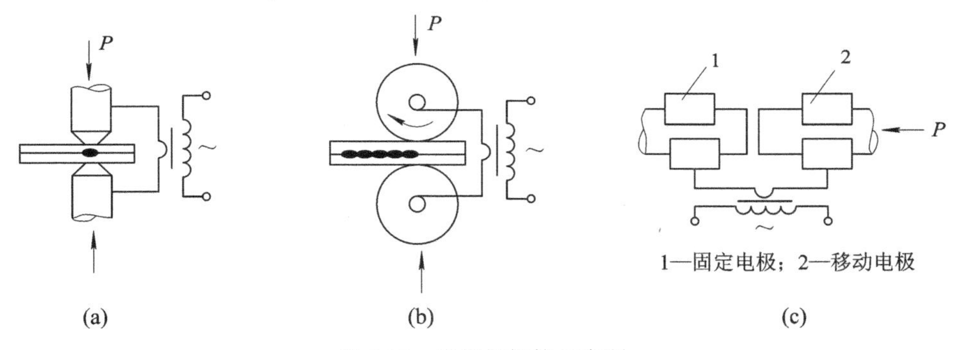

图5-20 电阻焊焊接示意图

(a) 点焊；(b) 缝焊；(c) 对焊

1) *点焊*(spot welding)

点焊(图5-20(a))利用柱状电极，使焊件被压紧在两电极之间，以搭接的形式在个别点上把焊件焊接起来。点焊通常采用搭接接头形式，如图5-21所示。焊缝是由若干个不连续的焊点所组成的。每个焊点的焊接过程是：

电极压紧焊件→通电加热→断电(维持原压力或增压)→去压

通电过程中，被压紧的两电极(通水冷却)间的贴合面处金属局部熔化形成熔核，其周围的金属处于塑性状态。断电后，熔核在电极压力作用下冷却、结晶，去掉压力即可获得组织致密的焊点，如图5-22(a)所示。如果焊点的冷却收缩较大(如铝合金焊点)，则断电后应增大电极压力，以保证焊点结晶密实。焊完一点后移动焊件(或电极)，依次焊接其他各点。

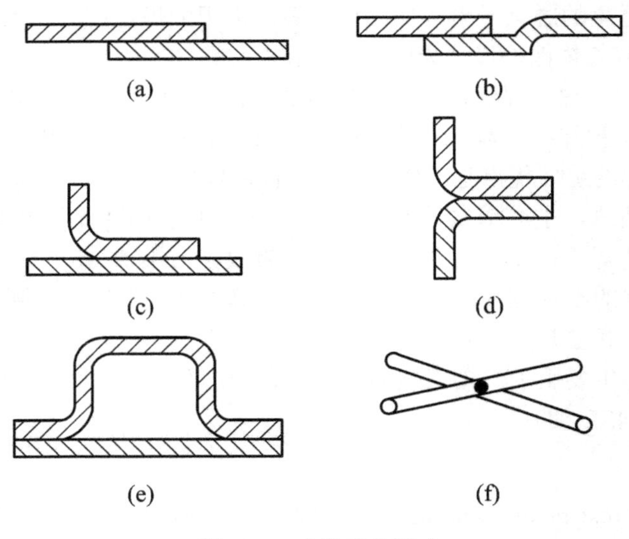

图 5-21 点焊接头形式

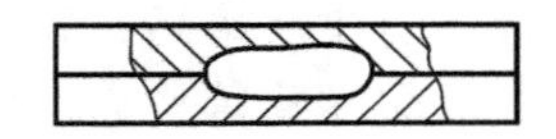

图 5-22 致密的点焊接头

点焊是一种高速、经济的焊接方法，主要用于焊接薄板冲压壳体结构及钢筋等。焊件的厚度一般小于 4 mm，被焊钢筋直径小于 15 mm。点焊可焊接低碳钢、不锈钢、铜合金及铝镁合金等材料。在飞机、汽车、火车车厢、钢筋构件、仪器、仪表等制造中得到了广泛应用。

2) 缝焊(seam welding)

缝焊(图 5-20(b))过程与点焊相似，只是由旋转的盘状滚动电极代替柱状电极。在焊接时，滚盘电极压紧焊件并转动，配合断续通电，形成连续焊点互相接叠的密封性良好的焊缝，如图 5-23 所示。缝焊的接头形式也为搭接接头。

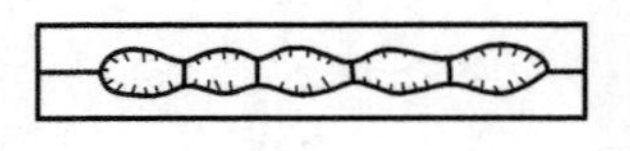

图 5-23 缝焊接头

缝焊主要用于制造密封的薄壁结构件(如油箱、水箱、化工器皿)和管道等。一般只用于 3 mm 以下薄板的焊接。

3) 对焊(welding neck)

对焊(图 5-20(c))是利用电阻热使两个工件以对接的形式在整个端面上焊接起来的电阻焊方法。根据工艺过程的不同，又可分为电阻对焊和闪光对焊。

(1) 电阻对焊。焊接时先将两焊件端面接触压紧，再通电加热，由于焊件的接触面电阻大，大部分热量就集中在接触面附近，因而迅速将焊接区加热到塑性状态。断电同时增压顶锻，在压力作用下使两焊件的接触面产生一定量的塑性变形，从而将其焊接在一起。

电阻对焊的接头外形光滑无毛刺(图 5-24(a))，但焊前对端面的清理要求高，且接头强度较低。因此，一般仅用于截面简单、强度要求不高的杆件。

(2) 闪光对焊。焊接时先将两焊件装夹好，不接触，再加电压，逐渐移动被焊工件使之轻微接触。由于接触面上只有某些点真正接触，因此当有强电流通过这些点时，其电流密度很大，接触点金属被迅速熔化、蒸发，再加上电磁作用，液体金属即发生爆破，并以火花状射出，形成闪光现象。经多次闪光加热后，端面均匀地达到半熔化状态；同时，多次闪光把端面的氧化物也清除干净了，这时断电加压顶锻，就形成焊接接头。

闪光对焊的接头机械性能较高，焊前对端面加工要求较低，常用于焊接重要零件。闪光对焊接头外表有毛刺(图 5-24(b))，焊后需清理。闪光对焊可焊同种金属材料，也可焊异种金属材料，如钢与铜、铝与铜等。闪光对焊可焊直径为 0.01 mm 的金属，也可焊截面积为 0.1 m^2 的钢坯。

对焊主要用于钢筋、锚链、导线、车圈、钢轨、管道等的焊接生产。

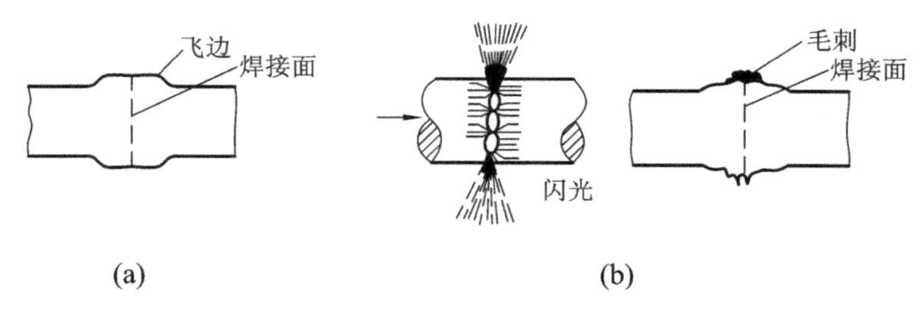

图 5-24 对焊接头形状

(a) 电阻对焊接头；(b) 闪光对焊接头

4. 钎焊(braze welding)

钎焊是采用比母材熔点低的金属作钎料，将焊件加热到钎料熔化，利用液态钎料润湿母材填充接头间隙并与母材相互溶解和扩散实现连接的焊接方法。

钎焊时，先将工件的待连接处清理干净，以搭接形式装配在一起，把钎料放在装配间隙附近或装配间隙处，并加入钎剂(钎剂的作用是去除氧化膜和油污等杂质，保护焊件接触面和钎料不受氧化，并增加钎料润湿性和毛细流动性)。当工件与钎料被加热到稍高于钎料的熔化温度后(工件未熔化)，液态钎料充满固体工件间隙内，焊件与钎料间相互扩散，凝固后即形成接头。

钎焊多用搭接接头，图 5-25 所示为常见的钎焊接头形式。

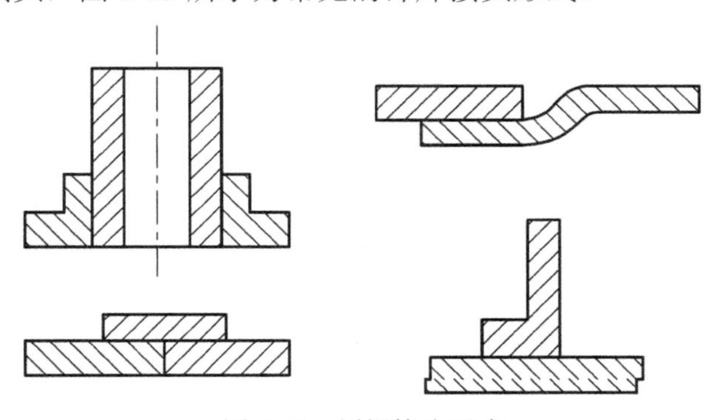

图 5-25 钎焊接头形式

钎焊的质量在很大程度上取决于钎料。钎料应具有合适的熔点与良好的润湿性，能与母材形成结合牢固，并具有一定的机械性能与物理化学性能的接头。钎料按其熔点分为软钎焊和硬钎焊两类。

1) 软钎焊(soldering)

软钎焊是钎料的熔点低于 450℃的钎焊。常用钎料是锡铅钎料。常用钎剂是松香、氯化锌溶液等。软钎焊接头强度低(一般小于 70 MPa)、工作温度低，主要用于电子线路的焊接。

2) 硬钎焊(brazing)

硬钎焊是钎料的熔点高于 450℃的钎焊。常用钎料是铜基钎料和银基钎料等。常用的钎剂由硼砂、硼酸、氯化物、氟化物等组成。硬钎焊接头强度较高(可达 500 MPa)、工作温度较高，主要用于机械零、部件和刀具的钎焊。

钎焊的加热方法很多，如烙铁加热、火焰加热、炉内加热、高频加热、盐浴加热等。

钎焊与熔化焊相比有如下优点：

(1) 焊接质量好。因加热温度低，焊件的组织性能变化很小，焊件的应力变形小，精度高，焊缝外形平整美观。适宜焊接小型、精密、装配件及电子仪表等工件。

(2) 生产率高。钎焊可以焊接一些其他焊接方法难以焊接的特殊结构(如蜂窝结构等)。可以采用整体加热，一次焊成整个结构的全部(几十条或成百条)焊缝。

(3) 用途广。钎焊不仅可以焊接同种金属，还可以焊接异种材料，甚至金属与非金属之间也可使用钎焊(如原子、反应堆中金属与石墨的钎焊，电子管的玻璃罩壳与可伐合金的钎焊等)。

钎焊本身也存在着缺点，如接头强度较低、耐热能力较差、装配要求较高等。但由于它独特的优点，使其在机械、电机、无线电、仪表、航空、原子能、空间技术及化工、食品等部门得到应用。

5.3 焊接件结构工艺性

焊件结构需要采用具体的焊接方法进行生产，因此焊接结构设计必须在满足焊件使用性能要求的前提下，充分考虑焊接生产过程的工艺特点，力求做到焊缝分布合理，既减小焊接应力和变形，又方便制造和进行质量检验。焊接结构设计的一般原则和图例比较列于表 5-3 中。

表 5-3 焊接结构工艺设计的一般原则

设计原则	不良设计	改进设计
焊缝位置应便于操作(手弧焊要考虑焊条操作空间)	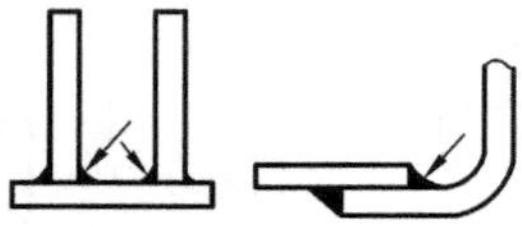	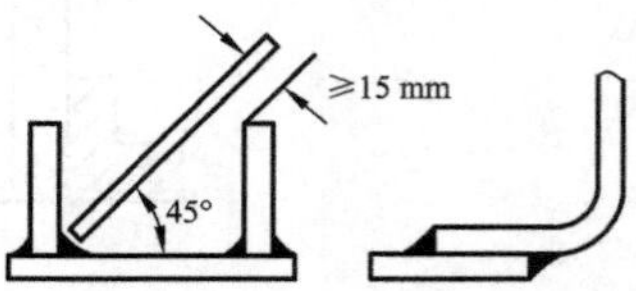 ≥15 mm 45°
焊缝应尽量避开最大应力和应力集中处	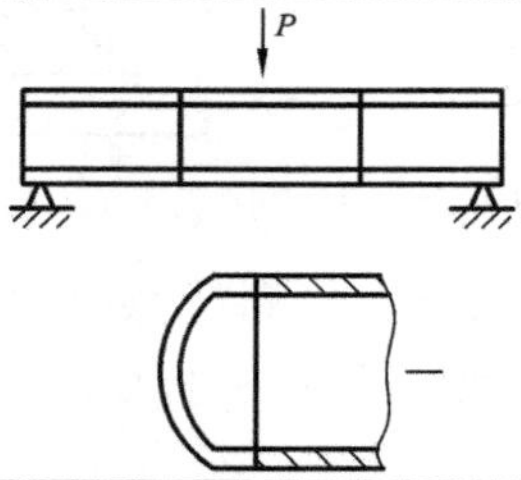 P	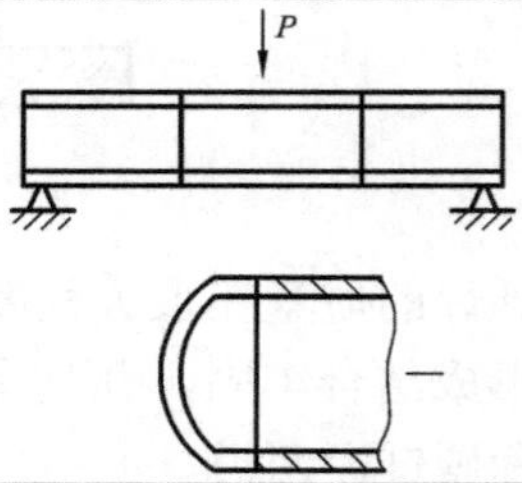 P

续表

设计原则	不良设计	改进设计
焊缝位置应有利于减少焊接应力与变形：① 避免焊缝过分密集交叉和端部锐角；② 减少焊缝数量；③ 焊缝应尽量对称分布	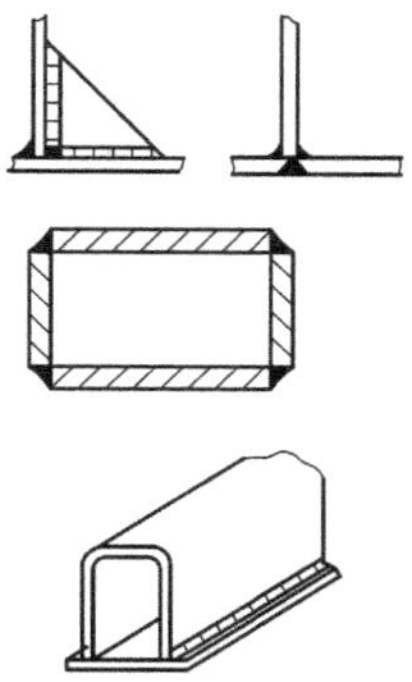	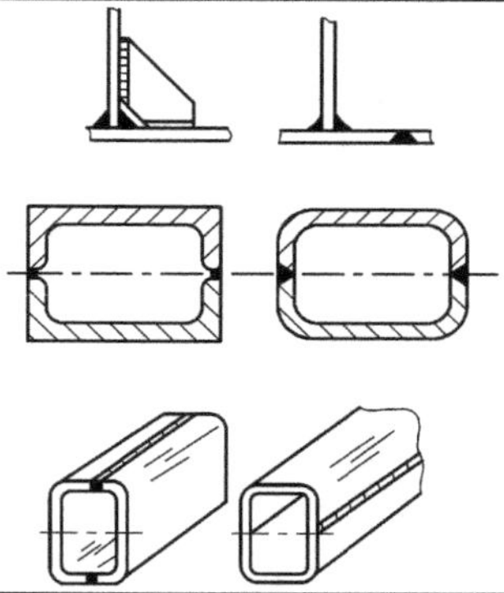
不同厚度的工件进行焊接时，接头处应平滑过渡		
焊缝应避开加工表面	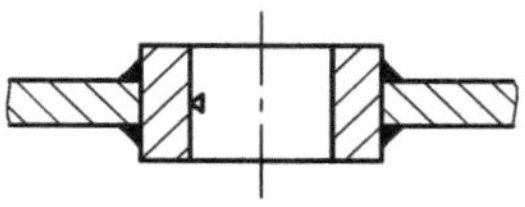	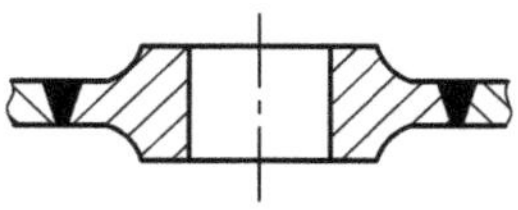
焊缝拐弯处应平缓过渡	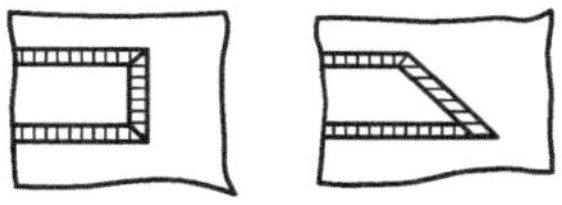	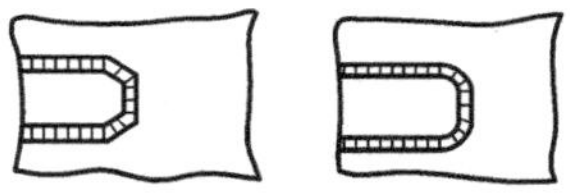

5.4 常用金属材料的焊接

5.4.1 金属材料的焊接性

1. 焊接性的概念

一定焊接技术条件下，获得优质焊接接头的难易程度，即金属材料对焊接加工的适应性称为金属材料的焊接性(weldability)。衡量焊接性的主要指标有两个：一是在一定的焊接技术条件下接头产生缺陷，尤其是裂纹的倾向或敏感性；二是焊接接头在使用中的可靠性。

金属材料的焊接性与母材的化学成分、厚度、焊接方法及其他技术条件密切相关。同一种金属材料采用不同的焊接方法、焊接材料、技术参数及焊接结构形式，其焊接性都有较大的差别。如铝及铝合金采用焊条电弧焊时，难以获得优质焊接接头，但若采用氩弧焊，则接头质量好，焊接性也好。

金属材料的焊接性是生产中设计、施工准备及正确拟定焊接过程技术参数的重要依据，因此，当采用金属材料尤其是新的金属材料制造焊接结构时，了解和评价金属材料的焊接性是非常重要的。

2. 焊接性的评价

影响金属材料焊接性的因素很多，焊接性的评价一般通过估算或试验方法确定。通常采用碳当量法和冷裂纹敏感系数法。

1) *碳当量法*

实际焊接结构所用的金属材料大多数是钢材，而影响钢材焊接性的主要因素是化学成分。因此碳当量是评价钢材焊接性最简便的方法。

碳当量是把钢中的合金元素(包括碳)的含量，按其作用换算成碳的相对含量。国际焊接学会推荐的碳当量(w_{CE})公式为

$$w_{CE}=\left(w_C+\frac{w_{Mn}}{6}+\frac{w_{Cr}+w_{Mo}+w_V}{5}+\frac{w_{Ni}+w_{Cu}}{15}\right)\times 100\%$$

式中，w_C、w_{Mn}等表示碳、锰等相应成分的质量分数(%)。

一般碳当量越大，钢材的焊接性越差。硫、磷对钢材的焊接性影响也极大，但在各种合金钢材中，硫、磷一般都受到严格控制。因此，在计算碳当量时可以忽略。当 $w_{CE}<$ 0.4%时，钢材的塑性良好，淬硬倾向不明显，焊接性良好。在一般的焊接技术条件下，焊接接头不会产生裂纹，但对较厚的大件或在低温下焊接，应考虑预热；当 w_{CE} 在 0.4%～0.6%时，钢材的塑性下降，淬硬倾向逐渐增加，焊接性较差。焊前工件需适当预热，焊后注意缓冷，才能防止裂纹；当 $w_{CE}>0.6\%$时，钢材的塑性变差，淬硬倾向和冷裂倾向较大，焊接性则更差。工件必须预热到较高的温度，采取减少焊接应力和防止开裂的技术措施，焊后还要进行适当的热处理。

2) *冷裂纹敏感系数法*

由于碳当量法仅考虑了钢材的化学成分，忽略了焊件板厚、焊缝含氢量等其他影响焊接性的因素，因此无法直接判断产生冷裂纹可能性的大小。由此提出了冷裂纹敏感系数的概念，其计算式为

$$P_W=\left(w_C+\frac{w_{Si}}{30}+\frac{w_{Cr}+w_{Mn}+w_{Cu}}{20}+\frac{w_{Ni}}{60}+\frac{w_{Mo}}{15}+\frac{w_V}{10}+5w_B+\frac{[H]}{60}+\frac{h}{600}\right)\times 100\%$$

式中，P_W 表示冷裂纹敏感系数；h 表示板厚(mm)；[H] 表示 100 g 焊缝金属扩散氢的含量(ml)。

冷裂纹敏感系数越大，产生冷裂纹的可能性越大，焊接性越差。

5.4.2 结构钢的焊接

1. 低碳钢的焊接

低碳钢的 w_{CE} 小于 0.4%，塑性好，一般没有淬硬倾向，对焊接热过程不敏感，焊接性良好。通常情况下，焊接不需要采取特殊技术措施，使用各种焊接方法都易获得优质焊接接头。但是，在低温下焊接刚度较大的低碳钢结构时，应考虑采取焊前预热，以防止裂纹的产生。厚度大于 50 mm 的低碳钢结构或压力容器等重要构件，焊后要进行去应力退火处理。电渣焊的焊件在焊后要进行正火处理。

2. 中、高碳钢的焊接

中碳钢的 w_{CE} 一般为 0.4%～0.6%，随着 w_{CE} 的增加，其焊接性能逐渐变差。高碳钢的

w_{CE} 一般大于 0.6%，焊接性能更差，这类钢的焊接一般只用于修补工作。焊接过程中，高碳钢存在的主要问题是：焊缝易形成气孔；焊缝及焊接热影响区易产生淬硬组织和裂纹。为了保证中、高碳钢焊件焊后不产生裂纹，并具有良好的力学性能，通常采取以下措施：

(1) 焊前预热、焊后缓冷。其主要目的是减小焊接前后的温差，降低冷却速度，减少焊接应力，从而防止焊接裂纹产生。预热温度取决于焊件的碳质量分数、焊件的厚度、焊条类型和焊接规范。焊条电弧焊时，一般预热温度在 150～250℃之间，碳当量高时，可适当提高预热温度，加热范围以焊缝两侧 150～200 mm 为宜。

(2) 尽量选用抗裂性好的碱性低氢焊条，也可选用比母材强度等级低一些的焊条，以提高焊缝的塑性。当不能预热时，也可采用塑性好、抗裂性好的不锈钢焊条。

(3) 选择合适的焊接方法和规范，降低焊件冷却速度。

3. 普通低合金钢的焊接

普通低合金钢在焊接生产中的应用较为广泛，按屈服强度可分为六个强度等级。

屈服强度为 294～392 MPa 的普通低合金钢，其 w_{CE} 大多小于 0.4%，焊接性能接近低碳钢。焊缝及热影响区的淬硬倾向比低碳钢稍大。在常温下焊接时，不用复杂的技术措施便可获得优质的焊接接头。当施焊环境温度较低或焊件厚度、刚度较大时，则应采取预热措施，预热温度应根据工件厚度和环境温度进行考虑。焊接 16Mn 钢的预热条件如表 5-4 所示。

表 5-4　焊接 16Mn 钢的预热条件

工件厚度/mm	不同气温的预热温度	
＜16	不低于－10℃不预热	－10℃以下预热 100～150℃
16～24	不低于－5℃不预热	－5℃以下预热 100～150℃
25～40	不低于 0℃不预热	0℃以下预热 100～150℃
＞40	预热 100～150℃	

强度等级较高的低合金钢，其 w_{CE} 一般为 0.4%～0.6%，有一定的淬硬倾向，焊接性较差。应采取的技术措施是：尽可能选用低氢型焊条或使用碱度高的焊剂配合适当的焊丝；按规范对焊条进行烘干，仔细清理焊件坡口附近的油、锈、污物，防止氢进入焊接区；焊前预热，一般预热温度超过 150℃；焊后应及时进行热处理以消除内应力。

4. 奥氏体不锈钢的焊接

奥氏体不锈钢是实际应用最广泛的不锈钢，其焊接性能良好，几乎所有的熔焊方法都可采用。焊接时，一般不需要采取特殊措施，主要应防止晶界腐蚀和热裂纹。

为避免晶界腐蚀，在焊接不锈钢时，应该采取的技术措施是：选择超低碳焊条，减少焊缝金属的碳质量分数，减少和避免形成铬的碳化物，从而降低晶界腐蚀倾向。采取合理的焊接过程和规范，焊接时用小电流、快速焊、强制冷却等措施防止晶界腐蚀的产生。可采用两种方式进行焊后热处理：一种是固溶化处理，将焊件加热到 1050～1150℃，使碳重新溶入奥氏体中，然后淬火，快速冷却将形成稳定奥氏体组织；另一种是进行稳定化处理，将焊件加热到 850～950℃并保温 2～4 h，使奥氏体晶粒内部的铬逐步扩散到晶界。

奥氏体不锈钢由于本身导热系数小、线膨胀系数大，焊接条件下会形成较大拉应力，同时晶界处可能形成低熔点共晶，导致焊接时容易出现热裂纹。因此，为了防止焊接接头热裂纹，一般应采用小电流、快速焊，不横向摆动，以减少母材向熔池的过渡。

5.4.3 铸铁件的焊接

铸铁碳质量分数高，组织不均匀，焊接性能差，所以应避免考虑铸铁材质的焊接件。但铸铁件生产中出现的铸造缺陷及铸件在使用过程中发生的局部损坏和断裂，如能焊补，其经济效益也是显著的。铸铁焊补的主要困难是：焊接接头易产生白口组织，硬度很高，焊后很难进行机械加工；焊接接头易产生裂纹，铸铁焊补时，其危害性比形成白口组织大；铸铁碳质量分数高，焊接过程中熔池中碳和氧发生反应，生成大量 CO 气体，若来不及从熔池中逸出而存留在焊缝中，焊缝中易出现气孔。

在焊补时，必须采取相应措施以防止以上问题的发生。

铸铁的焊补，一般采用气焊、焊条电弧焊，对焊接接头强度要求不高时，也可采用钎焊。铸铁的焊补过程根据焊前是否预热，可分为热焊和冷焊两类。

5.4.4 有色金属及合金的焊接

1. 铝及铝合金的焊接

工业纯铝和非热处理强化的变形铝合金的焊接性较好，而可热处理强化变形铝合金和铸造铝合金的焊接性较差。

铝及铝合金焊接的困难主要是铝容易氧化成 Al_2O_3。由于 Al_2O_3 氧化膜的熔点高(2050℃)、密度大，因此在焊接过程中，会阻碍金属之间的熔合而形成夹渣。此外，铝及铝合金液态时能吸收大量的氢气，但在固态几乎不溶解氢，溶入液态铝中的氢大量析出，使焊缝易产生气孔；铝的热导率为钢的 4 倍，焊接时，热量散失快，需要能量大或密集的热源，同时铝的线膨胀系数为钢的 2 倍，凝固时收缩率达 6.5%，易产生焊接应力与变形，并可能产生裂纹；铝及铝合金从固态转变为液态时，无塑性过程及颜色的变化，因此，焊接操作时，很容易造成温度过高、焊缝塌陷、烧穿等缺陷。

铝和铝合金的焊接常用氩弧焊、气焊、电阻焊和钎焊等方法。其中氩弧焊应用最广，气焊仅用于焊接厚度不大的一般构件。

氩弧焊电弧集中，操作容易，氩气保护效果好，且有阴极破碎作用，能自动除去氧化膜，所以焊接质量高，成型美观，焊件变形小。氩弧焊常用于焊接质量要求较高的构件。

电阻焊时，应采用大电流，短时间通电，焊前必须彻底清除焊件焊接部位和焊丝表面的氧化膜与油污。

气焊时，一般采用中性火焰。焊接时，必须使用溶剂以溶解或消除覆盖在熔池表面的氧化膜，并在熔池表面形成一层较薄的熔渣，保护熔池金属不被氧化，排除熔池中的气体、氧化物和其他杂质。

铝及铝合金的焊接无论采用哪种焊接方法，焊前都必须进行氧化膜和油污的清理。清理质量的好坏将直接影响焊缝质量。

2. 铜及铜合金的焊接

铜及铜合金焊接性较差，焊接接头的各种性能一般均低于母材。

铜及铜合金焊接的主要困难是：铜及铜合金的导热性很好，焊接时，热量很快从加热区传导出去，导致焊件温度难以升高，金属难以熔化，以致填充金属与母材不能很好地熔合；铜及铜合金的线膨胀系数及收缩率都较大，并且由于导热性好，而使焊接热影响区变宽，导致焊件易产生变形；另外，铜及铜合金在高温液态下极易氧化，生成的氧化钢与铜形成易熔共晶体沿晶界分布，使焊缝的塑性和韧性显著下降，易引起热裂纹；铜在液态时能溶解大量氢，而凝固时，溶解度急剧下降，焊接熔池中的氢气来不及析出，在焊缝中形成气孔。同时，以溶解状态残留在固态金属中的氢与氧化亚铜发生反应，析出水蒸气，而水蒸气不溶于铜，但以很高的压力状态分布在显微空隙中导致裂缝产生“氢脆”现象。

导热性强、易氧化、易吸氢是焊接铜及铜合金时应解决的主要问题。目前焊接铜及铜合金较理想的方法是氩弧焊。对质量要求不高时，也常采用气焊、焊条电弧焊和钎焊等。

采用各种方法焊接铜及铜合金时，焊前都要仔细清除焊丝、焊件坡口及附近表面的油污、氧化物等杂质。气焊、钎焊或电弧焊时，焊前应对焊剂、钎剂或焊条药皮作烘干处理。焊后应彻底清洗残留在焊件上的溶剂和熔渣，以免引起焊接接头的腐蚀破坏。

5.5　焊接质量检测

5.5.1　焊接缺陷

1. 焊接缺陷的概念

在焊接结构制造过程中，由于结构设计不当、原材料不符合要求、焊接过程不合理或焊后操作有误等原因，常会产生各种焊接缺陷(weld defects)。常见的焊接缺陷有焊缝外形尺寸不符合要求、咬边、焊瘤、气孔、夹渣、未焊透和裂缝等。其中以未焊透和裂缝的危害性最大。

在焊接结构件中要获得无缺陷的焊接接头，在技术上是相当困难的，也是不经济的。为了满足焊接结构件的使用要求，应该把缺陷限制在一定的程度之内，使其对焊接结构件的使用不至于产生危害。由于不同的焊接结构件使用场合不同，对其质量要求也不一样，因而对缺陷的容限范围也不相同。

评定焊接接头质量优劣的依据是，缺陷的种类、大小、数量、形态、分布及危害程度。若接头中存在着焊接缺陷，一般可通过焊补来修复，或者采取铲除焊道后重新进行焊接，有时直接作为废品。

2. 常见焊接缺陷

焊接缺陷的种类很多，有熔焊产生的缺陷，也有压焊、钎焊产生的缺陷。本节主要介绍熔焊缺陷，其他焊接方法的缺陷这里不作介绍。根据 GB/T 6417－1986《金属熔焊焊缝缺陷分类及说明》，可将熔焊缺陷分为六类：裂纹、孔穴、固体夹杂、未熔合和未焊透、形状缺陷和其他缺陷。除以上六类缺陷外，还有金相组织不符合要求及焊接接头的理化性能不符合要求的性能缺陷(包括化学成分、力学性能及不锈钢焊缝的耐腐蚀性能等)。

这类缺陷大多是由于违反焊接工艺或错用焊接材料所引起的。

3. 产生焊接缺陷的主要因素

产生焊接缺陷的因素是多方面的，不同的缺陷，其影响因素也不同。实际上，焊接缺陷的产生过程是十分复杂的，既有冶金的原因，又有应力和变形的作用。通常焊接缺陷容易出现在焊缝及其附近区域，而这些区域正是结构中拉伸残余应力最大的地方。一般认为，焊接缺陷之所以会降低焊接结构的强度，其主要原因是缺陷减小了结构承载截面的有效面积，并且使缺陷周围产生了严重的应力集中。

4. 焊接缺陷的防止

防止焊接缺陷的主要途径有两种：一是制定正确的焊接技术指导文件；二是针对焊接缺陷产生的原因在操作中防止焊缝尺寸不符合要求，从适当选择坡口尺寸、装配间隙及焊接规范入手，并辅以熟练操作技术。采用夹具固定、定位焊和多层多道焊有助于焊缝尺寸的控制和调节。

为了防止咬边、焊瘤、气孔、夹渣、未焊透等缺陷，必须正确选择焊接工艺参数。焊条电弧焊工艺参数中，以电流和焊速的影响最大，其次是预热温度。

要防止冷裂纹，应降低焊缝中氢的含量；采用预热、后热等技术也可有效地防止冷裂纹的产生。

为了防止焊缝中气孔的产生，必须仔细清除焊件表面的污物，手工焊条电弧焊时在坡口面两侧各 10 mm(埋弧焊则取 20 mm)范围内除锈、油，应打磨至露出金属表面的光泽。

预防夹渣，除了保证合适的坡口参数和装配质量外，焊前清理是非常重要的，包括坡口面清除锈蚀、污垢和层间清渣。

加强焊接过程中的自检，可杜绝因操作不当所产生的大部分缺陷，尤其对多层多道焊来说更为重要。

5.5.2 常用检验方法

焊接产品虽然在焊前和焊接过程中进行了检验，但由于制造过程外界因素的变化、或采用规范的不成熟、或能源的波动等，都有可能引起缺陷的产生。为了保证产品的质量，对成品必须进行质量检验。检验的方法很多，应根据产品的使用要求和图样的技术条件进行选用。下面介绍几种检验方法。

1. 外观检验和测量

外观检验(visual examination)方法手续简便、应用广泛，常用于成品检验，有时亦用在焊接过程中。如厚壁焊件多层焊时，每焊完一层焊道时便进行检验，防止前道焊层的缺陷被带到下一层焊道中。

外观检验一般通过肉眼，借助标准样板、量规和放大镜等工具来进行检验，主要是发现焊缝表面的缺陷和尺寸上的偏差。检查之前，须将焊缝附近 10～20 mm 基本金属上所有飞溅及其他污物清除干净。要注意焊渣覆盖和飞溅的分布情况，粗略地预料缺陷。

若焊缝表面出现缺陷，焊缝内部便有存在缺陷的可能。如焊缝表面出现咬边或满溢，则内部可能存在未焊透或未熔合；焊缝表面多孔，则焊缝内部亦可能会有气孔或非金属夹杂物存在。

2. 致密性检验

储存液体或气体的焊接容器，其焊缝的不致密缺陷，如贯穿性的裂纹、气孔、夹渣、未焊透以及疏松组织等，可用致密性试验(leak test)来检测。

1) 煤油试验

煤油试验是致密性检验最常用的方法，常用于检验敞开的容器，如储存石油、汽油的固定存储容器和同类型的其他产品。这是由于煤油粘度和表面张力很小、渗透性很强，具有透过极小的贯穿性缺陷的能力。这种方法最适合对接接头，而对于搭接接头，除检验有一定困难外，缺陷焊缝的修补工作也有一定的危险，因搭接处的煤油不易清理干净，修补时容易着火，应加以防犯。

2) 载水试验

进行载水试验时，将容器的全部或一部分充水，观察焊缝表面是否有水渗出。如果没有水渗出，那么该容器的焊缝视为合格。这种方法常用于不受压力的容器或敞口容器的检验。

3) 水冲试验

进行水冲试验时，在焊缝的一面用高压水流喷射，而在焊缝的另一面观察是否漏水。水流喷射方向与试验焊缝的表面夹角不应小于70℃，水管喷嘴直径要在15 mm以上，水压应使垂直面上的反射水环直径大于400 mm。检验竖直焊缝时应从下至上，避免已发现缺陷的漏水影响未检焊缝的检验。这种方法常用于检验大型敞口容器，如船体甲板的密封性检验。

4) 沉水试验

沉水试验时，先将工件浸入水中，然后冲入压缩空气，为了易于发现焊缝的缺陷，被检的焊缝应在水面下约20～40 mm的深处。当焊缝存在缺陷时，在缺陷的地方有气泡出现。这种方法只适用于小型焊接容器，如飞机、汽车油箱的致密性检验。

5) 吹气试验

吹气试验是用压缩空气对着焊缝的一面猛吹，焊缝另一面涂上肥皂水，有缺陷存在时，便产生肥皂泡。所使用压缩空气的压力不得小于 4 个大气压，并且气流要正对焊缝表面，喷嘴到焊缝表面的距离不得超过30 mm。

6) 氨气试验

氨气试验时，将容器的焊缝表面用浓度为5%硝酸汞水溶液浸过的纸带盖上，在容器内加入含 1%体积(常压下的含量)氨气的混合气体，加压至所需的压力时，如果焊缝有不致密的地方，氨气就会透过焊缝，并作用到浸过硝酸汞的纸上，使该处形成黑色的图像。根据这些图像就可以确定焊缝的缺陷部位。试验所用的硝酸汞纸带可作判断焊缝质量的证据。浸过同样溶液的普通医用绷带亦可代替纸带，绷带的优点是洗净后可再用。这种方法比较准确、便宜和快捷，同时可在低温下检验焊缝的致密性。

7) 氦气试验

氦气检验是通过被检容器充氦或用氦气包围容器后检验容器是否漏氦和漏氦的程度。它是灵敏度比较高的一种致密性试验方法。用氦气作为试剂是因为氦气质量轻，能穿过微小的孔隙。此外，氦气是惰性气体，不会与其他物质起反应。目前的氦气检漏仪可以探测出气体中含有千万分之一的氦气存在，相当于在标准状态下漏氦气率为1 cm^3/atm。

3. 受压容器焊接接头的强度检验

产品整体进行的接头强度试验是用来检验焊接产品的接头强度是否符合产品的设计强

度要求，常用于储藏液体或气体的受压容器检验。这类容器除进行密封性试验外，还要进行强度试验。

产品整体的强度试验分为两类：一类是破坏性强度试验，另一类是超载试验。

进行破坏性强度试验时，所施加负荷的性质(压力、弯曲、扭转等)和工作载荷的性质相同，负载要加至产品破坏为止。用破坏负荷和正常工作载荷的比值来说明产品的强度情况。比值达到或超过规定的数值时则为合格，低于则不合格。这个数值是由设计部门规定的。高压锅炉汽包的爆破试验即属这种试验。这种试验在大量生产而质量尚未稳定的情况下，抽百分之一或千分之一来进行，或在试制新产品以及在改变产品的加工工艺规范时才选用。

超载试验是对产品所施加的负荷超过工作载荷一定程度，如超过25%、50%来观察焊缝是否出现裂纹，以及产品变形的部分是否符合要求来判断其强度是否合格。受压的焊接容器规定100%均要接受这种检验。试验时，施加的载荷性质是与工作载荷性质相同的。在载荷的作用下，保持一定的停留时间进行观察，若不出现裂纹或其他渗漏缺陷，且变形程度在规定范围内，则产品评为合格。

5.6 焊接技术新进展

随着科学的发展，焊接技术也在不断地向高质量、高生产率、低能耗的方向发展。目前，出现的许多新技术、新工艺，拓宽了焊接技术的应用范围。

1. 新的焊接方法

1) 真空电弧焊接技术

真空电弧焊接技术是可以对不锈钢、钛合金和高温合金等金属进行熔化焊及对小试件进行快速高效的局部加热钎焊的最新技术。该技术由俄罗斯发明，并迅速应用在航空发动机的焊接中。使用真空电弧进行涡轮叶片的修复、钛合金气瓶的焊接，可以有效地解决材料氧化、软化、热裂、抗氧化性能降低等问题。

2) 窄间隙熔化极气体保护电弧焊技术

该技术具有比其他窄间隙焊接工艺更多的优势，在任意位置都能得到高质量的焊缝，且具有节能、焊接成本低、生产效率高、适用范围广等特点。利用表面张力过渡技术进行熔化极气体保护电弧焊表明，该技术必将进一步促进熔化极气体保护电弧焊在窄间隙焊接的应用。

3) 激光填料焊接

激光填料焊接是指在焊缝中预先填入特定焊接材料后用激光照射熔化或在激光照射的同时填入焊接材料以形成焊接接头的方法。广义的激光填料焊接应该包括两类：激光对焊与激光熔覆，其中激光熔覆是利用激光在工件表面熔覆一层金属、陶瓷或其他材料，以改善材料表面性能的一种工艺。激光填料焊接技术主要应用于异种材料焊接、有色及特种材料焊接和大型结构钢件焊接等激光直接对焊不能胜任的领域。

4) 高速焊接技术

高速焊接技术使MIG(Metal Inert Gas)/MAG (Metal Active Gas)的焊接生产率成倍增长，包括快速电弧技术和快速熔化技术。由于采用的焊接电流大，所以熔深大，一般不会产生未焊透和熔合不良等缺陷，焊缝成型良好，焊缝金属与母材过渡平滑，有利于提高疲劳强度。

5) 搅拌摩擦焊(FSW)

1991年，英国焊接研究所发明了FSW技术。作为一种固相连接手段，FSM克服了熔焊的诸如气孔、裂纹、变形等缺陷，更使以往通过传统熔焊手段无法实现焊接的材料也可以采用FSW实现焊接，被誉为“继激光焊后又一革命性的焊接技术”。

作为一种固相连接手段，FSW除了可以焊接用普通熔焊方法难以焊接的材料外(如可实现用熔焊难以保证质量的裂纹敏感性强的7000、2000系列铝合金的高质量连接)，还具有温度低、变形小、接头力学性能好(包括疲劳、拉伸、弯曲)，不产生类似熔焊接头的铸造组织缺陷，且其组织由于塑性流动而细化、焊接变形小、焊前及焊后处理简单、能够进行全位置的焊接、适应性好，效率高、操作简单、环境保护好等优点。尤其值得指出的是，搅拌摩擦焊具有适合于自动化和机器操作的优点，诸如：不需要填丝、保护气(对于铝合金)；可允许有薄的氧化膜；对于批量生产，不需要进行打磨、刮擦之类的表面处理非损耗的工具头，一个典型的工具头就可以用来焊接6000系列的铝合金达1000 m等。

6) 激光—电弧复合热源焊接(laser arc hybrid)

激光—电弧复合热源焊接在1970年就已提出，然而，稳定的加工直至近几年才出现，这主要得益于激光技术以及弧焊设备的发展，尤其是激光功率和电流控制技术的提高。复合焊接时，激光产生的等离子体有利于电弧的稳定；复合焊接可提高加工效率；可提高焊接性差的材料诸如铝合金、双相钢等的焊接性；可增加焊接的稳定性和可靠性；通常，激光加丝焊是很敏感的，通过与电弧的复合，则变得容易而可靠。

激光—电弧复合主要是激光与惰性气体保护钨极电弧焊TIG(Tungsten Inert Gas)、等离子弧(Plasma)以及 MAG。通过激光与电弧的相互影响，可克服每一种方法自身的不足，进而产生良好的复合效应。MAG成本低，使用填丝，适应性强，缺点是熔深浅、焊速低、工件承受热载荷大。激光焊可形成深而窄的焊缝，焊速高、热输入低，但投资高，对工件制备精度要求高，对铝等材料的适应性差。Laser—MAG的复合效应表现在电弧增加了对间隙的桥接性，其原因有两个：一是填充焊丝，二是电弧加热范围较宽。电弧功率决定了焊缝顶部宽度；激光产生的等离子体减小了电弧引燃和维持的阻力，使电弧更稳定；激光功率决定了焊缝的深度，即复合导致了效率增加以及焊接适应性的增强。激光电弧复合对焊接效率的提高十分显著，这主要基于两种效应：一是较高的能量密度导致了较高的焊接速度，工件对流损失减小；二是两热源相互作用的叠加效应。焊接钢时，激光等离子体使电弧更稳定，同时，电弧也进入熔池小孔，减少了能量的损失；焊接铝时，由于叠加效应几乎与激光波长无关，其物理机制和特性尚待进一步研究。

Laser-TIG Hybrid可显著增加焊速，约为TIG焊接时的2倍；钨极烧损也大大减小，寿命增加；坡口夹角亦减小，焊缝面积与激光焊时相近。阿亨大学弗朗和费激光技术学院研制了一种激光双弧复合焊接(hybrid welding with Double Rapid Arc，hyDRA)技术，与激光单弧复合焊相比，其焊接速度增加了约30%，线能量减小了约25%。

2．自动化焊接系统

针对具体的结构生产技术，设计研究专门的自动化焊接系统是近几年来发展起来的一种新的高效焊接技术，它是在焊接中采用随动的水冷装置，强迫冷却熔池来形成焊缝。由于采用了水冷装置，熔池金属冷却速度加快，同时受到冷却装置的机械限制，控制了熔池及焊缝的形状，克服了自由成型中熔池金属容易下坠溢流的技术难点，焊接熔池体积可适当扩大，因此，可选用较大的焊接电压和电流，提高焊接生产效率。目前，该种焊接方法在中厚度板及大厚度板的自动立焊中具有广阔的应用前景。

3. 焊接机器人和柔性焊接系统

随着先进制造技术的发展，实现焊接产品制造的自动化、柔性化与智能化已成为必然趋势。目前，采用机器人焊接已成为焊接自动化技术现代化的主要标志。采用机器人技术，可提高生产率、改善劳动条件、稳定和保证焊接质量、实现小批量产品的焊接自动化。目前，焊接机器人由单一的单机示教再现型向多传感、智能化的柔性加工单元(系统)方向发展，实现由第二代向第三代的过渡将成为焊接机器人发展的目标。

4. 焊接过程模拟

随着计算机技术和计算数学的发展，数值分析方法，特别是有限元方法，已较普遍地用于模拟焊缝凝固和变形过程。焊接过程是非常复杂的，涉及到高温；瞬时的物理、冶金和力学过程；很多重要参数极其复杂的动态过程，在以前的技术水平下是无法直接测定的。随着计算机应用技术的发展，采用数值模拟来研究一些复杂过程已成为可能。采用科学的模拟技术和少量的试验验证以代替过去一切都要通过大量重复性试验的方法已成为焊接技术发展的一个重要方法。这不仅可以节省大量的人力、物力，还可以通过数值模拟来研究一些目前尚无法采用实验进行直接研究的复杂问题。

1) *焊接热过程的数值模拟*

焊接热过程是焊接时的最根本的过程，它决定了焊接化学冶金过程和应力、应变发展过程及焊缝成型等。研究实际焊接接头中的三维温度场分布是今后数值模拟要解决的一个重要问题。

2) *焊缝金属凝固和焊接接头相变过程的数值模拟*

根据焊接热过程和材料的冶金特点，用数值模拟技术研究焊缝金属的凝固过程和焊接接头的相变过程。通过数值模拟来模拟不同焊接工艺条件下过热区高温停留时间和 800～500℃的冷却速度，控制晶粒度和相变过程，预测焊接接头组织和性能。以此代替或减少工艺和性能实验，优化出最佳的焊接工艺方案。

3) *焊接应力和应变发展过程的数值模拟*

研究不同约束条件、不同接头形式和不同焊接工艺下的焊接应力、应变产生和发展的动态过程。将焊缝凝固时的应力、应变动态过程的数值模拟与焊缝凝固过程的数值模拟相结合，预测裂纹产生的倾向，优化避免热裂纹产生的最佳工艺方案。通过焊接接头中氢扩散过程的数值模拟以及对焊接接头中内应力大小及氢分布的数值模拟，预测氢致裂纹产生的倾向，优化避免氢致裂纹的最佳工艺。通过对实际焊接接头中焊接应力、应变动态过程的数值模拟，确定焊后残余应力和残余应变的大小分布，优化出最有效的消除残余应力和残余变形的方案。

4) *非均质焊接接头的数值模拟*

焊接接头的力学性能往往是不均匀的，而且其不均匀性具有梯度大的特点。当其中存在裂纹时，受力后裂纹尖端的应力、应变场是非常复杂的。目前还不能精确测定，采用数值模拟是一个比较有效的办法。这对研究非均质材料中裂纹的扩展和断裂具有重要的意义。

5) *焊接熔池形状和尺寸的数值模拟*

结合实际焊接结构和接头形式来研究工艺条件对熔池形状和尺寸的影响规律，对确定焊接工艺参数，实现焊缝成型和熔透的控制具有重要意义。

6) *焊接过程的物理模拟*

利用热模拟试验机可以精确地控制热循环，并可以通过模拟研究金属在焊接过程中的力学性能及其变化。此项技术已广泛用于模拟焊接热影响区内各区的组织和性能变化。此外，模拟材料在焊接时凝固过程中的冶金和力学行为，可以揭示焊缝凝固过程中材料的结晶特点、力学性能和缺陷的形成机理。

此前，数值模拟在焊接领域中虽然已被用于温度场分布和焊接应力分布等的研究中，但由于受到对焊接过程了解的限制，模拟基本上局限于二维场，又由于对材料高温行为和接头形式的假设较粗略，因此模拟结果与实际之间存在较大差别。为使数值模拟真正反映焊接实际情况，得到一些实验无法测得的信息和规律。目前已开展了三维非线性模拟，并在模拟中周密地考虑了焊缝的高温行为和实际焊接接头形式。

思考题与习题

5-1　焊条的焊芯和药皮各起什么作用？试问用敲掉了药皮的焊条(或光焊丝)进行焊接时，将会产生什么问题？

5-2　以下焊条型号或牌号的含义是什么？

E4303，E5015，J422，J507

5-3　酸性焊条和碱性焊条的性能有什么不同？如何选用？

5-4　焊接接头包括哪几个部分？

5-5　什么叫焊接热影响区？低碳钢焊接热影响区分哪几个区？

5-6　焊接应力是怎样产生的？减小焊接应力有哪些措施？消除焊接残余应力有什么方法？

5-7　减小焊接变形有哪些措施？矫正焊接变形有哪些方法？

5-8　既然埋弧自动焊比手工电弧焊效率高、质量好、劳动条件也好，为什么手工电弧焊现在仍普遍应用？

5-9　CO_2气体保护焊与埋弧自动焊比较各有什么特点？

5-10　氩弧焊和CO_2气体保护焊比较有何异同？各自的应用范围如何？

5-11　电阻焊有何特点？点焊、缝焊、对焊各应用于什么场合？

5-12　钎焊与熔化焊相比有何根本区别？

5-13　常见焊接缺陷主要有哪些？它们各有什么危害？

5-14　焊接结构工艺性要考虑哪些内容？焊缝布置不合理及焊接顺序不合理可能引起哪些不良影响？

第 6 章　非金属材料及成型

在工程领域，整个 20 世纪，都是金属材料占据着统治地位，如机床、农业机械、交通设备、电工设备、化工和纺织机械等，它们所使用的钢铁材料约占 90%，有色金属约占 5%。金属材料使人类农业繁荣并逐步走向工业时代，将人类带入了现代物质文明。但近些年来，随着许多新型非金属材料和新型复合材料的不断开发和应用，金属材料的统治地位已受到挑战，21 世纪出现了金属材料、陶瓷材料和有机高分子材料“三足鼎立”的新局面。目前，各种有机合成材料几乎渗透到人类日常生活的各个领域。高性能的陶瓷材料以及各种复合材料支撑着航空航天事业的不断发展，使人类的文明逐步走向宇宙。以单晶硅、激光材料、光导纤维为代表的新材料的出现，为人类仅用半个世纪就进入信息时代提供了基础。在现代科学技术的推动下，材料科学发展迅速，材料的种类日益增多，不同功能的新材料不断涌现，原有材料的性能不断改善与提高，以满足人类未来的各种使用需求，因此，品种繁多的新型非金属材料是未来高科技的基石、先进工业生产的支柱和人类文明发展的基础。

在可以预见的未来，随着科学技术的不断发展，特别是高科技领域如载人航天、电子信息、环境保护、智能仿生、纳米技术的飞速发展，将会有大量的新型非金属材料应用于机械工程领域。开发和使用新材料的能力是衡量社会技术水平和未来技术发展的尺度之一，而且只有当新材料得到了广泛的应用，才能真正发挥其应有的作用。而正确选择与合理使用新型非金属材料并掌握其成型技术是对所有工程技术领域及其设计部门的根本要求。

非金属材料是指除金属材料之外的所有材料的总称，通常主要包括有机高分子材料、无机非金属材料和复合材料三大类。随着高新科学技术的发展，使用材料的领域越来越广，所提出的要求也越来越高。对于要求密度小、耐腐蚀、电绝缘、减振消声和耐高温等性能的工程构件，传统的金属材料已难胜任。而非金属材料在这些性能方面却有各自的优势。另外，单一金属或非金属材料无法实现的性能，可通过复合材料得以实现。

目前，非金属材料通常以其组成的主要成分为有机高分子材料、无机非金属材料及复合材料三大类。典型有机高分子材料包括橡胶、塑料、化学纤维；典型无机非金属材料包括水泥、玻璃、陶瓷；典型复合材料包括无机非金属材料基复合材料、有机高分子材料基复合材料及金属基复合材料。

6.1　高分子材料及成型

由于高分子材料原料来源丰富、制造方便、品种众多，因此它是材料领域的重要组成部分。高分子材料为发展高新技术提供了更多及更有效的高性能结构材料、高功能材料以及满足各种特殊用途的专用材料。如在机械和纺织工业，由于采用塑料轴承和塑料齿轮来代替相应的金属零件，车床和织布机运转时的噪声大大降低，改善了工人的劳动条件；塑料同玻璃纤维制成的复合材料——玻璃钢，由于它比钢铁更加坚固，被用来代替钢铁制备船舶的螺旋桨和汽车的车架、车身等。高分子材料的发展也促进了医学的进步，如用高分子材料制成的人工脏器、人工肾和人工角膜等使一些器官性疾病不再是不治之症。总之，目前高分子材料在尖端技术、国防、国民经济以及社会生活的各个方面都得到了广泛的应用。

高分子材料也叫聚合物材料(polymer)，主要是指以有机高分子化合物(不包括无机高分子化合物)为主体组成的或加工而成的具有实用性能的材料。

按高分子材料的来源分，高分子材料分为天然高分子材料和合成高分子材料两大类。天然高分子材料主要有天然橡胶、纤维素、淀粉、蚕丝等。合成高分子材料的种类繁多，如合成塑料、合成橡胶、合成纤维等。

按用途分，高分子材料主要分为橡胶、塑料、化学纤维、胶粘剂和涂料等几类，其中塑料、合成纤维和合成橡胶的产量最大，品种最多，统称为三大合成材料。

按材料学观点分，高分子材料分为结构高分子材料和功能高分子材料，前者主要利用它的强度、弹性等力学性能，后者主要利用它的声、光、电、磁和生物等功能。

当温度在一定范围内变化时，高聚物可经历不同的力学状态，它反映了大分子运动的不同形式。在恒定应力下，高聚物的温度—形变之间的关系可反映出分子运动与温度变化的关系。对于不同的聚合物，其温度—形变曲线也不相同。下面分别介绍几种不同类型的聚合物。

1) 非晶聚合物的力学状态

当温度变化时，非晶聚合物存在着三种不同的力学状态，即玻璃态、高弹态和粘流态。

高聚物出现这三种力学状态是由高分子链的结构特点及其运动特点决定的。高分子链是由许多具有独立活动能力的链段所组成的，因此，一个高分子链具有两种运动单元：整个大分子的运动和大分子中各个链段的运动。正是高聚物分子链运动的二重性决定了非晶态高聚物的三种力学状态。

当温度很低时，分子间的作用能大于分子的热运动能，此时，不但整个大分子的运动被冻结，甚至链段的运动也被冻结(分子的内旋被冻结)，即分子之间和链段之间的相对位置都被固定着，只有分子中的原子在其固定位置上进行振动运动。与之对应的高聚物则处于坚硬的固体状态，即玻璃态。玻璃态的力学行为是：当施加外力后只能引起原子间键长和键角的微小变化，因此高聚物形变很小。当外力消除后，高聚物立即恢复原状，即形变是可逆的，这种形变称为普弹形变，它的特点是形变量小、瞬时完成和具有可逆性。

若温度逐渐升高，分子的热运动能逐渐增加，当达到某一温度范围，虽然热运动能还不能使整个分子链发生相对移动，但却足够能使分子中的链段运动起来，此时的高聚物处于高弹态，发生的形变为高弹形变。高弹态的力学行为是：当施加外力后，分子链在外力作用下由原来的卷曲状态变成了伸展状态，使高聚物产生很大的形变，当外力消除后，被拉伸的链又会逐渐再卷曲起来(链段运动的结果)，恢复原状，因而也是可逆形变。高弹形变的特点是形变量很大、具有可逆性和需要松弛时间(即完成型变和恢复原状都需要一定的时间才能完成)。

若温度继续上升，热运动能继续增加，当达到某一温度后，不但分子链的链段可以自由运动，而且整个分子链之间也可以产生相对移动，此时高聚物就处于粘流态了。粘流态的力学行为是：当施加外力后，高聚物会产生无休止的永久形变，即当外力消除后形变也不会恢复原状的不可逆形变。

高聚物的上述三种力学状态可以用高聚物的温度—形变曲线表示，如图 6-1 所示。温度—形变曲线是在恒定应力下，对高聚物样品进行连续升温，观测在不同温度下样品的形变值。由图 6-1 可见，在恒定应力下，这三种不同力学状态下高聚物的形变值有明显的差别。但是，由于三种力学状态的转变并不是相变，因此形变值在转变点并没有发生突变，即没有发生间断点，而是连续性的转变。这些转变点的温度，由高弹态到玻璃态的转变温度，叫做玻璃化温度，以 T_g 表示；由高弹态到粘流态的转变温度，叫做粘流温度，以 T_m 表示。高聚物的温度—形变曲线的形状同高聚物的分子量大小、分子结构等有很大关系，当分子量小时，将不出现高弹态平台，只有当聚合物的分子量达到一定程度时，才出现高弹态，这也是橡胶都具有很高分子量的原因。

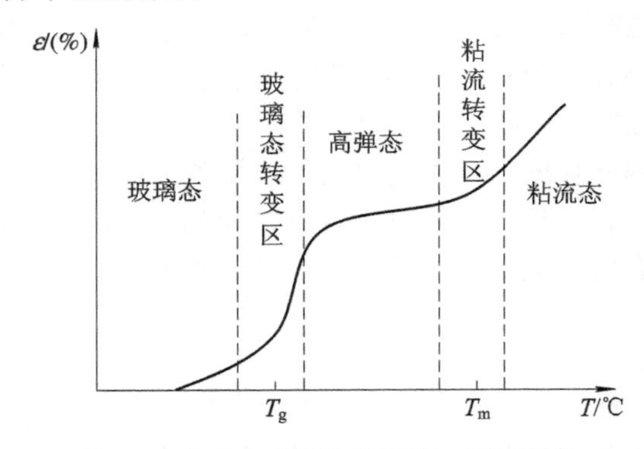

图 6-1 非晶态高聚物的温度—形变曲线

2) 结晶高聚物的温度—形变曲线

凡在一定条件下能够结晶的高聚物统称为结晶性高聚物。结晶高聚物的结晶度不同，分子量不同，其温度—形变曲线也不相同。当结晶度高于 40%时，微晶贯穿整个材料，非晶区 T_g 将不能明显出现，只有当温度升高到熔化温度 T_m 时，晶区熔融，高分子链热运动加剧，如果聚合物的分子量不太大，体系进入粘流态(此时熔化温度 T_m 与转变温度相等，即 $T_m = T_t$)；如果聚合物分子量很高，$T_t > T_m$，则在 T_m 之后仍会出现高弹态。如果聚合物的结晶度不高，则也会出现玻璃化转变的形变，但 T_g 以后，链段有可能按照结晶结构的要求重新排列成规则的晶体结构。图 6-2 所示为分子量不同的结晶高聚物的温度—形变曲线。由图可以看出，高弹态与粘流态的过渡区随分子量 M 的增大而增大。

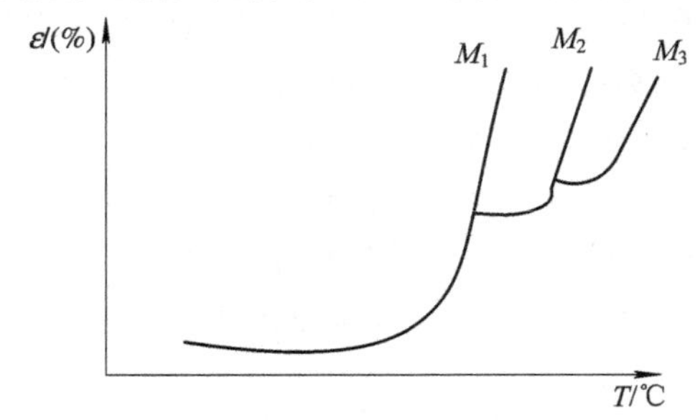

图 6-2 结晶高聚物的温度—形变曲线($M_3 > M_2 > M_1$)

3) 交联高聚物的力学状态

交联使高分子链之间以化学键相结合，若不破坏化学键，分子键之间就不能产生相对位移，随着交联度的提高，不仅形变能力变差，而且不存在粘流态，既不能溶解，也不能熔融，当交联度增加到一定数值之后，聚合物就不会随温度升高而出现高弹态。

4) 多相聚合物的力学状态

对于共混或接枝、嵌段共聚物，多数是处于微观或亚微观相分离的多相体系。在该种体系中，各组分可能出现两个以上玻璃化转化区，每个转化区表示一种均聚物的特性。对于某些嵌段和共聚混合物材料，在外力的作用下会出现应变，从而诱发塑料—橡胶转变。

6.1.1　工业橡胶及成型

1. 工业橡胶的分类和工业橡胶制品的组成

橡胶是一种具有极高弹性的高分子材料，具有一定耐磨性，很好的绝缘性和不透气、不透水性，是制造飞机、汽车等所必需的材料。

根据来源不同，橡胶可以分为天然橡胶和合成橡胶。合成橡胶是人工合成的高弹性聚合物，以煤、石油、天然气为原料制成，其品种繁多，可按工业、公交运输的需要合成各种具有特殊性能(如耐热、耐寒、耐磨、耐油、耐腐蚀等)的橡胶，目前世界上合成橡胶的总产量已远远超过了天然橡胶。合成橡胶的种类很多，目前主要有二烯类橡胶、氯丁橡胶、丁基橡胶、乙丙橡胶等。习惯上按用途将合成橡胶分为通用合成橡胶和特种合成橡胶两大类。工业橡胶制品的组成：

1) 生胶

生胶主要包括天然橡胶和合成橡胶，为橡胶制品的主要成分。

2) 橡胶的配合剂

为了改善生胶的性能、降低成本、提高使用价值，需要添加一定的配合剂。有些配合剂在不同的橡胶中起着不同的作用，也可能在同一橡胶中起多方面的作用。

(1) 硫化剂。在一定条件下能使橡胶发生交联的物质称为硫化剂。常用的硫化剂有硫磺、含硫化合物、金属氧化物、过氧化物等。

(2) 硫化促进剂。凡是能加快橡胶与硫化剂反应速率，缩短硫化时间，降低硫化温度，减少硫化剂使用量，并能改善硫化胶物理机械性能的物质称为硫化促进剂。常用的有胺类、秋兰姆类等。

(3) 补强剂和填充剂。能够提高橡胶物理机械性能的物质称为补强剂；能够在胶料中增加容积的物质称为填充剂。这两者无明显界限，通常一种物质兼有两类的作用，既能补强又能增容，但在分类上以起主导作用为依据。最常用的补强剂是炭黑。

此外，还要加入防老剂、增塑剂、着色剂及软化剂等。

2. 工业橡胶件的成型

橡胶制品的成型一般是先准备好生胶、配合剂、纤维材料、金属材料，生胶需经烘胶、切胶、塑炼与粉碎后配好的配合剂混炼，再与纤维材料或金属材料经压延、挤出、裁剪、成型、硫化、修整、成品校验后得到各种橡胶制品。橡胶制品生产工艺流程如图 6-3 所示。

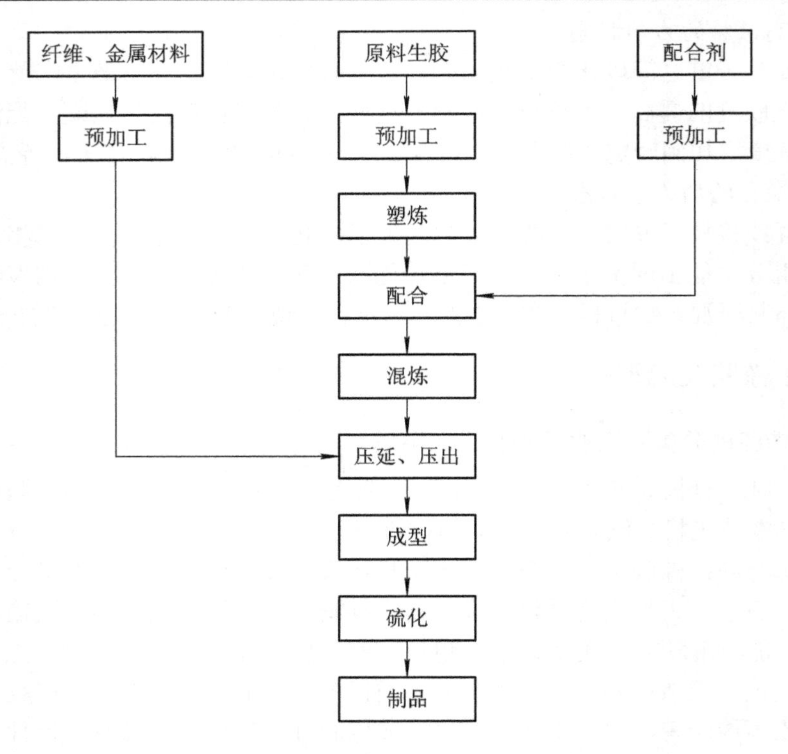

图 6-3 橡胶制品生产工艺流程

1) 塑炼(plasticate)

生胶因粘度过高或均匀性较差等缘故，往往难以加工。将生胶进行一定的加工处理，使其获得必要的加工性能的过程称为塑炼，通常在炼胶机上进行。塑炼工艺进行之前，往往需要进行烘胶、切胶、选胶、破胶等准备加工处理。生胶塑炼方法很多，但工业化生产采用的多为机械塑炼法。依据设备的不同，可将其分为开炼机塑炼、密炼机塑炼和螺杆塑炼机塑炼三种。

(1) 开炼机塑炼。让生胶在滚筒内凭借前后辊相对速度不同而引起的剪切力及强烈的挤压和拉撕作用，使橡胶分子链被扯断，从而获得可塑性。

(2) 密炼机塑炼。生胶经过烘、洗、切加工后，经皮带秤称量通过密炼机投料口进入密炼机密炼室内进行塑炼，当达到给定的功率和时间后，就自动排胶，排下的胶块在开炼机或挤出压片机上捣合，并连续压出胶片，然后胶片被涂上隔离剂，挂片风冷，成片折叠，定量切割，停放待用。

(3) 螺杆塑炼机塑炼。首先将生胶切成小块，并预热 70～80℃。其次，预热机头、机身与螺杆，使其达到工艺要求的温度。塑炼时，以均匀的速度将胶块填入螺杆机投料口，并逐步加压，这样生胶就由螺杆机机头口型的空隙中不断排出，再用运输带将胶料送至压片冷却停放，以备混炼用。

2) 混炼(mixing)

为提高橡胶制品的性能、改善加工工艺和降低成本，通常在生胶中加入各种配合剂，在炼胶机上将各种配合剂加入生胶制成混炼胶的过程称为混炼。混炼除了要严格控制温度和时间外，还需要注意加料顺序。混炼越均匀，制品质量越好。

(1) 混炼准备工艺：粉碎、干燥、筛选、熔化、过滤和脱水。

(2) 混炼方法：开炼机混炼和密炼机混炼。

3) 共混(co-mixing)

单一种类橡胶在某些情况下不能满足产品的要求时，采用两种或两种以上不同种类橡胶或塑料相互掺和，能获得许多优异性能，从而满足产品的使用性能。采用机械方法将两种或两种以上不同性质的聚合物掺和在一起制成宏观均匀混合物的过程称为共混。

4) 压延(rolling)

压延是橡胶工业的基本工艺之一，它是指混炼胶胶料通过压延机两辊之间，利用辊筒间的压力使胶料产生延展变形，制成胶片或胶布(包括挂胶帘布)半成品的一种工艺过程。它主要包括贴胶、擦胶、压片、贴合和压型等操作。

(1) 压延准备工艺：热炼、供胶、纺织物烘干和压延机辊温控制。

(2) 压延工艺。

① 压片：是将已预热好的胶料，用压延机在辊速相等的情况下，压制成一定厚度和宽度胶片的压延工艺。胶片表面应光滑无气泡、不气皱、厚度一致。

② 贴合：是通过压延机将两层薄胶片贴合成一层胶片的作业，通常用于制造较厚、质量要求较高的胶片以及由两种不同胶料组成的胶片、夹布层胶片等。

③ 压型：是将胶料压制成一定断面形状的半成品或表面有花纹的胶片，如胶鞋底、车胎胎面等。

④ 纺织物贴胶和擦胶：是借助于压延机为纺织材料(帘布、帆布、平纹布等)挂上橡胶涂层或使胶料渗入织物结构的作业。贴胶是用辊筒转速相同的压延机在织物表面挂上(或压贴上)胶层；擦胶则是通过辊速不等的辊筒，使胶料渗入纤维组织之中。贴胶和擦胶可单独使用，也可结合使用。

5) 挤出(expelling)

挤出是橡胶工业的基本工艺之一。它是指利用挤出机使胶料在螺杆或柱塞推动下，连续不断地向前进，然后借助于口模挤出各种所需形状的半成品，以完成造型或其他作业的工艺过程。

(1) 喂料挤出工艺：喂入胶料的温度超过环境温度，达到所需温度的挤出操作。

(2) 冷喂料挤出工艺：采用冷喂料挤出机进行的挤出。挤出前胶料不需热炼，可直接供给冷的胶条或粘状胶料进行挤出。

(3) 柱塞式挤出机挤出工艺：柱塞式挤出机是最早出现的挤出设备，目前应用范围逐渐缩小。

(4) 特殊挤出工艺：剪切机头挤出工艺、取向口型挤出工艺和双辊式机头口型挤出工艺。

6) 裁断(cutting)

裁断是橡胶行业的基本工艺之一，可分为纤维帘布裁断和钢丝帘布裁断两大类。轮胎、胶带及其他橡胶制品中，常以纤维帘布、钢丝帘线等骨架材料为骨架，使其制品更为符合使用要求。在橡胶制品的加工中，常将挂胶后的纤维帘布、帆布、细布及钢丝帘布裁成一定宽度和角度，供成型使用。

7) 硫化(sulfurization)

在加热或辐射的条件下，胶料中的生胶与硫化剂发生化学反应，由线性结构的大分子交联成立体网状结构的大分子，并使胶料的力学性能及其他性能随之发生根本变化，这一工艺过程称为硫化。硫化是橡胶加工的主要工艺之一，也是橡胶制品生产过程的最后一道工序，对改善胶料力学性能和其他性能，使制品能更好地适应和满足使用要求至关重要。

硫化方法可分为以下几种：

(1) 室温硫化法：适用于在室温和不加压的条件下进行硫化的方法。如供航空和汽车工业应用的一些粘结剂往往要求在现场施工，且要求在室温下快速硫(固)化。

(2) 冷硫化法：一氯化硫溶液硫化法，将制品渗入2%～5%的一氯化硫溶液中经几秒钟至几分钟的浸渍即可完成硫化。

(3) 热硫化法：是橡胶工艺中使用最广泛的硫化方法。加热是增加反应活性、加速交联的一个重要手段。热硫化的方法很多，有的是先成型后硫化，有的是成型与硫化同时进行(如注压硫化)。

6.1.2 工程塑料及成型

塑料按其应用可分为通用塑料、工程塑料和特种塑料。工程塑料是指可以作为工程材料或结构材料，能在较广的温度范围内，在承受机械应力和较为苛刻的化学物理环境中使用的塑料材料。与通用塑料相比，工程塑料产量较低、价格较高，但具有优异的机械性能、化学性能、电性能以及耐热性、耐磨性和尺寸稳定性等，在电子、电器、机械、交通、航空航天等领域获得了广泛应用。

1. 工程塑料的组成

工程塑料是以高分子化合物为主要成分，添加各种添加剂所组成的多组分材料。根据作用不同，添加剂可分为固化剂、增塑剂、稳定剂、增强剂、润滑剂、着色剂等，现主要介绍以下几种。

1) 固化剂(solidified agent)

固化剂的作用是通过交联使树脂具有体型网状结构，成为较坚硬和稳定的塑料制品。如在酚醛树脂中加入六亚甲基四胺，在环氧树脂中加入乙二胺等。

2) 增塑剂(plasticzing agent)

增塑剂的作用主要是提高塑料在成型过程中的流动性以及改善制品的柔顺性。常用的为液态或低熔点的固体化合物。例如，在聚氯乙烯中加入邻苯二甲酸二丁酯，可变为像橡胶一样的软塑料。

3) 稳定剂(stabilizing agent)

稳定剂的作用是防止塑料在加工或使用过程中因热、氧、光等因素的作用而产生降解或交联导致制品性能变差。根据作用机理不同可分为热稳定剂(如金属皂类)、抗氧剂(如胺类)、光稳定剂(如苯甲酸酯类)等。

4) 增强剂(reinforcing agent)

增强剂的作用是为了提高塑料的物理性能和力学性能。例如加入石墨、石棉纤维或玻璃纤维等，可以改善塑料的机械性能。

2. 工程塑料的分类

1) 按化学组成

按化学组成分，工程塑料可分为聚酰胺类(尼龙)、聚酯类(聚碳酸酯、聚对苯二甲酸丁二醇酯、聚对苯二甲酸乙二醇酯、聚芳酯、聚苯酯等)、聚醚类(聚甲醛、聚苯醚、聚苯硫醚、聚醚醚酮等)、芳杂环聚合物类(聚酰亚胺、聚醚亚胺、聚苯并咪唑)以及含氟聚合物(聚四氟乙烯、聚三氟氯乙烯、聚偏氟乙烯，聚氟乙烯等)等。

2) 按聚合物的物理状态

按聚合物的物理状态分，工程塑料可分为结晶型和无定型两大类。聚合物的结晶能力与分子结构规整性、分子间力、分子链柔顺性能等有关，结晶程度还受拉力、温度等外界条件的影响。这种物理状态部分地表征了聚合物的结构和共同的特性。结晶型工程塑料有聚酰胺、聚甲醛、聚对苯二甲酸丁二醇酯、聚对苯二甲酸乙二醇酯、聚苯硫醚、聚苯酯、聚醚醚酮、氟树脂、间规聚苯乙烯等；无定型工程塑料有聚碳胺酯、聚苯醚、聚芳酯等。

3) 按成型后制品的种类

按应用零件的功能分，工程塑料可以分为：一般结构零件，如罩壳、盖板、框架和手轮、手柄等；传动结构零件，如齿轮、螺母、连轴器以及其他一些受连续反复载荷的零部件；摩擦零件，如轴承、衬套、活塞环、密封圈以及其他一些承受滑动摩擦的零件；电气绝缘零件，如各种高低压开关、接触器、继电器等；耐腐蚀零部件，如化工容器、管道、阀门和测量仪表等零件；高强度、高模量结构零件，如高速风扇叶片、泵叶轮、螺旋推进器叶片等。

4) 按热行为

按热行为分，塑料可分为热塑性塑料和热固性塑料。

(1) 热塑性塑料(thermoplastic plastics)。在特定温度范围内受热软化(或熔化)冷却后硬化，并能多次反复，其性能也不发生显著变化的塑料。热塑性塑料在加热软化时，具有可塑性，可以采用多种方法加工成型，成型后的机械性能较好，但耐热性和刚性较差。常见的热塑性塑料有聚乙烯、聚丙烯、聚氯乙烯、ABS、聚碳酸酯及聚酰胺等。

(2) 热固性塑料(thermosetting plastics)。在一定温度压力下或固化剂、紫外光等条件作用下固化生成不熔性能的塑料。热固性塑料在固化后不再具有可塑性，其刚度大、硬度高、尺寸稳定，具有较高的耐热性。温度过高时，则会被分解破环。常见的热固性塑料有酚醛塑料、环氧塑料、氨基树脂、有机硅塑料等。

5) 按通用性

按通用性分，工程塑料可分为通用工程塑料和特殊工程塑料两类，如图 6-4 所示。

所谓通用工程塑料，是指热塑性塑料聚酰胺(PA)、聚甲醛(POM)、聚碳酸酯(PC)、改性聚苯醚(PPO)、聚酯(PBT 和 PET)等五种。特殊工程塑料常指除以上五种以外的性能更优异的工程塑料。按照使用温度分，一般使用温度在 150℃以下的为通用工程塑料(一般为 100～150℃)；超过 150℃的为特殊工程塑料，特殊工程塑料又分为 150～250℃类和 250℃以上两类。使用温度越高，价格也随之增加。

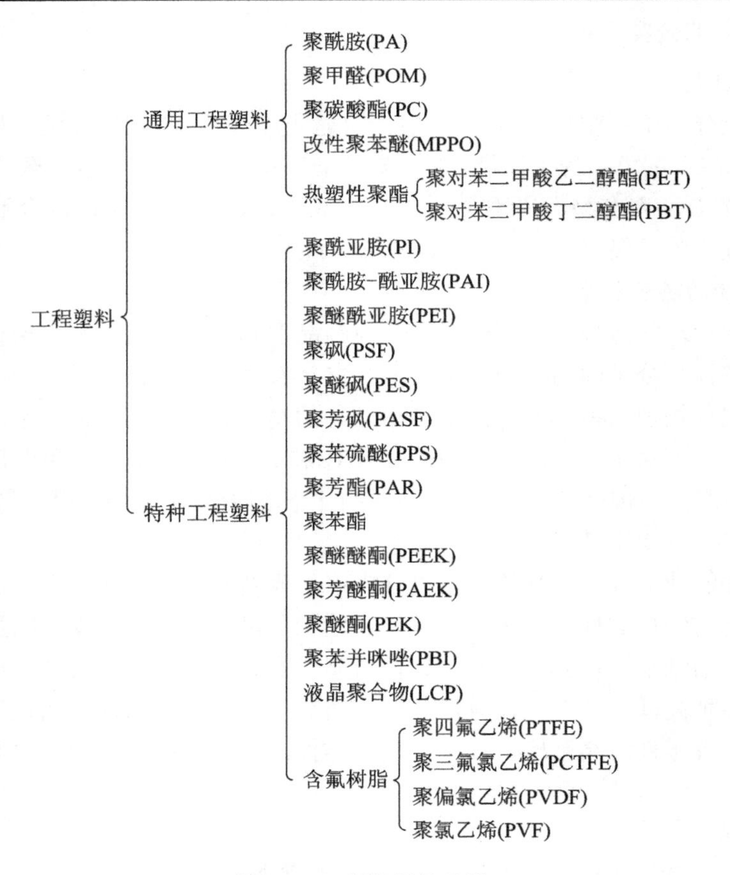

图 6-4 工程塑料的分类

3. 工程塑料的成型

工程塑料的成型一般包括混合与混炼、成型两道工序。

1) 混合与混炼

为了提高工程塑料制品的性能，成型制品的高分子材料往往由多种工程树脂和各种添加剂组成，要把这些组分混合成为一个均匀度和分散度高的整体，就要通过力场，如搅拌、剪切等来完成，这就是混合与混炼工序的主要目的。

2) 成型

成型是将各种形态的工程塑料(包括粒料、溶液或者分散体)制成所需要形状的制品或坯件的过程，是一切工程塑料制品或型材生产的必经工序。成型方法很多，包括注射成型、挤出成型、中空成型、热成型、压缩模塑、层压与复合、树脂传递模塑成型、挤拉成型等，其中常用的是注射成型、挤出成型和中空成型。

(1) 注射成型(injection molding)。

注射成型简称注塑，是聚合物成型加工中一种应用十分广泛而又非常重要的方法。目前，注塑制品约占塑料制品总量的 20%～30%，尤其是热塑性塑料制品作为工程结构材料后，注塑制品的用途已从民用扩大到国民经济的各个领域。

注射成型的原理是将坯料或粉状塑料通过注塑机的加料斗送进机筒内，经过加热到塑化的粘流态，由利用注射机的螺杆或柱塞的推动以较高的压力和速度通过机筒端部的喷嘴注入温度较低的预先合模的模腔内，经冷却硬固化后，即可保持模腔所赋予的形状，启开模具，顶出制品。整个成型是一个循环的过程，每个成型周期包括：定量加料—熔融塑化—施压注射—充模冷却—启模取件等。注射成型示意图如图 6-5 所示。

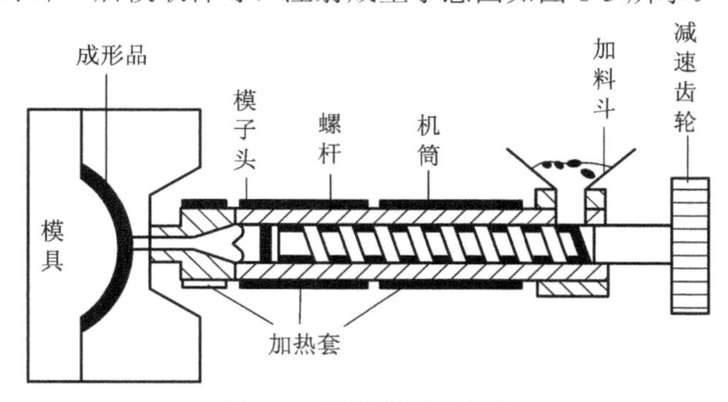

图 6-5　注射成型示意图

注射成型设备由主机和辅助装置两部分组成。主机包括注射成型机、注射模具和模具温度控制装置。辅助装置的作用是干燥、输送、混合、分离、脱模及后加工等。

目前，在普通注射成型技术的基础上又发展了许多新的注射技术，如气体辅助注射成型、电磁动态注射成型、层状注射成型、反应注射成型等。

注射成型方法有以下优点：能一次成型出外形复杂、尺寸精确和带嵌件的制品；可极方便地利用一套模具，成批生产尺寸、形状、性能完全相同的产品；生产性能好，成型周期短，一件制件只需 30～60 秒即可成型，而且可实现自动化或半自动化作业，具有较高的生产效率和经济技术指标。

(2) 挤出成型(expelling molding)。

挤出成型又称挤塑或挤出模塑，是使高分子材料的熔体(或黏性流体)在挤出机螺杆或柱塞的挤压作用下连续通过挤出模的型孔或一定形状的口模，待冷却成型硬化后而得各种断面形状的连续型材制品，其成型原理如图 6-6 所示。一台挤出机只要更换螺杆和机头，就能加工出不同品种塑料和制造各种规格的产品。挤出成型所生产的制品约占所有塑料制品的 1/3 以上，几乎适合所有的热塑性工程塑料，也可用于热固性工程塑料的成型，但仅限于酚醛树脂等少数几种热固性工程塑料。

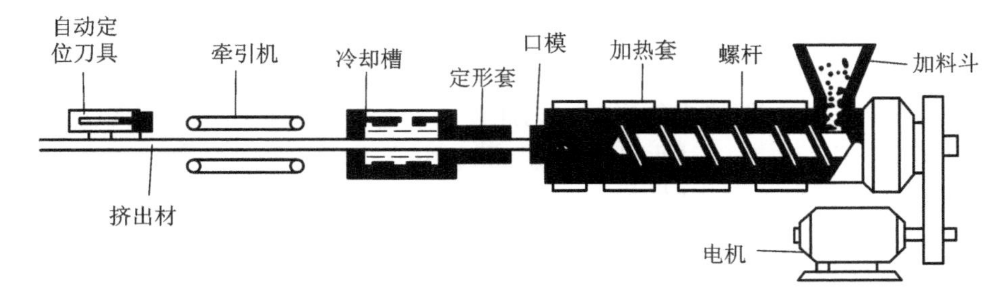

图 6-6　挤出成型示意图

挤出模的口模截面形状决定了挤出制品的截面形状，但是挤出后的制品由于冷却、受力等各种因素的影响，制品的截面形状和模头的挤出截面形状并不是完全相同的。例如，若制品是正方形型材(图 6-7(a))，则口模形状肯定不是正方形(图 6-7(b))；若将口模设计成正方形(图 6-7(c))，则挤出的制品就是方鼓形(图 6-7(d))。

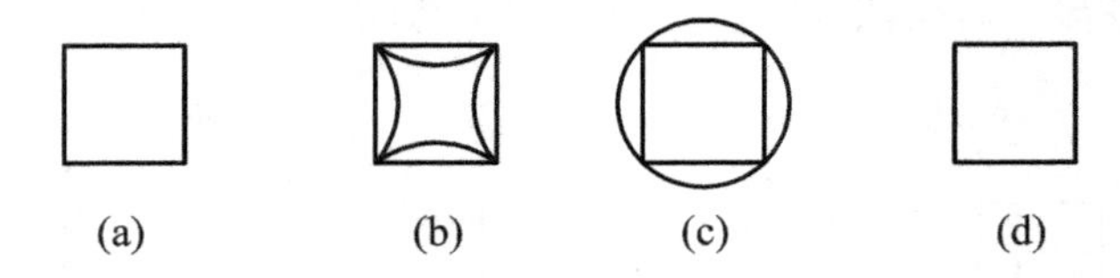

图 6-7 挤出模截面的示意图

(a) 制品形状；(b) 口模形状；(c) 制品形状；(d) 口模形状

挤出成型可生产的类型很多，除直接成型管材、薄膜、异型材、电线电缆等制品外，还可用于混合、塑化、造粒、着色、坯料成型等工艺过程。

挤出成型是塑料加工工业中应用最早、用途最广、适用性最强的成型方法。与其他成型方法相比，挤出成型具有突出的优点：设备成本低，占地面积小，生产环境清洁，劳动条件好；生产效率高；操作简单，工艺过程容易控制，便于实现连续自动化生产；产品质量均匀、致密；可一机多用，进行综合性生产。

(3) 中空成型(hollow molding)。

中空成型是制造空心塑料制品的方法，借助气体压力使闭合在模具型腔内的处于类橡胶态的型坯吹胀成为中空制品的二次成型技术，也称为中空吹塑。中空吹塑制品的成型可以采用注射—吹塑和挤出—吹塑两种。可用于中空成型的工程塑料种类很多，如聚酰胺、聚碳酸酯等，生产的制品主要用作各种液状货品的包装容器，如各种瓶、桶等。

因工程塑料的成型方法对产品性能有很大影响，关键是根据被加工工程塑料的特点、要求的产品质量和尺寸公差等选择适宜的成型方法。

工程塑料经成型后，还要经过后加工工序才可作为成品出厂。后加工工序主要包括机械加工、修饰、装配等。后加工过程通常需要根据制品的要求来选择，不是每种制品都必须完整地经过这些过程的。

6.1.3 合成纤维及成型

合成纤维(synthetic fibre)是化学纤维的一种，它以石油、天然气、煤及农副产品等为原料，经一系列的化学反应，制成合成高分子化合物，再经加工而制得纤维。合成纤维工业是 20 世纪 40 年代才发展起来的，由于其具有优良的物理、机械性能和化学性能，如强度高、密度小、弹性高，电绝缘性能好等，因此在生活用品、工农业生产和国防工业、医疗等方面得到了广泛应用，是一种发展迅速的工程材料。

合成纤维的分类及主要品种如下：

(1) 按主链结构分，有聚丙烯纤维(丙纶)、聚对苯二甲酸乙二酯(涤纶)等。

(2) 按性能功用分，可分为耐高温纤维，如聚苯咪唑纤维；耐高温腐蚀纤维，如聚四氟乙烯；高强度纤维，如聚对苯二甲酰对苯二胺；耐辐射纤维，如聚酰亚胺纤维；还有阻燃纤维、高分子光导纤维等。

合成纤维的成型过程包括单体的制备和聚合、纺丝和后加工三个基本环节。

1. 单体制备与聚合

利用石油、天然气、煤等为原料，经分馏、裂化和分离得到有机低分子化合物，如苯、乙烯、丙烯等作为单体，在一定温度、压力和催化剂作用下，聚合而成的高聚物即为合成纤维的材料。

2. 纺丝

将上步得到的熔体或浓溶液，用纺丝泵连续、定量而均匀地从喷丝头的毛细孔中挤出成为液态细流，再在空气、水或特定的凝固浴中固化成为初生纤维的过程称做“纤维成型”或称做“纺丝”。这是合成纤维生产过程中的主要工序。

合成纤维的纺丝方法目前有三种：熔体纺丝、溶液纺丝和电纺丝。

熔体纺丝过程包括四个步骤：纺丝熔体的制备；喷丝板孔眼压出形成熔体细流；熔体细流被拉长变细并冷却凝固(拉伸和热定型)；固态纤维上油和卷绕，如图 6-8 所示。

溶液纺丝包括以下四个步骤：纺丝液的制备；丝液经过纺丝泵计量进入喷丝头的毛细孔压出形成原液细流；原液细流中的溶剂向凝固浴扩散，浴中的沉淀剂向细流扩散，聚合物在凝固浴中析出形成初生纤维；纤维拉伸定型和热定型，上油和卷绕，如图 6-9 所示。

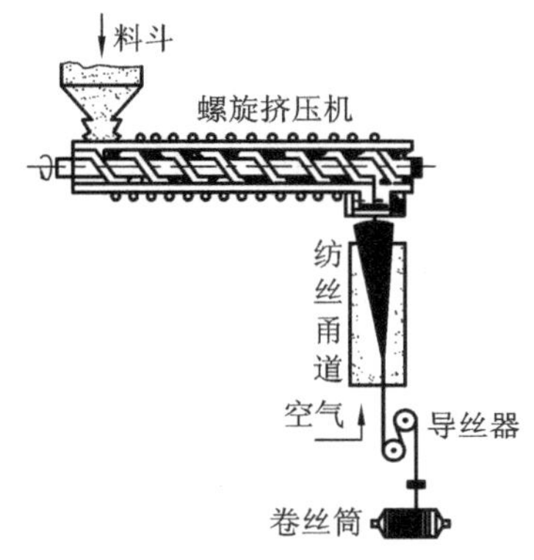

图 6-8 熔体纺丝示意图

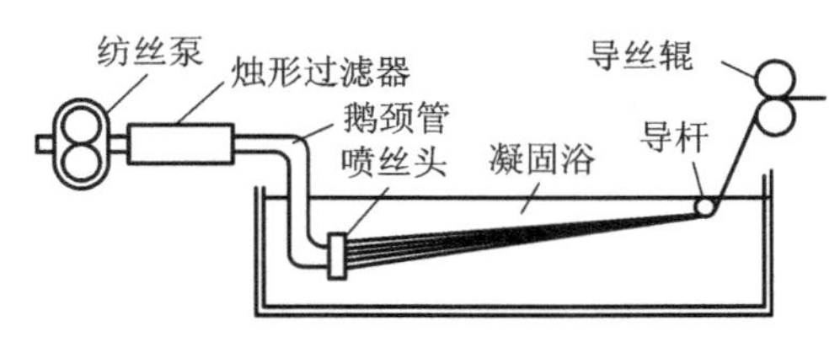

图 6-9 溶液纺丝示意图

电纺丝(electrospinning)是在电场作用下的纺丝过程或利用高压电场实现的纺丝技术，该技术被认为是制备纳米纤维的一种高效低耗的方法，如图 6-10 所示。

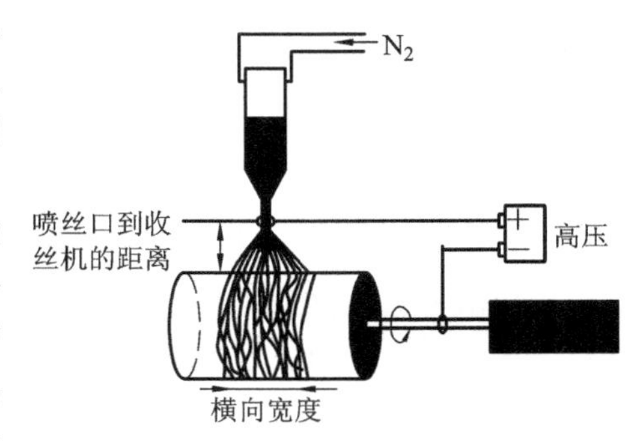

图 6-10 电纺丝示意图

电纺丝由纺丝液容器、喷丝口、纤维接收屏和高压发生器等几部分组成。在电纺过程中，将聚合物熔体或溶液加上几千至几万伏的高压静电，从而在毛细管和接地的接收装置间产生一个强大的电场力。当电场力施加于液体的表面时，将在表面产生电流。相同电荷相斥导致了电场力与液体表面张力的方向相反。这样，当电场力施加于液体的表面时，将产生一个向外的力，对于一个半球形状的液滴，这个向外的力与表面张力相反。如果电场力的大小等于高分子溶液或溶体的表面张力时，带电的液滴就悬挂在毛细管的末端并处于平衡状态。随着电场力的增大，在毛细管末端呈半球状的液滴在电场力的作用下将被拉伸成圆锥状，这就是 Taylor 锥。当电场力超过一个临界值后，排斥的电场力将克服液滴的表面张力形成射流，而在静电纺丝过程中，液滴通常具有一定的静电压并处于一个电场中，因此，当射流从毛细管末端向接收装置运动的时，都会出现加速现象，这也导致了射流在电场中的拉伸，最终在接收装置上形成无纺布状的纳米纤维。

3. 后加工

纺丝成型后得到的初生纤维必须经过一系列的后加工才能用于纺织加工。后加工随合成纤维品种、纺丝方法和产品的不同要求而异，其中主要的工序是拉伸和热定型。拉伸的目的是提高纤维的断裂强度、耐磨性和疲劳强度，降低断裂伸长率。将拉伸后的纤维使用热介质如(热水、蒸汽等)进行定型处理，以消除纤维的内应力，提高纤维的尺寸稳定性，并且进一步改善其物理机械性能。

目前，合成纤维的生产技术向着高速化、自动化、连续化和大型化的方向发展。

6.2 陶瓷材料及成型

陶瓷材料(ceramic material)种类繁多，它具有熔点高、硬度高、化学稳定性高，耐高温、耐磨损、耐氧化和耐腐蚀，以及弹性模量大、强度高等优良性质。因此，陶瓷材料能够在各种苛刻的环境(如高温、腐蚀、辐射环境)下工作，成为非常有发展前途的工程结构材料，它的应用前景是非常广阔的。近十几年来，特别是一些陶瓷材料用来制作柴油发动机及燃气轮机上的一些结构零件和刀具，代替了金属材料，使陶瓷材料备受人们的关注。

陶瓷是一种天然或人工合成的粉状化合物，经过成型或高温烧结而成的，是由金属和非金属的无机化合物所构成的多相多晶态固体物质，它实际上是各种无机非金属材料的统称，是现代工业中很有发展前途的一类材料。

陶瓷是金属(或类金属)和非金属之间形成的化合物，这些化合物之间的结合键是离子键或共价键。例如 Al_2O_3 主要是离子键结合的化合物，SiC 是共价键结合的化合物。这些化合物有些是结晶态，如 MgO、Al_2O_3，ZrO_2 和 SiC、Si_3Ni_4 等；有些则呈非晶态，如玻璃，但是玻璃中也可加入适当的形核催化剂以及一定的热处理，使之变为主要由晶体组成的微晶玻璃或玻璃陶瓷。

6.2.1 陶瓷材料的组成

组成陶瓷材料的基本相及其结构要比金属复杂得多，在显微镜下，可观察陶瓷的显微结构通常由三种不同的相组成，即晶相、玻璃相和气相(气孔)。

1. 晶相(crystal phase)

晶相是陶瓷材料中最主要的组成相。陶瓷是多相多晶体，故晶相可进一步分为主晶相、次晶相、第三晶相等，如普通陶瓷中的主晶相为莫来石($3Al_2O_3 \cdot 2SiO_2$)，次晶相为残余石英、长石等。

陶瓷的力学、物理、化学性能主要取决于主晶相。例如，刚玉瓷的主晶相是 α-Al_2O_3，由于结构紧密，因而具有机械强度高、耐高温、耐腐蚀等特性。陶瓷中的晶相主要由硅酸盐、氧化物和非氧化物构成。

1) 硅酸盐

硅酸盐是传统陶瓷的主要原料，同时也是陶瓷中重要的晶相。硅酸盐结构属于最复杂的结构之列，它们是由硅氧四面体[SiO_4]为基本结构单元的各种硅氧集团组成的。

硅酸盐结构的基本特点有：

(1) 组成各种硅酸盐结构的基本结构单元是硅氧四面体[SiO_4]，它们以离子键和共价键的混合键结合在一起，各占 50%。图 6-11 所示为[SiO_4]结构图。

(2) 每个氧最多只能被两个硅氧四面体共有。

(3) 硅氧四面体中 Si-O-Si 的结合键键角一般是 145°。

(4) 硅氧四面体既可以互相孤立地在结构中存在，也可以通过共用顶点互相连接成链状，平面及三维网状。

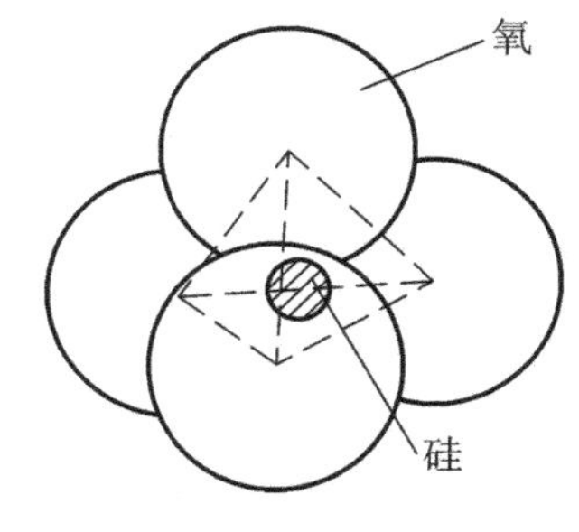

图 6-11　[SiO_4]结构示意图

2) 氧化物

氧化物是大多数典型陶瓷特别是特种陶瓷中的主要晶相。氧化物结构的特点是较大的氧离子紧密排列成晶体结构，而较小的正离子则填充在它们的空隙内。氧化物结构的结合键以离子键型为主，通常以 A_mX_n 表示其分子式。大多数氧化物中氧离子的半径大于阳离子半径。其结构特点是以大直径离子密堆排列组成面心立方或六方点阵、小直径的离子位于点阵的间隙处。例如 NaCl 型结构、CaF_2 型结构、刚玉结构等。

3) 非氧化物

非氧化物主要指各种碳化物、渗氮物及硼化物等，它们是特种陶瓷(或金属陶瓷)的主要组分和晶相。常见的有 VC、WC、TiC、SiC 等碳化物以及 BN、Si_3N_4、AlN 等渗氮物。

陶瓷的性能除了主要取决于晶相的结构之外，还受到各相形态(大小、形状、分布等)所构成的显微组织(图 6-12)的影响，如细化晶粒可提高陶瓷强度和韧性等。

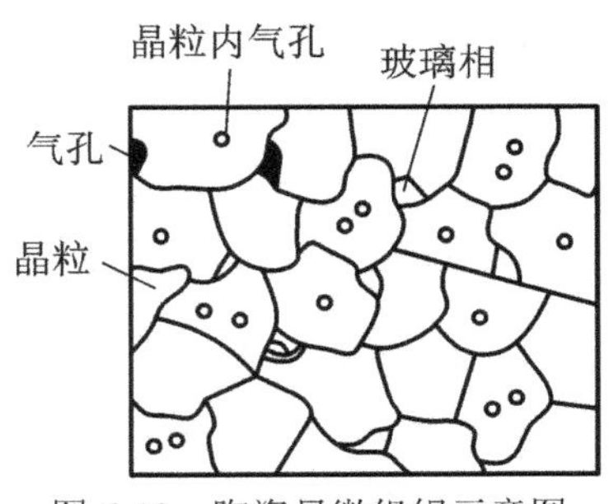

图 6-12　陶瓷显微组织示意图

2. 玻璃相(glass phase)

玻璃相是陶瓷高温烧结时各组成物和杂质产生一系列物理、化学反应后形成的一种非晶态物质。对于不同陶瓷，玻璃相的含量不同，日用瓷及电瓷的玻璃相含量较高，高纯度的氧化物陶瓷(如氧化铝瓷)中玻璃相含量较低。玻璃相的主要作用是充填晶粒间隙，将分散的晶相粘结在一起，填充气孔提高陶瓷材料的致密度，降低烧成温度，改善工艺，抑制晶粒长大等。但玻璃相的强度比晶相低，热稳定性差，在较低温度下便会引起软化。此外，由于玻璃相结构疏松，空隙中常有金属离子填充，因而降低了陶瓷的电绝缘性，增加了介电损耗。所以工业陶瓷中的玻璃相应控制在一定范围内，一般陶瓷玻璃相为 20%～40%。

3. 气相(gas phase)

陶瓷结构中 5%～10%体积的气孔成为组织中的气相。大部分气孔是在工艺过程中形成并保留下来的，有些气孔则通过特殊的工艺方法获得。它常以孤立状态分布在玻璃相中，或以细小气孔存在于晶界或晶内。气相(气孔)在陶瓷材料中占有重要地位。气孔含量(按材料容积)在0～90%之间变化。气孔包括开口气孔和闭口气孔两种。在烧结前全是开口气孔，烧结过程中一部分开口气孔消失，一部分转变为闭口气孔。陶瓷的许多电性能和热性能随着气孔率、气孔尺寸及分布的不同可在很大范围内变化。气孔使组织致密性下降，产生应力集中，导致力学性能降低、脆性增加，并使介电损耗增大，抗电击穿强度下降。因此，应力求降低气孔的大小和数量，并使气孔均匀分布。若要求陶瓷材料密度小、绝热性好时，则希望有一定量气相存在。合理控制陶瓷中气孔数量、形态和分布是非常重要的。

6.2.2 陶瓷材料的分类

陶瓷材料是一种无机非金属材料，在现代工业中发挥着重要应用，按照不同的标准有以下几种不同的分类方法。

1. 按化学成分

按化学成分分，陶瓷材料可分为如下几类：

(1) 氧化物陶瓷：有$A1_2O_3$、SiO_2、ZrO_2、MgO、CaO、BeO、Cr_2O_4、CeO_2、ThO_2等；

(2) 碳化物陶瓷：有SiC、B_4C、WC、TiC等；

(3) 渗氮物陶瓷：有Si_3N_4、A1N、TiN、BN等；

(4) 硼化物陶瓷：有TiB_2、ZrB_2等，应用不广，主要作为其他陶瓷的第二相或添加剂；

(5) 复合瓷、金属陶瓷和纤维增强陶瓷：复合瓷有$3A1_2O_3 \cdot 2SiO_2$(莫来石)、$MgAl_2O_3$(尖晶石)、$CaSiO_3$、$ZrSiO_4$、$BaTiO_3$、$PbZrTiO_3$、$BaZrO_3$、$CaTiO_3$等。

2. 按原料料

按原料来分，陶瓷材料可分为普通陶瓷(硅酸盐材料)和特种陶瓷(人工合成材料)。特种陶瓷按化学成分又分为氧化物陶瓷、碳化物陶瓷、渗氮物陶瓷、硼化物陶瓷、金属陶瓷、纤维增强陶瓷等。

3. 按用途和性能

按用途可分为日用陶瓷、结构陶瓷和功能陶瓷。按性能可分为高强度陶瓷、高温陶瓷、耐磨陶瓷、耐酸陶瓷、压电陶瓷、光学陶瓷、半导体陶瓷、磁性陶瓷、生物陶瓷等。

6.2.3 陶瓷材料的成型

1. 干压成型

干压成型又称模压成型(die pressing molding)，它是将粉料加少量结合剂(一般为7%～8%)进行造粒，然后将造粒后的粉料置于钢模中，在压力机上加压成一定形状的坯体，适合压制形状简单、尺寸较小(高度为0.3～60 mm，直径为ϕ5～ϕ500 mm)的制品。

干压成型的加压方式、加压速度与保压时间对坯体的致密有不同的影响。如图6-13所示，单面加压时坯体上下密度差别大，而双向加压坯体时上下密度均匀性增加(但中心部位的密度较低)，并且模具施以润滑剂时，会显著增加坯体密度的均匀性。干压成型的特点是，粘结剂含量低，只有百分之几，坯体可不经干燥直接焙烧；坯体收缩率小，密度大，尺寸精确，机械强度高，电性能好；工艺简单，操作方便，周期短，效率高，便于自动化生产，因此是特种陶瓷生产中常用的工艺。

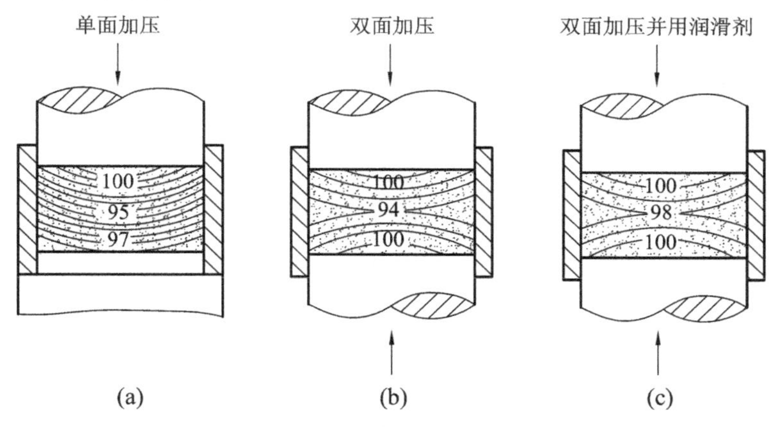

图 6-13　加压方式对坯体密度的影响

但干压成型对大型坯体生产有困难，模具磨损大，加工复杂，成本高；其次，加压方向只能上、下加压，压力分布不均，致密度不均，收缩不均、会产生开裂、分层等现象。这一缺点将为等静压成型工艺所克服。

2. 注浆成型

注浆成型是将陶瓷颗粒悬浮于液体中，然后注入多孔质模具，由模具的气孔把料浆中的液体吸出，而在模具内留下坯体的成型方法。

料浆成型的工艺过程包括料浆制备、模具制备和料浆浇注三阶段。料浆制备是关键工序，其要求是：具有良好的流动性，足够小的粘度，良好的悬浮性，足够的稳定性等。最常用的模具为石膏模，近年来也用多孔塑料模。料浆浇注入模并吸干其中液体后，拆开模具取出注件，去除多余料，在室温下自然干燥或在可调温装置中进行干燥。

料浆成型方法可制造形状复杂、大型薄壁的制品。另外，金属铸造生产的型芯使用、离心铸造、真空铸造、压力铸造等工艺方法也被应用于注浆成型，并形成了离心注浆、真空注浆、压力注浆等方法。离心注浆适用于制造大型环状制品，而且坯体壁厚均匀；真空注浆可有效去除料浆中的气体；压力注浆可提高坯体的致密度，减少坯体中的残留水分，缩短成型时间，减少制品缺陷，是一种较先进的成型工艺。图 6-14 所示为离心浇注示意图。

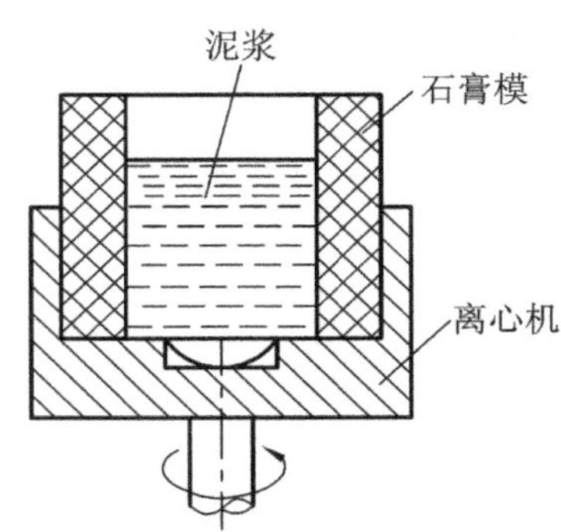

图 6-14　离心浇注示意图

3. 热压铸成型

热压铸成型法也是注浆成型。其不同之处在于，热压铸成型是利用坯料中混入石蜡，再利用石蜡的热流特性，使用金属模具在压力下进行成型、冷凝后而获得坯体的方法。该法在特种陶瓷成型中普遍采用。

热压铸成型的工作原理(图 6-15)是将配好的浆料蜡板置于热压铸机筒内，加热熔化至浆料，用压缩空气将筒内浆料通过吸铸口压入模腔，并保压一定时间后(视产品的形状和大小而定)，去掉压力，料浆在模腔内冷却成型，然后脱模，取出坯体。有的坯体还可进行加工处理，或车削、或打孔等。排蜡后的坯体要清理表面的吸附剂，然后再进行烧结。

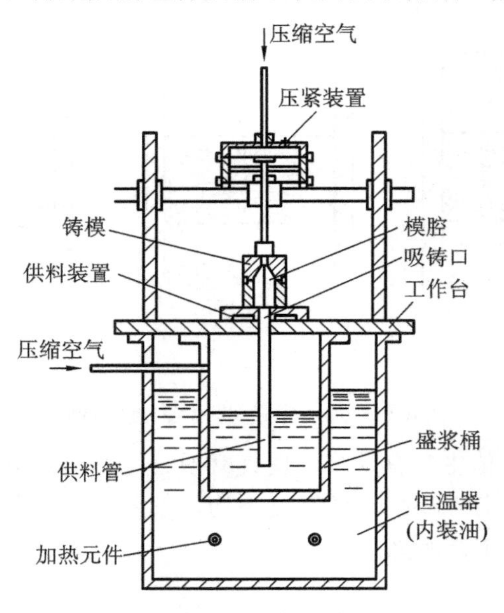

图 6-15　热压铸机的结构示意图

该工艺适合形状复杂、精度要求高的中小型产品的生产。其设备简单，操作方便，劳动强度不大，生产率较高。模具磨损小、寿命长，因此在特种陶瓷生产中经常被采用。但该法的工序比较复杂、耗能大(需多次烧成)、工期长，对于壁薄的大而长的制品，由于不易充满模腔而不太适宜。

4. 注射成型

注射成型是将粉料与有机粘接剂混合后、加热混练，制成粒状粉料，用注射成型机在 130～300℃温度下注射入金属模具中，冷却后粘接剂固化，取出坯体，经脱脂后按常规工艺烧结的方法。这种工艺成型简单、成本低、压坯密度均匀，适用于复杂零件的自动化大规模生产。

5. 挤压成型

挤压成型是将真空炼制的泥料放入挤制机(图 6-16)，挤出各种形状的坯体的方法。也可将挤制嘴直接安装在真空炼泥机上，成为真空炼泥挤压机，挤出的制品性能更好。挤压机有立式和卧式两类，依产品大小等加以选样。挤出的坯体待晾干后，可以切割成所需长度的制品。

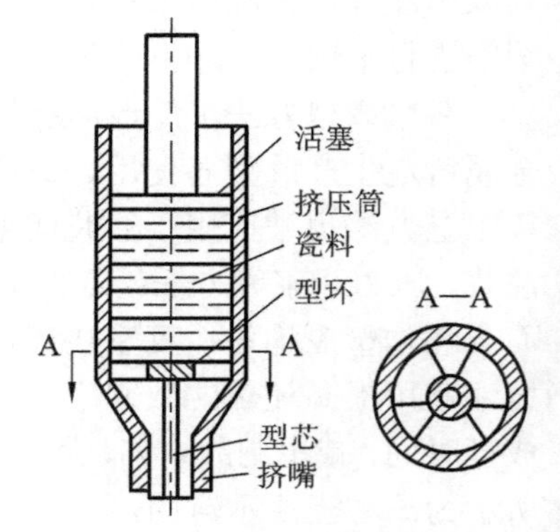

图 6-16　立式挤制机的结构示意图

挤压成型常用于挤制$\phi1\sim\phi30$ mm 的管、棒等细管，壁厚可小至的 0.2 mm。随着粉料质量和泥料可塑性的提高，也可用来挤制长 100～200 mm、厚 0.2～3 mm 的片状坯膜，半干后再冲制成不同形状的片状制品，或用来挤制 100～200 孔/cm^2 的蜂窝状或筛格式穿孔瓷制品。

6. 等静压成型

等静压成型又叫静水压成型。它是利用液体介质不可压缩性和均匀传递压力性的一种成型方法，即处于高压容器中的试样所受到的压力如同处于同一深度的静水中所受到的压力情况，所以叫静水压或等静压。根据这一原理而得到的成型工艺叫做静水压成型，或叫等静压成型。

等静压成型有冷等静压和热等静压两种类型。冷等静压又分为湿式和干式等静压。

1) 湿式等静压

湿式等静压(图 6-17)是将预压好的坯料包封在弹性的橡胶模或塑料模具内，然后置于高压容器中施以高压液体(如水、甘油或刹车油等，压力通常在 100 MPa 以上)来成型坯体。因是处在高压液体中，各个方向上受压而成型坯体，所以叫湿式等静压。主要适用于成型多品种、形状较复杂、产量小和大型的制品。

2) 干式等静压

干式等静压(图 6-18)成型的模具是半固定式的，坯料的添加和坯件的取出，都是在干燥状态下操作，故称干式等静压。干式等静压更适合于生产形状简单的长形、薄壁、管状制品，如稍作改进，就可用于连续自动化生产。

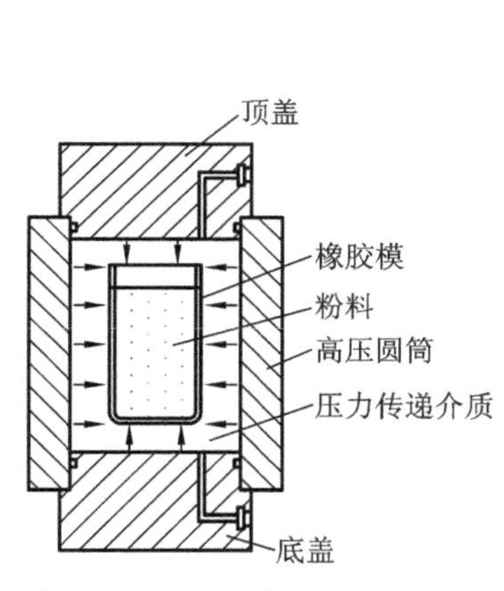

图 6-17　湿式等静压原理图

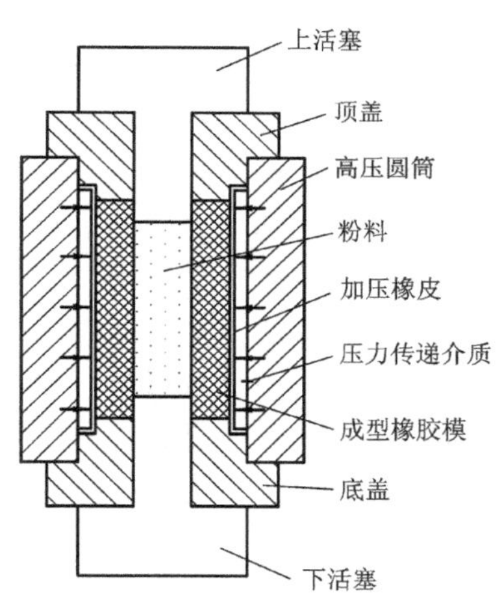

图 6-18　干式等静压原理图

6.3　复合材料及成型

随着材料科学技术的不断发展，尤其是近 30 年来航空航天、运输、能源和建筑等行业的飞速发展，对材料性能的要求越来越高，已不仅仅局限于材料的强度、韧性、抗疲劳性、耐磨性等，还包括材料的耐热性、耐蚀性、比强度、比刚度、屈强比及其他物理和化学性能。原来的金属、高分子或陶瓷等单一材料已不能满足这些方面的要求，而复合材料能很好地满足这些要求。它最大的特点是其性能比组成材料的性能优越得多，大大改善或克服了组成材料的弱点，从而使得能够按零件的结构和受力情况，并按预定的、合理的配套性能进行最佳设计，甚至可创造单一材料不具备的双重或多重功能，或者在不同时间或条件下发挥不同的功能。最典型的例子是汽车的玻璃纤维挡泥板，若单独使用玻璃材料会太脆，若单独使用聚合物材料则强度低且挠度满足不了要求，但这两种强度和韧性都不高的单一材料经复合后得到了令人满意的高强度、高韧性的新材料，而且很轻。再如，用缠绕法制造的火箭发动机机壳，由于玻璃纤维的方向与主应力的方向一致，所以在这一方向上的强度是单一树脂的20多倍，从而最大限度地发挥了材料的潜能。另外，自动控温开关是由温度膨胀系数不同的黄铜片和铁片复合而成的，如果单用黄铜或铁片，不可能达到自动控温的目的。导电的铜片两边加上两片隔热、隔电塑料，可实现一定方向导电，另外的方向绝缘及隔热的双重功能。由此可见，在生产、生活中，复合材料有着极其广泛的应用，因此现代复合材料才得以蓬勃发展，并形成了独立的学科。

6.3.1 复合材料的分类

根据国际标准化组织(International Organization for Standardization，ISO)中的定义，复合材料是由两种或两种以上物理和化学性质不同的物质组合而成的一种多相固体材料。复合材料的组分材料虽然保持其相对独立性，但复合材料的性能却不是组分材料性能的简单加和，而有着重要的改进。它既能保留原组分材料的主要特色，又通过复合效应获得原组分所不具备的性能；可以通过材料设计使各组分的性能互相补充并彼此关联，从而获得新的优越性能，故它与一般材料的简单混合有着本质的区别。

复合材料由基体和增强材料组成。基体是构成复合材料连续相的单一材料，如玻璃钢中的树脂，其作用是将增强材料黏合成一个整体；增强材料是复合材料中不构成连续相的材料，如玻璃钢中的玻璃纤维，它是复合材料的主要承力组分，特别是拉伸强度、弯曲强度和冲击强度等力学性能主要由增强材料承担，起到均衡应力和传递应力的作用，使增强材料的性能得到充分发挥。

复合材料的分类方法较多。如根据增强原理分类，有弥散增强型复合材料、粒子增强型复合材料和纤维增强型复合材料；根据复合过程的性质分类，有化学复合的复合材料、物理复合的复合材料和自然复合的复合材料；根据复合材料的功能分类，有电功能复合材料、热功能复合材料、光功能复合材料等。

常见的分类方法有以下几种：

1．按基体材料类型分类

(1) 聚合物基复合材料：以有机聚合物(主要为热固性树脂、热塑性树脂及橡胶)为基体制成的复合材料；

(2) 金属基复合材料：以金属为基体制成的复合材料，如铝基复合材料、钛基复合材料等；

(3) 无机非金属基复合材料等：以陶瓷材料(也包括玻璃和水泥)为基体制成的复合材料。

2．按增强材料类型分类

(1) 玻璃纤维复合材料(玻璃纤维增强的树脂基复合材料俗称玻璃钢)；

(2) 碳纤维复合材料；

(3) 有机纤维(芳香族聚酰胺纤维、芳香族聚酯纤维、高强度聚烯烃纤维等)复合材料；

(4) 金属纤维(如钨丝、不锈钢丝等)复合材料；

(5) 陶瓷纤维(如氧化铝纤维、碳化硅纤维、硼纤维等)复合材料等。

3. 按增强材料形态分类

(1) 连续纤维复合材料：作为分散相的纤维，每根纤维的两个端点都位于复合材料的边界处；

(2) 短纤维复合材料：短纤维无规则地分散在基体材料中制成的复合材料；

(3) 粒状填料复合材料：微小颗粒状增强材料分散在基体中制成的复合材料；

(4) 编织复合材料：以平面二维或立体三维纤维编织物为增强材料与基体复合而成的复合材料。

4. 按材料作用分类

(1) 结构复合材料：用于制造受力构件的复合材料；

(2) 功能复合材料：具有各种特殊性能(如阻尼、导电、导磁、换能、摩擦、屏蔽等)的复合材料。

6.3.2 复合材料的成型

复合材料成型工艺的特点主要取决于复合材料的基体。一般情况下，其基体材料的成型工艺方法也常常适用于以该类材料为基体的复合材料，特别是以颗粒、晶须和短纤维为增强体的复合材料。例如，金属材料的各种成型工艺多适用于颗粒、晶须及短纤维增强的金属基复合材料，包括压铸、精铸、离心铸、挤压、轧制、模锻等。而以连续纤维为增强体的复合材料的成型则往往是完全不同的，或至少是需要采取特殊工艺措施的。

本节对复合材料成型方法的介绍是以基体材料来分类的。

1. 树脂基复合材料成型工艺

1) 热固性树脂(thermosetting resin)基复合材料的成型工艺

(1) 手糊成型。

手糊成型是以手工作业为主的成型方法。先在经清理并涂有脱模剂的模具上均匀刷上一层树脂，再将纤维增强织物按要求裁剪成一定形状和尺寸，直接铺设到模具上，并使其平整。多次重复以上步骤逐层铺贴，制成坯件，然后固化成型。

手糊成型主要用于不需加压、室温固化的不饱和聚脂树脂和环氧树脂为基体的复合材料成型。特点是不需专用设备，工艺简单，操作方便，但劳动条件差，产品精度较低，承载能力低。一般用于使用要求不高的大型制件，如船体、储罐、大口径管道、汽车部件等。

手糊成型还用于热压罐、压力袋、压机等模压成型方法的坯件制造。

(2) 层压成型。

层压成型是制取复合材料的一种高压成型工艺，此工艺多用纸、棉布、玻璃布作为增强原料，以热固性酚醛树脂、芳烃甲醛树脂、氨基树脂、环氧树脂及有机硅树脂为粘结剂，其工艺过程如图 6-19 所示。

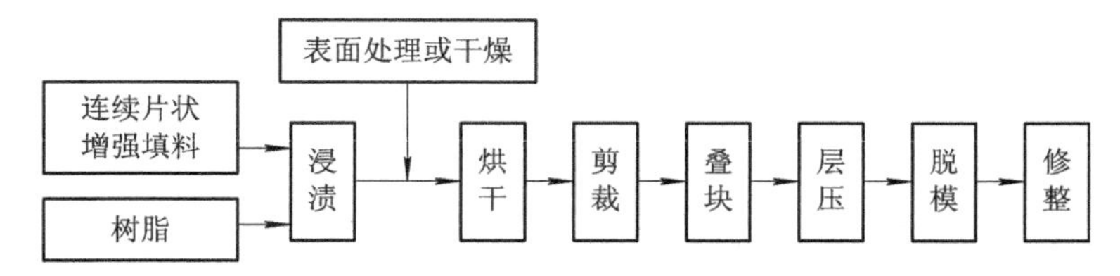

图 6-19　层压成型的工艺过程

上述过程中，增强填料的浸渍和烘干在浸胶机中进行。

增强填料浸渍后连续进入干燥室以除去树脂液中含有的溶液以及其他挥发性物质，并控制树脂的流动度。

浸胶材料层压成型是在多层压机上完成的。在进行热压前需按层压制品的大小，选用适当尺寸的浸胶材料，并根据制品要求的厚度(或重量)计算所需浸胶材料的张数，逐层叠放后，再于最上和最下两面放置2～4张表面层用的浸胶材料。面层浸胶材料含树脂量较高、流动性较大，因而可以使层压制品表面光洁美观。

(3) 压机、压力袋、热压罐模压成型。

这几种成型方法均可与手糊成型或层压成型配套使用，常作为复合材料层叠坯料的后续成型加工。

用压机施加压力和温度来实现模具内制件的固化成型方法即为压机模压成型。该成型方法具有生产效率高、产品外观好、精度高，适合于大批量生产的特点，但要求模具精度高，制件尺寸受压机规格的限制。

压力袋模压成型是用弹性压力袋对放置于模具上的制件在固化过程中施加压力成型的方法。压力袋由弹性好、强度高的橡胶制成，充入压缩空气并通过反向机构将压力传递到制件上，固化后卸模取出制件。图6-20所示为压力袋模压成型示意图。

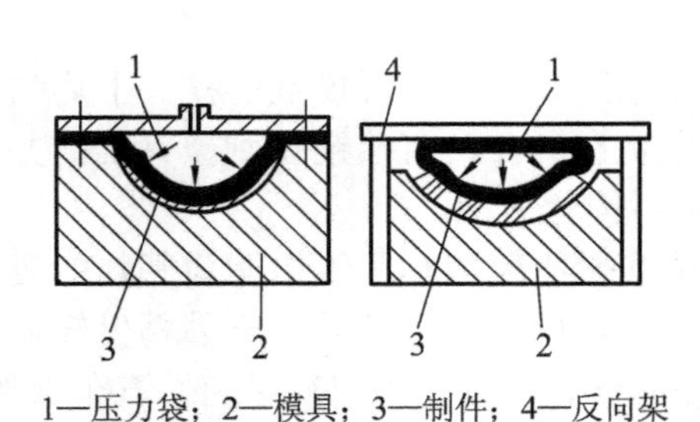

1—压力袋；2—模具；3—制件；4—反向架

图6-20 压力袋模压成型示意图

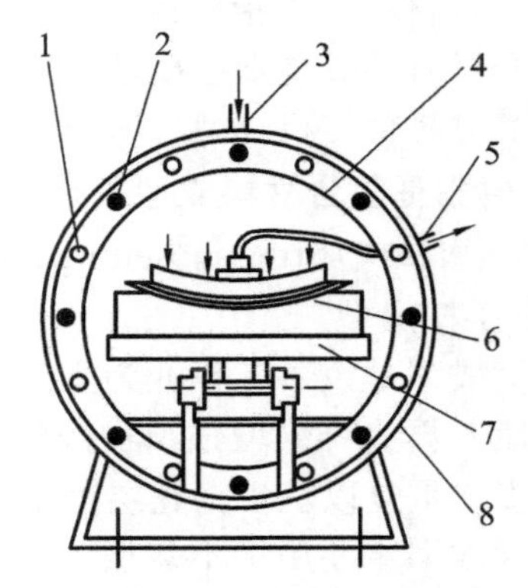

1—冷却管；2—加热棒；3—进气嘴；
4—内衬；5—真空嘴；6—模具；
7—工作车；8—罐体

图6-21 热压罐结构及成型原理示意图

这种成型方法的特点是工艺及设备均较简单，成型压力不高，可用于外形简单、室温固化的制件。

热压罐模压成型是利用热压罐内部的程控温度和静态气体压力，使复合材料层叠坯料在一定温度和压力下完成固化及成型过程的工艺方法。热压罐是树脂基复合材料固化成型的专用设备之一。该工艺方法所用模具简单，制件压制紧密，厚度公差范围小；但能源利用率低，辅助设备多，成本较高。图6-20所示为热压罐结构及成型原理示意图。

(4) 喷射成型。

将经过特殊处理而雾化的树脂与短切纤维混合并通过喷射机的喷枪喷射到模具上，至一定厚度时，用压辊排泡压实，再继续喷射，直至完成坯件制件(图6-22)，然后固化成型。

主要用于不需加压、室温固化的不饱和聚脂树脂。

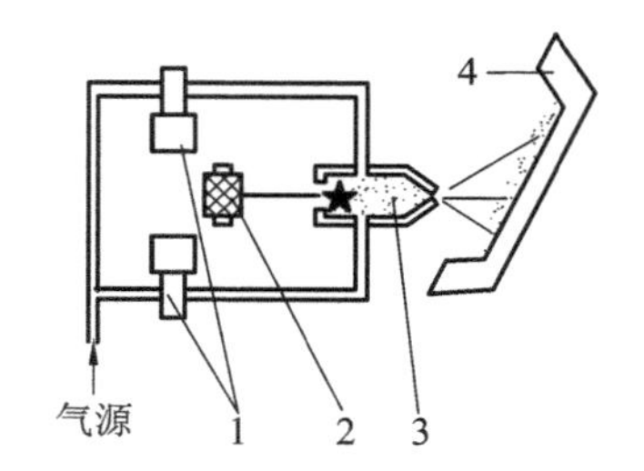

1—树脂罐与泵；2—纤维；3—喷枪；4—模具

图 6-22　喷射成型示意图

喷射成型方法生产效率高、劳动强度低，节省原材料，制品形状和尺寸受限制小，产品整体性好；但场地污染大，制件承载能力低。适于制造船体、浴盆、汽车车身等大型部件。

(5) 压注成型。

这是通过压力将树脂注入密闭的模腔，浸润其中的纤维织物坯件，然后固化成型的方法。其工艺过程是先将织物坯件置入模腔内，再将另一半模具闭合，用液压泵将树脂注入模腔内使其浸透增强织物，然后固化(图 6-23)。

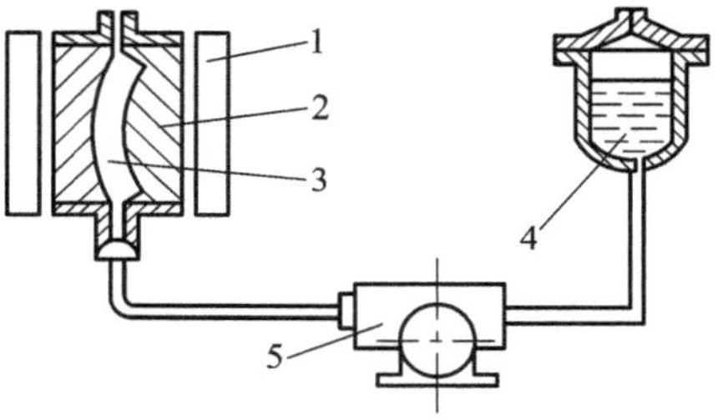

该成型方法工艺环节少，制件尺寸精度高，外观质量好，一般不需要再加工，但工艺难度大，生产周期长。

1—加热套；2—模具；3—制件；4—树脂釜；5—泵

图 6-23　压注成型示意图

(6) 离心浇注成型。

这种方法是利用筒状模具旋转产生的离心力将短纤维连同树脂同时均匀喷洒到模具内壁形成坯件，然后再成型。

该成型方法具有制件壁厚均匀、外表光洁的特点，适于筒、管、罐类制件的成型。

以上介绍的均为热固性树脂基复合材料的成型方法。实际上，针对不同的增强体及制件的形状特点，成型方法远不止这些。例如，大批量生产管材、棒材、异形材可用拉挤成型方法，管状纤维复合材料的管状制件可采用搓制成型方法。

2) 热塑性树脂(thermoplastic resin)基复合材料成型工艺

热塑性树脂的特性决定了热塑性树脂基复合材料的成型不同于热固性树脂基复合材料。

热塑性树脂基复合材料在成型时，基体树脂不发生化学变化，而是靠其物理状态的变化来完成的。其过程主要由熔融、融合和硬化三个阶段组成。已成型的坯件或制品，再加热熔融后还可以二次成型。颗粒及短纤维增强的热塑性材料，最适用于注射成型，也可用模压成型；长纤维、连续纤维、织物增强的热塑性复合材料要先制成预浸料，再按与热固性复合材料类似的方法(如模压)压制成型。形状简单的制品，一般先压制出层压板，再用专门的方法二次成型。

由于热塑性树脂及热固性复合材料的很多成型方法均适用于热塑性复合材料的成型，故在这里不再重复介绍。

2. 金属基复合材料成型工艺

金属基复合材料(亦称 MMC)是以金属及其合金为基体，与一种或几种金属或非金属增强相人工结合成的复合树料。金属基体可以是铝、镁、铜及黑色金属。增强材料大多为无机非金属树料，陶瓷、碳、石墨及硼等，也可以用金属丝。金属基复合材料制备工艺主要有以下四大类：固态法、液态法、喷射与喷涂沉积法、原位复合法。

1) 固态法

金属基复合材料的固态制备工艺主要有粉末冶金法和热压扩散结合法两种。

(1) 粉末冶金法。

粉末冶金法是制备金属基复合材料，尤其是非连续增强体金属基复合材料的方法之一，广泛应用于各种颗粒、片晶、晶须及短纤维增强的铝、铜、钛、高温合金等金属基复合材料。其工艺首先是将金属粉末或合金粉末和增强体均匀混合，制得复合坯料、经用不同固化技术制成锭块，再通过挤压、轧制、锻造等二次加工制成型材。图 6-24 所示是用粉末冶金法制备短纤维、颗粒或晶须增强金属基复合材料工艺流程图。

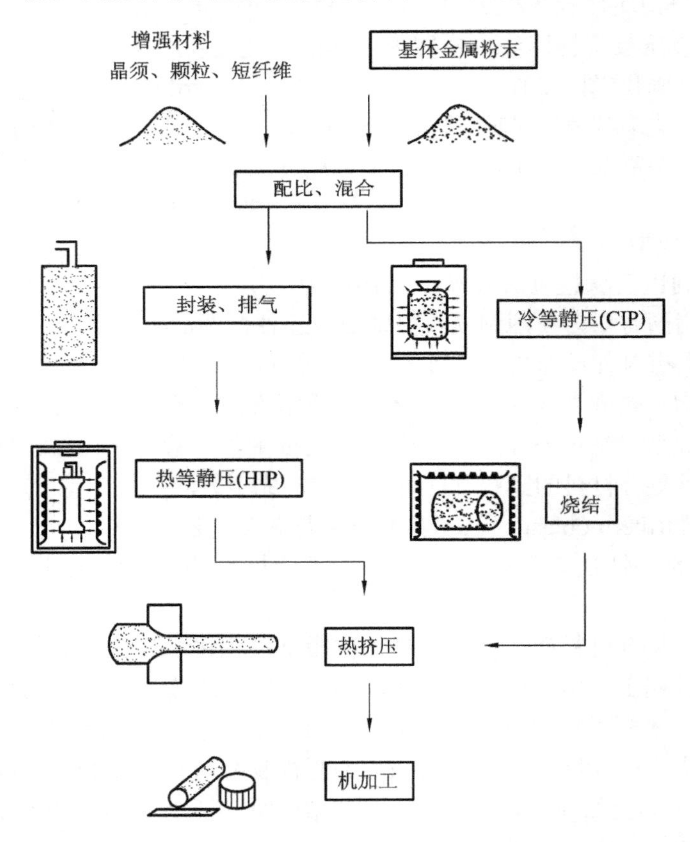

图 6-24 粉末冶金法制备短纤维、颗粒或晶须增强金属基复合材料的工艺流程图

(2) 热压扩散结合法。

热压扩散结合法是连续纤维增强金属基复合材料最具代表性的一种常用的固相复合工艺。即按照制件形状、纤维体积密度及增强方向要求，将金属基复合材料预制条带及基体金属箔或粉末布，经裁剪、铺设、叠层、组装，然后在低于复合材料基体金属熔点的温度下加压并保持一定时间；基体金属产生蠕变与扩散，使纤维与基体间形成良好的界面结合，得到复合材料制件。其工艺流程如图 6-25 所示。

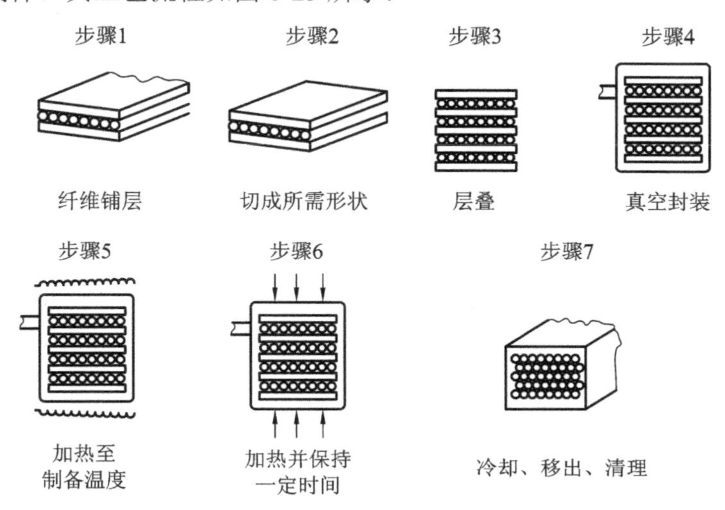

图 6-25　硼纤维增强铝的扩散结合工艺流程示意图

与其他复合工艺相比，该方法易于精确控制，制件质量好，但由于型模加压的单向性、使该方法仅限于制作较为简单的板材、某些型材及叶片等制件。

2) *液态法*

液态法包括压铸、半固态复合铸造、液态渗透以及搅拌法等。这些方法的共同特点是金属基体在制备复合材料时均处于液态或呈半固态。

压铸成型是指在压力作用下，将液态或半液态金属基复合材料以一定速度充填压铸模型腔，在压力下凝固成型而制备金属基复合材料的方法。典型压铸法的工艺流程如图 6-26 所示。

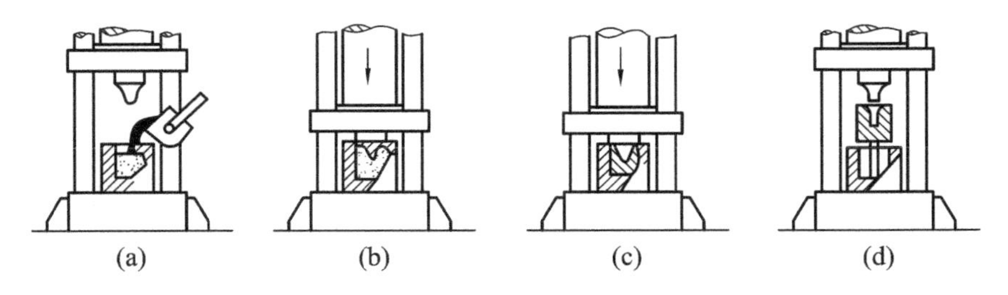

图 6-26　金属基复合材料压铸工艺示意图

(a) 注入复合材料；(b) 加压；(c) 固化；(d) 顶出

半固态复合铸造是将颗粒加入处于半固态的金属基体中，通过搅拌使颗粒在金属基体中均匀分布、然后浇注成型，如图 6-27 所示。

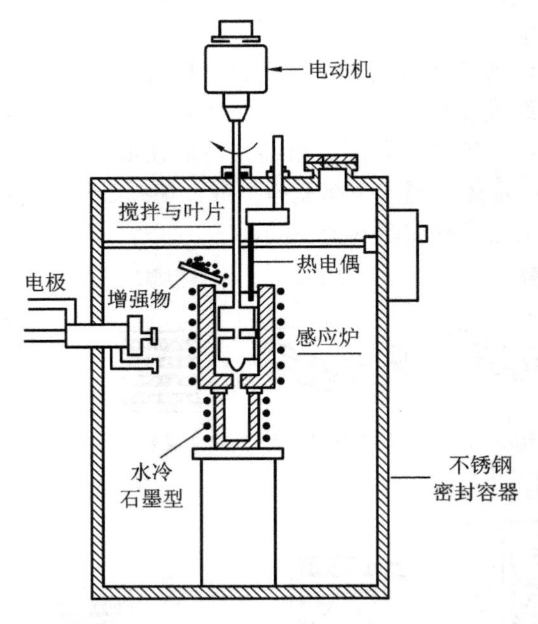

图 6-27 半固态复合铸造工艺示意图

3) 喷涂沉积法

喷涂沉积法的主要原理是以等离子弧或电弧加热金属粉末或金属线、丝，甚至是增强材料的粉末，然后通过高速气体喷涂到沉积基板上。图 6-28 所示为电弧或等离子喷涂形成纤维增强金属基复合材料的示意图。首先将增强纤维缠绕在已经包覆一层基体金属并可以转动的滚筒上，基体金属粉末、线或丝通过电弧喷涂枪或等离子喷涂枪加热形成液滴。基体金属熔滴直接喷涂在沉积滚筒上与纤维相结合并快速凝固。

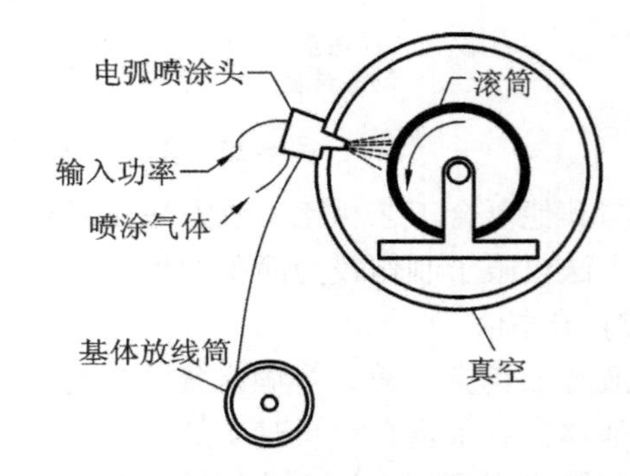

图 6-28 电弧或等离子喷涂形成单层复合材料示意图

4) 原位复合法

增强材料与金属基体间的相容性问题往往影响到金属基复合材料的性能和性能稳定性问题。如果增强材料(纤维、颗粒或晶须)能从金属中直接(即原位)生成，则上述相容性问题可以得到较好的解决。这就是原位复合材料的来由。因为原位生成的增强相与金属基体界面接合良好，生成相的热力学稳定性好，也不存在增强相与基体的润湿和界面反应等问题。目前开发的原位复合或原位增强方法主要有共晶合金定向凝固法、直接金属氧化法和反应生成法。

3. 陶瓷基复合材料成型工艺

陶瓷基复合材料的成型方法分为两类。一类是针对短纤维、晶须、晶片和颗粒等增强体，基本采用传统的陶瓷成型工艺，即热压烧结和化学气相渗透法；另一类针对连续纤维增强体，有料浆浸渍后热压烧结法和化学气相渗透法。下面简单介绍后两种方法。

1) 料浆浸渍热压成型

将纤维置于制备好的陶瓷粉体浆料里，纤维粘附一层浆料，然后将含有浆料的纤维布压制成一定结构的坯体，经干燥、排胶、热压烧结为制品。该方法广泛用于陶瓷基复合材料的成型，其优点是不损伤增强体，不需成型模具，能制造大型零件，工艺较简单；缺点是增强体在基体中的分布不太均匀。

2) 化学气相渗透工艺

先将纤维作成所需形状的预成型体，在预成型体的骨架上具有开口气孔，然后将预成型体置于一定温度下，从低温侧进入反应气体，到高温侧后发生热分解或化学反应沉积出所需陶瓷的基质，直至预成型体中各空穴被完全填满，获得高致密度的复合材料。该方法又称 CAI 工艺，它可获得高强度、高韧性的复合材料制件。

4. 碳/碳复合材料成型工艺

碳/碳复合材料是由碳纤维及其制品(碳毡或碳布)增强的碳基复合材料。碳/碳复合材料具有碳和石墨材料的优点，如密度低和优异的热性能，高的导热性，低热膨胀系数以及对热冲击不敏感等特性。碳/碳材料还具有优异的力学性能，如高温下的高强度和模量，尤其是随温度的升高强度不但不降低，反而升高的特性以及高断裂韧性、低蠕变特性，使得碳/碳复合材料成为目前唯一可用于高温达 2800℃的高温复合材料。在航空航天、核能、军事以及一些民用工业领域获得广泛应用。

根据碳/碳复合材料使用的工况条件、环境条件和所要制备的具体构件，可以设计和制备不同结构的碳/碳复合材料。另外，还可用不同编织方式的碳纤维作增强材料，做成预成型体，如图 6-29(a)、(b)、(c)所示分别为三维、四维、五维编织碳/碳复合材料预成型体。

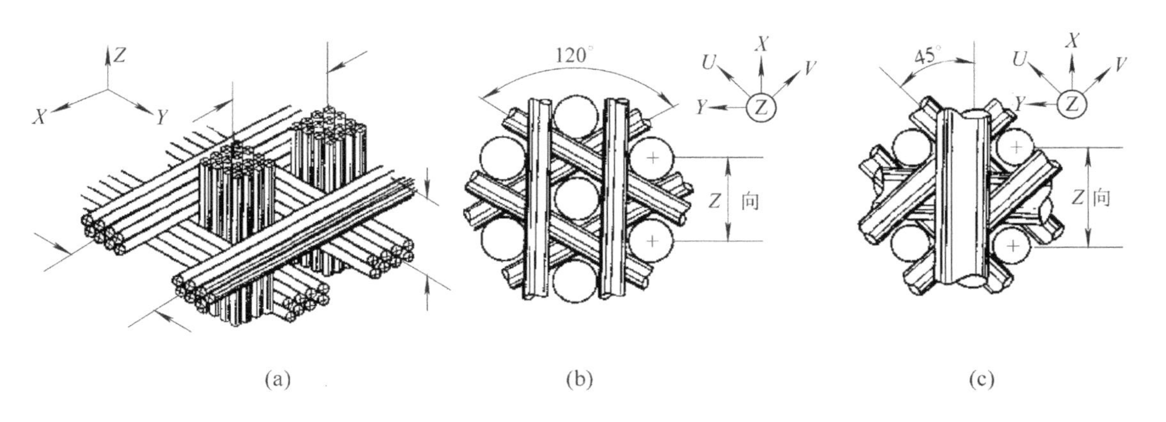

图 6-29　碳/碳复合材料预成型体

(a) 三维结构；(b) 四维结构；(c) 五维结构

基体碳可通过化学气相沉积或浸渍高分子聚合物碳化来获得。制备工艺主要有化学气相沉积(CVD)工艺和液态浸渍－碳化工艺。在制备工艺中，温度、压力和时间是主要工艺参量。

碳/碳复合材料 CVD 工艺的原理是通过气相的分解或反应生成固态物质，并在某固定基体上成核并生长。获取 CVD 碳的气体主要有甲烷、丙烷、丙烯、乙炔、天然气或汽油等碳氢化合物。此外，还可通过纤维预成型体的加热，甲烷经过加热可以裂化生成固体碳和氢，碳沉积在预成型体上形成基体碳，气体则排出。

碳/碳复合材料液态浸渍－碳化工艺可获得基体碳中的树脂碳和沥青碳。一般在最初的浸渍－碳化循环时采用酚醛树脂浸渍，在后阶段则采用呋喃树脂/沥青混合浸渍剂。为了改善沥青与碳纤维的结合，在碳纤维预成型体浸渍前可先进行 CVD 工艺，以便在纤维上获得一层很薄的沉积碳。

思考题与习题

6-1 高聚物的结构分为哪几个层次？

6-2 高分子材料非晶聚合物有哪几种力学行为，其出现条件和特点是什么？

6-3 试述工程塑料的种类、性能及其应用。

6-4 工程塑料有哪些成型方法？

6-5 简述合成纤维的主要生产方法及三种主要合成纤维的结构、性能及用途。

6-6 试述合成橡胶的种类、性能及其应用。

6-7 陶瓷材料的组织由哪几个相组成?它们对陶瓷的性能各有什么影响?

6-8 简述陶瓷材料成型工艺的种类及其特点。

6-9 什么叫复合材料？它有什么特点?

6-10 简述复合材料的分类。

6-11 复合材料的成型工艺有哪几种？试述每一种成型工艺的特点。

第7章　新 型 材 料

新型材料是指以新制备工艺制成的或正在发展中的材料，这些材料比传统材料具有更优异的性能。新型材料主要包括形状记忆合金、非晶态合金、超塑性合金、纳米材料、储氢合金、超导材料、磁性材料、功能梯度材料、生物材料、减振合金及智能材料等。本章只介绍其中的几种。

7.1　形状记忆合金

7.1.1　形状记忆效应

某些具有热弹性马氏体相变的合金，在马氏体状态下进行一定限度的变形或变形诱发马氏体后，在随后的加热过程中，当超过马氏体相消失的温度时，材料就能完全恢复变形前的形状和体积，这种现象称为形状记忆效应(Shape Memory Effect)。具有形状记忆效应的合金称形状记忆合金(Shape-Memory Alloys)。

形状记忆效应最早发现于20世纪30年代，但当时并没有引起人们的重视。1963年，美国海军军械实验室在研究Ni-Ti合金时发现其具有良好的形状记忆效应，引起了人们的重视并进行集中研究。自1975年以来，形状记忆合金作为一种新型功能材料，其应用研究已十分活跃。

7.1.2　形状记忆效应的机理

冷却时，高温母相转变为马氏体的开始温度 M_s 与加热时马氏体转变为母相的起始温度 A_s 之间的温度差称为热滞后。普通马氏体相变的热滞后较大，在 M_s 以下马氏体瞬间形核瞬间长大，随温度下降，马氏体数量增加是靠新核心形成和长大实现的。而形状记忆合金中的马氏体相变热滞后非常小，在 M_s 以下升降温时马氏体数量减少或增加是通过马氏体片缩小或长大来完成的，母相与马氏体相界面可逆向光滑移动。这种热滞后小、冷却时界面容易移动的马氏体相变称为热弹性马氏体相变。

如图7-1所示，当形状记忆合金从高温母相状态(a)冷却到低于 M_s 点的温度后，将发生马氏体相变(b)，这种马氏体与钢中的淬火马氏体不一样，通常它比母相还软，为热弹性马氏体。在马氏体范围变形成为变形马氏体(c)的过程中，马氏体发生择优取向，处于与应力方向有利的马氏体片长大，而处于不利取向的马氏体被有利取向的马氏体吞并，最后成为单一有利取向的有序马氏体。将变形马氏体加热到As以上，晶体恢复到原来单一取向的高温母相，随之其宏观形状也恢复到原始状态。经过此过程处理的母相再冷却到Ms点以下，如又可记忆在(c)阶段的变形马氏体形状，这种合金称双向形状记忆合金。

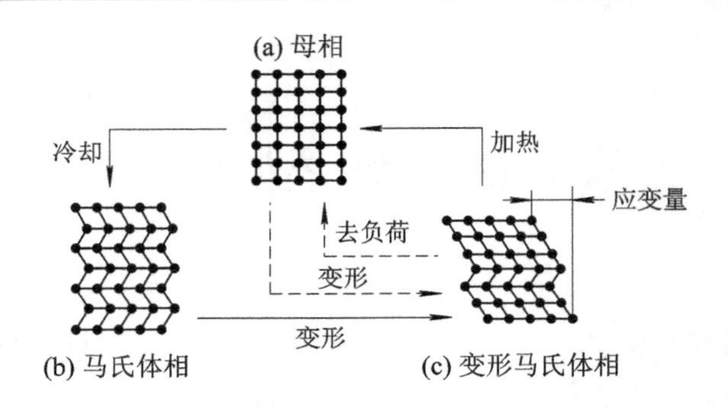

图 7-1 形状记忆合金和超弹性变化的机理示意图

形状记忆合金应具备以下三个条件：① 马氏体相变是热弹性类型的；② 马氏体相变通过孪生(切变)完成，而不是通过滑移产生的；③ 母相和马氏体相均属于有序结构。

如果直接对母相施加应力，也可由母相(a)直接形成变形马氏体(c)，这一过程称为应力诱发马氏体相变。应力去除后，变形马氏体又变回该温度下的稳定母相，恢复母相原来形状，应变消失，这种现象称为超弹性或伪弹性。超弹性发生于滑移变形临界应力较高时。此时，在 A_s 温度以上，外应力只要高于诱发马氏体相变的临界应力，就可以产生应力诱发马氏体，去除外力，马氏体立即转变为母相，变形消失。超弹性合金的弹性变形量可达百分之几到 20%，且应力与应变是非线性的。

7.1.3 形状记忆合金的应用

已发现的形状记忆合金种类很多，可以分为 Ti-Ni 系、铜系、铁系合金三大类。目前已实用化的形状记忆合金只有 Ti-Ni 系合金和铜系合金。根据现有资料，将各种形状记忆合金汇总于表 7-1 中。

表 7-1 具有形状记忆效应的合金

合 金	组成/(%)	相变性质	Ms/℃	热滞后/℃	体积变化/(%)	有序/无序	记忆功能
Ag-Cd	44～49Cd(at)	热弹性	−190～−50	～15	～0.16	有	S
Au-Cd	46.5～50Cd(at)	热弹性	−30～100	～15	～0.41	有	S
Cu-Zn	38.5～41.5Zn(at)	热弹性	−180～−10	～10	～0.5	有	S
Cu-Zn-X	X=Si,Sn,Al,Ga(wt)	热弹性	−180～100	～10	—	有	S,T
Cu-Al-Ni	14～14.5Al-3～4.5Ni(wt)	热弹性	−140～100	～35	～0.30	有	S,T
Cu-Sn	～15Sn(at)	热弹性	−120～−30	—	—	有	S
Cu-Au-Sn	23～28Au-45～47Zn(at)	—	−190～−50	～6	～0.15	有	S
Fe-Ni-Co-Ti	33Ni-10Co-4Ti(wt)	热弹性	～−140	～20	0.4～2.0	部分有	S

续表

合 金	组成/(%)	相变性质	Ms/℃	热滞后/℃	体积变化/(%)	有序/无序	记忆功能
Fe-Pd	30Pd(at)	热弹性	～－100	—	—	无	S
Fe-Pt	25Pt(at)	热弹性	～－130	～3	0.5～0.8	有	S
In-Tl	18～23Tl(at)	热弹性	60～100	～4	～0.2	无	S,T
Mn-Cu	5～35Cu(at)	热弹性	－250～185	～25	—	无	S
Ni-Al	36～38Ai(at)	热弹性	－180～100	～10	～0.42	有	S
Ti-Ni	49～51Ni(at)	热弹性	－50～100	～30	～0.34	有	S,T,A

注：S 为单向记忆效应；T 为双向记忆效应；A 为全方位记忆效应。

1. 工程应用

形状记忆合金在工程上的应用很多，最早的应用就是制作各种结构件，如紧固件、连接件、密封垫等；另外，也可以用于一些控制元件，如一些与温度有关的传感及自动控制。

制作连接件是形状记忆合金用量最大的一项用途。预先将形状记忆合金管接头内径做成比待接管外径小 4%，在 M_s 以下马氏体非常软，可将接头扩张插入管子，在高于 A_s 的使用温度下，接头内径将复原。如美国 Raychem 公司用 Ti-Ni 记忆合金作 F-14 战斗机管接头，使用了 10 万多个，至今未发生漏油或脱落等事故。用形状记忆合金作紧固件、连接件的优点是：

(1) 夹紧力大，接触密封可靠，避免了由于焊接而产生的冶金缺陷；

(2) 适于不易焊接的接头，如严禁明火的管道连接、焊接工艺难以进行的海底输油管道修补等；

(3) 金属与塑料等不同材料可以通过这种连接件连成一体；

(4) 安装时不需要熟练的技术。

利用形状记忆合金弹簧可以制作热敏驱动元件用于自动控制，如空调器阀门、发动机散热风扇离合器等。利用形状记忆合金的双向记忆功能可制造机器人部件，还可制造热机，实现热能-机械能的转换。在航天上，可用形状记忆合金制作天线，将合金在母相状态下焊成抛物面形，在马氏体状态下压成团，送上太空后，在阳光加热下又恢复抛物面形。

2. 医学应用

利用 Ti-Ni 合金与生物体良好的相容性，可制造医学上的凝血过滤器、脊椎矫正棒、骨折固定板等。利用合金的超弹性可代替不锈钢作齿形矫正用丝等。

7.2 非晶态合金

非晶态(amorphous state)是指原子呈长程无序排列的状态。具有非晶态结构的合金称非晶态合金，非晶态合金又称金属玻璃。通常认为，非晶态仅存在于玻璃、聚合物等非金属领域中，而传统的金属材料都是以晶态形式出现的。因此，近些年来，非晶态合金的出现引起了人们的极大兴趣，成为金属材料的一个新领域。

早在20世纪50年代，人们就从电镀膜上了解到了非晶态合金的存在；到60年代，发现了用激光法从液态获得非晶态的Au-Si合金；70年代后，开始采用熔体旋辊急冷法制备非晶薄带；目前非晶态合金应用正逐步扩大，其中非晶态软磁材料发展较快，已成批生产。

7.2.1 非晶态合金的制备

通过熔体急冷而制成的非晶态合金目前有很多种，典型的有Fe80B20、Fe40Ni40P14B6、Fe5Co70Si5B10、Pd80Si20、Cu60B40、Ca70Mg30、La76Au24和U70Cr30等。

液态金属不发生结晶的最小冷却速度称做临界冷却速度。从理论上讲，只要冷却速度足够大(大于临界冷速)，所有合金都可获得非晶态。但目前能获得的最大冷却速度为106℃/s，因此临界冷速大于106℃/s的合金尚无法制得非晶态。熔体在大于临界冷速冷却时原子扩散能力显著下降，最后被冻结成非晶态的固体。固化温度T_g称为玻璃化温度。

合金是否容易形成非晶态，一是与其成分有关，过渡族金属或贵金属与类金属元素组成的合金易于形成非晶；二是与熔点和玻璃化温度之差$\Delta T=T_m-T_g$(T_m为熔点)有关，ΔT越小，形成非晶的倾向越大。

1. 气态急冷法

气态急冷法即气相沉积法，主要包括溅射法和蒸发法。这两种方法制得的非晶材料只是小片的薄膜，不能进行工业生产，但由于其可制成非晶态材料的范围较宽，因而可用于研究。

2. 液态急冷法

目前最常用的液态急冷法是旋辊急冷法，可分为单辊法和双辊法。图7-2是单辊法示意图。将材料放入石英坩埚中，在氩气保护下用高频感应加热使其熔化，再用气压将熔融金属从管底部的扁平口喷出，落在高速旋转的铜辊轮上，经过急冷立即形成很薄的非晶带。

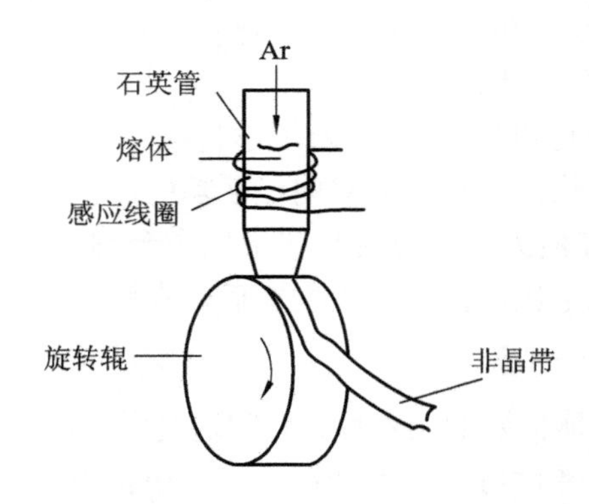

图7-2 单辊法制备非晶带示意图

7.2.2 非晶态合金的特性

1. 力学性能

非晶态合金力学性能的特点是具有高的强度和硬度。例如非晶态铝合金的抗拉强度(1140 MPa)是超硬铝抗拉强度(520 MPa)的两倍。非晶态合金Fe80B20的抗拉强度达3630 MPa，而晶态超高强度钢的抗拉强度仅为1820～2000 MPa。表7-2列举了几种非晶态合金的力学性能。非晶态合金强度高的原因是由于其结构中不存在位错，没有晶体那样的滑移面，因而不易发生滑移。非晶态合金断后伸长率低但并不脆，而且具有很高的韧性，非晶薄带可以反复弯曲180°而不断裂，并可以冷轧，有些合金的冷轧压缩率可达50%。

表7-2　一些非晶态合金的力学性能

合　金		硬度/HV	抗拉强度/MPa	断后伸长率/(%)	弹性模量/MPa
非晶态合金	Pd83Fe7Si10	4018	1860	0.1	66 640
	Cu57Zr43	5292	1960	0.1	74 480
	Co75Si15B10	8918	3000	0.2	53 900
	Fe80P13C7	7448	3040	0.03	121 520
	Ni75Si8B17	8408	2650	0.14	78 400
晶态	18Ni-9Co-5Mo	—	1810～2130	10～12	—

2. 耐蚀性

非晶态合金具有很强的耐腐蚀能力。例如，不锈钢在含有氯离子的溶液中，一般都要发生点腐蚀、晶间腐蚀，甚至应力腐蚀和氢脆，而非晶态的Fe-Cr合金可以弥补不锈钢的这些不足。Cr可显著改善非晶态合金的耐蚀性。非晶态合金耐蚀性好的主要原因是能迅速形成致密、均匀、稳定的高纯度Cr_2O_3钝化膜。此外，非晶态合金组织结构均匀，不存在晶界、位错、成分偏析等腐蚀形核部位，因而其钝化膜非常均匀，不易产生点蚀。

3. 电性能

与晶态合金相比，非晶态合金的电阻率显著增加了2～3倍。非晶态合金的电阻温度系数比晶态合金的小。多数非晶态合金具有负电阻温度系数，即随温度升高电阻率连续下降。

4. 软磁性

非晶态合金磁性材料具有高导磁率、高磁感、低铁损和低矫顽力等特性，而且无磁各向异性。这是由于非晶态合金中没有晶界、位错及堆垛层错等钉扎磁畴壁的缺陷。

5. 其他性能

非晶态合金还具有好的催化特性，高的吸氢能力，超导电性，低居里温度等特性。

7.2.3 非晶态合金的应用

利用非晶态合金的高强度、高韧性，以及工艺上可以制成条带或薄片，目前已用它来制作轮胎、传送带、水泥制品及高压管道的增强纤维，还可用来制作各种切削刀具和保安刀片。

用非晶态合金纤维代替硼纤维和碳纤维制造复合材料，可进一步提高复合材料的适应性。这是由于非晶态合金强度高，且具有塑性变形能力，可阻止裂纹的产生和扩展。非晶态合金纤维正用于飞机构架和发动机元件的研制中。

非晶态的铁合金是极好的软磁材料，它容易磁化和退磁，比普通的晶体磁性材料导磁率高、损耗小、电阻率大。这类合金主要作为变压器及电动机的铁芯材料、磁头材料。由于磁损耗很低，因此用非晶态磁性材料代替硅钢片制作变压器，可节约大量电能。

非晶态合金耐腐蚀，特别是在氯化物和硫酸盐中的抗腐蚀性大大超过了不锈钢，获得了“超不锈钢”的名称，可以用于海洋和医学方面，如制造海上军用飞机电缆、鱼雷、化学滤器、反应容器等。

7.3 超塑性合金

7.3.1 超塑性现象

所谓超塑性，是指合金在一定条件下所表现的具有极大伸长率和很小变形抗力的现象。合金发生超塑性时的断后伸长率通常大于100%，有的甚至可以超过1000%。从本质上讲，超塑性是高温蠕变的一种，因而发生超塑性需要一定的温度条件，称超塑性温度 T_s。根据金属学特征，可将超塑性分为细晶超塑性和相变超塑性两大类。

1. 细晶超塑性

细晶超塑性也称等温超塑性，是研究得最早和最多的一类超塑性，目前提到的超塑性合金主要是指具有这一类超塑性的合金。

产生细晶超塑性的必要条件是：① 温度要高，$T_s=(0.4\sim0.7)T_{熔}$；② 变形速率 ε 要小，$\varepsilon\leqslant10^{-3}$/s；③ 材料组织为非常细的等轴晶粒，晶粒直径<5 μm。

细晶超塑性合金要求有稳定的超细晶粒组织。细晶组织在热力学上是不稳定的，为了保持细晶组织的稳定，必须在高温下有两相共存或弥散分布粒子存在。两相共存时，晶粒长大需原子长距离扩散，因而长大速度小，而弥散粒子则对晶界有钉扎作用。所以，细晶超塑性合金多选择共晶或共析成分合金或有第二相析出的合金，而且要求两相尺寸(对共晶或共析合金)和强度都十分接近。

合金在超塑性温度下流变应力 σ 和变形速度 $\dot{\varepsilon}$ 的关系为：$\sigma = K\dot{\varepsilon}^m$。式中，$K$ 为常数；m 为变形速率敏感指数，$m=\lg\sigma/\lg\dot{\varepsilon}$。$\sigma$ 与 $\dot{\varepsilon}$ 的关系如图7-3所示。对于一般金属，$m\leqslant0.2$；对于超塑性合金，$m\geqslant0.3$，m 值越接近，伸长率越大。由图7-3可以看出，只是在一定的变形速度范围内合金才表现出超塑性。

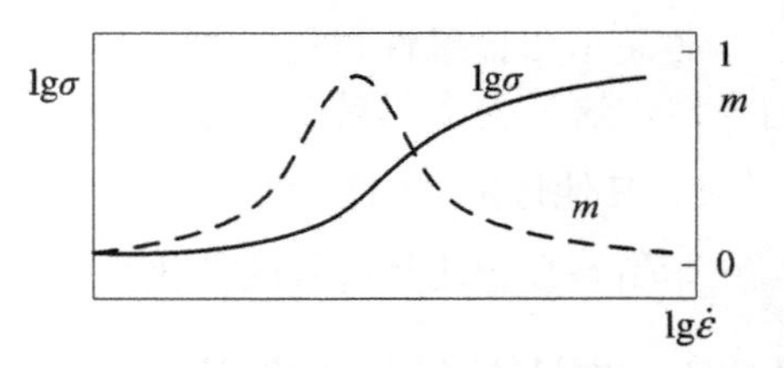

图7-3 流变应力 σ 和变形速度 $\dot{\varepsilon}$ 关系示意图

关于细晶超塑性的微观机制，虽然已从各个角度进行了大量研究，但目前尚无定论。比较流行的观点认为，超塑性变形主要是通过晶界移动和晶粒的转动造成的。其主要证据是在超塑性流动中晶粒仍然保持等轴状，而晶粒的取向却发生明显变化。晶界的移动和晶粒的转动可通过图7-4所示的阿西比(Ashby)机制来完成。经过由(a)到(c)的过程，可以完成 $\varepsilon=0.55$ 的真应变。在这个过程中，不仅要发生晶界的相对滑动，而且要发生由物质转移所造成的晶粒协调变形，图7-4中(d)和(e)即为晶粒1和2在由(a)过渡到(b)时晶内和晶界的扩散过程。无论是晶界移动还是晶粒的协调变形，都是由体扩散和晶界扩散来完成的。由于扩散距离是晶粒尺寸数量级的，因此晶粒越细越有利于上述机制的完成。

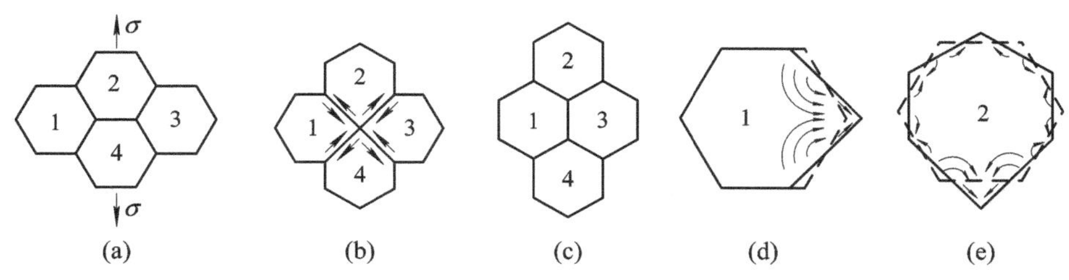

图 7-4 超塑性变形时的晶粒变化及其协调变形时的物质转移示意图

7.3.2 超塑性合金

一些常见的超塑性合金如表 7-3 所示。

表 7-3 一些常见的超塑性合金

	合金成分	断后伸长率/(%)	m	超塑性温度/℃		合金成分	断后伸长率/(%)	m	超塑性温度/℃
锌基超塑性合金	Zn(商品)	409	0.2	20～70	铁基超塑性合金	Fe-0.8C	100	0.35	650～760
	Zn-0.2Al	460	0.8	28		Fe-1.3C	500	0.4	650～900
	Zn-0.4Al	650	0.5	20		Fe-1.6C	500	0.45	650～900
	Zn-0.9Al(共晶)	300	0.68	200～360		Fe-1.9C	500	0.5	650～900
	Zn-22Al	2900	0.7	20～300		Fe-0.12C-1.97Si	150	0.26	800～950
	Zn-40Al	1300	0.65	250～300		Fe-0.13C-0.11Mn-0.11V	310	0.45	700～900
	Zn-50Al	1000	0.3	250～300		Fe-0.34C-0.47Mn-0.2Al	372	0.48	900～950
	Zn-22Al-4Cu	1000	0.5	20～250		Fe-0.42C-1.87Mn-0.24Si	460	0.65	1000
	Zn-22Al-0.2Mn	1000	0.5	20～250		Fe-0.91C-0.45Mn-0.12Si	142	0.42	716～917
	Zn-0.1Ni-0.04Mg	>980	0.51	100～250		Fe-0.07C-0.91Mn-0.5P-0.1N	169	0.31	800～950
铝基超塑性合金	Al(商品)	6000	0.2	377～577		Fe-0.14C-0.7Mn-0.15Si-0.14V	242	0.43	850～950
	Al-7.6Ca	850	0.78	300～600		Fe-0.14C-1.16Mn-0.5P-0.11V	272	0.57	850～950
	Al-17Ca	600	0.35	400～524		Fe-0.16C-1.54Mn-1.98P-0.13V	376	0.55	850～950
	Al-33Cu(共晶)	1150	0.9	380～525					
	Al-10～13Cu(共晶)	180	0.4	450～508		Fe-0.18C-1.54Mn-0.9P-0.11V	320	0.55	850～950
	Al-25～33Cu-7～11Mg	2000	0.5	400～500		Fe-26Cr-6.5Ni	>1000	0.62	700～1020
	Al-5.6Zn-1.56Mg	>600	0.72	420～480	镍基超塑性合金	Ni(商品)	225	0.38	800～820
	Al-6Zn-3Mg	400	0.35	340～360		Ni-Cr 合金	190	0.41	1000
	Al-10.72Zn-0.93Mg-0.42Zr	1550	0.9	550		Ni-34.9Cr-26.2Fe-0.58Ti	>1000	0.5	795～855
	Al-4.6Mg-0.75Mn-0.2Fe-0.15Si	150	0.4	275		Ni-38Cr-14Fe-1.75Ti-1Al	1000	0.5	810～980
	Al-5.8Mg-0.37Zr-0.16Mn-0.07Cr	>800	0.6	520		Ni-39Cr-10Fe-1.75Ti-1Al	1000	0.5	810～980
	Al-4.5Cu-1.5Mg-0.5Mn-0.2Fe-0.1Si	200	0.4	400		Ni-15Co-9.5Cr-5.5Al-5Ti-3Mo (IN100)	1000	0.5	810～1070
	Al-5.6Zn-2.5Mg-1.5Cu-0.2Cr-0.2Fe-0.1Si	200	0.4	400		Ni-16Cr-8.3Co-3.4Ti-3.4Al-2.6W-1.78Ta-1.75Mo	500	0.4	800～1000

1. 锌基合金

锌基合金是最早的超塑性合金，具有巨大的无颈缩延伸率。但其蠕变强度低，冲压加工性能差，不宜做结构材料，适用于一般不需切削的简单零件。

2. 铝基合金

铝基合金虽具有超塑性，但其综合力学性能较差，室温脆性大，限制了其在工业上的应用。含有微量细化晶粒元素(如 Zr 等)的超塑性铝合金则具有较好的综合力学性能，可加工成复杂形状部件。

3. 镍基合金

镍基合金因高温强度高，所以难以锻造成型。利用其超塑性进行精密锻造，不但所需压力小，而且节约了材料和加工费，提高了制品的均匀性。

4. 超塑性钢

将超塑性用于钢方面，至今尚未达到商品化程度。最近研究的 IN-744Y 超塑性不锈钢具有铁素体和奥氏体两相细晶组织，如果把碳质量分数控制在 0.03%，可产生几倍的断后伸长率。碳素钢的超塑性基础研究正在进行，其中含碳 1.25%的碳钢在 650～700℃的加工温度下，可取得 400% 的断后伸长率。

5. 钛基合金

钛基合金变形抗力大、回弹严重、加工困难，当用常规方法锻造、冲压加工时，需要大吨位的设备，难以获得高精度的零件。利用超塑性进行等温模锻或挤压，变形抗力大为降低，可制出形状复杂的精密零件。

7.3.3 超塑性合金的应用

超塑性合金的研究与开发为金属结构材料的加工技术和功能材料的发展开拓了新的前景，受到各国普遍重视，下面介绍其典型应用实例。

1. 高变形能力的应用

(1) 在温度和变形速度合适时，利用超塑性合金的极大伸长率，可完成通常压力加工方法难以完成或用多道工序才能完成的加工任务。如 Zn-22Al 合金加工成的“金属气球”可像气球一样变形到任何程度。这对于一些形状复杂的深冲加工，内缘翻边等工艺的完成具有十分重要的意义。超塑性加工的缺点是加工速度慢、效率低，但优点是作为一种固态铸造方式，成型零件尺寸精度高，可制备复杂零件。

(2) 对于超塑性合金可采用无模拉拔技术。它是利用感应加热线圈来加热棒材的局部，使合金达到超塑性温度，并通过拉拔和线圈移动速度的调整来获得各种减面率。

2. 固相粘结能力的应用

细晶超塑性合金的晶粒尺寸远小于普通粗糙金属表面的微小凸起的尺寸(约 10 μm)，所以当它与另一金属压合时，超塑性合金的晶粒可以顺利地填充满整个微小凸起的空间，使两种材料间的粘结能力大大提高。利用这一点可轧合多层材料、包复材料和制造各种复合材料，可获得多种优良性能的材料。这些性能包括结构强度和刚度、减振能力、共振点移动、韧脆转变温度、耐蚀及耐热性等。

3. 减振能力的应用

合金在超塑性温度下具有使振动迅速衰减的性质，因此可将超塑性合金直接制成零件以满足不同温度下的减振需要。

4. 其他

(1) 利用动态超塑性可将铸铁等难加工的材料进行弯曲变形约120°。

(2) 对于铸铁等焊接后易开裂的材料，在焊后以超塑性温度保温，可消除内应力，防止开裂。

超塑性还可用于高温苛刻条件下使用的机械、结构件的设计、生产及材料的研制，也可应用于金属陶瓷和陶瓷材料中。总之，超塑性的开发与利用，有着十分广阔的前景。

7.4 纳米材料

纳米材料(Nano Materials)是指由尺寸为1～100 nm的纳米粒子凝聚成的纤维、薄膜、块体及与其他纳米粒子或常规材料(薄膜、块体)组成的复合材料。

自然界中早就存在纳米微粒及纳米固体，如陨石碎片、动物牙齿都是由纳米微粒构成的。从20世纪60年代起，有人开始自发地把纳米微粒作为研究对象进行探索，但直到1990年才正式把纳米材料科学作为材料科学一个新的分支。由于纳米材料在结构和性能上的独有特性以及实际中广泛的应用前景，有人将纳米材料、纳米生物学、纳电子学、纳机械学等统称为纳米科技。

7.4.1 纳米材料的特性

当颗粒尺寸进入纳米数量级时，其本身和由它构成的固体主要具有三个方面的效应，同时也由此派生出传统固体不具备的许多特殊性质。

1. 三个效应

1) 小尺寸效应

当超微粒子的尺寸小到纳米数量级时，其声、光、电、磁、热力学等特性均会呈现新的尺寸效应。如磁有序转为磁无序、超导相转为正常相、声子谱发生改变等。

2) 表面与界面效应

随纳米微粒尺寸减小，比表面积增大，三维纳米材料中界面占的体积分数增加。如当粒径为5 nm时，比表面积为180 m^2/g，界面体积分数为50%；而当粒径为2 nm时，比表面积增加到450 m^2/g，体积分数增加到80%。此时已不能把界面简单地看做是一种缺陷，它已成为纳米固体的基本组分之一，并对纳米材料的性能起着举足轻重的作用。

3) 量子尺寸效应

随粒子尺寸的减小和能级间距的增大，从而导致磁、光、声、热、电及超导电性与宏观特性显著不同。

2. 物理特性

1) 低的熔点、烧结开始温度及晶化温度

大块铅的熔点为327℃，而20 nm铅微粒熔点低于15℃。纳米Al_2O_3的烧结温度为1200～1400℃，而常规Al_2O_3烧结温度为1700～1800℃。

2) 具有顺磁性或高矫顽力

10～25 nm铁磁金属微粒的矫顽力比相同的宏观材料大1000倍，而当颗粒尺寸小于10 nm时矫顽力变为零，表现为超顺磁性。

3) 光学特性

一是宽频吸收。纳米微粒对光的反射率低(如铂的纳米微粒仅为1%)，吸收率高，因此金属纳米微粒几乎都呈黑色。二是蓝移现象，即发光带或吸收带由长波长移向短波长的现象。随颗粒尺寸减小，其发光颜色依红色→绿色→蓝色变化。

4) 电特性

随着粒子尺寸降到纳米数量级，金属也由良导体变为非导体，而陶瓷材料的电阻则大大下降。

3. 化学特性

由于纳米材料比表面积大，处于表面的原子数多，键态严重失配，表面出现了非化学平衡、非整数配位的化学价，化学活性高，因此很容易与其他原子结合。如纳米金属的粒子在空气中会燃烧，无机材料的纳米粒子暴露在大气中会吸附气体并与其反应。

4. 结构特性

纳米微粒的结构受尺寸的制约和制备方法的影响。如常规α-Ti为典型的密排六方结构，而纳米α-Ti则为面心立方结构。蒸发法制备的α-Ti纳米微粒为面心立方结构，而用离子溅射法制备同样尺寸的纳米微粒却呈体心立方结构。

5. 力学性能特性

高强度、高硬度、良好的塑性和韧性是纳米材料引人注目的特性之一。如纳米Fe多晶体(粒径8 nm)的断裂强度比常规Fe高12倍，纳米SiC的断裂韧性比常规材料提高100倍，纳米技术为陶瓷材料的增韧带来了希望。

7.4.2 纳米材料的分类

1. 按纳米颗粒结构状态分

按纳米颗粒结构状态分，纳米材料可分为纳米晶体材料(又称纳米微晶材料)和纳米非晶态材料。

2. 按结合键类型分

按结合键类型分，纳米材料可分为纳米金属材料、纳米离子晶材料、纳米半导体材料及纳米陶瓷材料。

3. 按组成相数量分

按组成相数量分，纳米材料可分为纳米相材料(由单相微粒构成的固体)和纳米复相材料

(每个纳米微粒本身由两相构成)。

7.4.3 纳米材料的制备

1. 纳米微粒的制备方法

(1) 气体冷凝法：在低压的氩、氦等惰性气体中加热金属，使其蒸发后形成纳米微粒。

(2) 活性氢—熔融金属反应：含有氢气的等离子体与金属间产生电弧，使金属熔融，电离的 N_2、Ar、H_2 溶入熔融金属，再释放出来，在气体中形成金属纳米粒子。

(3) 通电加热蒸发法：使接触的碳棒和金属通电，在高温下金属与碳反应并蒸发形成碳化物纳米粒子。

(4) 化学蒸发凝聚法：通过有机高分子热解获得纳米陶瓷粉末。

(5) 喷雾法：将溶液通过各种物理手段进行雾化获得超微粒子。此外，还有溅射法、流动液面真空蒸镀法、混合等离子法、激光诱导化学气相沉积法、爆炸丝法、沉淀法、水热法、溶剂挥发分解法、溶胶—凝胶法等。

2. 纳米固体(块体、膜)的制备方法

(1) 纳米金属与合金的制备方法有：① 惰性气体蒸发、原位加压法：将制成的纳米微粒原位收集压制成块；② 高能球磨法：即机械合金化；③ 非晶晶化法：使非晶部分或全部晶化，生成纳米级晶粒；④ 直接淬火法：通过控制淬火速度获得纳米晶材料；⑤ 变形诱导纳米晶：对非晶条带进行变形再结晶形成纳米晶。

(2) 纳米陶瓷的制备方法有无压烧结法和加压烧结法。

(3) 纳米薄膜的制备方法有：① 溶胶—凝胶法；② 电沉积法：对非水电解液通电，在电极上沉积成膜；③ 高速超微粒沉积法：用蒸发或溅射等方法获得纳米粒子，用一定压力惰性气体作载流子，通过喷嘴在基板上沉积成膜；④ 直接沉积法：把纳米粒子直接沉积在低温基板上。

7.4.4 纳米新材料

1. C_{60}、纳米管、纳米丝

C_{60} 发现于 1985 年，它是由 60 个碳原子构成的 32 面体，直径为 0.7 nm，呈中空的足球状，如图 7-5 所示。C_{60} 及其衍生物具有奇异的特性(如超导、催化等)，有望在半导体、光学及医学等众多领域获得重要和广泛的应用。纳米管发现于 1991 年，又称巴基管，是由六边环形的碳原子组成的管状大分子，管的直径为零点几纳米到几十纳米，长度为几十纳米到 1 μm，可以多层同轴套在一起。碳管的 σ_b 比钢高 100 倍。碳管中填充金属可制成纳米丝。

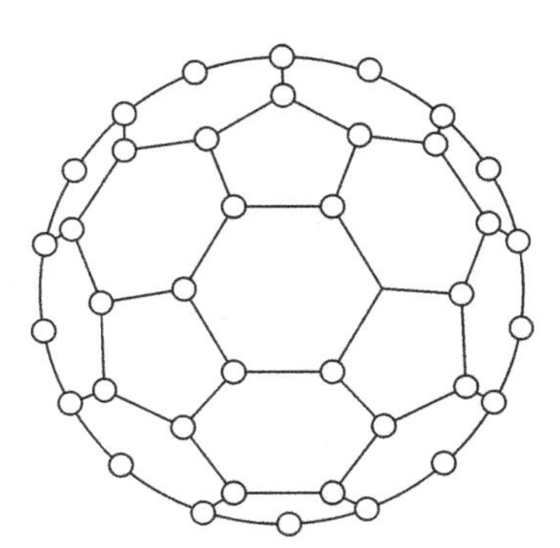

图 7-5 C_{60} 原子团簇的结构

2. 人工纳米阵列体系

人工纳米阵列体系是指将金属熔入 Al_2O_3 纳米管状阵列空洞模板，或将导电高分子单体聚合于聚合物纳米管状空洞模板

的空洞内，形成具有阵列体系的纳米管和纳米丝。它可用于微电子元件、纳米级电极及大规模集成电路的线接头等。

3. 纳米颗粒膜

纳米颗粒膜是由纳米小颗粒嵌镶在薄膜基体中构成的复合体，可采用共蒸发、共溅射的工艺制得。目前研究较为集中的是金属—绝缘体型、金属—金属型、半导体—绝缘体型膜，根据纳米颗粒的比例不同，可得到不同电磁性能的膜，具有良好的应用前景。

7.4.5 纳米复合材料

纳米复合材料包括：① 0-0 复合，即由不同成分、不同相或不同种类的纳米粒子复合而成的固体；② 0-2 复合，即把纳米粒子分散到二维的薄膜材料中；③ 0-3 复合，即把纳米粒子分散到常规的三维固体中。

1. 纳米复合涂层材料

纳米复合涂层材料具有高强、高韧、高硬度性能，在材料表面防护和改性上具有广阔的应用前景，如碳钢涂覆 $MoSi_2/SiC$ 纳米复合涂层，硬度比碳钢提高几十倍，且有良好的抗氧化性、耐高温性能。

2. 金属基纳米复合材料

纳米粒子可以是金属和陶瓷，如纳米 Al-Ce-过渡族合金复合材料、Cu-纳米 MgO 复合材料等，其强度、硬度、塑性及韧性都大大提高，而且也不损害其他性能。

3. 陶瓷基纳米复合材料

与传统的陶瓷基复合材料相比，陶瓷基纳米复合材料有可能突破陶瓷增韧问题。

4. 高分子基纳米复合材料

高分子基纳米复合材料可制成多种功能的材料，如纳米晶 FeXCu100-X 与环氧树脂混合可制成硬度类似金刚石的刀片。将 TiO_2、Cr_2O_3、Fe_2O_3、ZnO 等具有半导体性质的粉体掺入到树脂中，有良好的静电屏蔽性能。

7.4.6 功能纳米复合材料

1. 磁制冷材料

在 20 世纪 90 年代初研制出的钆镓铁石榴石(GGIG)纳米复合材料的磁致冷温度已由原来的 15 K 提高到了 40 K。

2. 超软磁材料和硬磁材料

Fe-M-B(M 为 Zr、Hf、Nb)体心纳米复合材料的磁导率高达 2000，饱和磁化强度达 1.5 特斯拉，纳米 Fe-Nd-B 合金则具有高的矫顽力和剩余磁化强度，这是由于 Fe14Nd2B 相磁各向异性强及纳米粒子的单磁畴特性。

3. 巨磁阻材料

巨磁阻是指在一定的磁场下电阻急剧减少的现象，巨磁阻材料是在非磁的基体中弥散着铁磁性的纳米粒子，如在 Ag、Cu、Au 等材料中弥散着纳米尺寸的 Fe、Co、Ni 磁性粒子。

这种材料可能作为微弱磁场探测器、超导量子相干器、霍尔系数探测器等。

4. 光学材料

如将 Al_2O_3 和 Fe_2O_3 纳米粉掺到一起使原不发光的 Al_2O_3 和 Fe_2O_3 出现一个较宽的光致发光带。

5. 高介电材料

如 Ag 与 SiO_2 纳米复合材料的介电常数比常规 SiO_2 提高了 1 个数量级。

6. 仿生材料

由于天然生物的某些器官实际上是一种天然的纳米复合材料，因而纳米复合材料已逐渐成为仿生材料研究的热点。

7.5 纳米材料的应用

1. 陶瓷增韧

近年来，陶瓷增韧研究集中于通过纳米添加来改善常规陶瓷的综合性能。如我国用纳米 Al_2O_3 添加到常规 85 瓷、95 瓷中，其强度和韧性均提高了 50%以上。

2. 磁性液体

将化学吸附一层长链高分子的纳米铁氧体(如 Fe_3O_4)高度弥散于基液(如水、煤油、烃等)中而形成的稳定胶体体系，在磁场作用下，磁性颗粒带动着被表面活性剂(即长链高分子)包裹着的液体一起运动，好像整个液体具有磁性，称为磁性液体。它可用于旋转轴的动态密封、制作阻尼件、润滑剂、磁性液体发电机、比重分离、造影剂等。

3. 制作超微粒传感器

制作超微粒传感器，如气体、温度、速度、光传感器等。

4. 在生物和医学上的应用

由于纳米微粒的尺寸比生物体内的细胞、红血球小得多，因此可用于细胞分离、细胞染色及利用纳米微粒制成特殊药物或新型抗体进行局部定向治疗等。

5. 用作催化剂

主要利用表面积大和表面活性大的特点，提高反应速度，降低反应温度。如以粒径小于 0.3 μm 的 Ni 和 Cu-Zn 合金的超细微粉为主要成分制成的催化剂，可使有机物氢化的效率是传统 Ni 催化剂的 10 倍。玻璃、瓷砖上的 TiO_2 膜，在光照下可使其表面的污物(油污、细菌等)碳氢化合物氧化，产生自洁作用。

6. 光学应用

将对 250 nm 以下紫外光有很强吸收能力的 Al_2O_3 纳米微粒掺合到稀土荧光粉中，可吸收日光灯中的紫外线，以保护人体，提高灯管寿命。利用纳米 TiO_2、ZnO、SiO_2、Al_2O_3 等吸收紫外线的能力可制成防晒油和化妆品。将吸收红外、微波、电磁波的纳米微粒涂覆在飞行器表面，可避开红外探测器和雷达，达到隐身的目的。纳米氧化铝、氧化镁、氧化硅和氧化钛有可能在隐身材料上发挥作用。

7. 其他方面的应用

(1) 纳米抛光液可用于金相、高级光学玻璃及各种宝石的抛光。

(2) 家用电器等的纳米静电屏蔽材料，可改变家电用碳黑屏蔽的黑颜色。

(3) 导电浆液和导电胶用于微电子工业。

(4) 纳米微粒可用作火箭固体燃料助燃剂。

(5) 调整纳米微粒的体积可得到各种颜色的印刷油墨。

(6) 将纳米 Al_2O_3 加入到橡胶中可提高橡胶的耐磨性和介电特性；加入到普通玻璃中，可明显降低其脆性；加入到 Al 中，将使晶粒大大细化，强度和韧性都有所提高。

第 8 章　机械零件的失效与材料及成型工艺的选用

8.1　机械零件的失效

8.1.1　失效概念

所谓失效(failure)，是指机械零件在使用过程中，由于尺寸、形状或材料的组织与性能等的变化而失去预定功能的现象。由于机械零件的失效会使机床失去加工精度，输气管道发生泄漏，飞机出现故障等，这将严重地威胁到人身和生产的安全，从而造成巨大的经济损失。因此，分析机械零件的失效原因、研究失效机理、提出失效的预防措施具有十分重要的意义。

8.1.2　失效形式

机械零件常见的失效形式有变形失效(deformation failure)、断裂失效(fracture failure)、表面损伤失效(surface damage failure)及材料老化失效(materials ageing failure)等。

1. 变形失效

1) 弹性变形失效

一些细长的轴、杆件或薄壁筒机械零件，在外力作用下将发生弹性变形，如果弹性变形过量，会使机械零件失去有效工作能力。例如镗床的镗杆，如果工作中产生过量弹性变形，不仅会使镗床产生振动，造成机械零件加工精度下降，还会使轴与轴承的配合不良，甚至引起弯曲塑性变形或断裂。引起弹性变形失效的主要原因是机械零件的刚度不足。因此，若要预防弹性变形失效，应选用弹性模量大的材料。

2) 塑性变形失效

当机械零件承受的静载荷超过材料的屈服强度时，将产生塑性变形。塑性变形会造成机械零件间相对位置变化，致使整个机械运转不良而失效。例如压力容器上的紧固螺栓，如果拧得过紧，或因过载引起螺栓塑性伸长，便会降低预紧力，致使配合面松动，导致螺栓失效。

2. 断裂失效

断裂失效是机械零件失效的主要形式，按断裂原因可分为以下几种：

1) 韧性断裂(toughness fracture)失效

材料在断裂之前所发生的宏观塑性变形或所吸收的能量较大的断裂称为韧性断裂。工程上使用的金属材料的韧性断口多呈韧窝状，如图 8-1 所示。韧窝是由于空洞的形成、

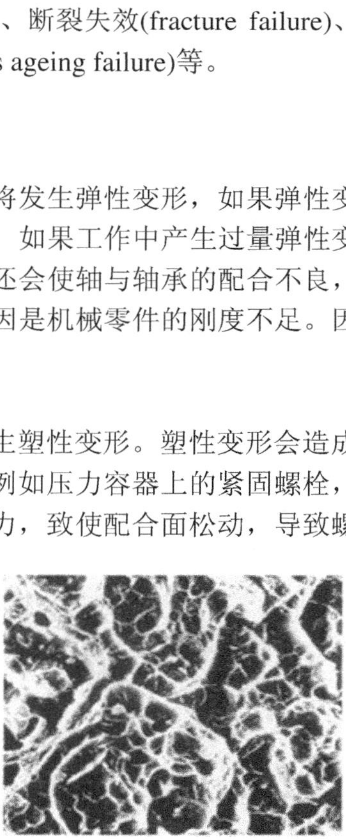

图 8-1　韧窝断口

长大并连接而导致韧断产生的。

2) 脆性断裂(brittle fracture)失效

材料在断裂之前没有塑性变形或塑性变形很小(<2～5%)的断裂称为脆性断裂。疲劳断裂、应力腐蚀断裂、腐蚀疲劳断裂和蠕变断裂等均属于脆性断裂。

(1) 疲劳断裂(fatigue fracture)失效。

机械零件在交变应力作用下，在比屈服应力低很多的应力下发生的突然脆断称为疲劳断裂。由于疲劳断裂是在低应力及无前兆的情况下发生的，因而具有很大的危险性和破坏性。据统计，80%以上的断裂失效属于疲劳断裂。疲劳断裂最明显的特征是断口上的疲劳裂纹扩展区比较平滑，并且通常存在疲劳休止线或疲劳纹。疲劳断裂的断裂源多发生在机械零件表面的缺陷或应力集中部位。提高机械零件表面加工质量，减少应力集中，对材料表面进行表面强化处理等，都可以有效地提高疲劳断裂抗力。

(2) 低应力脆性断裂失效。

石油化工容器、锅炉等一些大型锻件或焊接件，在工作应力远远低于材料的屈服应力作用下，由于材料自身固有的裂纹扩展而导致的无明显塑性变形的突然断裂称为低应力脆性断裂。对于含裂纹的构件，要用抵抗裂纹失稳扩展能力的力学性能指标——断裂韧性(K_{Ic})来衡量，以确保安全。

低应力脆性断裂按其断口的形貌可分为解理断裂和沿晶断裂。金属在正应力作用下，因原子间的结合键被破坏而造成的穿晶断裂称为解理断裂。解理断裂的主要特征是其断口上存在河流花样(图 8-2)，它是由不同高度解理面之间产生的台阶逐渐汇聚而形成的。沿晶断裂的断口呈冰糖状(图 8-3)。

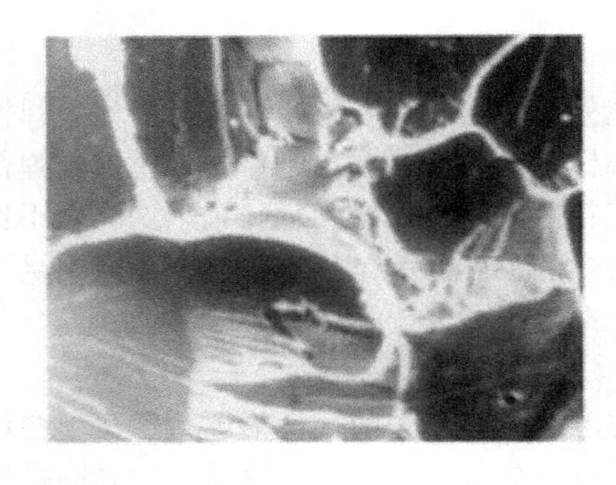

图 8-2 解理断口

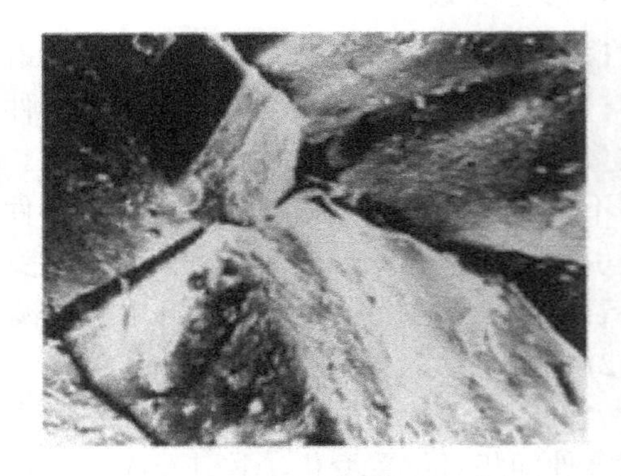

图 8-3 沿晶断口

3. 表面损伤失效

由于磨损、疲劳、腐蚀等原因，使机械零件表面失去正常工作所必需的形状、尺寸和表面粗糙度造成的失效，称为表面损伤失效。

1) 磨损(wear)失效

磨损失效是工程上量大、面广的一种失效形式。任何两个相互接触的机械零件发生相对运动时，其表面就会发生磨损，造成机械零件尺寸变化、精度降低而不能继续工作，这种现象称为磨损失效。例如轴与轴承、齿轮与齿轮、活塞环与汽缸套等摩擦副在服役时表面产生的损伤。

工程上主要是通过提高材料表面的硬度来提高机械零件的耐磨性。另外，增加材料组织中硬质相的数量，并让其均匀、细小地分布；选择合理的摩擦副硬度配比；提高机械零件表面加工质量；改善润滑条件等，都能有效地提高机械零件的抗磨损能力。提高材料耐磨性的主要途径是进行表面强化，表 8-1 列出了表面强化工艺方法的分类及特点。

表 8-1　表面强化方法的分类和特点

分　类	强化方法	硬化层组织结构	硬化层厚度/mm		可获得的表面硬度及变化	表层残余应力/MPa	适用工件材料
			最小	最大			
表面形变强化及表面抛、磨光	喷丸	亚晶粒细化，高密度位错	0.4	1.0	增加 20%～40%	压应力 4～8	钢，铸铁，有色金属
	滚轮磨光		1.0	20.0	增加 20%～50%	压应力 6～8	
	流体抛光		0.1	0.3	增加 20%～40%	压应力 2～4	
	金刚砂磨光		0.01	0.20	增加 30%～60%	压应力 8～10	
化学热处理	渗碳	马氏体及碳化物	0.5	2.0	60～67 HRC	压应力 4～10	低碳钢
	渗氮	渗氮物	0.05	0.60	650～1200 HV	压应力 4～10	钢，铸铁
	渗硼	硼化物	0.07	0.15	1300～1800 HV	—	钢，铸铁
	渗钒	碳化钒	0.005	0.02	2800～3500 HV	—	钢，铸铁
	渗硫	低硬度硫化物(减摩)	0.05	1.00	—	—	钢，铸铁
表面冶金强化	表面冶金涂层	固溶体＋化合物	0.5	20	200～650 HB	拉应力 1～5	钢，铸铁有色金属
	表面激光处理	细化组织	—	—	1000～1200 HV	—	钢
	表面激光上轴	非晶态	—	—	Fe-P-Si 1290～1530HV	—	钢
表面薄膜强化	镀铬	纯金属	0.01	1.0	500～1200HV	拉应力 2～6	钢、铸铁、有色金属
	化学气相沉积	TiC、TiN	0.001	0.01	1200～3500HV	—	
	离子镀	Al 膜、Cr 膜	0.001	0.01	200～2000 HV	—	
	化学镀	Ni−P、Ni−B	0.005	0.1	400～1200 HV	—	
	电刷镀	高密度位错	0.005	0.3～0.5	200～700 HV	—	

2) *腐蚀(corrosion)失效*

由于化学或电化学腐蚀而造成机械零件尺寸和性能的改变而导致的失效称为腐蚀失效。合理地选用耐腐蚀材料，在材料表面涂覆防护层，采用电化学保护及采用缓蚀剂等可有效提高材料的抗腐蚀能力。

3) *表面疲劳失效*

表面疲劳失效是指两个相互接触的机械零件相对运动时，在交变接触应力作用下，机械零件表面层材料发生疲劳而脱落所造成的失效。

4. 材料的老化

高分子材料在储存和使用过程中发生变脆、变硬或变软、变粘等，从而失去原有性能指标的现象称为高分子材料的老化。老化是高分子材料不可避免的。

一个机械零件失效总以一种形式起主导作用。但是，各种失效因素相互交叉作用，可以组合成更复杂的失效形式。例如，应力腐蚀、腐蚀疲劳、腐蚀磨损、蠕变疲劳交互作用等。

8.1.3 失效原因

造成机械零件失效的原因很多，主要有设计、选材、加工、装配使用不当等因素。

1. 设计不合理

机械零件设计不合理主要表现在机械零件尺寸和结构设计上，例如过渡圆角太小，尖锐的切口、尖角等会造成较大的应力集中而导致失效。另外，对机械零件的工作条件及过载情况估计不足，所设计的机械零件承载能力不够；或对环境的恶劣程度估计不足，忽略和低估了温度、介质等因素的影响等，造成机械零件过早失效。

2. 选材错误

选材所依据的性能指标不能反映材料对实际失效形式的抗力，不能满足工作条件的要求，致使错误地选择了材料。另外，材料的冶金质量太差，如存在夹杂物、偏析等缺陷，而这些缺陷通常是机械零件失效的发源地。

3. 加工工艺不当

机械零件在加工或成型过程中，由于采用的工艺不当而产生的各种质量缺陷。例如较深的切削刀痕、磨削裂纹等，都可能成为引发机械零件失效的危险源。机械零件热处理时，冷却速度不够、表面脱碳、淬火变形和开裂等，都是产生失效的重要原因。

4. 装配使用不当

在将机械零件装配成机器或装置的过程中，由于装配不当、对中不好、过紧或过松都会使机械零件产生附加应力或振动，使机械零件不能正常工作，造成机械零件的失效。使用维护不良，不按工艺规程操作，也可使机械零件在不正常的条件下运转，造成机械零件过早失效。

8.1.4 失效分析

由于机械零件失效造成的危害是巨大的，因此失效分析愈来愈受到重视。通过失效分析，找出失效原因和预防措施，可改进产品结构，提高产品质量，发现管理上的漏洞，提高管理水平，从而提高经济效益和社会效益。失效分析的成果也常是新产品开发的前提，并能推动材料科学理论的发展。失效分析是一个涉及面很广的交叉学科，掌握了正确的失效分析方法，才能找到真正合乎实际的失效原因，提出补救和预防措施。

1. 失效分析的一般程序

(1) 收集失效机械零件的残骸，进行宏观外形与尺寸的观察和测量，拍照留据，确定重点分析的部位。

(2) 调查机械零件的服役条件和失效过程。

(3) 查阅失效机械零件的有关资料，包括机械零件的设计、加工、安装、使用维护等方面的资料。

(4) 试验研究。

① 材料成分分析及宏观与微观组织分析。检查材料成分是否附合标准，组织是否正常(包括晶粒度，缺陷，非金属夹杂物，相的形态、大小、数量、分布，裂纹及腐蚀情况等)。

② 宏观和微观的断口分析，确定裂纹源及断裂形式(脆性断裂还是韧性断裂，穿晶断裂还是沿晶断裂，疲劳断裂还是非疲劳断裂等)。

③ 力学性能分析。测定与失效形式有关的各项力学性能指标。

④ 机械零件受力及环境条件分析。分析机械零件在装配和使用中所承受的正常应力与非正常应力，分析是否超温运行，是否与腐蚀性介质接触等。

⑤ 模拟试验。对一些重大失效事故，在可能和必要的情况下，应作模拟试验，以验证经上述分析后得出的结论。

(5) 综合各方面的分析资料，最终确定失效原因，提出改进措施，写出分析报告。

2. 失效分析实例

1) 锅炉给水泵轴的断裂分析

某大型化肥厂从国外引进的两台离心式锅炉给水泵在试车过程中只运行了 1400 多小时便先后发生断轴事故，严重地影响了工厂的正常试车和投产。泵轴的材质相当于我国的 42CrMo 钢，外径为 90 mm，断裂部位为平衡鼓附近的轴节处，该处最小直径为 74 mm。在试车期间，给水泵曾频繁开停车。图 8-4 所示为水泵轴的断口照片。

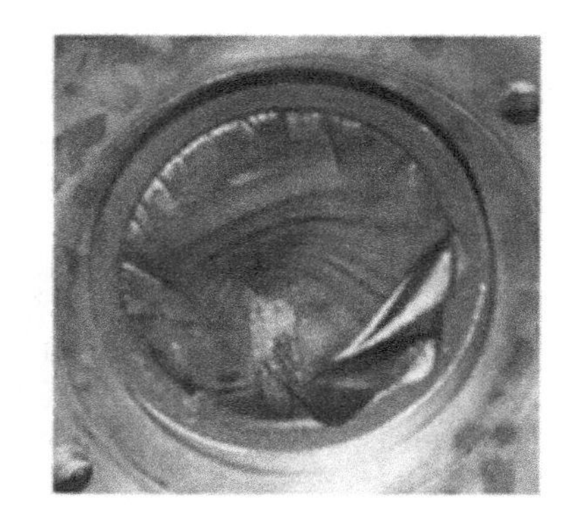

图 8-4　锅炉给水泵轴的断口

成分分析表明，泵轴材料的碳质量分数高于标准的上限(0.45%)达到 0.48%。泵轴的心部组织为魏氏组织，表面为粗大晶粒的回火索氏体组织。显然，泵轴材料为不合格材料。泵轴表面机械加工粗糙，断口部位有四条明显的深车刀痕，泵轴正是沿着这些刀痕整齐地发生脆性断裂。断口上存在着明显的疲劳休止线，最终韧性断裂区为较小的椭圆形区域，并且偏心。断口边缘存在许多撕裂台阶，为多源断裂。结论：泵轴的断裂为低载荷高应力集中的旋转弯曲疲劳断裂。深的车刀痕是高应力集中源，也是引起泵轴断裂的主要原因。泵轴材料是成分和热处理组织不合格的材料。根据这一分析结论，国外厂商对化肥厂进行了赔付。

2) 合成气压缩机提板阀杆断裂分析

某大型合成氨厂合成气压缩机提板阀杆多次在开车后 3～5 天内断裂，严重影响正常生产，造成巨大经济损失。该压缩机是按进口机仿制的。阀杆材质为 Cr11MoV，成分符合国标，组织基本正常(回火索氏体)，工作介质为蒸气。

检测发现，阀杆断口存在疲劳纹，裂纹源位于阀杆一侧边缘，最终瞬断区占断面绝大部分面积，为高载荷小应力集中的弯曲疲劳断裂。断裂发生于阀杆的上罗纹处(用以将阀杆固定在阀板上)，在断口附近的罗纹根部与同侧下罗纹的根部发现了大量裂纹，这些裂纹平直、短而粗、尖端较钝、分支少而小，并成群出现，裂纹内充满腐蚀产物，为典型的腐蚀疲劳裂纹。根据裂纹出现位置和紧固螺母与垫片之间磨痕轻重程度发现，阀杆与阀板孔偏心，使阀杆受到弯矩作用。结论：阀杆断裂为高载荷小应力集中弯曲腐蚀疲劳断裂，加工与装配不合理引起的弯曲应力是阀杆断裂的主要原因。建议适当扩大阀板孔，消除导致阀杆弯曲的因素。经改进后再未发生阀杆断裂事故。

3) 气化炉氧管线内壁裂纹分析

某化工厂进口装置气化炉的氧管线因多次泄漏影响生产而被换下，将氧管剖开后，发现其内壁存在大量裂纹，如图 8-5(a)所示。氧管内通有 314℃/105 atm 的饱和蒸气和 150℃/100 atm 纯氧的混合气体(atm 即标准大气压，且 1 atm＝101 325 Pa)。这些裂纹的存在会严重威胁人身生命和装置的安全。

氧管材质为进口 TP321 钢(1Cr19Ni11Ti)，外径为 114.3 mm，壁厚为 8.56 mm。其成分符合 ASTM 标准，组织正常，无明显塑性变形。显微观察发现，裂纹起源于内壁并穿晶向外壁扩展，裂纹分支很多，尖端尖锐且存在腐蚀产物，其在径向上的形态为枯树枝状(图 8-5(b))，这些都是应力腐蚀裂纹的典型特征。在应力腐蚀严重部位，裂纹的径向长度已超过 6 mm，即壁厚的 70%。氧管所受应力来自于内压，经计算，管内壁周向拉应力达 63 MPa。腐蚀来自于饱和蒸汽中的氯离子。尽管蒸汽用水中氯离子浓度不超过 1 ppm，但 314℃的饱和蒸汽遇到 150℃纯氧后会部分凝结于管壁，并在管壁缺陷处(如腐蚀坑)使氯离子浓缩。分析结果为氧管内壁的损伤属于应力腐蚀开裂，开裂可能是由选材不当造成的。

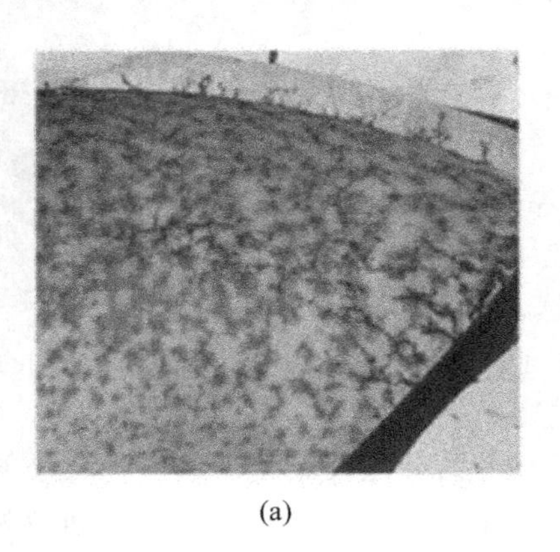

(a)

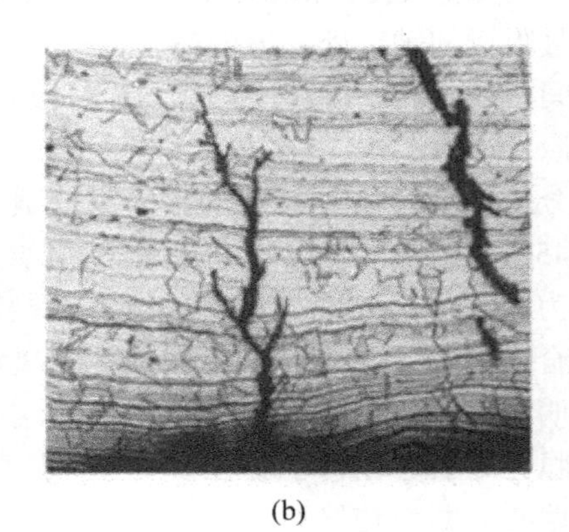

(b)

图 8-5　氧管内壁裂纹(50×)

(a) 着色后内壁裂纹；(b) 径向裂纹

4) 乙烯裂解管内壁局部腐蚀分析

某大型石化厂的关键部件乙烯裂解管发生内壁减薄，严重威胁工厂正常安全生产。裂解管材质为 HK40(ZG4Cr25Ni20)钢，外径为 73 mm，壁厚为 7.5 mm，管内介质为煤油、柴油和水蒸气，介质温度为 800～900℃，压力为 0.17～0.25 MPa，介质中硫含量较高(0.6%～1.0%)。裂解管材料成分、组织正常。

裂解管因内壁局部高温腐蚀而减薄，减薄量达 60%(最薄处壁厚仅为 3 mm)，如图 8-6 所示。减薄处覆盖较厚的腐蚀产物，经 X-射线衍射分析，腐蚀产物为铁、铬、镍的氧化物和硫化物。基体附近腐蚀产物中元素分布的电子探针分析结果表明(见图 8-7)，腐蚀产物在靠近基体处分层，在腐蚀产物与基体的交界处及枝晶间腐蚀产物中，铬、硫含量很高，特别是在枝晶间腐蚀的前沿全部是铬的硫化物。枝晶间腐蚀深度的约三分之一向外，腐蚀产物中开始有氧出现。在从交界处向外的整个腐蚀层中，氧含量很高，而硫含量很低。结论：裂解管减薄是由于高温下内壁的硫化和氧化腐蚀造成的，硫化腐蚀是引起减薄的主要原因。其腐蚀机理是在管内壁浓缩的硫穿过被破坏的 Cr_2O_3 氧化膜进入合金中，并首先与铬形成铬的硫化物(铬与硫的结合力比铁、镍强)。硫化物一旦形成，便存在着被优先氧化的倾向，氧扩散进入贫铬区，与硫化物发生置换反应：$2Cr_XS+3XO=XCr_2O_3+2S$，在合金内部形成 Cr_2O_3。由于硫在金属中的扩散速度比氧大，被置换出的硫进一步向内扩散，在合金深处的富铬区如铬的碳化物处形成新的硫化物，这种硫化和氧化反应是反复交替进行的。所形成的腐蚀产物与基体之间会形成低熔点共晶体，当共晶体温度低于使用温度时，共晶体便会发生熔融。由于硫和氧通过液体的扩散比固体快，从而使合金的腐蚀加速。

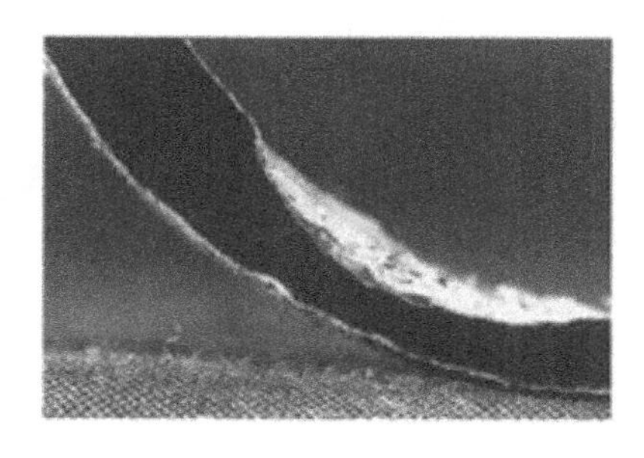

图 8-6　裂解管内壁的高温腐蚀减薄

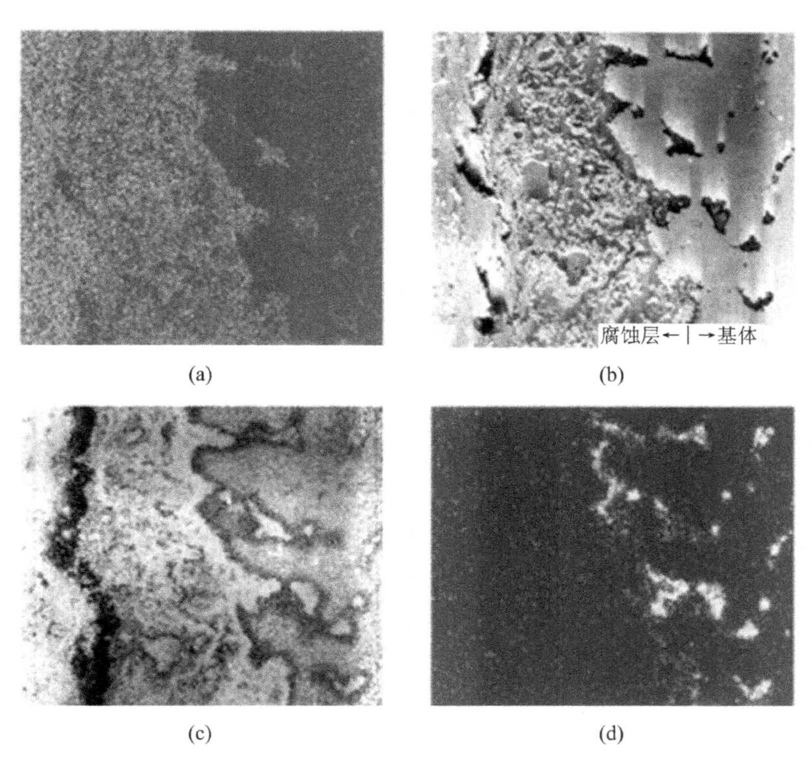

图 8-7　合金基体附近腐蚀产物中元素的面分布

(a) 二次电子像；(b) 铬的面分布；(c) 硫的面分布；(d) 氧的面分布

采用低硫原料气或耐硫腐蚀裂解管材料可有效防止高温硫化腐蚀破坏。

8.2 机械零件材料及成型工艺的选用

机械零件设计主要内容包括机械零件结构设计、材料选用、工艺设计及其经济指标等诸多方面。这些要素既相互关联，又相互影响，甚至相互依赖，而且这些要素间并不是协调统一的，有时甚至是矛盾的。结构设计和经济指标在很大程度上取决于零件的材料选用及工艺设计。因此，对机械零件用材及工艺路线进行合理选择是十分重要的。

8.2.1 机械零件材料及成型工艺选用的基本原则

机械设计不仅包括零件结构的设计，也包括所用材料和工艺的设计。正确选材是机械设计的一项重要任务，它必须使选用的材料保证零件在使用过程中具有良好的工作能力，保证零件便于加工制造，同时保证零件的总成本尽可能低。优异的使用性能、良好的加工工艺性能和便宜的价格是机械零件选材的基本原则。

1. 使用性能原则

使用性能是保证零件完成规定功能的必要条件。在大多数情况下，它是选材首先要考虑的问题。使用性能主要是指零件在使用状态下材料应该具有的机械性能、物理性能和化学性能。材料的使用性能应满足使用要求。对大量机器零件和工程构件，则主要是机械性能。对一些特殊条件下工作的零件，则必须根据要求来考虑材料的物理、化学性能。

使用性能的要求是在分析零件工作条件和失效形式的基础上提出来的。零件的工作条件包括以下三个方面：

(1) 受力状况，主要是载荷的类型(例如动载、静载、循环载荷或单调载荷等)和大小；载荷的形式，例如拉伸、压缩、弯曲或扭转等；以及载荷的特点，例如均布载荷或集中载荷等。

(2) 环境状况，主要是温度特性，例如低温、常温、高温或变温等；以及介质情况，例如有无腐蚀或摩擦作用等。

(3) 特殊要求，主要是对导电性、磁性、热膨胀、密度、外观等的要求。零件的失效形式则如前述，主要包括过量变形、断裂和表面损伤三个方面。

通过对零件工作条件和失效形式的全面分析，确定零件对使用性能的要求，然后利用使用性能与实验室性能的相应关系，让使用性能具体转化为实验室机械性能指标，例如强度、韧性或耐磨性等。这是选材最关键的步骤，也是最困难的一步。然后，根据零件的几何形状、尺寸及工作中所承受的载荷，计算出零件中的应力分布。再由工作应力、使用寿命或安全性与实验室性能指标的关系，确定对实验室性能指标要求的具体数值。

表 8-1 中列举了几种常见机械零件的工作条件、失效形式和要求的主要机械性能。

表 8-1　几种常见机械零件的工作条件、失效形式和要求的主要机械性能

零件	工作条件			常见的失效形式	要求的主要机械性能
	应力种类	载荷性质	受力状态		
紧固螺栓	拉、剪应力	静载		过量变形、断裂	强度、塑性
转动轴	弯、扭应力	循环、冲击	轴颈摩擦、振动	疲劳断裂、过量变形、轴颈磨损	综合机械性能
转动齿轮	压、弯应力	循环、冲击	摩擦、振动	齿折断、磨损、疲劳断裂、接触疲劳(麻点)	表面高强度及疲劳极限、心部强度、韧性
弹簧	扭、弯应力	交变、冲击	振动	弹性失稳、疲劳破坏	弹性极限、屈服比、疲劳极限
冷作模具	复杂应力	交变、冲击	强烈摩擦	磨损、脆断	硬度、足够的强度、韧性

在确定了具体机械性能指标和数值后，即可利用手册选材。但是，零件所要求的机械性能数据不能简单地同手册、书本中所给出的完全等同相待，还必须注意以下情况。

第一，材料的性能不但与化学成分有关，也与加工、处理后的状态有关，金属材料尤其明显。所以要分析手册中的性能指标是在什么加工、处理条件下得到的。

第二，材料的性能与加工处理时试样的尺寸有关，随截面尺寸的增大，机械性能一般是降低的。因此必须考虑零件尺寸与手册中试样尺寸的差别，并进行适当的修正。

第三，材料化学成分、加工处理的工艺参数本身都有一定的波动范围。一般手册中的性能，大多是波动范围的下限值。也就是说，在尺寸和处理条件相同时，手册数据是偏安全的。

在利用常规机械性能指标选材时，有两个问题必须说明。第一个问题是，材料的性能指标各有自己的物理意义。有的比较具体，并可直接应用于设计计算，例如屈服强度 σ_s、疲劳强度 σ_{-1}、断裂韧性 K_{Ic} 等；有些则不能直接应用于设计计算，只能间接用来估计零件的性能，例如伸长率 δ、断面收缩率 φ 和冲击韧性 a_k 等。传统的看法认为，这些指标是属于保证安全的性能指标。对于具体零件，δ、φ、a_k 值要多大才能保证安全，至今还没有可靠的估算方法，而完全依赖于经验。第二个问题是，由于硬度的测定方法比较简便，不破坏零件，并且在确定的条件下与某些机械性能指标有大致固定的关系，所以常用来作为设计中控制材料性能的指标。但它也有很大的局限性，例如，硬度对材料的组织不够敏感，经不同处理的材料常可得到相同的硬度值，而其他机械性能却相差很大，因而不能确保零件的使用安全。所以，设计中，在给出硬度值的同时，还必须对处理工艺(主要是热处理工艺)作出明确的规定。

对于在复杂条件下工作的零件，必须采用特殊实验室性能指标作选材依据。例如采用高温强度、低周疲劳及热疲劳性能、疲劳裂纹扩展速率和断裂韧性、介质作用下的机械性能等。

2. 工艺性能原则

材料的工艺性能表示材料加工的难易程度。在选材中，同使用性能比较，工艺性能常处于次要地位。但在某些特殊情况下，工艺性能也可成为选材考虑的主要依据。另外，一种材料即使使用性能很好，但若加工极困难，或者加工费用太高，它也是不可取的。所以材料的工艺性能应满足生产工艺的要求，这是选材必须考虑的问题。

材料所要求的工艺性能与零件生产的加工工艺路线有密切关系，具体的工艺性能就是从工艺路线中提出来的。下面讨论各类材料的一般工艺路线和有关的工艺性能。

1) 高分子材料的工艺性能

高分子材料的加工工艺路线如图 8-8 所示。从图中可以看出，工艺路线比较简单，其中变化较多的是成型工艺。主要成型工艺的比较见表 8-3。

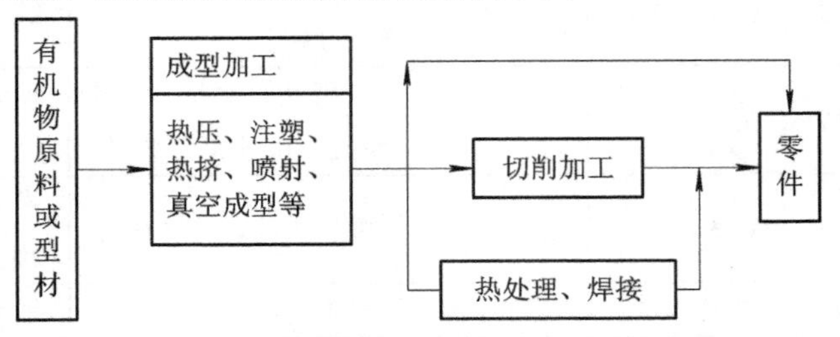

图 8-8 高分子材料的加工工艺路线

表 8-3 高分子材料主要成型工艺的比较

工艺	适用材料	形状	表面粗糙度	尺寸精度	模具费用	生产率
热压成型	范围较广	复杂形状	很低	好	高	中等
喷射成型	热塑性塑料	复杂形状	很低	非常好	很高	高
热挤成型	热塑性塑料	棒状	低	一般	低	高
真空成型	热塑性塑料	棒状	一般	一般	低	低

高分子材料的切削加工性能较好。不过要注意，它的导热性差，在切削过程中不易散热，易使工件温度急剧升高，使其变焦(热固性塑料)或变软(热塑性塑料)。

2) 陶瓷材料的工艺性能

陶瓷材料的加工工艺路线如图 8-9 所示。

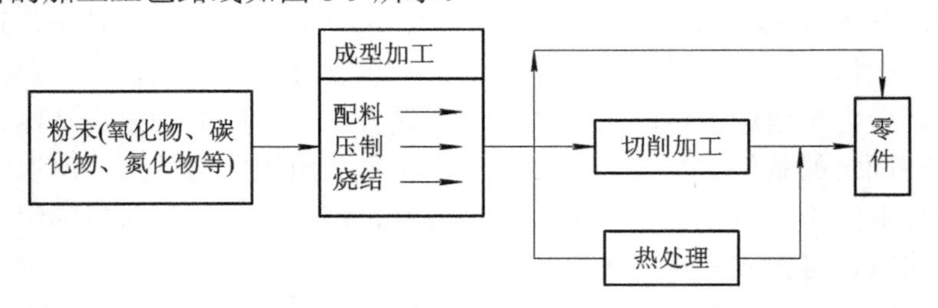

图 8-9 陶瓷材料的加工工艺路线

从图中可以看出，陶瓷材料的加工工艺路线也比较简单，主要工艺是成型，包括粉浆成型、压制成型、挤压成型、可塑成型等。它们的比较见表 8-4。陶瓷材料成型后，除了可以用碳化硅或金刚石砂磨加工外，几乎不能进行任何其他加工了。

表 8-4 陶瓷材料各种成型工艺比较

工艺	优 点	缺 点
粉浆成型	可做形状复杂件、薄壁件，成本低	收缩大，尺寸精度低，生产率低
压制成型	可做形状复杂件，有高密度和高强度，精度较高	设备较复杂，成本高
挤压成型	成本低，生产率高	不能做薄壁件，零件形状需对称
可塑成型	尺寸精度高，可做形状复杂件	成本高

3) 金属材料的工艺性能

(1) 金属材料的加工工艺路线。

金属材料的加工工艺路线如图 8-10 所示。由图可以看出，它远较高分子材料和陶瓷材料复杂，而且变化多，它不仅影响零件的成型，还大大影响其最终性能。

金属材料(主要是钢铁材料)的工艺路线大体可分成三类。

① 性能要求不高的一般零件的工艺路线如下：

毛坯→正火或退火→切削加工→零件

即图 8-10 中的工艺路线 1 和 4。毛坯由铸造或锻轧加工获得。如果用型材直接加工成零件，则因材料出厂前已经退火或正火处理，可不必再进行热处理。一般情况下的毛坯的正火或退火，不单是为了消除铸造、锻造的组织缺陷和改善加工性能，还增强了零件的机械性能，因而也是最终热处理。由于零件性能要求不高，多采用比较普通的材料如铸铁或碳钢制造，它们的工艺性能都比较好。

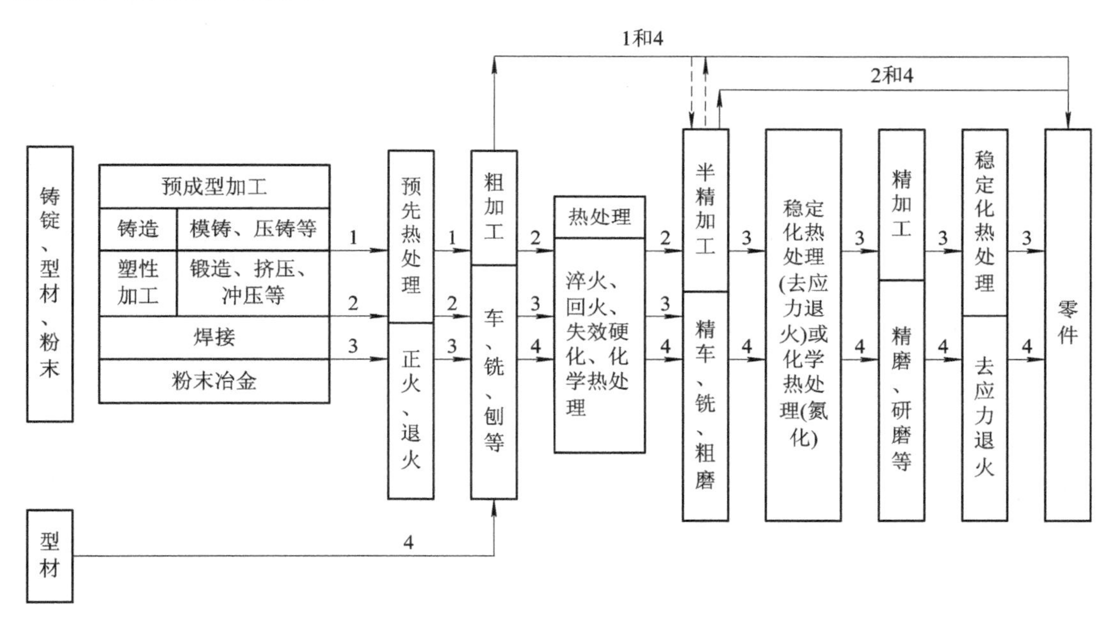

图 8-10　金属材料的加工工艺路线

② 性能要求较高的零件的工艺路线如下：

毛坯→预先热处理(正火、退火)→粗加工→最终热处理(淬火、回火，固溶时效或渗碳处理等)→精加工→零件

即图 8-10 中的工艺路线 2 和 4。预先热处理是为了改善机加工性能，并为最终热处理做好组织准备。大部分性能要求较高的零件，如各种合金钢、高强铝合金制造的轴、齿轮等，均采用这种工艺路线。

③ 要求较高的精密零件的工艺路线如下：

毛坯→预先热处理(正火、退火)→粗加工→最终热处理(淬火、低温回火、固溶、时效或渗碳)→半精加工→稳定化处理或渗氮→精加工→稳定化处理→零件

这类零件除了要求有较高的使用性能外，还要有很高的尺寸精度和表面光洁度。因此

大多采用图 8-10 中的工艺路线 3 或 4，在半精加工后进行一次或多次精加工及尺寸的稳定化处理。要求高耐磨性的零件还需进行氮化处理。由于加工路线复杂，性能和尺寸的精度要求很高，零件所用材料的工艺性能应充分保证。这类零件有精密丝杠、镗床主轴等。

(2) 金属材料的主要工艺性能。

金属材料的加工工艺路线复杂，要求的工艺性能较多，如铸造性能、锻造性能、焊接性能、切削加工性能、热处理工艺性能等。金属材料的工艺性能应满足其工艺过程要求。

3. 经济性原则

材料的经济性是选材的根本原则。采用便宜的材料，把总成本降至最低，取得最大的经济效益，使产品在市场上具有较强的竞争力，始终是设计工作的重要任务。

1) 材料的价格

零件材料的价格无疑应该尽量低。材料的价格在产品的总成本中占有较大的比重，据有关资料统计，在许多工业部门中可占产品价格的 30%～70%，因此设计人员要十分关心材料的市场价格。

2) 零件的总成本

零件选用的材料必须保证其生产和使用的总成本最低。零件的总成本与其使用寿命、重量、加工费用、研究费用、维修费用和材料价格有关。

如果准确地知道了零件总成本与上述各因素之间的关系，则可以对选材的影响做精确的分析，并选出使总成本最低的材料。但是，要找出这种关系，只有在大规模工业生产中进行详尽实验分析的条件下才有可能。对于一般情况，详尽的实验分析有困难，要利用一切可能得到的资料，逐项进行分析，以确保零件总成本降低，使选材和设计工作做得更加合理。

3) 国家的资源

随着工业的发展，资源和能源问题日渐突出，选用材料时必须对此有所考虑，特别是对于大批量生产的零件，所用材料应该来源丰富并顾及我国资源状况。另外，还要注意生产所用材料的能源消耗，尽量选用耗能低的材料。

上述材料与成型工艺选择的三个原则是互相渗透，有机相连的。实际上对于不同零件，材料与工艺的选用是否合理是使用性、工艺性和经济性综合平衡的结果。由于各种因素相互制约，有时并不协调一致，住往出现矛盾，此时，应在保证使用性能的前提下，兼顾其他因素。材料及成型工艺的选用均在遵循使用性、工艺性及经济性原则的同时，材料与成型工艺之间还有个相适应性的问题。材料的性能不是一成不变的，它除与材料的化学成分有关外，还与其热处理工艺、成型工艺、使用环境等因素有关。当材料选定以后，由于采用不同的工艺方法，最后材料的性能可能不再是手册中查得的指标了，因而材料及工艺的选用有时是不分先后，而是要同时考虑的。

材料及成型工艺的选用，还与零件的结构特点有关，材料与成型工艺要根据零件设计来确定，但完成同一功能的零件，可以设计出不同的结构来。零件结构设计必须符合零件结构工艺性的要求，某些结构难以加工时，还应考虑结构的优化问题。

材料及工艺的选用是一个复杂的问题，应该在综合分析比较几种方案的基础上予以统筹考虑。在实际工程中，对于与成熟产品同类的产品，或通用、简单零件，由于前人积累了丰富的经验，大多采用经验类比法来处理材料工艺选用问题。但在设计、制造新产品或重要零件时，要严格进行设计计算、实验分析、小量试制、台架试验等步骤，根据试验结果，修改设计，并优化选择材料和成型工艺。

8.2.2　典型零件的材料及成型工艺选择

1. 轴杆类零件

1) 轴类零件工作条件及对性能的一般要求

轴是机械工业中重要的基础零件之一。一切作回转运动的零件都装在轴上，大多数轴的工作条件为：传递扭矩，同时还承受一定的交变、弯曲应力；轴颈承受较大的摩擦；大多承受一定的过载或冲击载荷。

根据工作特点，轴失效的主要形式有疲劳断裂、脆性断裂、磨损及变形失效。

根据工作条件和失效形式，可以对轴用材料提出如下性能要求：

(1) 应具有优良的综合力学性能，即要求有高的强度和韧性，以防变形和断裂。

(2) 具有高的疲劳强度，防止疲劳断裂。

(3) 良好的耐磨性。

在特殊条件下工作的轴，还应有特殊的性能要求。如在高温下工作的轴，则要求有高的蠕变变形抗力；在腐蚀性介质环境中工作的轴，则要求轴用材料具有耐腐蚀性。

基于以上要求，轴类零件选材时主要考虑强度，同时兼顾材料的冲击韧性和表面耐磨性。强度既可保证承载能力、防止变形失效，又可保证抗疲劳性能。良好的塑性和韧性是为了防止过载和冲击断裂。

2) 选材

显然，作为轴的材料，若选用高分子材料，弹性模量小，刚度不足，极易变形，所以不合适；若用陶瓷材料，则太脆，韧性差，亦不合适。因此，作为重要的轴，几乎都选用金属材料。

轴类零件一般采用球墨铸铁、中碳钢或中碳合金钢制造。常用材料有：QT900-2、45 钢、40Cr、40MnB、30crMnSi、35CrMo 和 40CrNiMo 等。具体钢种的选用应根据载荷的类型和淬透性的大小来决定。承受弯曲载荷和扭转载荷的轴类，应力分布是由表面向中心递减，因此可不必用淬透性很高的钢种。承受拉、压载荷的轴类，因应力沿轴的截面均匀分布，所以应选用淬透性高的钢。

选择材料时，必须同时考虑热处理工艺。轴类零件通常需经调质处理，获得回火索氏体组织在具有高强度的同时，还应有较高的韧性。为了提高轴颈处的耐磨性，调质后还需进行高频表面淬火或渗氮处理，以便提高表面硬度。

3) 成型工艺选择

与锻造成型的钢轴相比，球墨铸铁有良好的减振性、切削加工性及低的缺口敏感性。此外，它的力学性能较高，疲劳强度与中碳钢相近，耐磨性优于表面淬火钢，经过热处理后，还可使其强度、硬度或韧性有所提高。

铸造成型的轴最大的不足之处就在于它的韧性低，在承受过载或大的冲击载荷时，易产生脆断。

因此，对于主要考虑刚度的轴以及主要承受静载荷的轴，如曲轴、凸轮轴等，可采用铸造成型的球墨铸铁来制造。目前部分负载较重但冲击不大的锻造成型轴已被铸造成型轴所代替，这既满足了使用性能的要求，又降低了零件的生产成本，因此取得了良好的经济效益。

以球墨铸铁铸造成型的轴的热处理主要采用正火处理。为提高轴的力学性能也可采用调质或正火后进行表面淬火、贝氏体等温淬火等工艺。球墨铸铁轴和锻钢轴一样均可经氮碳共渗处理，使疲劳极限和耐磨性大幅度提高。与锻钢轴相比所不同的是所得氮碳共渗层较浅，硬度较高。

对于以强度要求为主的轴特别是在运转中伴随有一定的冲击载荷的轴，大多采用锻造成型。锻造成型的轴常用的材料为中碳钢或中碳合金调质钢。这类材料的锻造性能较好，锻造后配合适当的热处理，可获得良好的综合性能、较高的抗疲劳强度以及耐磨性，从而有效地提高了轴的抵抗变形、断裂及磨损能力。

4) 轴类零件举例

下面以 C620 车床主轴(图 8-11)为例，分析材料与工艺的选用问题。该主轴受交变弯曲和扭转的复合应力，要求有足够的强度，但载荷和转速均不高，冲击载荷也不大，所以有一般水平的综合力学性能即可满足要求，但大端的轴颈、锥孔及卡盘、顶尖之间有摩擦，这些部分要求有较高的硬度和耐磨性。

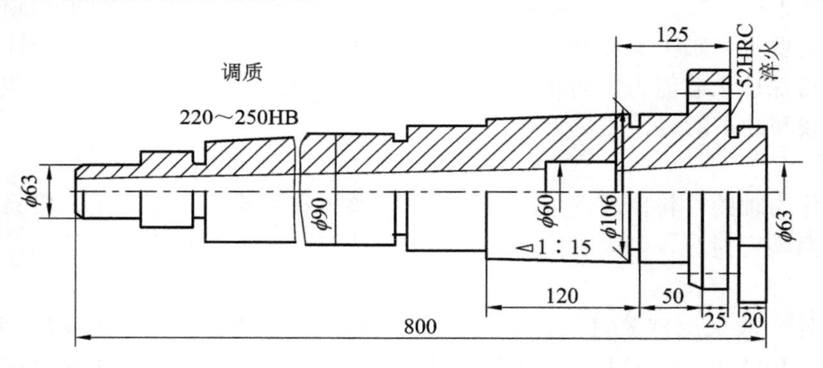

图 8-11　C620 车床主轴简图

由材料可知，中碳钢或中碳合金钢，经过调质处理有良好的综合力学性能。在众多调质钢中，能满足强度设计的许用应力要求的材料很多，由于本轴对冲击性能要求不高，为降低成本起见，采用碳素钢就可以了，在碳素调质钢中，45 钢来源方便，是最常见的钢种，故可选用 45 钢。

由于本例中的轴径变化较大，可采用锻造成型，通过减径拔长，锻成阶梯状毛坯。

由于锻造后截面变化较大，锻造经历时间不同，因而组织转变不均，应力分布不均，为此需采用正火或退火，以便消除锻后的组织缺陷及残余应力；同时锻造后尚有较多的切削加工任务，为利于切削，又需调整材质的硬度，一般来说，材质的最佳切削硬度为 140～248 HB，硬度过高，刀具容易磨损，切削困难，硬度太低时，不易断屑，又会发生粘刀现象，影响切削加工质量及生产率。当用退火时，有可能使硬度偏低，且因零件在炉中停留时间长，影响炉子的利用率，故采用正火作为预备热处理。经正火处理后，需检验硬度及组织是否合格。如发现有硬料或软料现象，应予重新正火进行返修，否则不利于进行大进给、大走刀量的粗切削加工。

正火处理后的组织是片层状的索氏体，硬而脆的片层状渗碳体分割铁素体基体，易产生脆性。对于车床用轴，不但有强度要求，在车床换挡时还需承受一定的冲击载荷，还应具有一定的韧性。为此，粗加工后尚需进行调质热处理。调质热处理可获得回火索氏体，而回火索氏体与索氏体(正火得到的)相比，在强度相当的情况下，具有高的韧性。这是由于回火索氏体中的渗碳体呈细小的颗粒状弥散分布在铁素体中，对基体的分割现象没有片状索氏体那么严重，容易发挥铁素体的韧性作用。

调质处理分为两个工序，即淬火＋高温回火。淬火后能否获得充分的马氏体是最终获得回火索氏体的基本保证。为此，淬火后必须通过硬度检验，考核淬火是否合格。45 钢的淬火最高硬度为 48～52 HRC。如果淬火后硬度低于此值，表明淬火工艺有缺陷，应予以返修并重新淬火。淬火硬度合格者再经高温回火即可获得回火索氏体组织，硬度为 220～250 HB，具有良好的强韧性。

通过调质处理虽然满足了整体轴的强韧性要求，但是大端的轴颈、锥孔又要求耐磨，故需有较高的硬度，还应采取局部表面硬化措施。由表面热处理、化学热处理及表面改性处理技术可知，表面感应淬火、表面火焰淬火、渗碳化学热处理、渗氮化学热处理及表面镀硬铬、渗硼等都可实现表面硬化。渗硼由于很硬很脆，适用于上模具类，又因加热温度高，易变形，故轴类零件通常不用。渗碳适于低碳钢表面硬化，本轴已选用了 45 钢，基体碳质量分数已经很高，表层若再经渗碳，易使轴的韧性下降。由于工件很大，镀铬槽难以适应。最后可考虑在表面淬火与渗氮工艺之间选择。一般说来，渗氮硬度比表面淬火高得多，但渗氮工时很长，没有特殊需要尽量不选。而且渗氮尚需用与工件大小相应、尺寸很大的炉子，对于非渗氮部分又需镀铜或锡保护，渗氮后又需电解去除镀层，工艺复杂，故不选用。在表面淬火中，火焰淬火设备简单，但淬火质量不如感应加热淬火，而且感应加热淬火还便于实现机械化、自动化，故最终选用高频感应表面淬火。

表面淬火后尚需消除淬火应力，需进行低温回火。性能满足要求后再进行精磨加工。

综上所述，其工艺路线如下：

原材料→锻造→正火→粗加工→淬火→高温回火→精加工→大端局部高频感应淬火→低温回火→精磨加工

在上述工艺流程中也可省去正火，锻造后直接进行调质，再进行粗加工、精加工、表面淬火回火。

如果有类似的轴，轴径台阶相差不太悬殊的话，可采用直径相当的锻造或热轧后以正火态供货的圆钢。此时，经原材料验收，组织及硬度合格后，便可直接进行粗加工，而省去了锻造及正火工序。

如果是冲击较大、承受载荷较大的轴，如矿山机械、重型车辆的轴，应选用强度高、淬透性大、冲击韧性高的材料，例如 35CrMo、40CrNiMo 等。

2. 齿轮类零件

齿轮是机械工业中应用广泛的重要零件之一，主要用于传递动力、调节速度或方向。

1) 齿轮的工作条件、主要失效形式及对性能的要求

(1) 齿轮的工作条件。① 啮合齿表面承受较大的既有滚动又有滑动的强烈摩擦和接触疲劳压应力。② 传递动力时，轮齿类似于悬臂梁，轮齿根部承受较大的弯曲疲劳应力；

③ 换挡、启动、制动或啮合不均匀时，承受冲击载荷。

(2) 齿轮的主要失效形式。① 断齿：除因过载(主要是冲击载荷过大)产生断齿外，大多数情况下的断齿是由于传递动力时，在齿根部产生的弯曲疲劳应力造成的。② 齿面磨损：由于齿面接触区的摩擦，使齿厚变小、齿隙加大。③ 接触疲劳：在交变接触应力作用下，齿面产生微裂纹，渐剥落，形成麻点。

(3) 对齿轮材料的性能要求。① 高的弯曲疲劳强度；② 高的耐磨性和接触疲劳强度；③ 轮齿心部要有足够的强度和韧性。

2) 典型齿轮的选材及热处理

(1) 机床齿轮。

机床齿轮的选材是依其工作条件(圆周速度、载荷性质与大小、精度要求等)而定的。表8-5列出了机床齿轮的选材及热处理。

表 8-5 机床齿轮的选材及热处理

序号	齿轮工作条件	钢种	热处理工艺	硬度要求
1	在低载荷下工作，要求耐磨性好的齿轮	15	900～950℃渗碳，直接淬火，或 780～800℃水冷，180～200℃回火	58～63 HRC
2	低速(<0.1 m/s)、低载荷下工作的不重要的变速箱齿轮和挂轮架齿轮	45	840～860℃正火	156～217 HB
3	低速(<0.1 m/s)、低载荷下工作的齿轮(如车床溜板上的齿轮)	45	820～840℃水冷，500～550℃回火	200～250 HB
4	中速、中载荷或大载荷下工作齿轮(如车床变速箱中的次要齿轮)	45	高频加热，水冷，300～340℃回火	45～50 HRC
5	速度较大或中等载荷下工作的齿轮，齿部硬度要求较高(如钻床变速箱中的次要齿轮)	45	高频加热，水冷，240～230℃回火	50～55 HRC
6	高速、中等载荷，要求齿面硬度高的齿轮(如磨床砂轮箱齿轮)	45	高频加热，水冷，180～200℃回火	54～60 HRC
7	速度不大，中等载荷，断面较大的齿轮(如铣床工作面变速箱齿轮、立车齿轮)	40Cr 42SiMn 45MnB	840～860℃油冷，600～650℃回火	200～230 HB
8	中等速度(2～4 m/s)、中等载荷下工作的高速机床走刀箱、变速箱齿轮	40Cr 42SiMn	调质后高频加热，乳化液冷却，260～300℃回火	50～55 HRC
9	高速、高载荷、齿部要求高硬度的齿轮	40Cr 42 SiMn	调质后高频加热，乳化液冷却，180～200℃回火，	54～60 HRC
10	高速、中载荷、受冲击、模数<5 的齿轮(如机床变速箱齿轮、龙门铣床的电动机齿轮)	20Cr 20Mn2B	900～950℃渗碳，直接淬火；800～820℃油淬，180～200℃回火	58～63 HRC

续表

序号	齿轮工作条件	钢种	热处理工艺	硬度要求
11	高速、重载荷、受冲击、模数＞6 的齿轮(如立车上的重要齿轮)	20SiMnVB 20CrMnTi	900～950℃渗碳，降温至820～850℃淬火，180～200℃回火	58～63 HRC
12	高速、重载荷、形状复杂，要求热处理变形小的齿轮	38CrMoAl 38CrAl	正火或调质后 510～550℃渗氮	850 HV 以上
13	在不高载荷下工作的大型齿轮	65Mn	820～840℃空冷	＜241 HB
14	传动精度高，要求具有一定耐磨性的大齿轮	35CrMo	850～870℃空冷，600～650℃回火(热处理后精切齿形)	255～302 HB

机床传动齿轮工作时受力不大，工作较平稳，没有强烈冲击，对强度和韧性的要求都不太高，一般用中碳钢(例如 45 钢)经正火或调质后，再经高频感应加热表面淬火强化，提高耐磨性，表面硬度可达 52～58 HRC。对于性能要求较高的齿轮，可选用中碳合金钢(例如 40Cr 等)。其工艺路线为：备料→锻造→正火→粗机械加工→调质→精机械加工→高频淬火＋低温回火→装配。

正火工序作为预备热处理，可改善组织，消除锻造应力，调整硬度便于机械加工，并为后续的调质工序做好组织准备。正火后硬度一般为 180～207 HB，其切削加工性能好。经调质处理后可获得较高的综合力学性能，提高齿轮心部的强度和韧性，以承受较大的弯曲应力和冲击载荷。调质后的硬度为 33～48 HRC。高频淬火＋低温回火可提高齿轮表面的硬度和耐磨性，提高齿轮表面接触疲劳强度。高频加热表面淬火加热速度快，淬火后脱碳倾向和淬火变形小，同时齿面硬度比普通淬火高约 2 HRC，表面形成压应力层，从而提高齿轮的疲劳强度。齿轮使用状态下的显微组织为：表面是回火马氏体+残余奥氏体，心部是回火索氏体。

(2) 汽车、拖拉机齿轮。

汽车、拖拉机齿轮常用钢种及热处理详见表 8-6。

表 8-6　汽车、拖拉机齿轮常用钢种及热处理

序号	齿轮类型	常用钢种	热处理	
			主要工序	技术条件
1	汽车变速箱和分动箱齿轮	20CrMnTi 20CrMo 等	渗碳	层深：m_n①＜3 时为 0.6～1.0 mm，3＜m_n＜5 时为 0.9～1.3 mm，m_n＞5 时为 1.1～1.5 mm； 齿面硬度：58～64 HRC； 心部硬度：m_n≤5 时为 32～45 HRC，m_n＞5 时为 29～45 HRC
		40Cr	(浅层)碳氮共渗	层深：＞0.2 mm； 表面硬度：51～61 HRC

续表

序号	齿轮类型	常用钢种	热　处　理	
			主要工序	技 术 条 件
2	汽车驱动桥主动及从动圆柱齿轮	20CrMnTi 20CrMo	渗碳	渗层深度按图纸要求，硬度要求同序号 1 中渗碳工序； 层深：m_s[②]≤5 时为 0.9～1.3 mm，5＜m_s＜8 时为 1.0～1.4 mm，m_s＞8 时为 1.2～1.6 mm； 齿面硬度：58～64 HRC； 心部硬度：m_s≤8 时为 32～45 HRC，m_s＞8 时为 29～45 HRC
	汽车驱动桥主动及从动圆锥齿轮	20CrMnTi 20CrMnMo	渗碳	
3	汽车驱动桥差速器行星及半轴齿轮	20CrMnTi 20CrMo 20CrMnMo	渗碳	同序号 1 渗碳的技术条件
4	汽车发动机凸轮轴齿轮	灰口铸铁 HT180 HT200		170～229 HB
5	汽车曲轴正时齿轮	35、40、45 40Cr	正火	149～179 HB
			调质	207～241 HB
6	汽车启动机齿轮	15Cr 20Cr 20CrMo 15CrMnM 20CrMnTi	渗碳	层深：0.7～1.1 mm； 表面硬度：58～63 HRC； 心部硬度：33～43 HRC
7	汽车里程表齿轮	20	(浅层)碳氮共渗	层深：0.2～0.35 mm
8	拖拉机传动齿轮，动力传动装置中的圆柱齿轮、圆锥齿轮及轴齿轮	20Cr 20CrMo 20CrMnMo 20CrMnTi 30CrMnTi	渗碳	层深：小于模数的 0.18 倍，但大于 2.1 mm； 各种齿轮渗层深度的上下限大于 0.5 mm，硬度要求序号 1、2
		40Cr, 40Cr	(浅层)碳氮共渗	同序号 1 中碳氮共渗的技术条件
9	拖拉机曲轴正时齿轮，凸轮轴齿轮，喷油泵驱动齿轮	45	正火	156～217 HB
			调质	217～255 HB
		灰口铸铁 HT180		170～229 HB
10	汽车拖拉机油泵齿轮	40，45	调质	28～35 HRC

注：① 法向模数；② 端面模数。

与机床齿轮比较，汽车、拖拉机齿轮工作时受力较大，受冲击频繁，因而对性能的要求较高。这类齿轮通常使用合金渗碳钢(例如 20CrMnTi、20MnVB)制造。其工艺路线为：备料→锻造→正火→机械加工→渗碳→淬火＋低温回火→喷丸→磨削→装配。正火处理的作用与机床齿轮相同。经渗碳、淬火＋低温回火后，齿面硬度可达 58～62 HRC，心部硬度为 35～45 HRC。齿轮的耐冲击能力、弯曲疲劳强度和接触疲劳强度均相应提高。喷丸处理能使齿面硬度提高约 2～3 HRC，并提高齿面的压应力，进一步提高接触疲劳强度。齿轮在使用状态下的显微组织为：表面是回火马氏体＋残余奥氏体＋碳化物颗粒，心部淬透时是低碳回火马氏体＋铁素体，未淬透时，是索氏体+铁素体。

由于齿轮的尺寸和类型不同，所采用的成型方法也是不一样的，如图 8-12 所示。

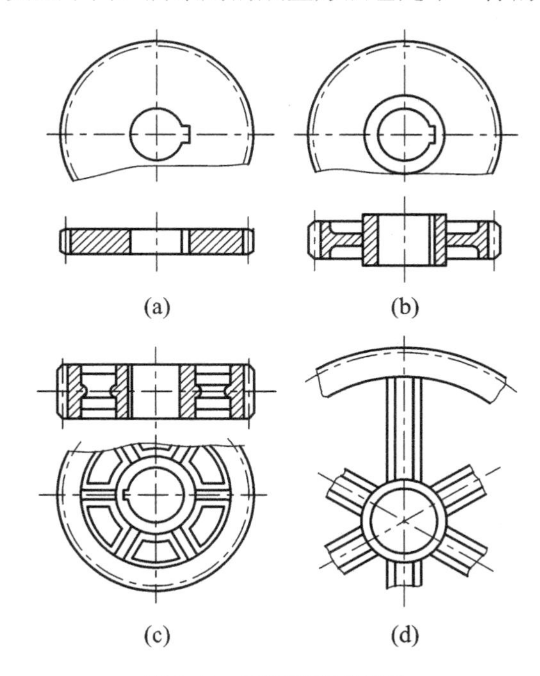

图 8-12　不同类型的齿轮

(a) 圆钢毛坯齿轮；(b) 锻造毛坯齿轮；(c) 铸造毛坯齿轮；(d) 焊接毛坯齿轮

3. 机架、箱体类零件

各种机械的机身、底座、支架、横梁、工作台以及齿轮箱、轴承座、阀体、内燃机的缸体等，都可视为机架、箱体类零件(图 8-13)。

机架、箱体类零件的特点是：形状不规则，结构比较复杂并带有内腔，重量从几千克至数十吨，工作条件也相差很大。其中一般的基础零件，如机身、底座等，主要起支撑和连接机床各部件的作用，属于非运动的零件，以承受压应力和弯曲力为主，为保证工作的稳定性，应有较好的刚度和减振性。工作台和导轨等零件，则要求有较好的耐磨性。这类零件一般受力不大，但要求有良好的刚度和密封性，在多数情况下选用灰铸铁进行铸造成型。少数重型机械，如轧钢机、大型锻压机械的机身，可选用中碳铸钢件或合金铸钢件，个别特大型的还可采用铸钢—焊接联合结构。

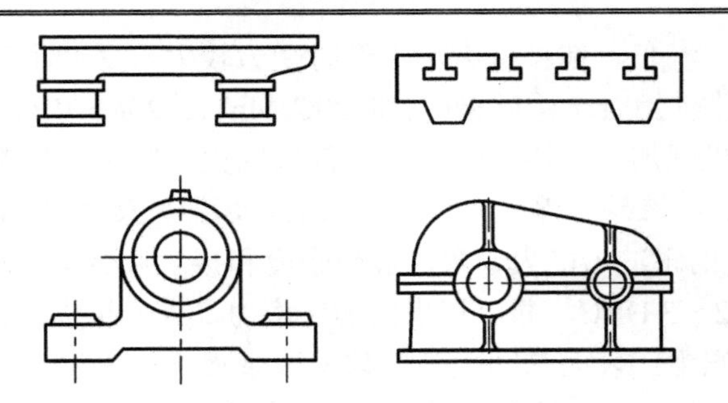

图 8-13　机架、箱体类零件

一些受力较大、要求高强度、高韧性，甚至在高温下工作的零件，如汽轮机机壳，应选用铸钢。

一些受力不大，而且主要是承受静力，不受冲击的箱体，可选用灰铸铁，如果零件在服役时与其发生相对运动，其间有摩擦、磨损发生，则应选用珠光体基体的灰铸铁。

对于受力不大，要求自重轻，或导热好的零件，可选用铸造铝合金。对于受力很小，要求自重轻等的零件也可考虑选用工程塑料。对于受力较大，但形状简单的零件，还可选用型钢焊接而成。

如选用铸钢，为了消除粗晶组织、偏析及铸造应力，对铸钢应进行完全退火或扩散退火；对铸铁件一般要进行去应力退火；对铝合金应根据成分不同，进行退火或固熔热处理等。

思考题与习题

8-1　简述选材的基本原则、方法和步骤。

8-2　选择毛坯成型工艺的原则是什么？

8-3　某机床齿轮选用 45 钢制作，其加工工艺路线如下：原材料→锻造→预备热处理→粗加工→调质→精加工→高频感应淬火→低温回火→精磨。试问：

(1) 预备热处理应选择何种工艺？

(2) 说明各热处理工艺在加工工艺流程中的作用。

(3) 为什么不能采用渗碳淬火+低温回火工艺？

8-4　下列零件选用何种材料，采用哪种成型方法制造毛坯比较合理？

(1) 形状复杂要求减振的大型机座；

(2) 大批量生产的重载中小型齿轮；

(3) 薄壁杯状的低碳钢零件；

(4) 形状复杂的铝合金构件。

参 考 文 献

[1] 师昌绪. 高技术现状与发展趋势. 北京：科学出版社，1993.

[2] 李恒德，师昌绪. 中国材料发展现状及迈入新世纪对策. 济南：山东科学技术出版社，2003.

[3] 师昌绪. 材料大辞典. 北京：化学工业出版社，1994.

[4] 柳百成，沈厚发. 21 世纪的材料成型加工技术与科学. 北京：机械工业出版社，2004.

[5] 朱张校. 工程材料. 北京：清华大学出版社，2001.

[6] 崔忠圻. 金属学与热处理原理. 哈尔滨：哈尔滨工业大学出版社，1998.

[7] 汪传生，刘春廷. 工程材料及应用. 西安：西安电子科技大学出版社，2008.

[8] 吴承建. 金属材料学. 北京：冶金工业出版社，2000.

[9] 张代东. 机械工程材料应用基础. 北京：机械工业出版社，2001.

[10] 梁耀能. 机械工程材料. 广州：华南理工大学出版社，2002.

[11] 郝建民. 机械工程材料. 西安：西北工业大学出版社，2003.

[12] 何庆复. 机械工程材料及选用. 北京：中国铁道出版社，2001.

[13] 孙鼎伦，陈全明. 机械工程材料学. 上海：同济大学出版社，2002.

[14] 武建军. 机械工程材料. 北京：国防工业出版社，2004.

[15] 于永泗，齐民. 机械工程材料. 大连：大连理工大学出版社，2003.

[16] 高为国. 机械工程材料基础. 长沙：中南大学出版社，2004.

[17] 齐宝森，等. 机械工程材料. 哈尔滨：哈尔滨工业大学出版社，2003.

[18] 王焕庭，等. 机械工程材料. 大连：大连理工大学出版社，1991.

[19] 朱荆璞，张德惠. 机械工程材料学. 北京：机械工业出版社，1988.

[20] 北京农业机械化学院. 机械工程材料学. 北京：农业出版社，1986.

[21] 张继世. 机械工程材料基础. 北京：高等教育出版社，2000.

[22] 耿香月. 工程材料学. 天津：天津大学出版社，2002.

[23] 吕广庶，张远明. 工程材料及成型技术基础. 北京：高等教育出版社，2001.

[24] 黄丽. 高分子材料. 北京：化学工业出版社，2005.

[25] 鞠鲁粤. 工程材料与成型技术基础. 北京：高等教育出版社，2004.

[26] 张代东. 机械工程材料应用基础. 北京：机械工业出版社，2001.

[27] 赵程，杨建民. 机械工程材料. 北京：机械工程出版社，2003.

[28] 梁耀能. 工程材料及加工工程. 北京：机械工业出版社，2001.

[29] 齐乐华. 工程材料及成型工艺基础. 西安：西北工业大学出版社，2002.

[30] 丁厚福，王立人. 工程材料. 武汉：武汉理工大学出版社，2001.

[31] 孙康宁，等. 现代工程材料成型与制造工艺基础. 北京：机械工业出版社，2001.

[32] 陶冶. 材料成型技术基础. 北京：机械工业出版社，2003.
[33] 王爱珍. 工程材料及成型技术. 北京：机械工业出版社，2003.
[34] 林再学. 现代铸造方法. 北京：航空工业出版社，1991.
[35] 王仲仁. 特种塑性成型. 北京：机械工业出版社，1995.
[36] 中国机械工程学会焊接学会. 焊接手册，第 1 卷：焊接方法及设备. 北京：机械工业出版社，1992.
[37] 邹茉莲. 焊接理论及工艺基础. 北京：北京航空航天大学出版社，1994.
[38] 田锡唐. 焊接结构. 北京：机械工业出版社，1982.
[39] 陈祝年. 焊接工程师手册. 北京：机械工业出版社，2002.
[40] http://www. weld21. com.
[41] 高俊刚，李源勋. 高分子材料. 北京：化学工业出版社，2002.
[42] 钱秋平. 新世纪合成橡胶工业技术的方向. 合成橡胶工业，2001，24(1)：1-4.
[43] 范继宽. 顺丁橡胶生产技术的发展. 现代化工，2000，20(8)：15-18.
[44] 刘亚青. 工程塑料成型加工技术. 北京：化学工业出版社，2006.
[45] 全国珍. 工程塑料. 北京：化学工业出版社，2001.
[46] 王耀先. 复合材料结构设计. 北京：化学工业出版社，2001.
[47] 黄家康，岳红军，董永祺. 复合材料成型技术. 北京：化学工业出版社，1999.
[48] 王荣国，等. 复合材料概论. 哈尔滨：哈尔滨工业大学出版社，1999.
[49] 张长瑞，等. 陶瓷基复合材料——原理、工艺、性能与设计. 北京：国防科技大学出版社，2001.
[50] 永芝，杨清彪，杜建时，等. 电纺丝技术——一种高效低耗的纳米纤维制备技术. 化工新型材料，2005，33(6)：12-14.
[51] Doshi J，Reneker D H. Electrospinning process and applications of electrospun fibers. Journal of Electrostatics. 1995，35(2)：51-160.
[52] 王仁智，吴培远. 疲劳失效分析. 北京：机械工业出版社，1987.
[53] 王大伦，赵德寅，郑伯芳. 轴及紧固件的失效分析. 北京：机械工业出版社，1988.
[54] 杨建虹，雷建中，叶健熠，等. 轴承钢洁净度对轴承疲劳寿命的影响. 2001，(5)：28.
[55] 刘英杰. 磨损失效分析. 北京：机械工业出版社，1988.
[56] 朱敦伦，周汉民，强颖怀. 机械零件失效分析. 徐州：中国矿业大学出版社，1993.
[57] :http://www. 3dsystems. com.
[58] http://www. stratasys. com.
[59] http://www. helisys. com.
[60] http://www. sinometal. com.
[61] (英)F·A·A·克兰，(英)J·A·查尔斯. 工程材料的选择与应用. 北京：科学出版社，1990.
[62] (美)詹姆斯·谢弗(James P. Snchaffer)，等. 工程材料科学与设计. 余永宁，等译. 北京：机械工业出版社，2003.